高等院校化学化工类专业系列教材

Inorganic and Analytical Chemistry

无机及分析化学

学习指导

■ 陈素清 梁华定 主编

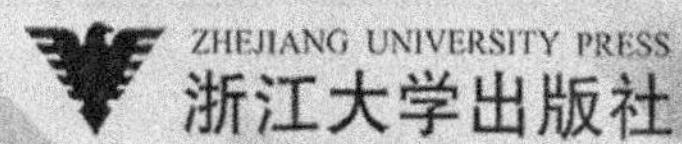

ZHEJIANG UNIVERSITY PRESS
浙江大学出版社

图书在版编目（CIP）数据

无机及分析化学学习指导 / 陈素清，梁华定主编.
— 杭州 ：浙江大学出版社，2013.1（2020.8重印）
ISBN 978-7-308-11011-2

Ⅰ. ①无… Ⅱ. ①陈… ②梁… Ⅲ. ①无机化学－高等学校－教学参考资料②分析化学－高等学校－教学参考资料 Ⅳ. ①061②065

中国版本图书馆CIP数据核字(2013)第006634号

无机及分析化学学习指导
陈素清　梁华定　主编

丛书策划　季　峥
责任编辑　季　峥（really@zju.edu.cn）
封面设计　刘依群
出版发行　浙江大学出版社
（杭州市天目山路148号　　邮政编码　310007）
（网址：http://www.zjupress.com）
排　　版　杭州林智广告有限公司
印　　刷　浙江新华数码印务有限公司
开　　本　787mm×1092mm　1/16
印　　张　16.75
字　　数　430千
版 印 次　2013年1月第1版　2020年8月第4次印刷
书　　号　ISBN 978-7-308-11011-2
定　　价　44.00 元

版权所有　翻印必究　　印装差错　负责调换

浙江大学出版社市场运营中心联系方式：0571-88925591；http：//zjdxcbs.tmall.com

前　言

本书是浙江大学出版社出版的高等院校化学化工类专业系列教材《无机及分析化学》(梁华定主编)的配套学习指导书,也是高等院校化学化工类专业学生学习无机及分析化学的辅导书。

本书章节顺序与教材完全一致,每一章由知识结构、重点知识剖析及例解、课后习题选解、自测题及答案四部分组成。知识结构部分采用框架图形式,对教材中的重要知识点进行系统串连,使每一章的知识点系统化、条理化和理论化,便以学生进行复习;重点知识剖析及例解部分按主要知识点分节,内容包括知识要求、评注和例题,对每一章的重点和难点内容结合例题进行分析、总结和归纳;课后习题选解部分按照教材各章习题的编号将全部题目及答案列出,这种作法保证了本书作为习题解答使用时的相对独立性;自测题及答案部分提供了各种类型的练习题及其详尽的解答。笔者对书中的简答题和计算题尽可能详细地进行解答,便以学生练习之后进行核对。

本书由台州学院陈素清、梁华定共同编写。《无机及分析化学》教材编写者提供了本书课后习题选解的部分内容,包括台州学院梁华定(第4章)、陈素清 (第5章)、杨敏文(第6章)、李芳(第7章)和赵松林(第12章),湖州师范学院杨金田(第3章)、唐培松(第8章)和陈海锋(第9章),丽水学院王桂仙(第2章),衢州学院王玉林(第10章)和陈剑君(第11章)。台州学院无机及分析课程组的教师林勇强、闫振忠、任世斌分别阅读了本书一些章节的初稿,提出了许多宝贵的修改意见。

由于编者水平有限,书中难免会有错误和不当之处,敬请读者指正。本书在编写过程中参考了国内外相关资料,在此表示感谢。本书的编写得到了浙江大学出版社的大力支持,在此一并表示感谢。

编　者
2012年11月

目　　录

第1章　绪　论

第2章　化学反应的基本原理

第3章　物质结构基础

第4章 元素化学(金属元素及其化合物)

第5章 元素化学(非金属元素及其化合物)

第6章 定量分析基础

第7章 酸碱平衡与酸碱滴定

第8章 沉淀溶解平衡与沉淀滴定

第9章 氧化还原平衡与氧化还原滴定

第10章 配位平衡与配位滴定

第11章 光度分析

第12章 分离与富集基础

第 1 章

绪　论

1.1 知识结构

- 化学及其研究对象
  - 化学研究的对象：在分子、原子或离子等层次→分子以下层次(原子、分子片)、分子层次以及以超分子为代表的分子以上层次
  - 化学研究的内容：物质的组成、结构、性质、变化
    - 化学变化基本特征
      - 化学变化是“质变” —— 物质结构是化学学科的基础
      - 化学变化是“定量”的变化 —— 定量计算是化学学科的基本内容之一
      - 化学变化必伴随着能量变化 —— 化学热力学数据是判断化学反应方向和程度的重要依据
    - ⇓
    - 合成和制备是化学的核心 —— 分离和分析是化学研究的主要内容和方法
  - 化学研究的方法：实验方法 ⇒ 量子化学计算 ⇒ 计算机模拟
  - 化学研究的目的：人类生存 ⇒ 生存质量 ⇒ 生存安全

本课程内容

第一部分
化学反应原理
化学热力学基础
化学反应热效应 $\Delta_r H_m^\ominus$ 热力学第一定律
化学反应方向
$\Delta_r G_m^\ominus$ 热力学第二定律
$\Delta_r S_m^\ominus$ 热力学第三定律
化学平衡
四大平衡
酸碱平衡——酸碱滴定
沉淀溶解平衡——沉淀滴定
重量分析法
氧化还原平衡——氧化还原滴定
配位平衡——配位滴定
光度分析
第三部分
定量分析基础
化学动力学基础
反应速率
反应机理
第二部分
物质结构基础
原子结构
核外电子运动状态
元素性质的周期性
分子结构
离子键
共价键
现代价键理论(杂化轨道理论、价层电子对互斥理论)
分子轨道理论
金属键
自由电子理论
能带理论
分子间作用力
氢键
晶体结构
第四部分
元素化学
金属元素及其化合物
金属冶炼
金属单质
金属化合物
氧化物及其氢氧化物
氢化物
卤化物、硫化物
盐类
合金
非金属元素及其化合物
非金属单质
非金属氢化物
非金属氧化物及其含氧酸
含氧酸盐
元素定性分析
系统分析
硫化氢系统
酸碱系统
分别分析
阳离子鉴定
阴离子鉴定

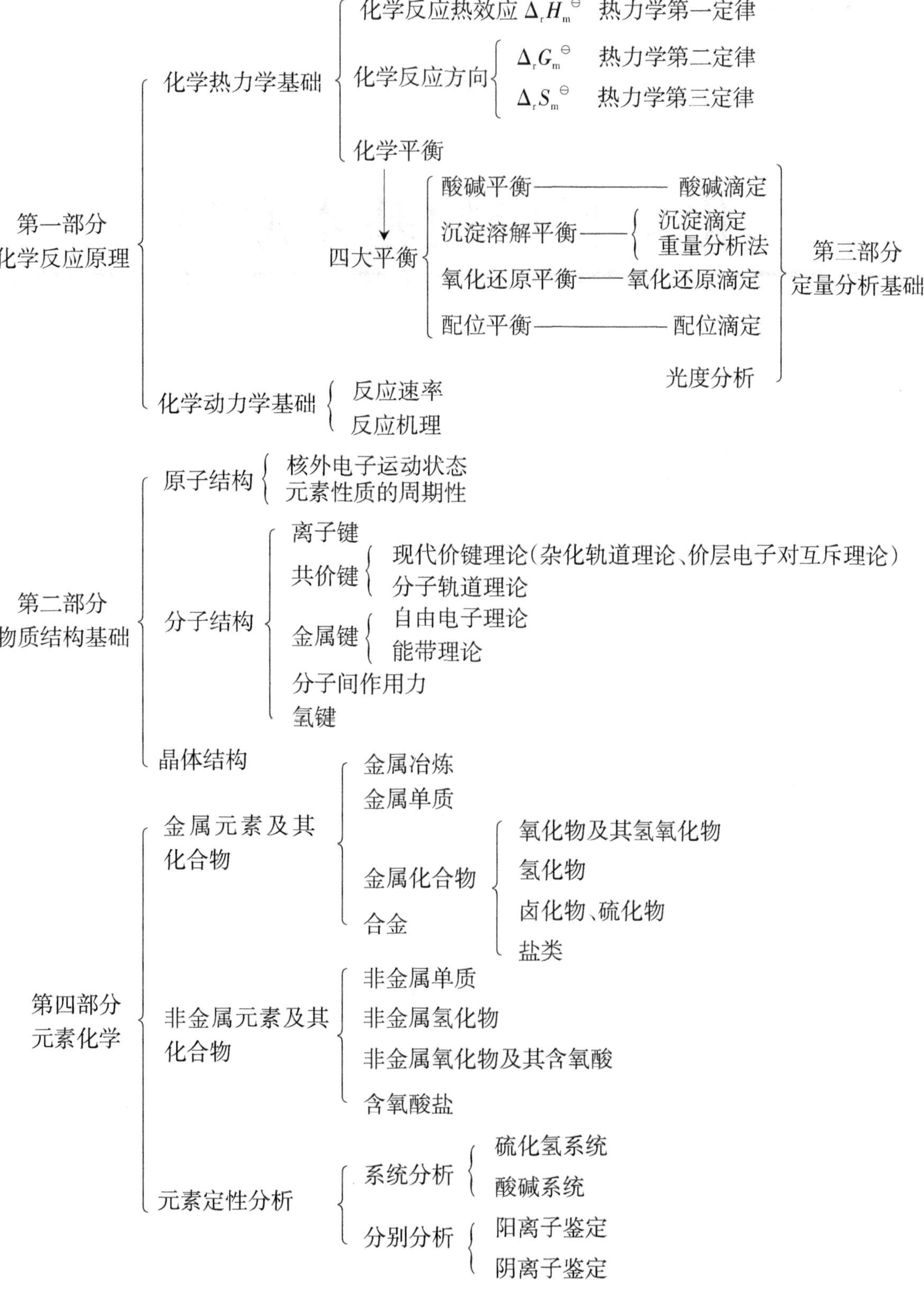

第 2 章

化学反应的基本原理

2.1 知识结构

化学反应的基本原理

- **化学热力学问题**
  - **反应伴随能量变化**
    - $\Delta U=Q+W$ （热力学第一定律）
    - $\Delta U=Q_v$
    - $\Delta H=Q_p \xrightarrow{H=U+pV} Q_p=Q_v+p\Delta V$
  - **化学反应自发性**
    - 纯物质完整有序晶体在0 K时的熵值为零(热力学第三定律)
    - $\Delta S_{总}=\Delta S_{体系}+\Delta S_{环境}>0$　自发变化(热力学第二定律)
    - ↓ $T\Delta S_{总}=-[\Delta H_{体系}-T\Delta S_{体系}]$及$\Delta G=\Delta H-T\Delta S$
    - $\Delta G<0$　自发 $\longrightarrow$ $\Delta_r G_m(T)<0$　一个化学反应自发进行的最终判据式
    - 相关计算
      - $\Delta_r G_m^{\ominus}(T)$
        - ①应用盖斯定律计算
        - ②由$\Delta_f G_m^{\ominus}$计算：$\Delta_r G_m^{\ominus}(298.15\ K)=\sum \nu_i \Delta_f G_m^{\ominus}(i)$
        - ③应用吉布斯-赫姆霍兹方程计算
      - ↓ $\Delta_r G_m^{\ominus}(T)\approx \Delta_r H_m^{\ominus}(298.15\ K)-T\Delta_r S_m^{\ominus}(298.15\ K)$
      - $\Delta_r S_m^{\ominus}(298.15\ K)$
        - ①应用盖斯定律计算
        - ②由$S_m^{\ominus}$计算：$\Delta_r S_m^{\ominus}=\sum \nu_i \Delta_f S_m^{\ominus}(i)$
      - $\Delta_r H_m^{\ominus}(298.15\ K)$
        - ①应用盖斯定律计算
        - ②由$\Delta_f H_m^{\ominus}$计算：$\Delta_r H_m^{\ominus}=\sum \nu_i \Delta_f H_m^{\ominus}(i)$
        - ③由$\Delta_c H_m^{\ominus}$计算：$\Delta_r H_m^{\ominus}=-\sum \nu_i \Delta_c H_m^{\ominus}(i)$
  - **化学反应限度**
    - 平衡状态(平衡常数) ⟶
      - K_p、K_c：$K_p=K_c(RT)^{\Sigma\nu}$
      - $K^{\ominus}(T)$
        - ①由多重平衡规则计算
        - ②由$\Delta_r G_m^{\ominus}(T)$计算：$\Delta_r G_m^{\ominus}(T)=-RT\ln K^{\ominus}(T)$
        - ③ $\ln\dfrac{K^{\ominus}(T_2)}{K^{\ominus}(T_1)}=\dfrac{\Delta_r H_m^{\ominus}(298.15\ K)}{R}\left(\dfrac{1}{T_1}-\dfrac{1}{T_2}\right)$
    - 任意状态(反应商) $\xrightarrow{\Delta_r G_m(T)=RT\ln\frac{Q}{K^{\ominus}}}$
      - $Q<K^{\ominus}$　反应正向自发进行
      - $Q=K^{\ominus}$　反应处于平衡状态
      - $Q>K^{\ominus}$　反应逆向自发进行
- **化学动力学问题**
  - **化学反应速率**
    - 速率表示方法：$\bar{v}(B)=\dfrac{1}{\nu(B)}\dfrac{\Delta c(B)}{\Delta t}$，$v(B)=\dfrac{1}{\nu(B)}\dfrac{dc(B)}{dt}$
    - 速率理论：碰撞理论、过渡态理论 $\longrightarrow$ $\Delta_r H_m=E_{a正}-E_{a逆}$
    - 影响速率因素
      - ①浓度、压力 $\xrightarrow[速率方程]{aA+bB\rightarrow yY+zZ}$
        - ① 基元反应
          - $v=kc(A)^a c(B)^b$（质量作用定律）
        - ②复杂反应
          - $v=kc(A)^{\alpha}c(B)^{\beta}$（$\alpha$、$\beta$由实验测得）
      - ②温度改变速率常数k $\xrightarrow{Arrhenius方程}$
        - $k=Ae^{(-E_a/RT)}$
        - $\ln\dfrac{k(T_2)}{k(T_1)}=\dfrac{E_a}{R}\left(\dfrac{1}{T_1}-\dfrac{1}{T_2}\right)$
      - ③催化剂改变活化能E_a
  - **发生反应的机理**

2.2 重点知识剖析及例解

2.2.1 理想气体状态方程及分压定律的应用

【知识要求】理解理想气体状态方程及道尔顿分压定律,能进行有关计算。

【评注】理想气体是指分子本身没有体积,分子间没有相互作用力的气体。理想气体状态方程为$pV=nRT$,若混合气体各组分均为理想气体,则密闭容器中混合气体的总压等于各组分气体的分压之和,即$p=p_1+p_2+\cdots$或$p_i=x_ip$或$p_iV=pV_i=n_iRT$(道尔顿分压定律)。

实际气体处于高温、低压状态时,可以近似地用理想气体状态方程来描述。

【例题2–1】NH_4NO_2分解产生N_2,在296 K、9.56×10^4 Pa下,用排水法收集到0.0575 L的N_2,试计算:(1)N_2的分压;(2)干燥后的N_2体积。(已知:296 K时水的饱和蒸气压为2.81×10^3 Pa。)

解 (1)$p(N_2)=p_T-p(H_2O)=9.56\times10^4-2.81\times10^3=9.28\times10^4$ Pa

(2)$x(N_2)=\dfrac{p(N_2)}{p_T}=\dfrac{9.28\times10^4}{9.56\times10^4}=0.971$

$V(N_2)=x(N_2)V=0.971\times0.0575=0.0558$ L

2.2.2 化学反应中四个重要状态函数(热力学能、焓、熵和吉布斯自由能)

【知识要求】理解状态与状态函数及热力学能、焓、熵、吉布斯自由能四个重要状态函数的基本概念。理解热力学第一定律、第二定律和第三定律的基本内容。

【评注】热力学能U(又称内能),是体系内部所包含的总能量;封闭体系热力学能的变化量等于变化过程中环境与体系传递的热与功的总和,即$\Delta U=U_2-U_1=Q+W$(热力学第一定律);化学反应在等温等容下发生,且不做非体积功时,$Q_v=\Delta U$。

焓H的定义式为:$H=U+pV$;化学反应在等温等压下发生,且不做非体积功时,$Q_p=H_2-H_1=\Delta H$;体系的焓变与热力学能变之间的关系式为:$\Delta H=\Delta U+p\Delta V=\Delta U+\Delta nRT$。

熵S是体系混乱度的量度;纯物质完整有序晶体在0 K时的熵值为零(热力学第三定律);孤立体系自发过程的方向是熵增大的方向(熵增加原理,热力学第二定律);同一物质的熵值有$S_m^\ominus(g)>S_m^\ominus(l)>S_m^\ominus(s)$,因此,对化学反应的$\Delta S$可通过反应过程中气体分子数的变化做定性判断,即凡气体分子总数增多的反应,一定是熵增大反应。

吉布斯自由能G定义式为:$G=H-TS$;吉布斯自由能变与焓变、熵变的关系是:$\Delta G=\Delta H-T\Delta S$(吉布斯–赫姆霍兹方程);$\Delta G$可用于判断化学反应进行的方向,其判据是:在不做非体积功和等温等压时,任何自发变化总是体系的吉布斯自由能减少的过程,即任何自发变化$\Delta G<0$(热力学第二定律的重要推论)。

热力学能、焓、熵、吉布斯自由能等均是状态函数,具有加和性。

【例题2–2】在298.15 K时,在一敞口试管内加热氯酸钾晶体时发生下列反应:$2KClO_3(s)\longrightarrow 2KCl(s)+3O_2(g)$,并放出89.5 kJ的热量,求298.15 K时该反应的ΔH和ΔU。

解 因反应是在等温等压下进行,所以

$\Delta H=Q_p=-89.5$ kJ

$\Delta n(g)=3$

$\Delta U=\Delta H-\Delta nRT=-89.5-3\times 8.314\times 298.15\times 10^{-3}=-96.9\ kJ$

【例题2-3】判断下列过程的熵变 $\Delta_r S_m^\ominus$ 的正负号：

(1)溶解少量食盐于水中；(2)纯炭和氧气反应生成CO(g)；(3)液态水蒸发变成 $H_2O(g)$；(4) $CaCO_3(s)$加热分解成CaO (s)和 $CO_2(g)$。

解　熵是微观状态的混乱度量度，一般有如下规律：同一物质的熵值有 $S_m^\ominus(g) > S_m^\ominus(l) > S_m^\ominus(s)$；温度升高，体系的混乱度增大，熵值增大；分子结构相似的物质，相对分子质量越大，$S_m^\ominus$ 值越大；相对分子质量相同的不同物质，结构越复杂，$S_m^\ominus$ 值越大；聚集态相同，多原子分子的 $S_m^\ominus$ 值比单原子大。由此可判断上述过程的熵变 $\Delta_r S_m^\ominus$ 均为正号。

【例题2-4】在298.15 K和标准状态下，进行如下反应：

$A(g)+B(g)\longrightarrow 2C(g)$

若该反应通过两种途径来完成：途径Ⅰ，系统放热184.6 kJ·mol⁻¹，但没有做功；途径Ⅱ，系统做最大功，同时吸收6.0 kJ·mol⁻¹的热量，试分别计算两途径的Q、W、$\Delta_r H_m^\ominus$、$\Delta_r U_m^\ominus$、$\Delta_r S_m^\ominus$和$\Delta_r G_m^\ominus$。

解　因H、U、S、G是状态函数，同一过程通过不同途径来完成时，其$\Delta_r H_m^\ominus$、$\Delta_r U_m^\ominus$、$\Delta_r S_m^\ominus$和$\Delta_r G_m^\ominus$是相同的，所以这些量可以分别通过途径Ⅰ、途径Ⅱ求得。但Q、W不是状态函数，途径Ⅰ、途径Ⅱ的Q、W应该分别求得。

途径Ⅰ

$Q=-184.6\ kJ\cdot mol^{-1}$　　$W=0$　　$\Delta_r U_m^\ominus=Q+W=-184.6\ kJ\cdot mol^{-1}$　　$\Delta_r H_m^\ominus=\Delta_r U_m^\ominus+\Delta nRT=-184.6\ kJ\cdot mol^{-1}$

根据途径Ⅱ，体系做最大功，同时吸收6.0 kJ·mol⁻¹的热量，$W_{最大}=\Delta_r U_m^\ominus-Q=-184.6-6.0=-190.6\ kJ\cdot mol^{-1}$

由此可知 $\Delta_r G_m^\ominus=W_{最大}=-190.6\ kJ\cdot mol^{-1}$

由 $\Delta_r G_m^\ominus=\Delta_r H_m^\ominus-T\Delta_r S_m^\ominus$

$-190.6=-184.6-298.15\times 10^{-3}\Delta_r S_m^\ominus$

$$\Delta_r S_m^\ominus=\frac{6.0\times 10^3}{298.15}=20.12\ J\cdot mol^{-1}\cdot K^{-1}$$

途径Ⅱ

$Q=6.0\ kJ\cdot mol^{-1}$　$W=\Delta_r U_m^\ominus-Q=-184.6-6.0=-190.6\ kJ\cdot mol^{-1}$

$\Delta_r H_m^\ominus$、$\Delta_r U_m^\ominus$、$\Delta_r S_m^\ominus$和$\Delta_r G_m^\ominus$和途径Ⅰ相同。

2.2.3　有关焓变、熵变、吉布斯自由能变的计算，吉布斯-赫姆霍兹方程的应用

【知识要求】掌握标准状态下反应 $\Delta_r S_m^\ominus(298.15\ K)$、$\Delta_r H_m^\ominus(298.15\ K)$、$\Delta_r G_m^\ominus(298.15\ K)$的计算，学会运用$\Delta_r G_m^\ominus(T)$确定反应的自发性。学会根据吉布斯-赫姆霍兹方程计算$\Delta_r G_m^\ominus(T)$及自发进行的转变温度。

【评注】盖斯定律适用于$\Delta_r S_m^\ominus$、$\Delta_r H_m^\ominus$、$\Delta_r G_m^\ominus$的计算。利用盖斯定律进行计算时，要设法找出所给方程和所求方程之间的代数关系，然后进行简单运算，但必须注意以下两点：(1)只有条件相同的反应和聚集态相同的同一物质，才能相加或相减；(2)将反应式乘(或除)

以一个数值时，该反应的 $\Delta_r S_m^\ominus$、$\Delta_r H_m^\ominus$、$\Delta_r G_m^\ominus$ 也应乘（或除）以同样数值。

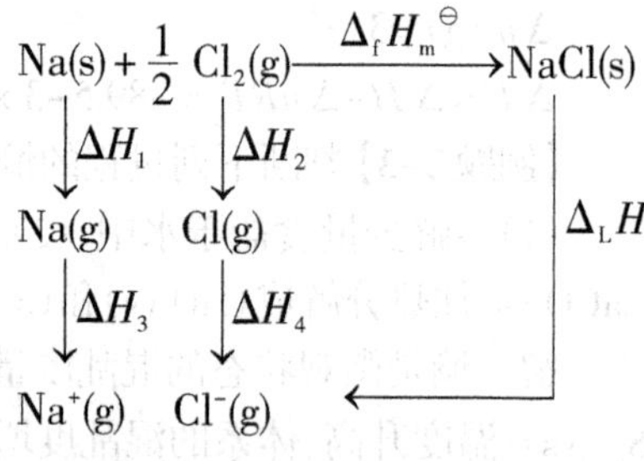

图2.1　NaCl的玻恩-哈伯循环

【例题 2-5】图 2.1 给出 NaCl 的玻恩-哈伯循环(Born-Haber cycle)，根据该图和化学手册查得的数据计算NaCl的晶格焓。

（图2.1中 ΔH_1 为升华焓，即1 mol固态金属Na升华为气态Na原子的热效应；ΔH_2 为解离焓，此处为0.5 mol Cl_2 解离为1 mol Cl原子的热效应；ΔH_3 为电离焓，即1 mol 气态Na原子电离为气态 Na^+ 的热效应；ΔH_4 为电子亲和焓，即1 mol 气态Cl原子结合电子形成气态 Cl^- 的热效应；$\Delta_f H_m^\ominus$ 是NaCl(s)的生成焓；$\Delta_L H$ 是要求计算的NaCl的晶格焓。）

解　晶格焓定义为由1 mol离子晶体生成相互远离的气态正离子和负离子时的热效应，即：

$NaCl(s) \longrightarrow Na^+(g) + Cl^-(g)$　　　$\Delta_L H = ?$

由单质形成NaCl(s)的反应可写成5个中间步骤：

$Na(s) \longrightarrow Na(g)$　　　$\Delta H_1 = +108.4\ kJ\cdot mol^{-1}$

$Na(g) \longrightarrow Na^+(g) + e$　　　$\Delta H_2 = +119.8\ kJ\cdot mol^{-1}$

$\frac{1}{2}Cl_2(g) \longrightarrow Cl(g)$　　　$\Delta H_3 = +495.8\ kJ\cdot mol^{-1}$

$Cl(g) + e \longrightarrow Cl^-(g)$　　　$\Delta H_4 = -348.7\ kJ\cdot mol^{-1}$

+) $Na^+(g) + Cl^-(g) \longrightarrow NaCl(s)$　　　$-\Delta_L H$

$Na(s) + \frac{1}{2}Cl_2(g) \longrightarrow NaCl(s)$　　　$\Delta_f H_m^\ominus = -411.2\ kJ\cdot mol^{-1}$

$\Delta_f H_m^\ominus = \Delta H_1 + \Delta H_2 + \Delta H_3 + \Delta H_4 + (-\Delta_L H)$

$\Delta_L H = \Delta H_1 + \Delta H_2 + \Delta H_3 + \Delta H_4 - \Delta_f H_m^\ominus = 786.5\ kJ\cdot mol^{-1}$

【评注】(1) 对于一个化学反应而言，根据 $\Delta_f H_m^\ominus$(298.15 K)（标准摩尔生成焓）、$S_m^\ominus$(298.15 K)（标准摩尔熵）、$\Delta_f G_m^\ominus$(298.15 K)（标准摩尔生成吉布斯自由能）（可以查表），可直接代入公式 $\Delta_r H_m^\ominus = \sum \nu_i \Delta_f H_m^\ominus$（$i$，相态）、$\Delta_r S_m^\ominus = \sum \nu_i S_m^\ominus$（$i$，相态）、$\Delta_r G_m^\ominus = \sum \nu_i \Delta_f G_m^\ominus$（$i$，相态）求得 $\Delta_r H_m^\ominus$(298.15 K)、$\Delta_r S_m^\ominus$(298.15 K)、$\Delta_r G_m^\ominus$(298.15 K)，计算时须特别注意化学方程式配平及化学反应的计量系数。

(2) 标准状态下，如果系统温度不是298.15 K，一般情况下可以做如下近似处理：$\Delta_r H_m^\ominus(T) \approx \Delta_r H_m^\ominus(298.15\ K)$，$\Delta_r S_m^\ominus(T) \approx \Delta_r S_m^\ominus(298.15\ K)$，根据吉布斯-赫姆霍兹方程，任意温度下的 $\Delta_r G_m^\ominus(T)$ 可由公式 $\Delta_r G_m^\ominus(T) \approx \Delta_r H_m^\ominus(298.15\ K) - T\Delta_r S_m^\ominus(298.15\ K)$ 计算得到。

(3) 标准状态下，298.15 K时反应的自发性可以直接由 $\Delta_r G_m^\ominus$(298.15 K)确定，非298.15 K时反应的自发性由 $\Delta_r G_m^\ominus(T)$ 确定。

(4) 改变反应温度，反应将可能在自发与非自发过程之间相互转变，转变温度 $T_{转}$ 可由公式 $T_{转} = \frac{\Delta_r H_m^\ominus(298.15\ K)}{\Delta_r S_m^\ominus(298.15\ K)}$ 确定。对 $\Delta H > 0$，$\Delta S > 0$ 的反应，当温度高于 $T_{转}$ 时反应自发；对 $\Delta H < 0$，$\Delta S < 0$ 的反应，当温度低于 $T_{转}$ 时反应自发。

反应类型	$\Delta_r H_m^{\ominus}$(298.15 K)	$\Delta_r S_m^{\ominus}$(298.15 K)	$\Delta_r G_m^{\ominus}(T)$	反应自发性与温度的关系
放热熵增	<0	>0	<0	任何温度下均为自发反应
吸热熵减	>0	<0	>0	任何温度下均为非自发反应
吸热熵增	>0	>0	(高温)<0 (低温)>0	高温时为自发反应， 低温时为非自发反应
放热熵减	<0	<0	(低温)<0 (高温)>0	低温时为自发反应， 高温时为非自发反应

【例题2-6】甲醇的分解反应为：$CH_3OH(l) \longrightarrow CH_4(g) + \frac{1}{2}O_2(g)$。

计算：(1)25 ℃时，此反应能否自发进行？

(2)1000 K时，反应能否自发？反应的标准平衡常数为多少？

(3)计算反应自发进行的最低温度。

物质	$\Delta_f H_m^{\ominus}/(kJ \cdot mol^{-1})$	$\Delta_f G_m^{\ominus}/(kJ \cdot mol^{-1})$	$S_m^{\ominus}/(J \cdot mol^{-1} \cdot K^{-1})$
$CH_3OH(l)$	−238.56	−166.36	126.78
$CH_4(g)$	−74.81	−50.75	186.15
$O_2(g)$	0	0	205.00

解　$CH_3OH(l) \longrightarrow CH_4(g) + \frac{1}{2}O_2(g)$

(1) $\Delta_r G_m^{\ominus}(298\ K) = -50.75 - (-166.36) = 115.61\ kJ \cdot mol^{-1} > 0$

说明25 ℃标准状态时此反应不能自发进行。

(2) $\Delta_r H_m^{\ominus}(298\ K) = -74.81 + 0 - (-238.56) = 163.75\ kJ \cdot mol^{-1}$

$$\Delta_r S_m^{\ominus}(298\ K) = \frac{1}{2} \times 205.00 + 186.15 - 126.78 = 161.87\ J \cdot mol^{-1} \cdot K^{-1}$$

忽略温度对反应ΔH和ΔS的影响，则有：

$\Delta_r G_m^{\ominus}(T) \approx \Delta_r H_m^{\ominus}(298\ K) - T\Delta_r S_m^{\ominus}(298\ K)$

$\Delta_r G_m^{\ominus}(1000\ K) = 163.75 - 1000 \times 161.87 \times 10^{-3} = 1.88\ kJ \cdot mol^{-1} > 0$

说明1000 K时，反应非自发

$\Delta_r G_m^{\ominus}(1000\ K) = -RT\ln K^{\ominus} = 1.88\ kJ \cdot mol^{-1}$

$-8.314 \times 1000 \times \ln K^{\ominus} = 1.88 \times 1000$

$K^{\ominus}=0.80$

(3) 要使 $\Delta_r G_m^{\ominus}(T) = \Delta_r H_m^{\ominus}(298\ K) - T\Delta_r S_m^{\ominus}(298\ K) \leqslant 0$

$T \geqslant 1011\ K$

即反应自发进行的最低温度为1011 K。

【评注】采用热力学判断反应的自发性只能说明反应的可能性，而反应能否进行还要考虑其他因素，如反应速率等。

【例题2-7】计算说明汽车尾气中的CO和NO在催化剂表面上反应生成N_2和CO_2在什么温度范围内是自发的，这一反应实际能否发生？

物质	$\Delta_f H_m^\ominus/(kJ \cdot mol^{-1})$	$\Delta_r G_m^\ominus/(kJ \cdot mol^{-1})$	$\Delta_r S_m^\ominus/(J \cdot mol^{-1} \cdot K^{-1})$
CO(g)	−110.525	−137.168	197.674
NO(g)	90.250	86.550	210.761
N_2(g)	0	0	191.610
CO_2(g)	−393.509	−394.359	213.740

解　$NO(g)+CO(g) \longrightarrow \frac{1}{2}N_2(g)+CO_2(g)$

$\Delta_r H_m^\ominus(298\ K)=-393.509+0-90.250-(-110.525)=-373.234\ kJ \cdot mol^{-1}$

$\Delta_r S_m^\ominus(298\ K)=\frac{1}{2}\times 191.610+213.740-210.761-197.674=-98.890\ J \cdot mol^{-1} \cdot K^{-1}$

$\Delta_r G_m^\ominus(T)=\Delta_r H_m^\ominus(298\ K)-T\Delta_r S_m^\ominus(298\ K)\leqslant 0$

$T\leqslant \frac{-373.234\times 10^3}{-98.890}=3774\ K$

温度低于3774 K时，$\Delta_r G_m^\ominus<0$，反应均能自发进行，可以用催化剂实现。

2.2.4　化学反应等温方程式，平衡常数与反应吉布斯自由能变的关系及其应用

【知识要求】能运用范特霍夫(van't Hoff)等温式计算$\Delta_r G_m(T)$、$K^\ominus$，并确定反应自发性。

【评注】等温定压下反应自发性的判据是$\Delta_r G_m(T)<0$，而不是$\Delta_r G_m^\ominus(T)<0$(标准状态下自发性判断依据)，当$\Delta_r G_m(T)$与$\Delta_r G_m(T)$相差不大时，可用$\Delta_r G_m^\ominus(T)$定性估计反应的可能性。

在恒温恒压、任意状态下化学反应的$\Delta_r G_m$和$\Delta_r G_m^\ominus$之间关系符合公式$\Delta_r G_m(T)=\Delta_r G_m^\ominus(T)+RT\ln Q$。其中反应商$Q$的表达式与平衡常数$K^\ominus$的表达式完全一致，不同之处是$Q$表达式中的浓度和分压为任意状态浓度和分压，而$K^\ominus$表达式中的浓度和分压为平衡态的浓度和分压。

【例题2-8】石灰窑的碳酸钙需加热到多少度才能分解(这时，CO_2的分压达到标准压力)？若在一个用真空泵不断抽真空的系统内，系统内的气体压力保持10 Pa，加热到多少度，碳酸钙就能分解？已知热力学数据查表如下：

化合物	$CaCO_3$(s)	CaO(s)	CO_2(g)
$\Delta_r H_m^\ominus/(kJ \cdot mol^{-1})$	−1206.92	−635.09	−393.51
$S_m^\ominus/(J \cdot mol^{-1} \cdot K^{-1})$	92.90	39.75	213.74

解　$CaCO_3(s) \longrightarrow CaO(s)+CO_2(g)$

$\Delta_r H_m^\ominus(298\ K)=-393.51+(-635.09)-(-1206.92)=178.32\ kJ \cdot mol^{-1}$

$\Delta_r S_m^\ominus(298\ K)=213.74+39.75-92.90=160.59\ J \cdot mol^{-1} \cdot K^{-1}$

$\Delta_r G_m^\ominus(T)=\Delta_r H_m^\ominus(298\ K)-T\Delta_r S_m^\ominus(298\ K)\leqslant 0$

$T\geqslant \frac{\Delta_r H_m^\ominus(298\ K)}{\Delta_r S_m^\ominus(298\ K)}=\frac{178.32\times 10^3}{165.59}=1110\ K$

即石灰窑的碳酸钙需加热到1110 K才能分解。

当系统内压力为10 Pa时：

$$\Delta_r G_m(T)=\Delta_r G_m^\ominus(T)+RT\ln Q=\Delta_r H_m^\ominus(298\ \mathrm{K})-T\Delta_r S_m^\ominus(298\ \mathrm{K})+RT\ln\frac{p(CO_2)}{p^\ominus}\leqslant 0$$

$$178.32-T\times 160.59\times 10^{-3}+8.314\times 10^{-3}\times T\times\ln\frac{10}{10^5}\leqslant 0$$

$T\geqslant 752$ K

所以当系统内的气体压力保持10 Pa时，碳酸钙需要加热到752 K才能分解。

【评注】根据$\Delta_r G_m^\ominus$和$K^\ominus$之间的关系式$\Delta_r G_m^\ominus(T)=-RT\ln K^\ominus(T)$，可由$\Delta_r G_m^\ominus(T)$求算反应在某温度条件下的$K^\ominus$。结合范特霍夫(van't Hoff)等温式，根据$\frac{Q}{K^\ominus}$值可判断反应进行的方向，$Q<K^\ominus$反应正向自发进行。

【例题2-9】已知反应$2\ N_2O(g)+3\ O_2(g)\longrightarrow 4\ NO_2(g)$，在298 K、1.00 L的密闭容器中充入1.0 mol NO_2，0.10 mol N_2O和0.10 mol O_2，试判断反应进行的方向。(已知：298 K时$\Delta_f G_m^\ominus(N_2O)=103.60\ \mathrm{kJ\cdot mol^{-1}}$，$\Delta_f G_m^\ominus(NO_2,g)=51.84\ \mathrm{kJ\cdot mol^{-1}}$。)

解　$2\ N_2O(g)+3\ O_2(g)\longrightarrow 4\ NO_2(g)$

$\Delta_r G_m^\ominus(298\ \mathrm{K})=4\times 51.84-2\times 103.60=0.16\ \mathrm{kJ\cdot mol^{-1}}$

$\Delta_r G_m^\ominus(298\ \mathrm{K})=-RT\ln K^\ominus$

得 $K^\ominus=0.937$

由 $pV=nRT$

$$p_i=\frac{RT}{V}n_i=\frac{8.314\times 298}{1}n_i=2477n_i\ \mathrm{kPa}$$

$$Q=\frac{\left[p(N_2O)/p^\ominus\right]^4}{\left[p(N_2O)/p^\ominus\right]^2\left[p(O_2)/p^\ominus\right]^3}=\frac{n(NO_2)^4}{n(N_2O)^2n(O_2)^3}\times\frac{p^\ominus}{2477}=\frac{1.0}{0.1^5}=\frac{100}{2477}=4037$$

$Q>K^\ominus$，所以反应逆向进行。

2.2.5　化学平衡移动方向的判断

【知识要求】掌握标准平衡常数的表示方法和多重平衡规则，掌握浓度、压力、温度对化学平衡的影响，能运用范特霍夫(van't Hoff)方程进行$\Delta_r G_m^\ominus(T)$、$K^\ominus$的相关计算，化学平衡移动方向的判断及平衡转化率的计算。

【评注】化学反应限度可以用化学平衡常数进行描述。平衡常数有实验平衡常数(K_c、K_p)和标准平衡常数($K^\ominus$)。$K_p=K_c(RT)^{\Sigma\nu}$；对于溶液中进行的反应，由于$c^\ominus=1.0\ \mathrm{mol\cdot L^{-1}}$，$K_c=K^\ominus$；对于用压力表示的气相反应，由于$p^\ominus=100\ \mathrm{kPa}$，$K_p=p^{\ominus\Sigma\nu}K^\ominus$。

平衡常数是化学反应的特征常数，与浓度、分压无关，与温度有关，是温度的函数。根据K的大小可以判断反应进行的程度，估计反应的可能性。平衡常数越大，表示正反应进行程度越大，往往转化率α也较大。

如果某化学反应是由多个相同条件下的化学反应相加(或相减)而成，则总反应的平衡常数等于各反应平衡常数之积(或商)(多重平衡规则)。

【例题2-10】在298 K时已知下列反应的K_c：

$CoO(s)+H_2(g)\rightleftharpoons Co(s)+H_2O(g)$　　$K_{c1}=40$　　(1)

$CoO(s)+CO(g)\rightleftharpoons Co(s)+CO_2(g)$　　$K_{c2}=30$　　(2)

$H_2O(l) \rightleftharpoons H_2O(g)$ K_{c3}=20 mol·L^{-1} (3)

求该温度下，反应 $CO_2(g) + H_2(g) \rightleftharpoons CO(g) + H_2O(l)$ 的平衡常数 K_c______，K_p______，$K^\ominus$ ______。

解 由反应(1)-(2)-(3)得反应 $CO_2(g) + H_2(g) \rightleftharpoons CO(g) + H_2O(l)$

$$K_c = \frac{K_{c1}}{K_{c2} \cdot K_{c3}} = \frac{40}{30 \times 20} = 0.067\ \mathrm{L \cdot mol^{-1}}$$

$$K_p = \frac{p(CO)}{p(CO_2) \cdot p(H_2)} = \frac{c(CO) \cdot RT}{c(CO_2) \cdot RT \cdot c(H_2) \cdot RT} = \frac{K_c}{RT} = \frac{0.067}{8.314 \times 298} = 2.7 \times 10^{-5}\ \mathrm{kPa^{-1}}$$

$$K^\ominus = \frac{p(CO)/p^\ominus}{\left[p(CO_2)/p^\ominus\right] \cdot \left[p(H_2)/p^\ominus\right]} = K_p \cdot p^\ominus = 2.7 \times 10^{-5} \times 100 = 2.7 \times 10^{-3}$$

【评注】可以根据化学平衡常数的定义，计算反应达到平衡时各反应物与产物的浓度(或分压)，并计算出某反应物的转化率。一般的解题思路是：(1)写出并配平化学方程式；(2)设初始浓度；(3)设平衡转化率；(4)根据方程式确定平衡浓度或分压；(5)代入平衡常数公式求解。

【例题2-11】通过热力学研究求得反应 $CO(g) + \frac{1}{2}O_2(g) \rightleftharpoons CO_2(g)$ 在1600 ℃下的 K_c 约为 1×10^4。经测定，汽车尾气中CO和CO_2气体的浓度分别为 4.0×10^{-5} mol·L^{-1}和 4.0×10^{-4} mol·L^{-1}。若在汽车的排气管上增加一个1600 ℃的补燃器，并使其中的氧气浓度始终保持 4.0×10^{-4} mol·L^{-1}，求CO的平衡浓度和补燃转化率。

解 设消耗的CO为x mol·L^{-1}：

	$CO(g)$	+ $\frac{1}{2}O_2(g)$	$\rightleftharpoons$ $CO_2(g)$
起始浓度/(mol·L^{-1})	4.0×10^{-5}	4.0×10^{-4}	4.0×10^{-4}
补燃后平衡浓度/(mol·L^{-1})	$4.0 \times 10^{-5} - x$	4.0×10^{-4}	$4.0 \times 10^{-4} + x$

$$K_c = \frac{c(CO_2)}{c(CO)c(O_2)^{\frac{1}{2}}} = \frac{4.0 \times 10^{-4} + x}{(4.0 \times 10^{-5} - x)(4 \times 10^{-4})^{\frac{1}{2}}} = 1 \times 10^4$$

$x = 3.8 \times 10^{-5}$ mol·L^{-1}

CO的平衡浓度：$c(CO) = 4.0 \times 10^{-5} - 3.8 \times 10^{-5} = 2.0 \times 10^{-6}$ mol·L^{-1}

补燃转化率：$\alpha = \frac{x}{4.0 \times 10^{-5}} = \frac{3.8 \times 10^{-5}}{4.0 \times 10^{-5}} \times 100\% = 95\%$

【评注】根据 $\frac{Q}{K^\ominus}$ 判据规则，当 $Q = K^\ominus$ 时反应达到平衡状态。化学平衡是相对的、有条件的，如果改变条件，使 $Q \neq K^\ominus$，就会引起平衡移动，直至建立新的平衡。(1)改变反应物或产物的分压(或浓度)，会引起Q值变化，使 $Q \neq K^\ominus$，平衡发生移动；(2)改变温度，会引起 $K^\ominus$ 值变化，使 $Q \neq K^\ominus$，平衡发生移动。$Q < K^\ominus$，平衡向右移动，反之左移：

温度变化对平衡常数的影响可用van't Hoff方程式表示：

$$\ln\frac{K_2^\ominus}{K_1^\ominus} = \frac{\Delta_r H_m^\ominus(298.15\ \mathrm{K})}{R}\left(\frac{1}{T_1} - \frac{1}{T_2}\right)$$

当已知化学反应的 $\Delta_r H_m^\ominus$ 值，只要已知某一温度 T_1 的 $K_1^\ominus$，可求另一温度 T_2 的 $K_2^\ominus$；当已知不同温度的 $K^\ominus$ 值时，还可求得反应的 $\Delta_r H_m^\ominus$。

【例题2-12】已知 $CaCO_3(s) \rightleftharpoons CaO(s) + CO_2(g)$ 在973 K时，$K^\ominus = 3.00 \times 10^{-2}$，在1173 K时，$K^\ominus = 1.00$，问：

(1)上述反应是吸热反应还是放热反应?

(2)该反应的$\Delta_r H_m^\ominus$是多少?

解 (1)温度升高,平衡常数增大,可以判断反应为吸热反应。

(2)根据Von't Hoff方程:$\ln\frac{K_2^\ominus}{K_1^\ominus}=\frac{\Delta_r H_m^\ominus(298.15\ \text{K})}{R}\left(\frac{1}{T_1}-\frac{1}{T_2}\right)$

$$\ln\frac{1.00}{3.00\times10^{-2}}=\frac{\Delta_r H_m^\ominus(298.15\ \text{K})}{8.314}\left(\frac{1}{973}-\frac{1}{1173}\right)$$

$\Delta_r H_m^\ominus=1.66\times10^5\ \text{J}\cdot\text{mol}^{-1}=166\ \text{kJ}\cdot\text{mol}^{-1}$

$\Delta_r H_m^\ominus>0$,亦可判断此反应为吸热反应。

2.2.6 反应速率

【知识要求】理解化学反应速率的概念及速率理论,能进行反应速率方程的确定,能运用阿累尼乌斯公式进行反应的活化能、速率常数及温度的计算。

【评注】化学反应速率首先取决于反应物的内部因素,对于某一指定的化学反应,其反应速率则与浓度、压力、温度、催化剂等外部因素有关。

通常由速率方程定量地描述反应物浓度对反应速率的影响。对反应$a\ \text{A}+b\ \text{B}\rightarrow y\ \text{Y}+z\ \text{Z}$,其反应速率方程通式可表示为:$v=kc(\text{A})^\alpha c(\text{B})^\beta$,$\alpha$、$\beta$分别称为反应物A和B的反应级数,体现了浓度、压力对反应速率的影响。

基元反应的速率方程可以由质量作用定律直接写出($\alpha=a$,$\beta=b$);复杂反应的速率方程可由实验数据推出,一般先写出反应速率方程通式$v=kc(\text{A})^\alpha c(\text{B})^\beta$,再根据反应物的起始浓度和初始速度确定速率方程通式中的指数项α、β,最后求出速率常数。

速率常数k是温度的函数,不同的反应有不同的k值,体现了温度对反应速率的影响。阿累尼乌斯公式$\ln k=\ln A-\frac{E_a}{RT}$反映了温度、活化能对反应速率常数的影响,据此得出如下重要结论:(1)k和T成指数关系,T的微小改变将会使k值发生相对很大的变化,同一反应E_a一定,T升高,k增大,反应速率加快;(2)k和E_a成指数关系,同一温度下,E_a大的反应,k值小,反应速率慢;(3)升高温度对慢反应(E_a较大的反应)更为敏感;(4)对同一反应,升高相同温度,在低温区k值增大的倍数较在高温区k值增大的倍数大,在较低温度下进行的反应,采用加热的方法来提高反应速率更有效。

利用阿累尼乌斯公式$\ln\frac{k_2}{k_1}=\frac{E_a}{R}\left(\frac{1}{T_1}-\frac{1}{T_2}\right)$可以进行不同温度下的速率常数与活化能之间的计算。

【例题2-13】实验测得某化学反应$a\ \text{A}+b\ \text{B}+d\ \text{D}\longrightarrow$产物,在300 K时,速率数据如下:

序号	A浓度/(mol·L^{-1})	B浓度/(mol·L^{-1})	D浓度/(mol·L^{-1})	起始速率/(mol·L^{-1}·s^{-1})
1	1.0	1.0	1.0	2.4×10^{-3}
2	2.0	1.0	1.0	2.4×10^{-3}
3	1.0	2.0	1.0	4.8×10^{-3}
4	1.0	1.0	2.0	9.6×10^{-3}

(1)写出该反应的速率方程,反应级数是多少?

(2)计算反应在300 K时的速率常数k。

(3)在300 K时，当$c_0(A) = 1.5\ mol \cdot L^{-1}$, $c_0(B) = 0.5\ mol \cdot L^{-1}$, $c_0(D) = 2.0\ mol \cdot L^{-1}$时，其初速率为多少？

(4)已知，此反应在$T = 400$ K时，其速率常数$k = 1.0 \times 10^{-1}\ L^2 \cdot mol^{-2} \cdot s^{-1}$，求反应活化能。

解　(1) $v = kc(A)^{\alpha} c(B)^{\beta} c(D)^{\gamma}$

由实验1、2数据得：$\alpha=0$，可见，对反应物A为零级反应；

由实验1、3数据得：$\beta=1$，可见，对反应物B为1级反应；

由实验1、4数据得：$\gamma=2$，可见，对反应物D为2级反应；

该反应速率方程式应为$v = kc(B)\,c(D)^2$，为3级反应。

(2) 将实验1数据代入速率方程：$v = kc(B)\,c(D)^2$

$$k = \frac{v}{c(D)^2 c(B)} = \frac{2.4 \times 10^{-3}}{1.0^2 \times 1.0} = 2.4 \times 10^{-3}\ L^2 \cdot mol^{-2} \cdot s^{-1}$$

(3) $v = k\,c(B)\,c(D)^2 = 2.4 \times 10^{-3} \times 0.5 \times 2.0^2 = 4.8 \times 10^{-3}\ mol \cdot L^{-1} \cdot s^{-1}$

(4)已知$T_1 = 300$ K, $k_1 = 2.4 \times 10^{-3}\ L^2 \cdot mol^{-2} \cdot s^{-1}$；$T_2 = 400$ K, $k_2 = 1.0 \times 10^{-1}\ L^2 \cdot mol^{-2} \cdot s^{-1}$

根据 $\ln\frac{k_2}{k_1} = \frac{E_a}{R}\left(\frac{1}{T_1} - \frac{1}{T_2}\right)$得：

$$E_a = R\frac{T_1 T_2}{T_2 - T_1}\ln\frac{k_2}{k_1} = 8.314 \times 10^{-3} \times \frac{300 \times 400}{400 - 300} \times \ln\frac{1.0 \times 10^{-1}}{2.4 \times 10^{-3}} = 37.2\ kJ \cdot mol^{-1}$$

【评注】催化剂是通过改变反应途径来改变活化能，从而影响反应速率。但催化剂不能改变反应的始态和终态，也就是不能改变反应的焓变、方向和限度，即不改变平衡。反应动力学参数E_a和热力学参数$\Delta_r H_m$之间的关系是：$\Delta_r H_m = E_{a正} - E_{a逆}$。

【例题2-14】当T为298 K时，反应$2\,N_2O(g) \longrightarrow 2\,N_2(g) + O_2(g)$的$\Delta_r H_m^{\ominus} = -164.1\ kJ \cdot mol^{-1}$，$E_a = 240\ kJ \cdot mol^{-1}$。该反应采用$Cl_2$催化，催化反应的$E_a = 140\ kJ \cdot mol^{-1}$。催化后反应速率提高了多少倍？催化反应的逆反应活化能是多少？

解　假定催化与非催化反应的A相同，反应速率提高的倍数即k增大的倍数。

$$\ln k_2 = \ln A - \frac{E_{a2}}{RT},\quad \ln k_1 = \ln A - \frac{E_{a1}}{RT}$$

两式相减，$\ln\frac{k_2}{k_1} = \frac{E_{a1}}{RT} - \frac{E_{a2}}{RT}$

当T为298 K时，$\ln\frac{k_2}{k_1} = \frac{1}{8.314 \times 298} \times (240-140) \times 10^3 = 40.36$

$\frac{k_2}{k_1} = 3.4 \times 10^{17}$，即反应速率提高$3.4 \times 10^{17}$倍

由于反应被催化后，$\Delta_r H_m^{\ominus}$不变，根据 $\Delta_r H_m^{\ominus} = E_{a正} - E_{a逆}$

$E_{a逆} = E_{a正} - \Delta_r H_m^{\ominus} = 140 - (-164.1) = 304.1\ kJ \cdot mol^{-1}$

【评注】若一个反应由许多基元反应组成，其中慢反应过程为控速步，总反应速率方程由该步速率方程决定。但一个基元过程中产生的中间体不能出现在总速率方程中，若该机理涉及一个快速可逆平衡和紧随其后的一个慢步骤，中间体一旦在慢步骤中被消耗，立即会从快速可逆平衡反应中得到补充。

【例题2-15】假定反应$2\,NO(g) + O_2(g) \longrightarrow 2\,NO_2(g)$由下列两步组成：

$$2\,NO(g) \underset{k_2}{\overset{k_1}{\rightleftharpoons}} N_2O_2(g) \qquad (快步骤)$$

$N_2O_2(g) + O_2(g) \xrightarrow{k_3} 2\,NO_2(g)$　　（慢步骤）

推断其反应速率方程。

解　第一步是个快速平衡，N_2O_2在第二步这个慢步骤中被消耗。反应的速率方程由该慢步骤(控速步)的速率方程决定，即:

$v = k_3\,c(N_2O_2)c(O_2)$

为了使N_2O_2这个中间体从速率方程中消去，需要假定第一步的快速可逆反应能够满足稳态条件，即反应过程中快速达到平衡，N_2O_2 的生成速率始终等于消耗速率。由于控速步消耗N_2O_2的速率很慢，N_2O_2浓度几乎在整个反应过程中维持恒定。根据稳态假设，可以用NO浓度表达N_2O_2浓度:

$\Delta c(N_2O_2)/\Delta t$ = N_2O_2的生成速率+N_2O_2的消耗速率= 0

(N_2O_2的生成速率) = −(N_2O_2的消耗速率)

$k_1c(NO)^2 = k_2c(N_2O_2)$

得到用NO浓度表达的N_2O_2浓度:$c(N_2O_2) = (k_1/k_2)c(NO)^2$

将它代入控速步的速率方程，并将k_1k_3/k_2 合并为一个常数k，则可得到反应速率方程为:

$v = (k_1k_3/k_2)\,c(NO)^2c(O_2) = k\,c(NO)^2c(O_2)$

【评注】化学热力学用于确定一个化学反应在给定条件下能否自发进行及进行的程度、反应物的转化率；化学动力学用于确定一个能够发生的反应在给定条件下反应进行的快慢及如何改变条件能动地控制反应速率。

在实际生产中，必须同时兼顾化学平衡和反应速率两方面的问题，选择最合理的生产工艺条件(包括浓度的确定、压力的确定、温度的确定及选择高活性催化剂)。

【例题2-16】已知 $H_2(g) + \frac{1}{2}O_2(g) = H_2O(g)$，$\Delta_r G_m^\ominus = -228.6\ kJ\cdot mol^{-1}$，说明该反应在室温下反应的可能性很大，但为什么实际上几乎不反应？常采用什么措施使之反应？

解　从热力学考虑，$\Delta_r G_m^\ominus = -228.6\ kJ\cdot mol^{-1}$，反应的可能性很大，但还得考虑动力学，因为反应活化能太大，反应速率慢，因此，实际上该反应几乎不进行。采取措施包括见光或点燃，使用催化剂。

【例题2-17】由锡石(SnO_2)冶炼金属锡(Sn)有以下三种方法，请从热力学原理讨论应推荐哪一种方法。实际上应用什么方法更好？为什么？

(1)$SnO_2(s) \longrightarrow Sn(s) + O_2(g)$

(2)$SnO_2(s) + C(s) \longrightarrow Sn(s) + CO_2(g)$

(3)$SnO_2(s) + 2\,H_2(g) \longrightarrow Sn(s) + 2\,H_2O(g)$

解　(1)$SnO_2(s) \longrightarrow Sn(s) + O_2(g)$　$\Delta_r G_m^\ominus = 519.6\ kJ\cdot mol^{-1}$　在298 K，标准状态时此反应不能自发进行

$\Delta_r H_m^\ominus(298\ K) = 580.7\ kJ\cdot mol^{-1}$　$\Delta_r S_m^\ominus(298\ K) = 240.4\ J\cdot mol^{-1}\cdot K^{-1}$

由 $\Delta_r G_m^\ominus(T) = \Delta_r H_m^\ominus(298\ K) - T\Delta_r S_m^\ominus(298\ K) \leqslant 0$

得 $T > 2416$ K时自发进行

(2)$SnO_2(s) + C(s) \longrightarrow Sn(s) + CO_2(g)$　$\Delta_r G_m^\ominus = 125.2\ kJ\cdot mol^{-1}$　在298 K时此反应不能自发进行

$\Delta_r H_m^\ominus(298\ K) = 187.2\ kJ\cdot mol^{-1}$　$\Delta_r S_m^\ominus(298\ K) = 207.3\ J\cdot mol^{-1}\cdot K^{-1}$

由 $\Delta_r G_m^\ominus(T) = \Delta_r H_m^\ominus(298\ K) - T\Delta_r S_m^\ominus(298\ K) \leqslant 0$

得$T>903$ K时自发进行

(3)$SnO_2(s)+2H_2(g)\longrightarrow Sn(s)+2H_2O(g)$　$\Delta_r G_m^\ominus=62.46\ kJ\cdot mol^{-1}$　在298 K时此反应不能自发进行

$\Delta_r H_m^\ominus(298\ K)=97.1\ kJ\cdot mol^{-1}$　$\Delta_r S_m^\ominus(298\ K)=115.55\ J\cdot mol^{-1}\cdot K^{-1}$

由$\Delta_r G_m^\ominus(T)=\Delta_r H_m^\ominus(298\ K)-T\Delta_r S_m^\ominus(298\ K)\leqslant 0$

得$T>841$ K时自发进行

比较(1)、(2)、(3)可知：反应(1)需要温度很高；反应(3)需要温度最低，但是使用H_2设备复杂，成本高；反应(2)所需要温度稍高于(3)，但使用C作还原剂，经济安全，工业上就用此法。

2.3 课后习题选解

2-1 选择题

1. 下列物理量中，属于状态函数的是（D）

A. $\Delta_r H_m^\ominus$　B. Q　C. $\Delta_r G_m^\ominus$　D. $S_m^\ominus$

2. 将固体NH_4NO_3溶于水中，溶液变冷，则该过程的ΔG, ΔH, ΔS的符号依次是（D）

A. +,−,−　B. +,+,−　C. −,+,−　D. −,+,+

3. 298 K时$C(s)+CO_2(g)\longrightarrow 2CO(g)$的$\Delta_r H_m^\ominus$为$a$ $kJ\cdot mol^{-1}$，则在定温定压下，该反应的$\Delta_r U_m^\ominus$等于（B）

A. a $kJ\cdot mol^{-1}$　B. $(a-2.48)$ $kJ\cdot mol^{-1}$　C. $(a+2.48)$ $kJ\cdot mol^{-1}$　D. $-a$ $kJ\cdot mol^{-1}$

4. 下列反应中，反应的$\Delta_r H_m^\ominus$等于产物的$\Delta_f H_m^\ominus$的是（D）

A. $2H_2(g)+O_2(g)\longrightarrow 2H_2O(l)$　B. $NO(g)+\frac{1}{2}O_2(g)\longrightarrow NO_2(g)$

C. C(金刚石)$\longrightarrow$C(石墨)　D. $H_2(g)+\frac{1}{2}O_2(g)\longrightarrow H_2O(l)$

5. 下列叙述中错误的是（C）

A. 所有物质的燃烧焓$\Delta_c H_m^\ominus<0$

B. $\Delta_c H_m^\ominus(H_2, g, T)=\Delta_f H_m^\ominus(H_2O, l, T)$

C. 所有单质的生成焓$\Delta_f H_m^\ominus=0$

D. 通常同类型化合物的$\Delta_f H_m^\ominus$越小，该化合物越不易分解为单质

6. 恒压下，某化学反应在任意温度下均能自发进行，该反应满足的条件是（D）

A. $\Delta_r H_m>0$, $\Delta_r S_m<0$　B. $\Delta_r H_m<0$, $\Delta_r S_m<0$

C. $\Delta_r H_m>0$, $\Delta_r S_m>0$　D. $\Delta_r H_m<0$, $\Delta_r S_m>0$

7. 温度为25 ℃时，1 mol液态的苯完全燃烧，生成$CO_2(g)$和$H_2O(l)$，则该反应的$\Delta_r H_m^\ominus$与$\Delta_r U_m^\ominus$的差值为（C）

A. $3.72\ kJ\cdot mol^{-1}$　B. $7.44\ kJ\cdot mol^{-1}$　C. $-3.72\ kJ\cdot mol^{-1}$　D. $-7.44\ kJ\cdot mol^{-1}$

8. 下列热力学函数的数值等于零的是（C）

A. $S_m^\ominus(O_2, g, 298\ K)$　B. $\Delta_f G_m^\ominus(I_2, g, 298\ K)$

C. $\Delta_f G_m^\ominus(P_4, s, 298\ K)$　D. $\Delta_f H_m^\ominus$(金刚石, s, 298 K)

9. 常压下将1.0 L气体的温度从0 ℃变到273 ℃，其体积将变为（D）

A. 0.5 L　B. 1.0 L　C. 1.5 L　D. 2.0 L

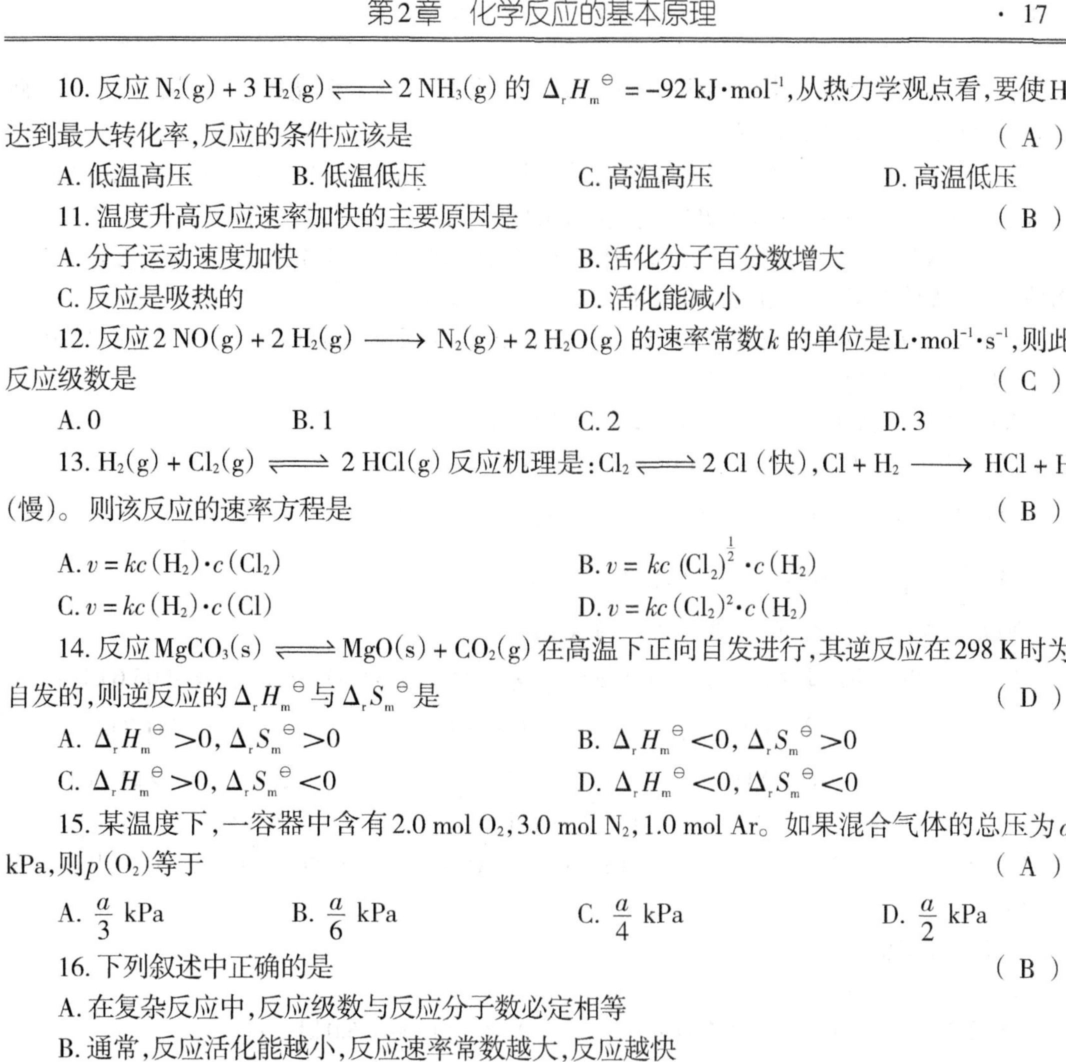

10. 反应 $N_2(g) + 3\,H_2(g) \rightleftharpoons 2\,NH_3(g)$ 的 $\Delta_r H_m^\ominus = -92\ kJ\cdot mol^{-1}$，从热力学观点看，要使 H_2 达到最大转化率，反应的条件应该是　（ A ）

A. 低温高压　　B. 低温低压　　C. 高温高压　　D. 高温低压

11. 温度升高反应速率加快的主要原因是　（ B ）

A. 分子运动速度加快　　B. 活化分子百分数增大

C. 反应是吸热的　　D. 活化能减小

12. 反应 $2\,NO(g) + 2\,H_2(g) \longrightarrow N_2(g) + 2\,H_2O(g)$ 的速率常数 k 的单位是 $L\cdot mol^{-1}\cdot s^{-1}$，则此反应级数是　（ C ）

A. 0　　B. 1　　C. 2　　D. 3

13. $H_2(g) + Cl_2(g) \rightleftharpoons 2\,HCl(g)$ 反应机理是：$Cl_2 \rightleftharpoons 2\,Cl$（快），$Cl + H_2 \longrightarrow HCl + H$（慢）。则该反应的速率方程是　（ B ）

A. $v = kc(H_2)\cdot c(Cl_2)$　　B. $v = kc(Cl_2)^{\frac{1}{2}}\cdot c(H_2)$

C. $v = kc(H_2)\cdot c(Cl)$　　D. $v = kc(Cl_2)^2\cdot c(H_2)$

14. 反应 $MgCO_3(s) \rightleftharpoons MgO(s) + CO_2(g)$ 在高温下正向自发进行，其逆反应在298 K时为自发的，则逆反应的 $\Delta_r H_m^\ominus$ 与 $\Delta_r S_m^\ominus$ 是　（ D ）

A. $\Delta_r H_m^\ominus > 0$, $\Delta_r S_m^\ominus > 0$　　B. $\Delta_r H_m^\ominus < 0$, $\Delta_r S_m^\ominus > 0$

C. $\Delta_r H_m^\ominus > 0$, $\Delta_r S_m^\ominus < 0$　　D. $\Delta_r H_m^\ominus < 0$, $\Delta_r S_m^\ominus < 0$

15. 某温度下，一容器中含有2.0 mol O_2，3.0 mol N_2，1.0 mol Ar。如果混合气体的总压为 a kPa，则 $p(O_2)$ 等于　（ A ）

A. $\frac{a}{3}$ kPa　　B. $\frac{a}{6}$ kPa　　C. $\frac{a}{4}$ kPa　　D. $\frac{a}{2}$ kPa

16. 下列叙述中正确的是　（ B ）

A. 在复杂反应中，反应级数与反应分子数必定相等

B. 通常，反应活化能越小，反应速率常数越大，反应越快

C. 加入催化剂，使 $E_{a正}$ 和 $E_{a逆}$ 减小相同倍数

D. 反应温度升高，活化分子百分数降低，反应加快

2-2 填空题

1. 催化剂能加快反应速率的主要原因是降低了反应活化能，使活化分子百分数增大。

2. 已知反应 $CO(g) + 2\,H_2(g) \rightleftharpoons CH_3OH(g)$ 的 $K^\ominus(523\ K) = 2.33\times10^{-3}$，$K^\ominus(548\ K) = 5.42\times10^{-4}$，则该反应是放热反应。当平衡后将体系容积压缩，增大压力时，平衡向正反应方向移动；加入催化剂后平衡将不移动。

3. 反应① $C(s) + O_2(g) \longrightarrow CO_2(g)$，② $2\,CO(g) + O_2(g) \longrightarrow 2\,CO_2(g)$，③ $NH_4Cl(s) \longrightarrow NH_3(g) + HCl(g)$，④ $CaCO_3(s) \longrightarrow CaO(s) + CO_2(g)$，按 $\Delta_r S_m^\ominus$ 减小的顺序为③>④>①>②。

4. 某可逆反应 $A(g) + B(g) \rightleftharpoons 2\,C(g)$ 的 $\Delta_r H_m^\ominus < 0$，平衡时，若改变下述各项条件，试将其他各项发生的变化填入下表：

改变条件	$v_正$	$k_正$	$K^\ominus$	$E_{a正}$	平衡移动方向
增加B的分压	增大	不变	不变	不变	正向
增加C的浓度	不变	不变	不变	不变	逆向
升高温度	增大	增大	减小	基本不变	逆向
使用正催化剂	增大	增大	不变	减小	不移动

5. 对于吸热可逆反应来说，温度升高时，其反应速率常数$k_{正}$将<u>增大</u>，$k_{逆}$将<u>增大</u>，标准平衡常数$K^{\ominus}$将<u>增大</u>，该反应的$\Delta_r G_m^{\ominus}$将<u>变小</u>。

6. 一氧化碳被二氧化氮氧化反应的推荐机理是：① $NO_2 + NO_2 \longrightarrow NO_3 + NO$（慢）；② $NO_3 + CO \longrightarrow NO_2 + CO_2$（快），则此反应的速率方程式为<u>$v = kc(NO_2)^2$</u>。

7. 某一级反应的半衰期$t_{1/2} = 1.50$ h，则该反应的速率常数k等于<u>$1.28 \times 10^{-4}\ s^{-1}$</u>；若此反应中物种A的浓度降低至初始浓度的30%，则所需时间为<u>2.61 h</u>。

8. 在常温常压下，HCl(g)的生成焓为$-92.3\ kJ\cdot mol^{-1}$，生成反应的活化能为$113\ kJ\cdot mol^{-1}$，则其逆反应的活化能为<u>205.3</u> $kJ\cdot mol^{-1}$。

9. 已知在一定温度下，下列反应及其标准平衡常数为：

(1) $4\,HCl(g) + O_2(g) \rightleftharpoons 2\,Cl_2(g) + 2\,H_2O(g) \qquad K_1^{\ominus}$

(2) $2\,HCl(g) + \frac{1}{2}O_2(g) \rightleftharpoons Cl_2(g) + H_2O(g) \qquad K_2^{\ominus}$

(3) $\frac{1}{2}Cl_2(g) + \frac{1}{2}H_2O(g) \rightleftharpoons HCl(g) + \frac{1}{4}O_2(g) \qquad K_3^{\ominus}$

则$K_1^{\ominus}$、$K_2^{\ominus}$、$K_3^{\ominus}$之间的关系是<u>$K_1^{\ominus} = (K_2^{\ominus})^2 = (K_3^{\ominus})^{-4}$</u>。

10. 已知298 K时：① $4\,NH_3(g) + 5\,O_2(g) \longrightarrow 4\,NO(g) + 6\,H_2O(g)$ $\Delta_r H_m^{\ominus} = -905.6\ kJ\cdot mol^{-1}$

② $H_2(g) + \frac{1}{2}O_2(g) \longrightarrow H_2O(g)$ $\Delta_r H_m^{\ominus} = -241.8\ kJ\cdot mol^{-1}$

③ $2\,NH_3(g) \longrightarrow N_2(g) + 3\,H_2(g)$ $\Delta_r H_m^{\ominus} = 92.2\ kJ\cdot mol^{-1}$

则$\Delta_f H_m^{\ominus}$(NH$_3$, g, 298 K)等于<u>-46.1</u> $kJ\cdot mol^{-1}$；$\Delta_f H_m^{\ominus}$(H$_2$O, g, 298 K)等于<u>-241.8</u> $kJ\cdot mol^{-1}$；$\Delta_f H_m^{\ominus}$(NO, g, 298 K)等于<u>90.2</u> $kJ\cdot mol^{-1}$；由$NH_3(g)$生产1.00 kg NO(g)，则放出热量为<u>7.55×10^3 kJ</u>。

2-3 计算题

1. 已知下列数据：

(1) $2\,Zn(s) + O_2(g) \longrightarrow 2\,ZnO(s)$ $\Delta_r H_m^{\ominus}(1) = -696.0\ kJ\cdot mol^{-1}$

(2) S(斜方) $+ O_2(g) \longrightarrow SO_2(g)$ $\Delta_r H_m^{\ominus}(2) = -296.9\ kJ\cdot mol^{-1}$

(3) $2\,SO_2(g) + O_2(g) \longrightarrow 2\,SO_3(g)$ $\Delta_r H_m^{\ominus}(3) = -196.6\ kJ\cdot mol^{-1}$

(4) $ZnSO_4(s) \longrightarrow ZnO(s) + SO_3(g)$ $\Delta_r H_m^{\ominus}(4) = 235.4\ kJ\cdot mol^{-1}$

求$ZnSO_4(s)$的标准生成焓。

解 $Zn(s) + \frac{1}{2}O_2(g) \longrightarrow ZnO(s)$ $\frac{1}{2}\Delta_r H_m^{\ominus}(1)$

S(斜方) $+ O_2(g) \longrightarrow SO_2(g)$ $\Delta_r H_m^{\ominus}(2)$

$SO_2(g) + \frac{1}{2}O_2(g) \longrightarrow SO_3(g)$ $\frac{1}{2}\Delta_r H_m^{\ominus}(3)$

+) $ZnO(s) + SO_3(g) \longrightarrow ZnSO_4(s)$ $-\Delta_r H_m^{\ominus}(4)$

S(斜方) $+ 2\,O_2(g) + Zn(s) \longrightarrow ZnSO_4(s)$ $\Delta_f H_m^{\ominus}(ZnSO_4, s) = ?$

$$\Delta_f H_m^{\ominus}(ZnSO_4, s) = \frac{1}{2}\Delta_r H_m^{\ominus}(1) + \Delta_r H_m^{\ominus}(2) + \frac{1}{2}\Delta_r H_m^{\ominus}(3) + (-\Delta_r H_m^{\ominus}(4)) = -978.6\ kJ\cdot mol^{-1}$$

2. 油酸甘油酯在人体中代谢时发生下列反应：

$C_{57}H_{106}O_6(s) + 80\,O_2(g) \longrightarrow 57\,CO_2(g) + 52\,H_2O(l)$，其$\Delta_r H_m^{\ominus} = -3.35 \times 10^4\ kJ\cdot mol^{-1}$。消耗这种脂肪1 kg时，反应进度是多少？将有多少热量释放出？

解 $\xi=\dfrac{\Delta n(C_{57}H_{106}O_6)}{\nu(C_{57}H_{106}O_6)}=\dfrac{-1000/886}{-1}=1.13\ \text{mol}$

$\Delta_r H=\xi\cdot\Delta_r H_m^{\ominus}=1.13\times(-3.35\times10^4)=-3.79\times10^4\ \text{kJ}$

即反应进度是1.13 mol，将有3.79×10^4 kJ热量释放出。

3. 通常采用的制高纯镍的方法是将粗镍在323 K与CO反应，生成的$Ni(CO)_4$经提纯后在约473 K分解得到高纯镍。

$$Ni(s)+4\,CO(g)\underset{473\ K}{\overset{323\ K}{\rightleftharpoons}}Ni(CO)_4(l)$$

已知反应的$\Delta_r H_m^{\ominus}=-161\ \text{kJ}\cdot\text{mol}^{-1}$，$\Delta_r S_m^{\ominus}=-420\ \text{J}\cdot\text{mol}^{-1}\cdot\text{K}^{-1}$。试分析该方法提纯镍的合理性。

解　$\Delta_r H_m^{\ominus}<0$，$\Delta_r S_m^{\ominus}<0$，故反应在高温下逆向自发，低温下正向自发。

$\Delta_r G_m^{\ominus}=\Delta_r H_m^{\ominus}-T\Delta_r S_m^{\ominus}=0$

$$T_{转}=\frac{\Delta_r H_m^{\ominus}}{\Delta_r S_m^{\ominus}}=\frac{-161}{-420\times10^{-3}}=383\ \text{K}$$

所以当$T<383$ K时，反应正向自发进行；当$T>383$ K时，反应逆向自发进行。粗镍在323 K与CO反应能生成$Ni(CO)_4$，$Ni(CO)_4$为液态，很容易与反应物分离。$Ni(CO)_4$在473 K分解可得到高纯镍。因此，上述制高纯镍的方法是合理的。

4. 计算298 K时反应$2\,NO(g)+Br_2(g)\rightleftharpoons2\,NOBr(g)$的$\Delta_r G_m^{\ominus}$，并判断反应进行的方向。若各组分的分压分别为$p(NO)=4$ kPa，$p(Br_2)=100$ kPa，$p(NOBr)=80$ kPa，计算$\Delta_r G_m$，并判断反应进行的方向。（已知：298 K时，$\Delta_f G_m^{\ominus}(NO,g)=87.6\ \text{kJ}\cdot\text{mol}^{-1}$；$\Delta_f G_m^{\ominus}(Br_2,g)=3.1\ \text{kJ}\cdot\text{mol}^{-1}$；$\Delta_f G_m^{\ominus}(NOBr,g)=83.4\ \text{kJ}\cdot\text{mol}^{-1}$。）

解　标准状态下，$\Delta_r G_m^{\ominus}=2\times83.4-2\times87.6-3.1=-11.5\ \text{kJ}\cdot\text{mol}^{-1}$

$\Delta_r G_m^{\ominus}<0$，所以反应正向进行

非标准状态下，$\Delta_r G_m=\Delta_r G_m^{\ominus}+RT\ln Q$

$$Q=\frac{[p(NOBr)/p^{\ominus}]^2}{[p(NO)/p^{\ominus}]^2[p(Br_2)/p^{\ominus}]}=\frac{[80/100]^2}{[4/100]^2[100/100]}=400$$

$\Delta_r G_m=-11.5+8.314\times10^{-3}\times298\times\ln400=3.3\ \text{kJ}\cdot\text{mol}^{-1}$

$\Delta_r G_m>0$，所以反应逆向自发进行

5. 在一弹式热量计中完全燃烧0.30 mol $H_2(g)$生成$H_2O(l)$，热量计中的水温升高5.212 K；将2.345 g正癸烷$C_{10}H_{22}(l)$完全燃烧，使热量计中的水温升高6.862 K。已知$H_2O(l)$的标准摩尔生成焓为$-285.8\ \text{kJ}\cdot\text{mol}^{-1}$，求正癸烷的燃烧热。（提示：弹式热量计中的燃烧反应为恒容反应。）

解　$H_2(g)+\frac{1}{2}O_2(g)\longrightarrow H_2O(l)$　　$\Delta_r H_m^{\ominus}=\Delta_f H_m^{\ominus}(H_2O,l)=-285.8\ \text{kJ}\cdot\text{mol}^{-1}$

$C_{10}H_{22}(l)+\frac{31}{2}O_2(g)\longrightarrow11\,H_2O(l)+10\,CO_2(g)$　　$\Delta_r H_m^{\ominus}=\Delta_c H_m^{\ominus}(C_{10}H_{22},l)$

$\Delta_f H_m^{\ominus}(H_2O,l):\Delta_c H_m^{\ominus}(C_{10}H_{22},l)=5.212:6.862=0.7595:1$

$0.7595\,\Delta_c H_m^{\ominus}(C_{10}H_{22},l)=-285.8\ \text{kJ}\cdot\text{mol}^{-1}$

$\Delta_c H_m^{\ominus}(C_{10}H_{22},l)=-376.3\ \text{kJ}\cdot\text{mol}^{-1}$

6. 某温度时，将2.00 mol PCl_5与1.00 mol PCl_3相混合，发生反应$PCl_5(g)\rightleftharpoons PCl_3(g)+Cl_2(g)$，平衡时总压为202 kPa，$PCl_5(g)$转化率为91%。求该温度下反应的平衡常数$K^{\ominus}$。

解	$PCl_5(g)$	$\rightleftharpoons$	$PCl_3(g)$	+	$Cl_2(g)$
起始时物质的量/mol	2.00		1.00		
平衡时物质的量/mol	2.00 × (1−91%) =0.18		1.00+2.00 × 91% =2.82		2.00 × 91% =1.82

平衡时总物质的量：$n = 0.18+2.82+1.82=4.82$ mol

平衡时总压：$p = 202$ kPa

$n_i = x_i n$; $p_i = x_i p$

$$K^{\ominus} = \frac{[p(PCl_3)/p^{\ominus}][p(Cl_2)/p^{\ominus}]}{[p(PCl_5)/p^{\ominus}]} = \frac{x(PCl_3)x(Cl_2)}{x(PCl_5)} \times \frac{p}{p^{\ominus}} = \frac{n(PCl_3)n(Cl_2)}{n(PCl_5)} \times \frac{p}{np^{\ominus}}$$

$$= \frac{1.82 \times 2.82}{0.18} \times \frac{202}{4.82 \times 100} = 11.95$$

7. 碘钨灯因在灯内发生如下可逆反应：

$W(s) + I_2(g) \rightleftharpoons WI_2(g)$

碘蒸气与扩散到玻璃内壁的钨会反应生成碘化钨气体，后者扩散到钨丝附近会因钨丝的高温而分解出钨重新沉积到钨丝上去，从而可延长灯丝的使用寿命。已知在298 K时：

物质	W(s)	$I_2(g)$	$WI_2(g)$
$\Delta_r G_m^{\ominus}/(kJ \cdot mol^{-1})$	0	19.33	− 8.37
$S_m^{\ominus}/(J \cdot mol^{-1} \cdot K^{-1})$	33.50	260.69	251.00

(1)设玻璃内壁的温度为623 K，计算上式反应的 $\Delta_r G_m^{\ominus}$ 及 $K^{\ominus}$。

(2)估算 $WI_2(g)$ 在钨丝上分解所需的最低温度。

解　(1) 碘化钨的生成反应式：$W(s) + I_2(g) \rightleftharpoons WI_2(g)$

$\Delta_r G_m^{\ominus}(298\ K) = -8.37 - 0 - 19.33 = -27.70\ kJ \cdot mol^{-1}$

$\Delta_r S_m^{\ominus}(298\ K) = 251.00 - 33.50 - 260.69 = -43.19\ J \cdot mol^{-1} \cdot K^{-1}$

$\Delta_r H_m^{\ominus}(298\ K) = \Delta_r G_m^{\ominus}(298\ K) + T\Delta_r S_m^{\ominus}(298\ K) = -27.70 - 298 \times 43.19 \times 10^{-3} = -40.60\ kJ \cdot mol^{-1}$

$\Delta_r G_m^{\ominus}(623\ K) \approx \Delta_r H_m^{\ominus}(298\ K) - T\Delta_r S_m^{\ominus}(298\ K) = -40.60 - 623 \times (-43.19) \times 10^{-3} = -13.70\ kJ \cdot mol^{-1}$

$\Delta_r G_m^{\ominus}(623\ K) = -RT \ln K^{\ominus}$

$-13.70 \times 10^3 = -8.314 \times 623 \times \ln K^{\ominus}$

$\ln K^{\ominus} = 2.64$

$K^{\ominus} = 14.0$

(2) $\Delta_r G_m^{\ominus}(T) = \Delta_r H_m^{\ominus}(298\ K) - T\Delta_r S_m^{\ominus}(298\ K) \leqslant 0$

$$T \geqslant \frac{\Delta_r H_m^{\ominus}(298\ K)}{\Delta_r S_m^{\ominus}(298\ K)} = \frac{40.60}{43.19 \times 10^{-3}} = 940\ K$$

8. 已知下列反应在1362 K时的标准平衡常数：

(1) $H_2(g) + \frac{1}{2}S_2(g) \rightleftharpoons H_2S(g)$　　$K_1^{\ominus} = 0.80$

(2) $3H_2(g) + SO_2(g) \rightleftharpoons H_2S(g) + 2H_2O(g)$　　$K_2^{\ominus} = 1.8 \times 10^4$

计算反应 $4H_2(g) + 2SO_2(g) \rightleftharpoons S_2(g) + 4H_2O(g)$ 在相同温度时的平衡常数 $K^{\ominus}$。

解　(3)=2 × (2)−2 × (1)

$$K_3^{\ominus} = \frac{K_2^{\ominus 2}}{K_1^{\ominus 2}} = \left(\frac{1.8 \times 4}{0.80}\right)^2 = 5.06 \times 10^8$$

9. 反应3 $H_2(g) + N_2(g) \rightleftharpoons 2\ NH_3(g)$在200 ℃时的 $K_1^{\ominus}$ =0.64，400 ℃时的 $K_2^{\ominus} = 6.0 \times 10^{-4}$，据此求该反应的 $\Delta_r H_m^{\ominus}$ 和$NH_3(g)$的 $\Delta_f H_m^{\ominus}$。

解　$\ln \frac{K_2^{\ominus}}{K_1^{\ominus}} = \frac{\Delta_r H_m^{\ominus}}{R}\left(\frac{1}{T_1} - \frac{1}{T_2}\right)$

$$\ln \frac{6.0 \times 10^{-4}}{0.64} = \frac{\Delta_r H_m^{\ominus}}{8.314 \times 10^{-3}}\left(\frac{1}{473\ K} - \frac{1}{673\ K}\right)$$

$\Delta_r H_m^{\ominus} = -92.31\ kJ \cdot mol^{-1}$

$\Delta_f H_m^{\ominus}\ (NH_3, g) = -46.16\ kJ \cdot mol^{-1}$

10. 已知298 K时反应 $CuSO_4 \cdot 5H_2O(s) \longrightarrow CuSO_4(s) + 5\ H_2O(g)$ 的平衡分解压力为236.5 Pa，求该反应的 $\Delta_r G_m^{\ominus}$ 及 $K^{\ominus}$。若此时的水的饱和蒸气压为3.17 kPa，空气的相对湿度为60%，问$CuSO_4 \cdot 5H_2O$能否发生失水风化？

解　$K^{\ominus} = \left(\frac{p(H_2O)}{p^{\ominus}}\right)^5 = \left(\frac{236.5}{10^5}\right)^5 = 7.4 \times 10^{-14}$

$\Delta_r G_m^{\ominus} = -RT\ln K^{\ominus} = -8.314 \times 10^{-3} \times 298 \times \ln(7.4 \times 10^{-14}) = 74.9\ kJ \cdot mol^{-1}$

饱和蒸气压×相对湿度=绝对湿度气压

此时 $p(H_2O) = 3.17 \times 60\% = 1.902\ kPa > 236.5\ Pa$

反应正向不自发，所以$CuSO_4 \cdot 5H_2O$不发生失水风化。

11. 考古学者从古墓中取出的纺织品，经取样分析其^{14}C含量为动植物活体的85%。若放射性核衰变符合一级反应速率方程，且已知^{14}C的半衰期为5720年，试估算该纺织品的年龄。

解　$v = kc$

$t_{1/2} = \frac{0.693}{k} = 5720\ y$

$k = 1.211 \times 10^{-4}\ y^{-1}$

$\ln c_t = \ln c_0 - kt$

$\ln \frac{c_t}{c_0} = -kt$

$\ln 0.85 = -1.211 \times 10^{-4} t$

$t = 1.34 \times 10^3\ y$

12. 在25 ℃时，反应$2\ NO(g) + O_2(g) \longrightarrow 2\ NO_2(g)$ 的有关动力学实验数据如下：

实验编号	$c_0(NO)/(mol \cdot L^{-1})$	$c_0(O_2)/(mol \cdot L^{-1})$	$v_0/(mol \cdot L^{-1} \cdot s^{-1})$
1	0.0020	0.0010	2.8×10^{-5}
2	0.0040	0.0010	1.1×10^{-4}
3	0.0020	0.0020	5.6×10^{-5}

写出反应的速率方程，并求出速率常数。

解　$v = kc(NO)^{\alpha}\, c(O_2)^{\beta}$

由实验1、2数据得：$\alpha = 2$

由实验1、3数据得：$\beta=1$

该反应速率方程式应为：$v=kc(NO)^2c(O_2)$

将实验1数据代入速率方程有：$k=\dfrac{2.8\times10^{-5}}{0.0020^2\times0.0010}=7.0\times10^3\ L^2\cdot mol^{-2}\cdot s^{-1}$

13. 蔗糖催化水解 $C_{12}H_{22}O_{11}+H_2O\xrightarrow{催化剂}2\ C_6H_{12}O_6$ 是一级反应，在25 ℃时速率常数为 $5.7\times10^{-5}\ s^{-1}$。问：

(1) 浓度为 $1\ mol\cdot L^{-1}$ 蔗糖溶液分解一半时，需要多少时间？

(2) 若反应活化能为 $110\ kJ\cdot mol^{-1}$，那么在什么温度时反应速率是25 ℃时的十分之一？

解 (1) $t_{1/2}=\dfrac{0.693}{k}=\dfrac{0.693}{5.7\times10^{-5}}=1.22\times10^4\ s$

(2)设 $T_1=298\ K$ 时的速率常数为 k_1，T_2 时的速率常数为 k_2

根据 $\ln\dfrac{k_2}{k_1}=\dfrac{E_a}{R}\left(\dfrac{1}{T_1}-\dfrac{1}{T_2}\right)$

$\ln\dfrac{1}{10}=\dfrac{110\times10^3}{8.314}\left(\dfrac{1}{298}-\dfrac{1}{T_2}\right)$

得 $T_2=283\ K$

14. 实验测得反应 $CO(g)+NO_2(g)\longrightarrow CO_2(g)+NO(g)$ 在不同温度下的速率常数如下：

T/K	600	650	700	750	800	850
$k/(L\cdot mol^{-1}\cdot s^{-1})$	0.028	0.220	1.300	6.00	23.0	74.6

试用两种方法来求此反应的活化能 E_a。

解 解法1：根据Arrhenius方程 $\ln\dfrac{k_2}{k_1}=\dfrac{E_a}{R}\left(\dfrac{1}{T_1}-\dfrac{1}{T_2}\right)$

$\ln\dfrac{0.220}{0.028}=\dfrac{E_a}{8.314\times10^{-3}}\left(\dfrac{1}{600}-\dfrac{1}{650}\right)$

$E_a=133\ kJ\cdot mol^{-1}$

解法2：作图法，作 $\ln k-\dfrac{1}{T}$ 直线，直线斜率为 $-\dfrac{E_a}{R}$，得出 E_a。

15. 光气分解反应 $COCl_2(g)\rightleftharpoons CO(g)+Cl_2(g)$ 在373 K时，$K^{\ominus}=8.0\times10^{-9}$，$\Delta_rH_m^{\ominus}=104.6\ kJ\cdot mol^{-1}$，试求：

(1) 373 K达平衡后总压为202.6 kPa时 $COCl_2$ 的转化率；

(2) 反应的 $\Delta_rS_m^{\ominus}$。

解 (1) 设 $COCl_2(g)$ 的初始压力为 p_0，$COCl_2$ 的转化率为 α：

$$COCl_2(g)\rightleftharpoons CO(g)+Cl_2(g)$$

平衡压力 p/kPa　　$p_0(1-\alpha)$　　$p_0\alpha$　　$p_0\alpha$

$K^{\ominus}=\dfrac{(p_0\alpha)^2}{p_0(1-\alpha)}=8.0\times10^{-9}$

$p=p_0(1-\alpha)+p_0\alpha+p_0\alpha=p_0(1+\alpha)=202.6\ kPa$

将 $p_0=\dfrac{202.6}{1+\alpha}$ 代入平衡常数表达式，得

$K^{\ominus}=\dfrac{202.6}{1-\alpha^2}\alpha^2=8.0\times10^{-9}$

$\alpha=6.3\times10^{-5}$

(2) $\Delta_r G_m^\ominus = -RT\ln K^\ominus = -8.314\times10^{-3}\times373\times\ln(8.0\times10^{-9}) = 57.8\ \text{kJ}\cdot\text{mol}^{-1}$

$$\Delta_r S_m^\ominus \geqslant \frac{\Delta_r H_m^\ominus - \Delta_r G_m^\ominus}{T} = \frac{104.6-57.8}{373}\times10^3 = 125.5\ \text{J}\cdot\text{mol}^{-1}\cdot\text{K}^{-1}$$

2. 4 自测题及答案

一、是非题

1. 一个化学反应不管是一步完成还是分几步完成,其热效应都相同。 ( )

2. 标准状态下稳定态纯单质的 $\Delta_f H_m^\ominus$、$\Delta_f G_m^\ominus$、$S_m^\ominus$ 均为零。 ( )

3. 冰在室温下自动融化成水,是熵增起重要作用的结果。 ( )

4. $\Delta_r S>0$的反应均是自发反应。 ( )

5. 由于 $Q_p=\Delta H$,而H又是状态函数,所以在等温等压条件下,反应热只取决于反应的始态和终态,而与反应的途径无关。 ( )

6. 任何单质、化合物或水合离子,298 K时的标准熵均大于零。 ( )

7. 对于放热反应,升高温度,该反应的$\Delta_r G_m$值一定小于零。 ( )

8. 如果某反应的$\Delta_r G_m^\ominus<0$,该反应不一定能自发进行。 ( )

9. 反应 $NO(g)+CO(g) \rightleftharpoons \frac{1}{2}N_2(g)+CO_2(g)$,$\Delta_r H_m^\ominus<0$,欲使有害气体CO和NO获得最大转化率,应选择的条件是高温、低压。 ( )

10. PCl_5的分解反应,在473 K达到平衡时,有48% PCl_5分解,在573 K时有97%分解,则反应为吸热反应。 ( )

11. 一个反应的反应速率与化学方程式中出现的全部反应物的浓度都有关。 ( )

12. 化学反应的速率常数k表征化学反应的快慢,k不随温度的变化而变化,但随反应物的浓度而变化。 ( )

13. 某反应的速率常数为0.03 $\text{L}\cdot\text{mol}^{-1}\cdot\text{s}^{-1}$,则该反应属于二级反应。 ( )

14. 对于化学反应 $a\,A+b\,B \rightleftharpoons d\,D+e\,E$ 的反应速度方程为 $-\frac{dc(A)}{dt}=c(A)^x\cdot c(B)^y$,则此反应的级数是$x+y$。 ( )

15. 一般情况下,不管是放热反应还是吸热反应,温度升高,反应速率总是相应增加。( )

16. 升高温度能加快反应速率的原因是降低了反应的活化能。 ( )

17. $2\,CaCO_3(s)+CO_2(g)+H_2O(l) \rightleftharpoons 2\,Ca^{2+}(aq)+2\,HCO_3^-(aq)$,显然,随着反应的进行,$Ca^{2+}$增多。改变反应物浓度,可以改变反应速率,但不会改变反应速率常数。 ( )

18. 在常温常压下,空气中的N_2和O_2能长期存在而不化合成NO。热力学表明$N_2(g)+O_2(g) \longrightarrow 2\,NO(g)$的$\Delta_r G_m^\ominus(298.15\ \text{K})\gg0$,则$N_2$和$O_2$混合气必定也是动力学稳定系统。 ( )

19. 已知CCl_4不会与H_2O反应,但$CCl_4(l)+2\,H_2O(l) \longrightarrow CO_2(g)+4\,HCl(aq)$的$\Delta_r G_m^\ominus(298.15\ \text{K})=-379.93\ \text{kJ}\cdot\text{mol}^{-1}$,则必定是热力学不稳定而动力学稳定的系统。 ( )

20. 选择一个反应体系,讨论其在生产上的可行性,首先要讨论的是反应的效率和效益,否则就没有意义。 ( )

二、选择题

1. 真实气体与理想气体的行为较接近的条件是 ( )

A. 低压和高温　　B. 高压和低温

C. 高温和高压　　D. 低温和低压

2. 以下关系式不正确的是(p_T、V_T、n 表示混合气体的总压、总体积和总物质的量)　(　　)

A. $p_T V_i = n_i RT$　　B. $p_i V_T = n_i RT$

C. $p_i V_i = n_i RT$　　D. $pV = nRT$

3. 已知标准状态下，含N_2和H_2气体混合物的密度为0.786 g·L^{-1}，则N_2和H_2的分压各为　(　　)

A. 40.5 kPa和60.8 kPa　　B. 60.8 kPa和40.5 kPa

C. 30.4 kPa和70.9 kPa　　D. 70.9 kPa和30.4 kPa

4. 如果体系经一系列变化，最后又回到初始状态，则体系的　(　　)

A. $Q=0, W=0, \Delta U=0$　　B. $Q+W=0, \Delta H=0, Q=0$

C. $Q\neq W, \Delta H=Q_p, \Delta U=0$　　D. $\Delta H=0, \Delta U=0, U\neq 0$

5.已知下列反应的反应热分别为:(1)A+B ⟶ C+D, $\Delta_r H_{m,1}^{\ominus}=x$ kJ·mol^{-1};(2)2 C+2 D ⟶ E, $\Delta_r H_{m,2}^{\ominus}=y$ kJ·mol^{-1},则反应(3)E ⟶ 2 A+2 B的 $\Delta_r H_{m,3}^{\ominus}$ 等于　(　　)

A. $2x+y$ kJ·mol^{-1}　　B. x^2y kJ·mol^{-1}　　C. $\frac{1}{x^2y}$ kJ·mol^{-1}　　D. $-2x-y$ kJ·mol^{-1}

6. 下列哪一种物质的标准生成吉布斯自由能为零　(　　)

A. $Br_2(g)$　　B. $Br^-(aq)$　　C. $Br_2(l)$　　D. $Br_2(aq)$

7. 在一定温度下，下列反应中哪一个反应的 $\Delta_r S_m^{\ominus}$ 值最大　(　　)

A. $CaSO_4(s)+2\,H_2O(g)$ ⟶ $CaSO_4\cdot 2H_2O(s)$　　B. $H_2(g)+F_2(g)$ ⟶ $2HF(g)$□

C. $N_2O_4(g)$ ⟶ $2\,NO_2(g)$　　D. $2\,SO_2(g)+O_2(g)$ ⟶ $2\,SO_3(g)$

8. 在298K时，下列反应的 $\Delta_r H_m^{\ominus}$ 中，表示CO_2标准摩尔生成焓 $\Delta_f H_m^{\ominus}(CO_2, g)$的是　(　　)

A. $CO(g)+\frac{1}{2}O_2(g)$ ⟶ $CO_2(g)$　　$\Delta_r H_m^{\ominus}=-283.0$ kJ·mol^{-1}

B. C(金刚石)+ $O_2(g)$ ⟶ $CO_2(g)$　　$\Delta_r H_m^{\ominus}=-395.4$ kJ·mol^{-1}

C. C(石墨)+$O_2(g)$ ⟶ $CO_2(g)$　　$\Delta_r H_m^{\ominus}=-393.5$ kJ·mol^{-1}

D. $CO_2(g)$ ⟶ C(石墨)+ $O_2(g)$　　$\Delta_r H_m^{\ominus}=395.4$ kJ·mol^{-1}

9. 反应$MgCl_2(s)$ ⟶ $Mg(s)+Cl_2(g)$, $\Delta_r H_m^{\ominus}>0$,标准状态下，此反应　(　　)

A. 低温能自发　　B. 高温能自发

C. 任何温度下均自发　　D. 任何温度下均不能自发

10. 相同温度下，反应$Cl_2(g)+2\,KBr(s) \rightleftharpoons 2\,KCl(s)+Br_2(g)$ 的 K_c 和 K_p 关系是　(　　)

A. $K_c>K_p$　　B. $K_c<K_p$　　C. $K_c=K_p$　　D.无一定关系

11. 一个反应达到平衡的标志是　(　　)

A. 各反应物和生成物的浓度等于常数　　B.各反应物和生成物的浓度相等

C. $\Delta_r G_m^{\ominus}=0$　　D.各物质浓度不随时间改变而改变

12. 已知下列两个反应在298.15 K时的标准平衡常数

$SnO_2(s)+2\,H_2(g) \rightleftharpoons 2\,H_2O(g)+Sn(s)$　　$K_1^{\ominus}=m$

$H_2O(g)+CO(g) \rightleftharpoons H_2(g)+CO_2(g)$　　$K_2^{\ominus}=n$

则反应$2\,CO(g)+SnO_2(s) \rightleftharpoons 2\,CO_2(g)+Sn(s)$在298.15 K的平衡常数 $K_3^{\ominus}$ 为　(　　)

A. $m+n$　　B. mn　　C. mn^2　　D. $m-n$

13. $SO_2(g) + NO_2(g) \rightleftharpoons SO_3(g) + NO(g)$在973 K时，平衡常数 $K^\ominus=9.0$，如果体系中四种物料的起始浓度均等于$3.0\times10^{-3}\ mol\cdot L^{-1}$，则平衡时$SO_3$的浓度应为　(　)

A. $1.5\times10^{-3}\ mol\cdot L^{-1}$　B. $3.0\times10^{-3}\ mol\cdot L^{-1}$　C. $6.0\times10^{-3}\ mol\cdot L^{-1}$　D. $4.5\times10^{-3}\ mol\cdot L^{-1}$□

14. 下列关于平衡常数的陈述不正确的是　(　)

A. 平衡常数是温度的函数

B. 放热反应的平衡常数随温度的升高而减小

C. 一定温度下，加入催化剂，平衡常数不变

D. $K^\ominus$是生成物浓度(或分压)之积与反应物浓度(或分压)之积的比值，在温度一定的情况下，改变某物质的浓度(或分压)，$K^\ominus$也会变化

15. 对于已达平衡的可逆反应，通过改变浓度使平衡正向移动，则应使反应的　(　)

A. $Q<K^\ominus$　B. $Q=K^\ominus$

C. $Q>K^\ominus$　D. Q增大，$K^\ominus$减小

16. 已知N_2O_4分解反应：$N_2O_4(g) \longrightarrow 2\ NO_2(g)$，在一定温度压力下，体系达到平衡后，如果体系的条件发生如下变化，问下列哪一种变化使N_2O_4的解离度增加　(　)

A. 体系体积减小

B. 加入氩气使体积增大，而体系压力保持不变

C. 保持体积不变，加入氩气

D. 保持体积不变，增加NO_2气体，使体系压力增大

17. 当反应$A_2 + B_2 \longrightarrow 2\ AB$的速率方程为$v=kc(A_2)c(B_2)$时，可以得出此反应是　(　)

A. 一定是基元反应　B. 一定是非基元反应

C. 无法肯定是否为基元反应　D. 对A来说是基元反应

18. 下列叙述中正确的是　(　)

A. 溶液中的反应一定比气相中反应速率大　B. 反应的平衡常数越大，反应速率越快

C. 增大系统压力，反应速率不一定增大　D. 加入催化剂使$E_{a正}$和$E_{a逆}$减少相同倍数

19. 已知反应$H_2(g)+\frac{1}{2}O_2(g) \rightleftharpoons H_2O(g)$，$\Delta_r H_m^\ominus=-241.6\ kJ\cdot mol^{-1}$，如果其正反应的活化能是$167.2\ kJ\cdot mol^{-1}$，那么逆反应活化能是　(　)

A. $74.4\ kJ\cdot mol^{-1}$　B. $125.4\ kJ\cdot mol^{-1}$　C. $250.8\ kJ\cdot mol^{-1}$　D. $408.8\ kJ\cdot mol^{-1}$□

20. 基元反应的反应分子数m与反应级数n之间的关系是　(　)

A. $m=n$　B. $m\leqslant n$　C. $m\geqslant n$　D.不能确定

21. 反应$A + B \rightleftharpoons C$，$\Delta H<0$，若温度升高10 ℃，其结果是　(　)

A. 对反应没有影响　B. 使平衡常数增大一倍

C. 不改变反应速率　D. 使平衡常数减小

22. 下列关于活化能的叙述不正确的是　(　)

A. 不同反应具有不同的活化能　B. 活化能大的反应受温度的影响大

C. 反应的活化能越小，其反应速率越小　D. 活化能可以通过实验来测定

23. 改变反应速率常数k的方法有　(　)

A. 减少生成物浓度　B. 增加体系总压力

C. 增加反应物浓度　D. 升温和加入催化剂

24. 反应X + Y ⟶ Z,其速度方程式为: $v = c(X)^2 c(Y)^{\frac{1}{2}}$,若X与Y的浓度都增加4倍, 则反应速度将增加多少倍 ( )

A. 4 B. 8 C. 16 D. 32

25. 反应$2SO_2(g)+O_2(g) \longrightarrow 2SO_3(g)$的反应速率可以表示为 ( )

A. $\frac{2dc(SO_2)}{dt}$ B. $\frac{1}{2}\frac{dc(SO_3)}{dt}$ C. $\frac{1}{2}\frac{dc(SO_2)}{dt}$ D. $-\frac{1}{2}\frac{dc(SO_3)}{dt}$

三、填空题

1. 根据系统与环境之间能量与物质交换的情况不同,可把系统分为______,______,______。$Q_p = \Delta H$的应用条件是______,______,______。

2. 298.15 K时,已知$\Delta_f H_m^\ominus(H_2O, g) = -242\ kJ\cdot mol^{-1}$; $\Delta_f H_m^\ominus(H_2O, l) = -286\ kJ\cdot mol^{-1}$。现将36.0 g $H_2O(l)$蒸发成同温同压下的水蒸气,即$H_2O(l) \longrightarrow H_2O(g)$,则$\Delta_r H_m^\ominus$ =______ $kJ\cdot mol^{-1}$,标准焓变$\Delta_r H^\ominus$ = ______kJ。

3. 298 K时,反应$\frac{1}{2}H_2(g) + \frac{1}{2}Cl_2(g) \longrightarrow HCl(g)$的$K^\ominus = 4.9\times10^{16}$, $\Delta_r H_m^\ominus = -92.307\ kJ\cdot mol^{-1}$,则该反应在500 K时的$K^\ominus$为______。

4. 已知$Cu_2O(s) + \frac{1}{2}O_2(g) \longrightarrow 2CuO(s)$, $\Delta_r G_m^\ominus(300\ K) = -107.9\ kJ\cdot mol^{-1}$, $\Delta_r G_m^\ominus(400\ K) = -95.4\ kJ\cdot mol^{-1}$,则该反应的$\Delta_r H_m^\ominus$为______$kJ\cdot mol^{-1}$, $\Delta_r S_m^\ominus$为______$J\cdot mol^{-1}\cdot K^{-1}$。

5. 可逆反应$2A(g) + B(g) \rightleftharpoons 2C(g)$, $\Delta_r H_m^\ominus < 0$,反应达到平衡时,容器体积不变,增加B的分压,则C的分压______,A的分压______;减小容器的体积,B的转化率______, $K^\ominus$______;升高温度,则$K^\ominus$______。

6. 已知A ⟶ B的$\Delta_r H = 67\ kJ\cdot mol^{-1}$, $E_a = 90\ kJ\cdot mol^{-1}$,若在0 ℃时反应的速率常数$k_1 = 1.1\times10^{-5}\ min^{-1}$,那么在45 ℃时的$k_2$=______,逆反应B ⟶ A的活化能$E_a'$=______$kJ\cdot mol^{-1}$。

7. 对于可逆反应,当升高温度时,其速率常数$k_正$将______;$k_逆$将______。当反应为吸热反应时,平衡常数$K^\ominus$将增大,该反应的ΔG将______。

8. 298 K时,用反应$S_2O_8^{2-}(aq) + 2I^-(aq) \rightleftharpoons 2SO_4^{2-}(aq) + I_2(aq)$ 进行实验,得到如下数据:

反应序号	$c(S_2O_8^{2-})/(mol\cdot L^{-1})$	$c(I^-)/(mol\cdot L^{-1})$	$v/(L\cdot mol^{-1}\cdot min^{-1})$
(1)	1.0×10^{-4}	1.0×10^{-2}	0.65×10^{-6}
(2)	2.0×10^{-4}	1.0×10^{-2}	1.30×10^{-6}
(3)	2.0×10^{-4}	0.5×10^{-2}	0.65×10^{-6}

反应速率方程为______,速率常数k为______。

9. 有三个基元反应,其活化能分别为:

反应序号	$E_{a正}/(kJ\cdot mol^{-1})$	$E_{a逆}/(kJ\cdot mol^{-1})$
(1)	135	160
(2)	155	105
(3)	106	135

其正反应速度大小顺序为______,其中反应(1)的热效应为______。

10. 某病人发烧至40 ℃,体内某一酶催化反应的速率常数增大为正常体温(37 ℃)的1.25倍,则该酶催化反应的活化能是______。

四、简答题

1. 要使下列各等式成立，分别需具备哪些基本条件？

(1) $\Delta_r U=Q$;　　(2) $\Delta_r H=Q$;　　(3) $\Delta_r H=\Delta_r U$

2. 试用热力学原理说明用CO还原Al_2O_3制铝是否可行？

物质	$Al_2O_3(s)$	$CO(g)$	$Al(s)$	$CO_2(g)$
$\Delta_f G_m^\ominus/(kJ\cdot mol^{-1})$	−1582.0	−137.2	0	−394.4
$\Delta_f H_m^\ominus/(kJ\cdot mol^{-1})$	−1676.0	−110.5	0	−393.5
$S_m^\ominus/(J\cdot mol^{-1}\cdot K^{-1})$	50.9	197.6	28.3	213.6

3. 高价金属的氧化物在高温下容易分解为低价氧化物。以氧化铜分解为氧化亚铜为例，估算分解反应的温度。该反应的自发性是焓驱动的还是熵驱动的？温度升高对反应自发性的影响如何？已知：

物质	$CuO(s)$	$Cu_2O(s)$	$O_2(g)$
$\Delta_f H_m^\ominus/(kJ\cdot mol^{-1})$	−157.30	−168.60	0
$S_m^\ominus/(J\cdot mol^{-1}\cdot K^{-1})$	42.63	93.14	205.14

4. 碘钨灯泡是用石英(SiO_2)制作的。试用热力学数据论证："用玻璃取代石英的设想是不能实现的"（灯泡内局部高温可达623 K，玻璃主要成分之一是Na_2O）。

物质	$Na_2O(s)$	$I_2(g)$	$NaI(g)$	$O_2(g)$
$\Delta_f H_m^\ominus/(kJ\cdot mol^{-1})$	−414.22	62.44	−287.78	0
$S_m^\ominus/(J\cdot mol^{-1}\cdot K^{-1})$	75.06	260.58	98.53	205.03

5. 催化剂为什么能改变化学反应速率，却不能改变化学平衡状态？

6. 用热力学原理说明升高温度平衡向吸热方向移动。

五、计算题

1. 已知下列化学反应的反应焓变，求$CO(NH_2)_2(s)$的标准摩尔生成焓$\Delta_f H_m^\ominus$。

① $2NH_3(g)+CO_2(g)\longrightarrow H_2O(g)+CO(NH_2)_2(s)$　　$\Delta_r H_m^\ominus=-58.6\ kJ\cdot mol^{-1}$

② $3H_2(g)+N_2(g)\longrightarrow 2NH_3(g)$　　$\Delta_r H_m^\ominus=-92.2\ kJ\cdot mol^{-1}$

③ $4NH_3(g)+3O_2(g)\longrightarrow 2N_2(g)+6H_2O(g)$　　$\Delta_r H_m^\ominus=-1266.5\ kJ\cdot mol^{-1}$

④ $C(s)+2H_2O(g)\longrightarrow CO_2(g)+2H_2(g)$　　$\Delta_r H_m^\ominus=90.9\ kJ\cdot mol^{-1}$

2. 在25 ℃，101.3 kPa下，$CaSO_4(s)\longrightarrow CaO(s)+SO_3(g)$，已知该反应的$\Delta_r H_m^\ominus=400.3\ kJ\cdot mol^{-1}$，$\Delta_r S_m^\ominus=189.6\ J\cdot mol^{-1}\cdot K^{-1}$，问：

(1) 在25 ℃时，上述反应在能否自发进行？

(2) 对上述反应，是升温有利，还是降温有利？

(3) 计算上述反应的转折温度。

3. CO是汽车尾气的主要污染源，有人设想以加热分解的方法来消除污染：

$$CO(g)\longrightarrow C(s)+\frac{1}{2}O_2(g)$$

(1)计算$\Delta_r G_m^\ominus(298\ K)$，判断反应的方向；

(2)该想法能否通过改变温度实现？

已知标态298 K时热力学数据：

物质	CO(g)	C(s)	O_2(g)
$\Delta_f H_m^\ominus$/(kJ·mol^{-1})	−110.5	0	0
$S_m^\ominus$/(J·mol^{-1}·K^{-1})	197.9	5.7	205.0

4. 用凸透镜聚集太阳光加热倒置在液汞上装满液汞的试管内的氧化汞，使氧化汞分解出氧气：$HgO(s) \longrightarrow Hg(l) + \frac{1}{2}O_2(g)$，这是拉瓦锡时代的古老实验。试计算：使氧气的压力达到标态压力和1 kPa所需的最低温度(忽略汞的蒸气压)。已知：

物质	HgO(s)	Hg(l)	O_2
$\Delta_f H_m^\ominus$/(kJ·mol^{-1})	− 90.83	0	0
$S_m^\ominus$/(J·mol^{-1}·K^{-1})	70.29	76.02	205.14

5. 根据热力学近似计算，判断NH_4Cl分解反应：

(1)25 ℃时能否自发进行；(2)4200 ℃时能否自发进行；(3)自发分解的逆转温度。

已知25 ℃时数据如下：

物质	NH_3(g)	HCl(g)	NH_4Cl(s)
$\Delta_f G_m^\ominus$/(kJ·mol^{-1})	−16.45	−95.30	−202.87
$\Delta_f H_m^\ominus$/(kJ·mol^{-1})	−46.11	−92.30	−1314.40
$S_m^\ominus$/(J·mol^{-1}·K^{-1})	192.45	186.82	94.56

6. 523 K时反应$C_6H_5CH_2OH(g) \rightleftharpoons C_6H_5CHO(g) + H_2(g)$的$K^\ominus = 0.558$。假若将1.20 g苯甲醇放在2.00 L容器中并加热至523 K，计算反应达平衡时苯甲醛的分压和苯甲醇的分解率。(已知：$M(C_6H_5CH_2OH) = 108.14\ g·mol^{-1}$。)

7. 在一定温度下，Ag_2O能发生下列可逆分解反应：$Ag_2O(s) \rightleftharpoons 2Ag(s) + \frac{1}{2}O_2(g)$。计算$Ag_2O$的最低分解温度和在该温度下$O_2$的平衡分压。(已知：$\Delta_f H_m^\ominus(Ag_2O, s) = -31.0\ kJ·mol^{-1}$，$\Delta_f G_m^\ominus(Ag_2O, s) = -11.2\ kJ·mol^{-1}$，$S_m^\ominus(Ag_2O, s) = 121.3\ J·mol^{-1}·K^{-1}$，$S_m^\ominus(Ag, s) = 42.55\ J·mol^{-1}·K^{-1}$，$S_m^\ominus(O_2, g) = 205.138\ J·mol^{-1}·K^{-1}$。)

8. 反应$2HI(g) \rightleftharpoons H_2(g) + I_2(g)$，1 mol HI在721 K达到平衡时，有22%的HI分解，若平衡体系中的总压为100 kPa，求：

(1) 此温度下$K^\ominus$值；

(2) 若将2.00 mol HI、0.40 mol H_2和0.30 mol I_2混合，反应将向哪个方向进行？

9. 已知反应$N_2O_4(g) \longrightarrow 2NO_2(g)$在总压为101.3 kPa和温度为325 K时达平衡，$N_2O_4(g)$的转化率为50.2%。试求：

(1) 该反应的$K^\ominus$值；

(2) 相同温度、压力为5 × 101.3 kPa时$N_2O_4(g)$的平衡转化率α。

10. N_2O在金表面上分解的实验数据如下：

t/min	0	20	40	60	80	100
$c(N_2O)$/(mol·L^{-1})	0.10	0.08	0.06	0.04	0.02	0

(1) 求分解反应的反应级数；

(2) 求速率常数；

(3) 求N_2O消耗一半时的反应速率；

(4)该反应的半衰期与初始浓度呈什么关系?

参考答案

一、是非题

1. √ 2. × 3. √ 4. × 5. × 6. √ 7. × 8. √ 9. × 10. √ 11. × 12. × 13. √ 14. √ 15.√ 16. × 17. √ 18. √ 19. √ 20. √

二、选择题

1. A 2. C 3. B 4. D 5. D 6. C 7. C 8. C 9. B 10. C 11. D 12. C 13. D 14. D 15. A 16. B 17. C 18. C 19 D 20. A 21. D 22. C 23.D 24. D 25. B

三、填空题

1. 敞开系统;封闭系统;孤立系统;等温;等压;不做非体积功(只做体积功)

2. 44;88

3. 1.4×10^{10}

4. −145;−125

5. 增大;减小;增大;不变;减小

6. 3.0×10^{-3};23

7. 增大;增大;减小

8. $v=kc(S_2O_8^{2-})c(I^-)$;$0.65\ L\cdot mol^{-1}\cdot min^{-1}$

9. (3)>(1)>(2);$-25\ kJ\cdot mol^{-1}$

10. $60.02\ kJ\cdot mol^{-1}$

四、简答题

1. (1) $\Delta_r U=Q$成立的条件是:恒温(等温)、恒容、不做非体积功(只做体积功);

(2) $\Delta_r H=Q$成立的条件是:恒温(等温)、恒压、不做非体积功(只做体积功);

(3) $\Delta_r H=\Delta_r U$成立的条件是:恒温(等温)、恒压、不做非体积功(只做体积功)、反应物和生成物为固态或液态。

2. $3\,CO(g)+Al_2O_3(s) \rightleftharpoons 2\,Al(s)+3\,CO_2(g)$

$\Delta_r H_m^{\ominus}(298\ K)=0+3\times(-393.5)-(-1676.0)-3\times(-110.5)=827.0\ kJ\cdot mol^{-1}$

$\Delta_r S_m^{\ominus}(298\ K)=2\times28.3+3\times213.6-50.9-3\times197.6=53.7\ J\cdot mol^{-1}\cdot K^{-1}$

要使 $\Delta_r G_m^{\ominus}(T)=\Delta_r H_m^{\ominus}(298\ K)-T\Delta_r S_m^{\ominus}(298\ K)<0$

$T>\Delta_r H_m^{\ominus}/\Delta_r S_m^{\ominus}=827.0\times10^3/53.7=15400\ K$

温度高达15400 K,可见在生产上不可行。

3. $2\,CuO(s) \rightleftharpoons Cu_2O(s)+\frac{1}{2}O_2(g)$

$\Delta_r H_m^{\ominus}(298\ K)=-168.60-2\times(-157.30)=146.00\ kJ\cdot mol^{-1}$

$\Delta_r S_m^{\ominus}(298\ K)=93.14+\frac{1}{2}\times205.14-2\times42.63=110.45\ J\cdot mol^{-1}\cdot K^{-1}$

$\Delta_r G_m^{\ominus}(T)=\Delta_r H_m^{\ominus}(298\ K)-T\Delta_r S_m^{\ominus}(298\ K)=146-T\times110.45\times10^{-3}\leqslant0$

$T\geqslant1322\ K$

因为$\Delta_r S_m^{\ominus}>0$, $\Delta_r H_m^{\ominus}>0$,反应是熵驱动,升高温度有利于反应进行。

4. $2\,Na_2O(s)+2\,I_2(g) \longrightarrow 4\,NaI(g)+O_2(g)$

$\Delta_r H_m^{\ominus}=4\times(-287.78)+0-2\times(-414.22)-2\times 62.44=-447.56\ kJ\cdot mol^{-1}$

$\Delta_r S_m^{\ominus}=4\times 98.53+205.03-2\times 75.06-2\times 260.58=-72.13\ J\cdot mol^{-1}\cdot K^{-1}$

$\Delta_r G_m^{\ominus}=\Delta_r H^{\ominus}-T\Delta_r S_m^{\ominus}=-447.56-623\times 10^{-3}\times(-72.13)=-402.6\ kJ\cdot mol^{-1}<0$

反应能正向进行，所以不能用玻璃代替石英制作碘钨灯。

5. 催化剂能改变反应速率是因为它参加了化学反应，改变了反应途径，降低了活化能，从而改变了反应速率。但催化剂不影响产物和反应物的相对能量，未改变反应的始态和终态，因而不能改变平衡常数和平衡状态。

6. 根据van't Hoff方程式 $\ln\dfrac{K^{\ominus}(T_2)}{K^{\ominus}(T_1)}=\dfrac{\Delta_r H_m^{\ominus}(298.15\ K)}{R}\left(\dfrac{1}{T_1}-\dfrac{1}{T_2}\right)$

对于吸热反应，$\Delta_r H_m^{\ominus}>0$，升高温度，$K^{\ominus}$ 增大，$Q<K^{\ominus}$，平衡向正反应方向移动，即平衡向吸热方向移动；

对于放热反应，$\Delta_r H_m^{\ominus}<0$，升高温度，$K^{\ominus}$ 减小，$Q>K^{\ominus}$，平衡向逆反应方向移动，即平衡向吸热方向移动。

五、计算题

1. 由①+$\frac{4}{3}$×②+$\frac{1}{6}$×③+④得：

$C(s)+2H_2(g)+N_2(g)+\frac{1}{2}O_2(g)\longrightarrow CO(NH_2)_2(s)$

则$CO(NH_2)_2(s)$的标准摩尔生成焓为：

$\Delta_f H_m^{\ominus}=\Delta_r H_m^{\ominus}=(-58.6)+\frac{4}{3}\times(-92.2)+\frac{1}{6}\times(-1266.5)+90.9=-302.6\ kJ.mol^{-1}$

2.(1) $\Delta_r G_m^{\ominus}(298\ K)=\Delta_r H_m^{\ominus}(298\ K)-298\times\Delta_r S_m^{\ominus}(298\ K)$

$=400.3-298\times 189.6\times 10^{-3}=344\ kJ\cdot mol^{-1}$

因 $\Delta_r G_m^{\ominus}>0$，故在298 K时，反应不能自发进行。

(2) 反应的 $\Delta_r H_m^{\ominus}>0$，升高温度有利于反应的进行。

(3) $T=\dfrac{400.3}{189.6\times 10^{-3}}=2111\ K$

3. (1) $CO(g)\rightleftharpoons C(s)+\frac{1}{2}O_2(g)$

$\Delta_r H_m^{\ominus}(298\ K)=110.5\ kJ\cdot mol^{-1}$

$\Delta_r S_m^{\ominus}(298\ K)=\frac{1}{2}\times 205.0+5.7-197.9=-89.7\ J\cdot mol^{-1}\cdot K^{-1}$

$\Delta_r G_m^{\ominus}(298\ K)=\Delta_r H_m^{\ominus}(298\ K)-298\times\Delta_r S_m^{\ominus}(298\ K)=110.5-298\times(-89.7)\times 10^{-3}=137.3\ kJ\cdot mol^{-1}>0$

说明常温下正向反应非自发。

(2) $\Delta_r G_m^{\ominus}(T)\approx\Delta_r H_m^{\ominus}(298\ K)-T\Delta_r S_m^{\ominus}(298\ K)$

由于$\Delta_r H_m^{\ominus}(298\ K)>0$，而$\Delta_r S_m^{\ominus}(298\ K)<0$，所以 $\Delta_r G_m^{\ominus}>0$，即从热力学角度通过计算说明该想法不可能通过改变温度实现。

4. (1) $HgO(s)\longrightarrow Hg(l)+\frac{1}{2}O_2(g)$

$\Delta_r H_m^{\ominus}=-\Delta_f H_m^{\ominus}(HgO,s)=90.83\ kJ\cdot mol^{-1}$

$\Delta_r S_m^{\ominus}=S_m^{\ominus}(Hg,l)+\frac{1}{2}S_m^{\ominus}(O_2,g)-S_m^{\ominus}(HgO,s)$

$$= 76.02 + \frac{1}{2} \times 205.14 - 70.29 = 108.30\ \mathrm{J \cdot mol^{-1} \cdot K^{-1}}$$

标态压力时的最低温度 T:

$$\Delta_r G_m^\ominus(T) = \Delta_r H_m^\ominus(298\ \mathrm{K}) - T\Delta_r S_m^\ominus(298\ \mathrm{K}) \leqslant 0$$

$$T \geqslant \frac{\Delta_r H_m^\ominus(298\ \mathrm{K})}{\Delta_r S_m^\ominus(298\ \mathrm{K}) \times 10^{-3}} = \frac{90.83}{108.30 \times 10^{-3}} = 839\ \mathrm{K}$$

(2)非标准状态下,氧气压力为1 kPa时的最低温度:

$$\Delta_r G_m(T) = \Delta_r G_m^\ominus(T) + RT\ln Q \leqslant 0$$

$$\Delta_r G_m(T) = \Delta_r H_m^\ominus(298\ \mathrm{K}) - T\Delta_r S_m^\ominus(298\ \mathrm{K}) + RT\ln\left(\frac{p}{p^\ominus}\right)^{\frac{1}{2}} \leqslant 0$$

$$90.83 - T \times 108.30 \times 10^{-3} + 8.314 \times T \times \ln\left(\frac{1}{100}\right)^{\frac{1}{2}} \times 10^{-3} \leqslant 0$$

$$T \geqslant 712\ \mathrm{K}$$

5. (1) $NH_4Cl(s) \rightleftharpoons NH_3(g) + HCl(g)$

$$\Delta_r G_m^\ominus(298\ \mathrm{K}) = -16.45 + (-95.30) - (-202.87) = 91.12\ \mathrm{kJ \cdot mol^{-1}} > 0$$

说明反应在25 ℃ 标态下不能自发进行。

(2) $\Delta_r H_m^\ominus(298\ \mathrm{K}) = -46.11 + (-92.30) - (-1314.40) = 1175.99\ \mathrm{kJ \cdot mol^{-1}}$

$$\Delta_r S_m^\ominus(298\ \mathrm{K}) = 192.45 + 186.82 - 94.56 = 284.71\ \mathrm{J \cdot mol^{-1} \cdot K^{-1}}$$

$$\Delta_r G_m^\ominus(4473\ \mathrm{K}) = \Delta_r H_m^\ominus(298\ \mathrm{K}) - 4473\ \Delta_r S_m^\ominus(298\ \mathrm{K})$$
$$= 1175.99 - 4473 \times 284.71 \times 10^{-3} = -97.52\ \mathrm{kJ \cdot mol^{-1}} < 0$$

说明 NH_4Cl 分解反应在4200 ℃时能自发进行。

(3)要使 $\Delta_r G_m^\ominus(T) = \Delta_r H_m^\ominus(298\ \mathrm{K}) - T\Delta_r S_m^\ominus(298\ \mathrm{K}) \leqslant 0$

$$T \geqslant \frac{\Delta_r H_m^\ominus(298\ \mathrm{K})}{\Delta_r S_m^\ominus(298\ \mathrm{K})} = \frac{1175.99}{284.71 \times 10^{-3}} = 4130.5\ \mathrm{K}$$

即能够自发分解的逆转温度是4130.5 K 。

6. $p_0(C_6H_5CH_2OH) = \frac{mRT}{MV} = \frac{1.20 \times 8.314 \times 523}{108.14 \times 2.00} = 24.1\ \mathrm{kPa}$

$$C_6H_5CH_2OH(g) \rightleftharpoons C_6H_5CHO(g) + H_2(g)$$

	$C_6H_5CH_2OH(g)$	$C_6H_5CHO(g)$	$H_2(g)$
起始 p_0/kPa	24.1	0	0
平衡 p/kPa	$24.1-x$	x	x

将平衡分压代入平衡常数表达式

$$K^\ominus = \left(\frac{x}{100}\right)^2 \times \frac{100}{24.1 - x} = 0.558$$

$$x = 18.2$$

$$p(C_6H_5CHO) = 18.2\ \mathrm{kPa}$$

因恒温恒容条件下, $p \propto n$,故苯甲醇的分解率为:

$$\alpha(C_6H_5CH_2OH) = \frac{18.2}{24.1} \times 100\% = 75.5\%$$

7. $Ag_2O \rightleftharpoons 2Ag(s) + \frac{1}{2}O_2(g)$

$$\Delta_r H_m^\ominus(298\ \mathrm{K}) = 2\Delta_f H_m^\ominus(Ag, s) + \frac{1}{2}\Delta_f H_m^\ominus(O_2, g) - \Delta_f H_m^\ominus(Ag_2O, s) = 31.0\ \mathrm{kJ \cdot mol^{-1}}$$

$\Delta_r S_m^\ominus(298\ K)=2S_m^\ominus(Ag,s)+\frac{1}{2}S_m^\ominus(O_2,g)-S_m^\ominus(Ag_2O,s)$

$=2\times 42.55+\frac{1}{2}\times 205.138-121.3=66.37\ J\cdot mol^{-1}\cdot K^{-1}$

$\Delta_r G_m^\ominus(T)\approx \Delta_r H_m^\ominus(298\ K)-T\Delta_r S_m^\ominus(298\ K)\leqslant 0$

$T\geqslant \frac{\Delta_r H_m^\ominus(298\ K)}{\Delta_r S_m^\ominus(298\ K)}=\frac{31.0\times 10^3}{66.37}=467\ K$

即 $\Delta_r G_m^\ominus(467\ K)=0\ kJ\cdot mol^{-1}$

$\Delta_r G_m^\ominus(467\ K)=-RT\ln K^\ominus(467\ K)$

$K^\ominus(467\ K)=1.0$

$K^\ominus(467\ K)=[p(O_2)/p^\ominus]^{\frac{1}{2}}=1.0$

$p(O_2)=1.0^2 p^\ominus=100\ kPa$

8. $2HI(g) \rightleftharpoons H_2(g)+I_2(g)$

(1)平衡时各物质的物质的量 n/mol　0.78　0.11　0.11

$K^\ominus=\frac{[p(H_2)/p^\ominus][p(I_2)/p^\ominus]}{[p(HI)/p^\ominus]^2}=\frac{[p(H_2)][p(I_2)]}{[p(HI)]^2}=\frac{n(H_2)n(I_2)}{n(HI)^2}=\frac{0.11^2}{0.78^2}=2.0\times 10^{-2}$

(2) $Q=\frac{0.40\times 0.30}{2.00^2}=3.0\times 10^{-2}>K^\ominus$，说明反应将逆向进行。

9. (1)设 $N_2O_4(g)$ 的平衡转化率为 α。

	$N_2O_4(g)$	$\rightleftharpoons$	$2NO_2(g)$
起始时的物质的量 n/mol	1		0
平衡时的物质的量 n/mol	$1-\alpha$		2α
平衡时总物质的量 n/mol	$1-\alpha+2\alpha=1+\alpha$		
平衡时分压 p_i / kPa	$\frac{1-\alpha}{1+\alpha}\times p_T$		$\frac{2\alpha}{1+\alpha}\times p_T$

标准平衡常数 $K^\ominus=\left(\frac{p(NO_2)}{p^\ominus}\right)^2\times\left(\frac{p(N_2O_4)}{p^\ominus}\right)^{-1}=\left(\frac{2\alpha}{1+\alpha}\times\frac{p_T}{p^\ominus}\right)^2\times\left(\frac{1-\alpha}{1+\alpha}\times\frac{p_T}{p^\ominus}\right)^{-1}$

$=\frac{4\alpha^2}{(1+\alpha)(1-\alpha)}\times\frac{p_T}{p^\ominus}=\frac{4\times 0.502^2}{(1+0.502)(1-0.502)}\times\frac{101.3}{100}=1.37$

(2)温度不变，$K^\ominus$ 不变。

$K^\ominus=\frac{4\alpha^2}{(1+\alpha)(1-\alpha)}\times\frac{5\times 101.3}{100}=1.37$

$\alpha=0.251=25.1\%$

10. (1)匀速反应，速率与反应物的浓度无关，为零级反应。

(2) $k=v=\frac{0.10-0.08}{20}=1.0\times 10^{-3}\ mol\cdot L^{-1}\cdot min^{-1}$

(3) $v=1.0\times 10^{-3}\ mol\cdot L^{-1}\cdot min^{-1}$

(4) $-\frac{dc}{dt}=k$，$-dc=k\,dt$

定积分得：$c_0-c_t=kt$

将 $c_t=\frac{1}{2}c_0$ 代入得：$t_{\frac{1}{2}}=\frac{c_0}{2k}$

第3章

物质结构基础

3.1 知识结构

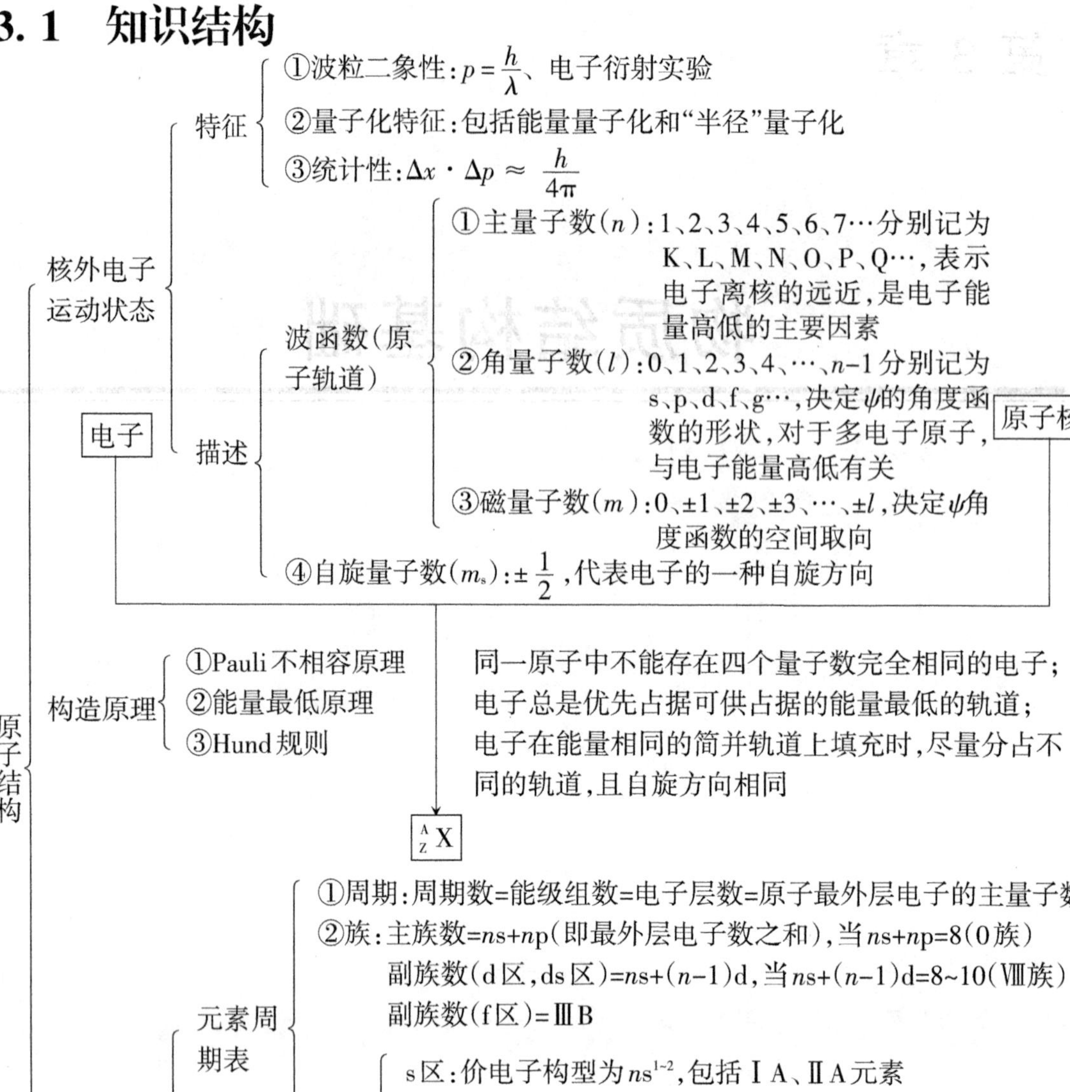

元素性质周期律

- 原子半径r：金属半径、共价半径、范德华半径，镧系收缩导致过渡元素第五、六周期的同族元素的原子(或离子)半径接近
- 电离能I：原子失电子难易程度的量度，即元素金属性的强弱
- 电子亲和能A：原子得电子难易程度的量度，即元素非金属性的强弱
- 电负性χ：在分子中某原子吸引电子的能力，较全面反映元素金属性和非金属性的强弱

- 分子结构
  - 化学键理论
    - 离子键理论
      - ①本质：静电作用，包括离子间静电引力和电子间静电斥力等
      - ②特点：没有方向性，也不具饱和性
      - ③强度：晶格能，与离子电荷的大小成正比，与离子间的核间距成反比
      - ④离子性：衡量离子键的极性强弱，其大小与元素的电负性有关，任何离子键都不可能是100%的离子键
    - 共价键理论
      - ①价键理论
        - ①本质：静电作用，轨道重叠使核间较大的电子密度对两核的吸引
        - ②条件：电子配对原理，最大重叠原理
        - ③特点：具有饱和性和方向性
        - ④类型：σ键（头碰头）、π键（肩并肩）及δ键（面对面）；定域键和离域大π键；配位键(共用电子对由配位原子一方单独提供)
      - ②杂化轨道理论：解释分子成键能力、空间几何构型。包括sp杂化($BeCl_2$)、sp^2杂化(BF_3)、sp^3杂化(CH_4)、不等性sp^3杂化(NH_3、H_2O)、dsp^2杂化($[Ni(CN)_4]^{2-}$)、dsp^3杂化(PCl_5)、d^2sp^3或sp^3d^2杂化(SF_6)等
      - ③价层电子对互斥理论：预测AB_n型共价分子或离子的空间构型，依据中心原子的价层电子对数及分子中电子对间的排斥力大小，推断出分子或离子的空间构型
      - ④分子轨道理论：分子中电子运动状态用分子轨道波函数σ、$σ^*$、π、$π^*$来表示，分子轨道由组成分子的各原子轨道线性组合而成，分子中电子的分布服从电子排布三原则
      - ⑤共价键参数
        - 键级B.O.：描述共用电子对数目，B.O.愈大，分子愈稳定
        - 键能E：衡量共价键强弱的物理量，键能越大，化学键越牢固
        - 键长l：分子中两原子核间的平衡距离，键长越短，键能越大，键越牢固
        - 键角θ：分子中两个相邻共价键之间的夹角，是反映分子空间构型的重要参数
        - 键矩μ：表示键的极性，非极性键的$\mu=0$，极性键的$\mu>0$，μ越大，键的极性越强
    - 金属键理论
      - ①自由电子理论：自由电子可在整个晶体范围内金属正离子堆积的空隙中高速地运动，是一种特殊的共价键，没有饱和性和方向性，能定性解释金属具有光泽、良好的延展性、可塑性、导电性、导热性等大多数特征
      - ②能带理论：分子轨道理论的扩展，将金属晶体看作一个巨大分子，采用分子轨道理论来描述金属晶体内电子的运动状态，能较满意地解释金属的光泽、导电性、导热性、延展性、可塑性和金属键的强度等性质
  - 分子间作用力理论
    - ①分类
      - 取向力：极性分子之间的永久偶极而产生的静电引力，只存在于极性分子之间
      - 诱导力：诱导偶极同极性分子的永久偶极之间的作用力，存在于极性分子与非极性分子之间，也存在于极性分子与极性分子之间
      - 色散力：由“瞬间偶极”之间产生的静电吸引力，存在于所有分子之中
    - ②特点：是一种静电吸引力，强度较弱，无方向性和饱和性，对大多数分子而言，色散力为主
  - 氢键
    - ①本质：偶极与偶极之间的静电作用
    - ②形成条件：X—H…Y，X、Y为电负性很大的F、O、N原子
    - ③特点：具有方向性和饱和性，键能一般在40 $kJ \cdot mol^{-1}$以下，小于化学键能而大于范德华力
    - ④分类：分子内氢键、分子间氢键

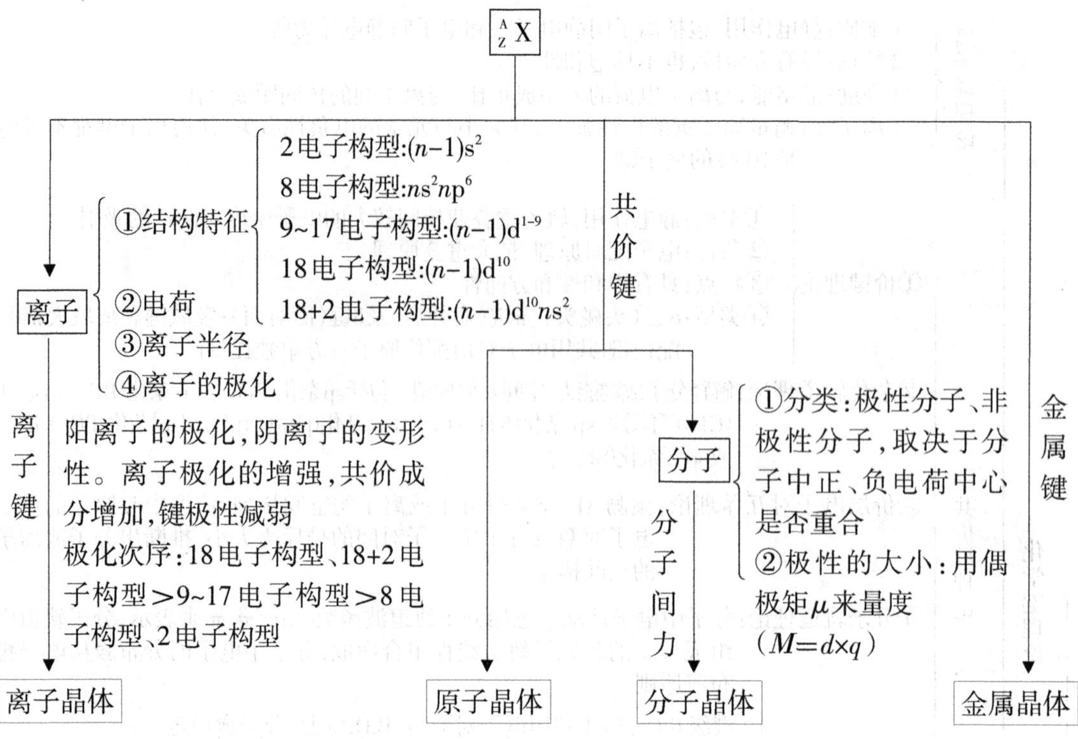

晶体类型	离子晶体	原子晶体	分子晶体	金属晶体
组成粒子	正、负离子	原子	分子	原子、离子
粒子间作用力	离子键	共价键	分子间作用力	金属键
特性	熔点、沸点高,硬而脆	硬度大,熔点、沸点很高	熔点、沸点低,硬度低	有金属光泽,是电和热的良导体,有延展性
结构类型	有NaCl型(配位比为6:6)、CsCl型(配位比为8:8)和ZnS(配位比为4:4),由r_+/r_-决定			紧密堆积方式:六方(配位数12)、面心立方(配位数12)、体心立方(配位数8)

3.2 重点知识剖析及例解

3.2.1 核外电子的运动特征

【知识要求】了解原子核外电子运动特性，了解微观粒子的波粒二象性、原子的能级、原子轨道（波函数）的物理意义。

【评注】核外电子运动的主要特征是波粒二象性。电子衍射实验表明电子具有波动性。电子波粒二象性体现在以下公式：$E=mc^2$、$E=h\nu$、$\lambda=\dfrac{h}{p}=\dfrac{h}{mv}$。

波粒二象性具体体现在量子化和统计性上。量子化是指核外电子运动状态的某些物理量是不连续变化的，如核外电子运动能量的量子化是指运动的电子能量只能取一些不连续的能量状态，又称电子的能级；统计性是指不能同时准确测定其位置和动量，即核外电子的运动满足测不准原理（海森堡不确定原理）。

【例题3-1】钾的临界频率$\nu=5.0\times10^{14}\ s^{-1}$，试计算具有这种频率的一个光子的能量，并解释金属钾在黄光（频率为$\nu=5.1\times10^{14}\ s^{-1}$）作用下产生光电效应，而在红光（频率为$\nu=4.6\times10^{14}\ s^{-1}$）作用下却不能。

解 由$E=h\nu$得：

临界频率的一个光子的能量：$E=6.626\times10^{-34}\times5.0\times10^{14}=3.3\times10^{-19}$ J

黄光一个光子的能量：$E=6.626\times10^{-34}\times5.1\times10^{14}=3.4\times10^{-19}$ J

由于黄光光子的能量大于与临界频率对应的光子能量，从而引发光电效应。

红光一个光子的能量：$E=6.626\times10^{-34}\times4.6\times10^{14}=3.0\times10^{-19}$ J

由于红光光子的能量小于与临界频率对应的光子能量，不能引发光电效应。

【例题3-2】以$\dfrac{1}{10}$光速运动的电子的波长是多少？

解 电子质量$m_e=9.11\times10^{-31}$ kg

电子运动速度$v_e=0.100\times c=0.100\times3.00\times10^8=3.00\times10^7\ m\cdot s^{-1}$

根据$\lambda=\dfrac{h}{p}=\dfrac{h}{mv}$得：

$$\lambda_e=\frac{h}{m_e v_e}=\frac{6.626\times10^{-34}}{9.11\times10^{-31}\times3.00\times10^7}=2.42\times10^{-11}\ m$$

3.2.2 原子核外电子的运动状态、规律及描述

【知识要求】掌握4个量子数的符号、意义及其取值规则，能用4个量子数描述核外一个电子的运动状态。

【评注】核外电子运动状态可用4个量子数n、l、m、m_s来描述。在4个量子数中，取值有着相互制约关系，主量子数n决定电子出现几率最大区域离核远近，又是电子能量的决定因素；角量子数l以s、p、d、f、g对应的能级表示亚层，决定原子轨道或电子云的形状；磁量子数m决定波函数（原子轨道）或电子云在空间的伸展方向；自旋量子数m_s表示同一轨道中电子的2种自旋状态；n、l、m确定原子轨道，n、l确定轨道能级。4个量子数和电子运动状态的关

系见下表：

n	1	2		3			4			
l	0(1s)	0(2s)	1(2p)	0(3s)	1(3p)	2(3d)	0(4s)	1(4p)	2(4d)	3(4f)
m	0	0	0 ±1	0	0 ±1	0 ±1 ±2	0	0 ±1	0 ±1 ±2	0 ±1 ±2 ±3
电子层中轨道数n^2	1	4		9			16			
m_s	$\pm\frac{1}{2}$									
状态总数	2 ($1s^2$)	8 ($2s^22p^6$)		18 ($3s^23p^63d^{10}$)			32 ($4s^24p^64d^{10}4f^{14}$)			

【例题3-3】下列哪一组量子数是不合理的？

(1) $n=2, l=2, m=0$；(2) $n=2, l=1, m=1$；(3) $n=3, l=0, m=3$；(4) $n=2, l=3, m=0$；(5) $n=3, l=2, m=2$。

解 不合理的有：(1)l 的取值不能等于n 值；(3)m 的取值只能在$-l$ 至$+l$ 之间；(4)l 的取值不能大于或等于n。

【例题3-4】写出基态原子中满足下列给定量子数相应轨道符号及电子总数。

量子数	轨道符号	电子总数
$n=3$		
$n=4, l=2$		
$n=3, l=2, m=-2$		
$n=5, l=1, m=0, m_s=+\frac{1}{2}$		

解

量子数	轨道符号	电子总数
$n=3$	3s、3p、3d	18
$n=4, l=2$	4d	10
$n=3, l=2, m=-2$	3d	2
$n=5, l=1, m=0, m_s=+\frac{1}{2}$	5p	1

3.2.3 原子中核外电子排布、原子结构和元素在周期表中位置的关系

【知识要求】掌握原子核外电子排布的规律、方法及核外电子排布与元素周期表的关系，能写出一般元素的原子核外电子排布式和价电子构型，从而正确推断元素在周期表中的位置（包括周期、族及分区）。

【评注】多电子原子轨道能级大小可由$n+0.7l$ 大小近似确定。基态原子核外电子的排

布一般服从三个原则，即Pauli不相容原理、最低能量原理、Hund规则。写离子的核外电子排布式时，首先写出原子的电子排布式，再根据离子所带电荷减少或增加最外层电子。

【例题3–5】写出原子序数为24元素的基态原子的电子排布式，并用四个量子数分别表示每个价电子的运动状态。

解 基态原子的电子排布式：${}_{24}Cr$：$[Ar]3d^5 4s^1$。

3d轨道上5个电子的四个量子数为：$(3,2,-2,+\frac{1}{2})$，$(3,2,-1,+\frac{1}{2})$，$(3,2,0,+\frac{1}{2})$，$(3,2,+1,+\frac{1}{2})$，$(3,2,+2,+\frac{1}{2})$，（或m_s全为$-\frac{1}{2}$）；

4s轨道上1个电子的四个量子数为：$(4,0,0,+\frac{1}{2}$或$-\frac{1}{2})$。

【评注】原子结构决定元素在周期表中的位置，按元素原子价电子层结构特点，可分为5个区。s区元素的特征电子构型为：$ns^{1\sim2}$（包括ⅠA、ⅡA族）；p区元素的特征电子构型为：$ns^2np^{1\sim6}$（包括ⅢA~ⅦA族、0族）；d区元素的特征电子构型为：$(n-1)d^{1\sim10}ns^{0\sim2}$（包括ⅢB~ⅦB族、Ⅷ族）；ds区元素的特征电子构型为：$(n-1)d^{10}ns^{1\sim2}$（包括ⅠB、ⅡB族）；f区元素的特征电子构型为：$(n-2)f^{1\sim14}(n-1)d^{0\sim2}ns^2$（包括镧系、锕系）。

【例题3–6】填表

原子序数	电子排布式	价电子构型	未成对电子数	周期	族	区	是金属还是非金属
32							
		$3d^6 4s^2$					
				5	ⅠB		
161							

解

原子序数	电子排布式	价电子构型	未成对电子数	周期	族	区	是金属还是非金属
32	$[Ar]3d^{10}4s^2 4p^2$	$4s^2 4p^2$	2	4	ⅣA	p	非金属
26	$[Ar]3d^6 4s^2$	$3d^6 4s^2$	4	4	Ⅷ	d	金属
47	$[Kr]4d^{10}5s^1$	$4d^{10}5s^1$	1	5	ⅠB	ds	金属
161	$[118]$ $5g^{18}6f^{14}7d^{10}8s^1$	$7d^{10}8s^1$	1	8	ⅠB	ds	金属

3.2.4 元素基本性质的周期性

【知识要求】理解元素性质（原子半径、电离能、电子亲和能、电负性）的周期性变化规律。学会由元素在周期表位置及周期律推测元素性质。

【评注】元素周期律是元素原子结构呈现周期性变化的反映。原子半径、电离能、电子亲和能、电负性的周期性变化可以由原子结构来说明。

【例题3–7】有A、B、C、D四种元素。其原子价电子数依次为1、2、6、7，电子层依次减少。已知D^-的电子层结构与Ar相同，A和B次外层只有8个电子，C次外层有18个电子。推断四种元素的元素符号及其在元素周期表中的位置，并指出：(1)原子半径由小到大的顺序；(2)

第一电离能由小到大的顺序；(3)电负性由小到大的顺序；(4)金属性由弱到强的顺序。

解

元素代号	电子排布式	周期	族	原子符号	原子半径顺序	第一电离能顺序	电负性顺序	金属性顺序
D	[Ne]$3s^23p^5$	3	ⅦA	Cl	小	大	大	弱
C	[Ar]$3d^{10}4s^24p^4$	4	ⅥA	Se	↓	↓	↓	↓
B	[Kr] $5s^2$	5	ⅡA	Sr				
A	[Xe] $6s^1$	6	ⅠA	Cs	大	小	小	强

【例题3–8】为什么同周期元素原子半径表现出自左向右减小的总趋势，且减小幅度为主族元素 > 过渡元素 > 内过渡元素？

解 同周期元素自左向右随着原子序数的增加，有效核电荷数增加，核对电子的吸引力加强，原子半径减少。

对主族元素而言，s、p电子逐个填加在最外层，增加的电子对原来最外层电子的屏蔽效应较小，有效核电荷迅速增大，半径减少幅度较大；对过渡元素而言，d电子逐个填加在次外层，增加的次外层电子对最外层电子的屏蔽较强，有效核电荷增加较小，半径减少幅度较小；对内过渡元素而言，f电子逐个填加在倒数第三层，增加的电子对最外层电子的屏蔽很强，有效核电荷增加甚小，半径减少幅度甚小。

【例题3–9】下表列出第二周期各元素的第一、第二电离能值，指出电离能变化的规律，并作出解释。

元素	Li	Be	B	C	N	O	F	Ne
$I_1/(kJ \cdot mol^{-1})$	520	900	801	1086	1402	1341	1681	2081
$I_2/(kJ \cdot mol^{-1})$	7298	1757	2427	2353	2856	3388	3374	3952

解 第二电离能>第一电离能，原因是原子失去电子形成正离子后，再失去电子更加困难。

同一周期，随着元素原子序数增大，半径减少，其第一电离能总趋势增大；第一电离能在总趋势增大的前提下，出现Li<Be>B、C<N>O，原因是由于Be 、N电子排布出现半充满或全充满。

3.2.5 离子键理论

【知识要求】掌握离子键的理论要点。

【评注】正、负离子间的静电作用力叫离子键，由离子键形成的化合物为离子化合物；离子键既没有方向性，也不具饱和性；离子键的强度可用晶格能的大小来度量，晶体类型相同时，晶格能大小与正、负离子电荷数成正比，与它们之间的距离R成反比；键的离子性大小与元素的电负性有关，相互作用的两原子间电负性差$\Delta\chi>1.7$时，其离子性百分数将大于50%，归为离子键范畴。

3.2.6　共价键理论

【知识要求】 掌握共价键的基本要点、特征、类型；掌握杂化轨道的类型和形成原理，能用杂化轨道理论来解释一般分子的几何构型，特别是对大π键的分析；能用价电子对互斥理论推测一般分子的几何构型。

【评注】 两原子相互接近时，自旋相反的成单电子可以配对形成共价键（电子配对原理），成键电子的原子轨道重叠程度越大，形成的共价键就越牢固（最大重叠原理）；共价键的特点是具有饱和性和方向性；共价键按原子轨道重叠方式，可分为σ键、π键及δ键。

原子轨道在成键时，通常同一原子中几个能量相近的不同类型的原子轨道（即波函数）需要进行线性组合，形成杂化轨道。杂化轨道数目等于参与杂化原子轨道的数目；杂化轨道具有一定的几何构型，决定分子的形状（见下表）。

杂化类型	sp	sp^2	sp^3	不等性sp^3	dsp^2	dsp^3或sp^3d	d^2sp^3或sp^3d^2
杂化轨道间夹角	180°	120°	109° 28'	＜109° 28'	90°	90°、120°	90°
空间构型	直线	正三角形	正四面体	V字形或三角锥形	平面四方形	三角双锥	八面体
实例	$BeCl_2$、$HgCl_2$、C_2H_2、CO_2	BF_3、BCl_3、C_2H_4	CH_4、CCl_4、$SiCl_4$	H_2O、NH_3	$[Ni(CN)_4]^{2-}$	PCl_5	$[Fe(CN)_6]^{3-}$、$[Co(NH_3)_6]^{2+}$

【例题3-10】 CH_4和NH_3分子中心原子都采取sp^3杂化，但二者的分子构型不同，为什么？

解　CH_4中C采取sp^3等性杂化，所以是正四面体构型；NH_3中N采取sp^3不等性杂化，因有一孤对电子、三个sp^3-s的σ键，所以为三角锥形。

【评注】 由3个或3个以上原子形成的π键，称离域π键，用符号Π_n^m来表示（其中n为组成大π键的原子数，m为组成大π键的电子数）。形成离域π键的条件是：(1)这些原子在同一平面上；(2)每一原子均有一互相平行的p轨道；(3)p电子数目小于p轨道数的2倍。

【评注】 杂化轨道理论能成功解释分子的几何构型，要推测分子的几何构型可采用价电子对互斥理论。推测时首先确定中心原子的价层电子对数VPN，中心原子VPN=$\frac{1}{2}\left[\text{中心原子价电子数}+\text{配位原子价电子数}\pm\text{离子电荷数}\binom{\text{负}}{\text{正}}\right]$；根据中心原子的价层电子对数，判断价层电子对的空间构型；然后根据孤对电子对数及分子中电子对间的排斥力大小（孤对电子对与孤对电子对＞孤对电子对与成键电子对＞成键电子对与成键电子对），推断出分子或离子的空间构型。

【例题3-11】 运用价层电子对互斥理论推断下列分子或离子的空间构型，并用杂化轨道理论加以说明，若分子中有大π键，写出大π键的个数及类型。

CS_2、BBr_3、PF_3、SO_2、OF_2、PCl_6^-、H_5IO_6。

解

分子或离子	中心原子的价层电子对数	价层电子对的空间构型	分子的空间构型	中心原子的杂化轨道类型	大π键类型
CS_2	2	直线	直线	sp	2个Π_3^4

续表

分子或离子	中心原子的价层电子对数	价层电子对的空间构型	分子的空间构型	中心原子的杂化轨道类型	大π键类型
BBr_3	3	平面三角形	平面三角形	sp^2	1个Π_4^6
PF_3	4	四面体	三角锥形	不等性sp^3	
SO_2	3	平面三角形	V字形	sp^2	1个Π_3^4
OF_2	4	四面体	V字形	不等性sp^3	
PCl_6^-	6	正八面体	正八面体	sp^3d^2	
H_5IO_6	6	正八面体	八面体	sp^3d^2	

3.2.7 分子轨道理论

【知识要求】掌握分子轨道理论，能运用该理论解释第二周期同核、异核双原子分子的形成，并推测其磁性、键长和稳定性。

【评注】分子轨道由组成分子的各原子轨道线性组合而成，用σ、σ*、π、π*表示；电子在分子轨道中的排布遵从原子轨道中电子排布三原则（能量最低原理、Pauli不相容原理和Hund规则）；在分子轨道理论中，用键级表示键的牢固程度，键级$=\frac{1}{2}$（成键轨道上的电子数−反键轨道上的电子数），键级越大，分子越稳定；根据分子电子构型中有无未成对（成单）电子可以判断分子的磁性。

【例题3-12】写出O_2^+、O_2、O_2^-和O_2^{2-}等分子或离子的分子轨道电子排布式，计算其键级，说明其分子中的键型及磁性，并比较它们的稳定性顺序。

解

分子或离子	分子轨道电子排布式	键级	键型	磁性
O_2	$KK(\sigma_{2s})^2(\sigma_{2s}^*)^2(\sigma_{2p})^2(\pi_{2p})^4(\pi_{2p}^*)^2$	2	1个σ键，2个三电子π键	顺磁性
O_2^+	$KK(\sigma_{2s})^2(\sigma_{2s}^*)^2(\sigma_{2p})^2(\pi_{2p})^4(\pi_{2p}^*)^1$	2.5	1个σ键，1个π键，1个三电子π键	顺磁性
O_2^-	$KK(\sigma_{2s})^2(\sigma_{2s}^*)^2(\sigma_{2p})^2(\pi_{2p})^4(\pi_{2p}^*)^3$	1.5	1个σ键，1个三电子π键	顺磁性
O_2^{2-}	$KK(\sigma_{2s})^2(\sigma_{2s}^*)^2(\sigma_{2p})^2(\pi_{2p})^4(\pi_{2p}^*)^4$	1	1个σ键	抗磁性

稳定性：$O_2^+>O_2>O_2^->O_2^{2-}$

3.2.8 键参数和分子性质

【知识要求】掌握键能、键长、键角及键级等键参数的概念以及键能、键长与键级关系；了解偶极矩的概念；理解共价键的极性和分子极性的联系。

【评注】键级、键能、键长、键角、键矩等物理量称为键参数。键级、键能、键长描述共价键稳定性，键级越大，键长越短，键能越大，键越牢固；键角和键长是反映分子空间构型的重要参数；键矩表示键的极性，电负性差值越大，键矩越大，键的极性越大。

分子极性的大小可用偶极矩μ来量度。对双原子分子而言，分子极性取决于键的极性，对多原子分子而言，分子极性不仅取决于键的极性，而且取决于分子是否对称，如果对称，正、负电荷相互抵消，偶极矩为0，属非极性分子。

【例题3-13】PF_3和BF_3的分子组成相似，而它们的偶极矩却明显不同，PF_3分子μ=1.03 D，而BF_3分子μ=0.00 D，为什么？

解 这是因为P与B价电子数目不同，杂化方式也不同，因而分子结构不同。PF_3中P采取sp^3不等性杂化方式，分子构型为不对称的三角锥形，键的极性不能抵消，因而分子有极性；而BF_3中B采取sp^2杂化方式，分子为对称的平面正三角形，键的极性完全抵消，因而分子无极性。

3.2.9 金属键理论

【评注】金属键理论主要有自由电子理论和能带理论。自由电子理论能较好地定性解释金属具有光泽、良好的延展性、可塑性和导电、导热性等金属的大多数特征；能带理论可以说明金属的光泽、导热性、延展性、可塑性和金属键的强度等性质。

3.2.10 分子间作用力和氢键

【知识要求】了解分子间作用力产生的原因以及对物质性质的影响；掌握氢键的形成条件、特征以及对物质性质的影响；能判断分子间作用力的类型，解释分子间作用力和氢键对物质沸点、熔点、溶解度等物理性质的影响。

【评注】分子间作用力包括色散力、取向力、诱导力。判断分子间作用力的类型取决于分子的极性。非极性分子之间只存在色散力，且相对分子质量愈大，色散力愈大；极性分子与非极性分子之间存在色散力、诱导力；极性分子与极性分子之间存在色散力、取向力、诱导力，若符合氢键形成条件还可形成氢键。相同类型分子的沸点、熔点高低取决于分子间作用力的大小，分子间作用力越大，熔点、沸点越高。

【例题3-14】说明下列每组分子之间存在什么形式的分子间作用力：

(1)苯和CCl_4；(2)甲醇和水；(3)HCl气体；(4)Ar和水。

解 (1)苯和CCl_4都是非极性分子，存在色散力。

(2)甲醇和水都是极性分子，且甲醇、水分子既有电负性大的氧原子，又有氢原子，所以存在色散力、取向力、诱导力和氢键。

(3)HCl是极性分子，存在极性分子与极性分子间的作用力，即存在色散力、取向力、诱导力。

(4)Ar是非极性分子，水是极性分子，分子间存在色散力、诱导力。

3.2.11 晶体结构

【知识要求】了解晶体的特征、类型和不同类型晶体微粒间的作用力、特性；了解离子晶体的结构特征；理解晶格能对离子化合物熔点、硬度的影响。

【评注】固态可分为晶态和非晶态两大类。晶体具有规则的几何外形、固定的熔点、各向异性以及对称性等宏观基本特征。晶体的微观特征是平移对称性，晶体具有一定的几何形状正是晶体的平移对称性的表象。

晶体可分为离子晶体、原子晶体、金属晶体和分子晶体四大基本类型。各类晶体的物理化学性质由于质点间作用力及堆积方式不同有很大差异。

【例题3-15】按熔点高低排列下列两组物质，并作简要的解释。

(1)NaF　NaCl　NaBr　NaI；(2)CF_4　CCl_4　CBr_4　CI_4。

解　(1)NaF > NaCl > NaBr > NaI

(2)$CF_4 < CCl_4 < CBr_4 < CI_4$

对于(1)而言，NaF、NaCl、NaBr、NaI为离子晶体，熔点高低与晶格能有关，由于电荷相同，半径越小，晶格能越大，熔点越高。

对于(2)而言，CF_4、CCl_4、CBr_4、CI_4为分子晶体，熔点高低与分子间作用力有关，且它们均为非极性分子，分子间作用力只有色散力，一般说来，相对分子质量愈大者色散力愈大，其分子晶体熔点就愈高。

3.3 课后习题选解

3-1 是非题

1. 所谓原子轨道就是指一定的电子云。　(×)

2. 价电子层排布为ns^1的元素都是碱金属元素。　(×)

3. 当主量子数为4时，共有4s、4p、4d、4f四个轨道。　(×)

4. 第一过渡系(即第四周期)元素的原子填充电子时是先填充3d轨道后填充4s轨道，所以失去电子时也是按这个次序先失去3d电子。　(×)

5. 原子在基态时没有未成对电子，就肯定不能形成共价键。　(×)

6. 由于CO_2、H_2O、H_2S、CH_4分子中都含有极性键，因此都是极性分子。　(×)

7. 形成离子晶体的化合物中不可能有共价键。　(×)

8. 全由共价键结合形成的化合物只能形成分子晶体。　(×)

9. 在CCl_4、$CHCl_3$和CH_2Cl_2分子中，碳原子都是采用sp^3杂化，因此，这些分子都呈正四面体。　(×)

10. 色散力只存在于非极性分子之间。　(×)

3-2 选择题

1. 在氢原子中，对r = 53 pm处的正确描述是　(C)

A. 该处1s电子云最大　　B. r是1s径向分布函数的平均值

C. 该处为H原子Bohr半径　　D. 该处是1s电子云界面

2. 下列哪一轨道上的电子在xy平面的电子几率密度为零　(A)

A. $3p_z$　　B. $3d_{z^2}$　　C. 3s　　D. $3p_x$

3. 在电子云示意图中，小黑点是　(A)

A. 其疏密表示电子出现的几率密度的大小　　B. 表示电子在该处出现

C. 其疏密表示电子出现的几率的大小　　D. 表示电子

4. N、O、P、S原子中，第一电子亲和能最大的是 (D)

A. N　　B. O　　C. P　　D. S

5. O、S、As三种元素比较，正确的是 (A)

A. 电负性O>S>As，原子半径O<S<As

B. 电负性O<S<As，原子半径O<S<As

C. 电负性O<S<As，原子半径O>S>As

D. 电负性O>S>As，原子半径O>S>As

6. 下列元素原子半径排列顺序正确的是 (B)

A. Mg>B>Si>Ar　　B. Ar>Mg>Si>B

C. Si>Mg>B>Ar　　D. B >Mg>Ar>Si

7. 在各种不同的原子中，3d和4s电子的能量相比是 (B)

A. 3d >4s　　B. 不同原子中情况可能不同

C. 3d <4s　　D. 3d 与4s几乎相等

8. 若把某原子核外电子排布写成ns^2np^7，它违背了 (A)

A. Pauli不相容原理　　B. 能量最低原理

C. Hund规则　　D. Hund规则特例

9. 下列物质中，变形性最大的是 (B)

A. O^{2-}　　B. S^{2-}　　C. F^-　　D. Cl^-

10. 下列物质中，沸点最高的是 (D)

A. H_2Se　　B. H_2S　　C. H_2Te　　D. H_2O

11. 下列物质中，共价成分最大的是 (B)

A. AlF_3　　B. $FeCl_3$　　C. $FeCl_2$　　D. $SnCl_2$

12. 主要是以原子轨道重叠的是 (A)

A. 共价键　　B. 范德华力　　C. 离子键　　D. 金属键

13. 用价层电子对互斥理论判断SO_3的分子构型为 (D)

A. 正四面体　　B. V字形　　C. 三角锥形　　D. 平面三角形

14. 下列各化学键中，极性最小的是 (A)

A. O—F　　B. H—F　　C. C—F　　D. Na—F

15. 下列分子中，偶极矩最大的是 (C)

A. HCl　　B. HBr　　C. HF　　D. HI

16. 在SiC、$SiCl_4$、$AlCl_3$、MgF_2四种物质中，熔点最高的是 (A)

A. SiC　　B. $SiCl_4$　　C. $AlCl_3$　　D. MgF_2

17. 下列有关晶体的特征及结构的陈述中，不正确的是 (C)

A. 任何一种单晶都具有各向异性　　B. 晶体有固定的熔点

C. 所有晶体都有一定的规整外形　　D. 多晶一般不表现各向异性

18. 下列物质中，熔点由低到高排列的顺序应该是 (D)

A. $NH_3<PH_3<SiO_2<KCl$　　B. $PH_3<NH_3<SiO_2<KCl$

C. $NH_3<KCl<PH_3<SiO_2$　　D. $PH_3<NH_3<KCl<SiO_2$

19. NaF、MgO、CaO的晶格能大小的次序正确的是 (A)

A. MgO>CaO>NaF　　B. CaO>MgO>NaF

C. NaF>MgO>CaO　　D. NaF>CaO>MgO

20. 应用离子极化理论比较下列几种物质的性质，溶解度最大的是　（ A ）

A. AgF　　B. AgCl　　C. AgBr　　D. AgI

3-3 填空题

1. 第三周期的稀有气体元素是__氩(Ar)__，其价电子层排布为__$3s^23p^6$__。

2. 原子中的电子在原子轨道上排布需遵循__能量最低原理__、__Pauli不相容原理__和__Hund规则__三条原则。

3. 在ⅡA族元素中，性质与锂最相似的元素是__镁__，它们在过量的氧气中燃烧时都生成正常氧化物，它们都能与氮气直接化合生成__氮化物__。

4. 分子轨道是由__原子轨道__线性组合而成的，这种组合必须遵守的三个原则是__能量相近原理__、__最大重叠原理__和__对称性匹配原理__。

5. SiF_4中硅原子的轨道杂化方式为__sp^3杂化__，该分子中的键角为__109°28′__；SiF_6^{2-}中硅原子的轨道杂化方式为__sp^3d^2杂化__，该分子中的键角为__90°__。

6. 根据下列分子的空间构型，指出中心原子的杂化轨道类型。

BCl_3(平面三角形)中的B以__sp^2__杂化；NF_3(三角锥形，键角102°)中的N以__不等性sp^3__杂化。

7. CO_2、MgO、CaO、Ca的晶体类型分别为__分子晶体__、__离子晶体__、__离子晶体__和__金属晶体__。

8. MgO、CaO、SrO、BaO均为NaCl型晶体，它们的正离子半径大小顺序为__$Ba^{2+}>Sr^{2+}>Ca^{2+}>Mg^{2+}$__，由此可推测出它们的晶格能大小顺序为__MgO>CaO>SrO>BaO__。

3-4 简答题

1. 什么是屏蔽效应和钻穿效应？

解　在讨论多原子或离子中的某一电子能量时，将内层及同层电子对该电子的排斥作用归结为对核电核的屏蔽和部分抵消，从而使有效核电荷降低，削弱了核对电子的引力，这种作用称为屏蔽效应。

由于原子轨道的径向分布不同，电子穿过内层钻到近核能力不同而引起电子的能量不同的现象称为电子的钻穿效应。如4s的最大峰比3d最大峰离核远，但4s的小峰钻到靠核很近的内层，因而大大降低了4s电子的能量，以至于4s比3d电子能量还低。

2. 请解释：(1) He^+中3s和3p轨道的能量相等，而在Ar^+中3s和3p轨道的能量不相等。(2) 第一电子亲和能为Cl>F，S>O，而不是F>Cl，O>S。

解　(1)He^+中只有一个电子，没有屏蔽效应，轨道的能量由主量子数n决定，n相同的轨道能量相同，因而3s和3p轨道的能量相同。而在Ar^+中，有多个电子存在，3s轨道的电子与3p轨道的电子受到的屏蔽效应不同，即轨道的能量不仅和主量子数n有关，还和角量子数l有关，因此，3s和3p轨道的能量不同。

(2)因为半径越小，核对电子的引力越大。因此，电子亲和能在同族中从上到下呈减少的趋势。但第一电子亲和能却出现Cl>F、S>O的反常现象，这是由于O和F半径过小，电子云密度过高，当原子结合一个电子形成负离子时，由于电子间的排斥作用较强，得电子变得困难，使放出的能量减少。

3. 根据原子序数给出下列元素的基态原子的核外电子组态：

(1)K (Z=19)；(2)Al (Z=13)；(3) Cl (Z=17)；(4)Ti(Z=22)；(5)Zn(Z=30)。

解 (1)$[Ar]4s^1$;(2)$[Ne]3s^23p^1$;(3)$[Ne]3s^23p^5$;(4)$[Ar]3d^24s^2$;(5)$[Ar]3d^{10}4s^2$。

4. 判断下列各对元素中,哪个元素的第一电离能大,并说明原因。

(1)S和P;(2)Al和Mg;(3)Sr和Rb;(4)Cu和Zn;(5)Cs和Au。

解 (1)P>S。因P的价电子构型为$3s^23p^3$,3p轨道半充满稳定结构,失去电子难;而S的价电子构型为$3s^23p^4$,失去一个电子后为半充满的稳定结构。

(2)Mg>Al。道理同(1)。

(3)Sr>Rb。Sr的核电荷数比Rb多,半径也比Rb小,而且Sr的$5s^2$较稳定。

(4)Zn>Cu。Zn的核电荷比Cu多,同时,Zn的3d轨道全充满,4s轨道全充满;Cu的4s轨道半充满,失去一个电子后为$3d^{10}4s^0$稳定结构。

(5)Au>Cs。二者为同周期元素,Au为ⅠB族元数,Cs为ⅠA族元素,Au的有效核电荷数较Cs的大,而半径较Cs的小,而且Cs失去一个电子后变为$5s^25p^6$稳定结构。

5. 判断半径大小并说明原因:

(1)Sr与Ba;(2)Ca与Sc;(3)Ni与Cu;(4)S^{2-}与S;(5)Na^+与Al^{3+};(6)Sn^{2+}与Pb^{2+};(7)Fe^{2+}与Fe^{3+}。

解 (1)Ba> Sr。Ba与Sr为同族元素,Ba比Sr多一电子层。

(2)Ca>Sc。Ca与Sc为同周期元素,Sc的核电荷数多。

(3)Cu>Ni。Ni与Cu为同周期元素,Cu次外层为18电子,受到屏蔽作用大,有效核电荷小,外层电子受核的引力小。

(4)S^{2-}>S。S^{2-}与S为同一元素,电子数越多,半径越大。

(5)Na^+>Al^{3+}。Na^+与Al^{3+}为同一周期元素,正电荷数越高,半径越小。

(6)Pb^{2+}>Sn^{2+}。Sn^{2+}与Pb^{2+}为同一族元素的离子,正电荷数相同,但Pb^{2+}比Sn^{2+}多一电子层。

(7)Fe^{2+}>Fe^{3+}。Fe^{2+}与Fe^{3+}为同一元素离子,正电荷数越高则半径越小。

6. 请指出电离能、电负性、电子亲和能在周期表中的变化规律。

解 电离能、电负性、电子亲和能在周期表中的变化总趋势是:同一周期中从左到右增大,同一族中从上到下减小。但对于副族元素变化规律不强。

7. NH_3、PH_3均为三角锥构型。据实验测得,氨分子中∠HNH=106.7°,膦分子中∠HPH=93.5°,为什么前者的角度较大?

解 在NH_3、PH_3中,中心原子N和P进行的均是不等性sp^3杂化,但氨分子中∠HNH大于膦分子中的∠HPH,这是由于N的电负性大而半径小,P的电负性小而半径大。由于N的电负性大半径小,造成NH_3分子中成键电子对间的斥力大于PH_3,因而键角$PH_3 < NH_3$。即成键电子对离中心原子越近,键角越大。此外,与P原子有空的3d轨道有关,在氨分子中处于中心的氮原子的价层里的键合电子为全充满,而膦分子中磷原子的价层未充满电子(有空的d轨道)。

8. SO_2F_2和SO_2Cl_2均为四面体结构。据实验测得,∠FSF=98°,∠ClSCl=102°,为什么后者的角度较大?

解 在SO_2F_2和SO_2Cl_2分子中,中心原子均采用sp^3杂化,但由于配位原子氟的电负性大于氯的电负性,导致后者的角度较大。

9. 试用分子轨道理论预言:O_2^+的键长与O_2的键长哪个较短?N_2^+的键长与N_2的键长哪个较短?为什么?

解 根据分子轨道理论,O_2^+、O_2、N_2^+、N_2的分子轨道电子排布式分别为:O_2^+:$[KK(\sigma_{2s})^2(\sigma_{2s}^*)^2$

$(\sigma_{2p})^2(\pi_{2p})^4(\pi_{2p}^*)^1]$，$O_2$：$[KK(\sigma_{2s})^2(\sigma_{2s}^*)^2(\sigma_{2p})^2(\pi_{2p})^4(\pi_{2p}^*)^2]$，$N_2^+$：$[KK(\sigma_{2s})^2(\sigma_{2s}^*)^2(\pi_{2p})^4(\sigma_{2p})^1]$，$N_2$：$[KK(\sigma_{2s})^2(\sigma_{2s}^*)^2(\pi_{2p})^4(\sigma_{2s})^2]$。

O_2^+的键长短。因为O_2^+的键级为2.5，而O_2的键级为2。

N_2的键长短。因为N_2^+的键级为2.5，而N_2的键级为3。

10. 已知NO_2、CO_2、SO_2分子中键角分别为132°、180°、120°，判断它们的中心原子轨道的杂化类型，说明成键情况。

解 NO_2：N原子的价电子构型为$2s^22p^3$，N原子采用sp^2杂化，3个杂化轨道中有一个被孤电子对占据，单电子占据的2个杂化轨道与O原子的单电子占据的p轨道重叠形成两个σ键，N原子中的单电子占据的p轨道和2个O原子的单电子占据的p轨道以肩并肩的形式重叠形成一个三中心三电子的大π键（Π_3^3）（有人认为形成的离域键是Π_3^4）。由于N和O的电负性较大且半径小，N—O间距离较小，因而两个O原子间有较大的斥力，因此造成键角远大于120°。

CO_2：中心原子C的外层电子构型为$2s^22p^2$，在与O成键时，C原子2s轨道上的一个电子激发到2p轨道上，采取sp杂化。2个杂化轨道上的单电子与2个O原子形成2个σ键。同时，C上的2个未杂化的2p单电子与2个O原子形成2个三中心四电子的离域Π_3^4键。由于C采取sp杂化，所以CO_2分子为直线形。

SO_2：分子中S原子的外层电子构型为$3s^23p^4$，S采取不等性sp^2杂化，余下的一对3p电子与2个O原子形成1个三中心四电子的离域键（Π_3^4）。由于S上的孤对电子中有一对占据杂化轨道，因而SO_2分子呈V字形。由于S原子半径较大，两个O原子间斥力不大，两个O原子间的斥力与S上的孤对电子对成键电子的斥力相当，因而SO_2分子中键角恰好为120°。

11. 在下列各对化合物中，哪一个化合物中的键角大？说明原因。

（1）CH_4和NH_3；（2）OF_2和Cl_2O；（3）NH_3和NF_3；（4）PH_3和NH_3。

解 （1）键角$CH_4 > NH_3$。CH_4分子的中心原子采取sp^3等性杂化，为正四面体空间结构，键角为109°28′。而NH_3分子的N原子为sp^3不等性杂化，有一对孤对电子，孤对电子的能量较低，距原子核较近，因而孤对电子对成键电子的斥力较大，使NH_3中的键角变小，为107°18′。

（2）键角$OF_2 < Cl_2O$。OF_2和Cl_2O分子的中心原子O均为sp^3不等性杂化，有两对孤对电子，分子构型为V字形。但配位原子F的电负性远大于Cl的电负性，OF_2分子中成键电子对偏向配位原子F，Cl_2O分子中成键电子对偏向中心原子O，OF_2中成键电子对间的斥力小而Cl_2O分子中两成键电子对间的斥力大，因而Cl_2O分子的键角大于OF_2。

（3）键角$NH_3 > NF_3$。NH_3和NF_3分子中，H和F的半径都较小，分子中H和H及F与F间斥力可忽略。决定键角大小的主要因素是孤对电子对成键电子对的斥力和成键电子对间斥力的大小。NF_3分子中成键电子对偏向F原子，则N上的孤对电子更靠近原子核，能量更低，因此孤对电子对成键电子对的斥力更大；在NH_3分子中，成键电子对偏向N原子，成键电子对间的斥力增加，同时N上的孤对电子受核的引力不如NF_3分子中大，孤对电子的能量与成键电子对能量相差不大，造成孤对电子对成键电子对的斥力与成键电子对间的斥力相差不大。所以，NF_3分子键角小于NH_3分子的键角（107°18′）。

（4）键角$PH_3 < NH_3$。在NH_3、PH_3中，中心原子N和P进行的均是不等性sp^3杂化，但氨分子中∠HNH大于膦分子中的∠HPH，这是由于N的电负性大而半径小，P的电负性小而半径大。由于N的电负性大半径小，造成NH_3分子中成键电子对间的斥力大于PH_3，因而键角$PH_3 < NH_3$。即成键电子对离中心原子越近，键角越大。此外，与P原子有空的3d轨道有

关，在氨分子中处于中心的氮原子的价层里的键合电子为全充满，而膦分子中磷原子的价层未充满电子(有空的d轨道)。

12. 比较以下化合物熔沸点高低，并说明理由：

(1)O_3和SO_2；(2) $HgCl_2$ 和HgI_2。

解　(1)熔沸点$SO_2 > O_3$。O_3和SO_2均为极性分子。SO_2的极性强于O_3，SO_2分子间的取向力和诱导力均大于O_3，而且SO_2的相对分子质量大于O_3的相对分子质量，分子间的色散力也大，因此SO_2分子间的作用力大于O_3分子间的作用力，熔沸点较高。

(2)熔沸点$HgCl_2$>HgI_2。阳离子Hg^{2+}半径较大，变形性较大，具有较强的极化能力。阴离子半径I^->Cl^-，因而变形性I^->Cl^-。因此，Hg^{2+}和I^-间有较强的附加极化作用，极化结果是HgI_2具有更强的共价性，因此熔沸点为$HgCl_2$>HgI_2。

13. 晶格能与离子键的键能有何差异？为什么比较离子晶体性质时要按晶格能的数据，而不能按键能的数据进行分析？

解　晶格能指在标准状态下使1 mol离子晶体变为气态的阴、阳离子时所吸收的能量，而键能是指1 mol由单键形成的气态分子解离为气态中性原子时所需的能量。因为离子键无饱和性，键能无法测得，而且由离子键形成的物质一般为晶体，故用晶格能。

14. 请指出下列分子中哪些是极性分子，哪些是非极性分子？

CCl_4；$CHCl_3$；CO_2；BCl_3；H_2S；HI。

解　除CCl_4、CO_2、BCl_3为非极性分子外(原因是分子对称)，其余为极性分子。

15. 试比较下列化合物中正离子极化能力的大小：

(1) $ZnCl_2$、$FeCl_2$、$CaCl_2$、KCl；

(2) $SiCl_4$、$AlCl_3$、$MgCl_2$、NaCl。

解　离子的极化能力与离子的电荷、半径、电子构型等因素有关。

(1)离子极化能力大小为：$ZnCl_2$>$FeCl_2$>$CaCl_2$>KCl。离子的电子构型对离子的极化能力的影响大小为：18(如Zn^{2+})或18+2电子构型>9～17电子构型(如Fe^{2+})>8电子构型(如Ca^{2+}、K^+)。

(2)离子极化能力大小为：$SiCl_4$>$AlCl_3$>$MgCl_2$>NaCl。离子电荷越多，半径越小，极化能力越强。

16. 解释下列实验现象：

(1) 沸点HF> HI> HCl；BiH_3> NH_3> PH_3；

(2) 熔点BeO>LiF；

(3) $SiCl_4$比CCl_4易水解；

(4) 金刚石比石墨硬度大。

解　(1)同一族气态氢化物从上到下，随着相对分子质量增大，分子间作用力增大，所以沸点增大，但由于HF、NH_3分子间能形成氢键，因而出现反常。

(2) BeO、LiF均为离子晶体，其熔点与晶格能有关，晶格能大，则熔点高，而晶体类型相同时、晶格能大小与正、负离子电荷成正比，与它们之间的距离成反比，所以BeO的晶格能大于LiF。

(3) C无空的价轨道不能水解，而Si有空的3d价轨道能接受水分子孤电子对进而发生水解。

(4)金刚石是原子晶体，而石墨是混合晶体。

17. 试用杂化轨道理论分析：PCl_3的键角为101°，NH_3的键角为107°，$SiCl_4$的键角为

109° 28′。

解 在PCl_3和NH_3中，中心原子均采用不等性sp^3杂化，由于P、N原子中有1对孤对电子不参与成键，其电子云较密集于P、N原子周围，对成键电子对产生排斥作用，因此，空间构型为三角锥形，键角均小于109°28′。由于N原子的电负性大于P原子，而Cl原子的电负性又大于H原子，所以NH_3的键角大于PCl_3分子。在$SiCl_4$分子中，Si原子采用等性的sp^3杂化，分子空间构型为正四面体，键角为109°28′。

18. 回答下列问题：

(1) CCl_4和CBr_4何者沸点高？为什么？

(2) SiO_2和CO_2何者熔点高？为什么？

解 (1) CBr_4的沸点高。CCl_4和CBr_4均为非极性分子，分子间只存在色散力。由于CBr_4相对分子质量大，分子间的作用力大于CCl_4分子间的作用力。

(2) SiO_2的熔点高。因为SiO_2是原子晶体而CO_2是分子晶体。

3-5 推断题

1. 已知电中性的基态原子的价电子层电子组态分别为：(1)$3s^23p^5$，(2)$3d^64s^2$，(3)$5s^2$，(4)$4f^96s^2$，(5)$5d^{10}6s^1$。试确定它们在周期表中属于哪个区、哪个族、哪个周期。

解 (1)p区，ⅦA族，第三周期

(2)d区，Ⅷ族，第四周期

(3)s区，ⅡA族，第五周期

(4)f区，ⅢB族，第六周期

(5)ds区，ⅠB族，第六周期

2. 某元素的基态价层电子构型为$5d^26s^2$，给出比该元素的原子序数小5的元素的基态原子电子组态。

解 $5d^26s^2$为第6周期ⅣB族72号元素，所以67号元素的基态原子电子组态为[Xe]$4f^{11}6s^2$。

3. 某元素基态原子最外层为$5s^2$，最高氧化态为+4，它位于周期表哪个区？是第几周期第几族元素？写出它的+4氧化态离子的电子构型。若用A代表它的元素符号，写出相应氧化物的化学式。

解 该元素的基态原子电子组态为[Kr]$4d^25s^2$，即第40号元素锆(Zr)。它位于d区、第五周期、ⅣB族，+4氧化态离子的电子构型为[Kr]，即$1s^22s^22p^63s^23p^63d^{10}4s^24p^6$，相应氧化物为$AO_2$。

4. 一元素的价电子层构型为$3d^54s^1$，指出其在周期表中的位置(区、周期和族)及该元素可呈现的最高氧化态。

解 d区、第四周期、ⅥB族，最高氧化态为+6(该元素为Cr)。

5. 已知一元素在氪前，其原子失去3个电子后，在l=2的轨道中恰好为半充满，试推出其在周期表中的位置，并指出该元素的名称。

解 由已知条件可推得该元素的基态原子电子组态为[Ar] $3d^64s^2$，在周期表d区、第四周期Ⅷ族，铁。

6. 已知某元素的原子序数为17，试推测：(1)该元素原子的核外电子排布；(2)该元素最高氧化态；(3)该元素处在周期表的什么位置(区、族和周期)；(4)写出它的最高价态含氧酸的化学式及名称。

解 (1)核外电子排布：$1s^22s^22p^63s^23p^5$；(2)最高氧化态为+7；(3)周期表中位置：p区、第

三周期、ⅦA族;(4)最高价态含氧酸化学式为$HClO_4$,名称为高氯酸。

7. 有A、B、C、D四种元素。其中A为第四周期元素,与D可形成1∶1和1∶2原子比的化合物。B为第四周期d区元素,最高氧化数为7。C和B是同周期的元素,具有相同的最高氧化数。D为所有元素中电负性第二大的元素。给出四种元素的元素符号,并按电负性由大到小排列之。

解 A、B、C、D分别为K或Ca、Mn、Br、O。按电负性由大到小的顺序为:O、Br、Mn、K或Ca。

8. 不参考任何数据表,排出以下物种性质的顺序:(1) Mg^{2+}、Ar、Br^-、Ca^{2+}按半径增加的顺序;(2) Na、Na^+、O、Ne按第一电离能增加的顺序;(3) H、F、Al、O按电负性增加的顺序;(4) O、Cl、Al、F按第一电子亲和能增加的顺序。

解 (1) Mg^{2+}、Ca^{2+}、Ar、Br^-;(2) Na、O、Ne、Na^+;(3) Al、H、O、F;(4) Al、O、F、Cl。

3-6 计算题

1. 设子弹的质量为0.01 kg,速度为$1.0\times10^3\ m\cdot s^{-1}$。试通过计算说明宏观物体主要表现为粒子性,其运动服从经典力学规律。(设子弹速度的不确定程度为$10^{-3}\ m\cdot s^{-1}$。)

解 子弹运动的波长 $\lambda=\dfrac{h}{m\times v}=\dfrac{6.626\times10^{-34}}{0.01\times1.0\times10^3}=6.626\times10^{-33}\ m$。

因为子弹的波长太小,波动性可忽略,主要表现为粒子性。

2. 用下列数据求氧原子的电子亲和能

$Mg(s)\longrightarrow Mg(g)$　　$\Delta H_1=141\ kJ\cdot mol^{-1}$

$Mg(g)\longrightarrow Mg^{2+}(g)+2e$　　$\Delta H_2=2201\ kJ\cdot mol^{-1}$

$\frac{1}{2}O_2\longrightarrow O(g)$　　$\Delta H_3=247\ kJ\cdot mol^{-1}$

$Mg^{2+}(g)+O^{2-}(g)\longrightarrow MgO(s)$　　$\Delta H_4=-3916\ kJ\cdot mol^{-1}$

$Mg(s)+\frac{1}{2}O_2(g)\longrightarrow MgO(s)$　　$\Delta H_5=-602\ kJ\cdot mol^{-1}$

解 (1) $Mg(s)\longrightarrow Mg(g)$　　$\Delta H_1=141\ kJ\cdot mol^{-1}$

(2) $Mg(g)\longrightarrow Mg^{2+}(g)+2e$　　$\Delta H_2=2201\ kJ\cdot mol^{-1}$

(3) $\frac{1}{2}O_2(g)\longrightarrow O(g)$　　$\Delta H_3=247\ kJ\cdot mol^{-1}$

(4) $Mg^{2+}(g)+O^{2-}(g)\longrightarrow MgO(s)$　　$\Delta H_4=-3916\ kJ\cdot mol^{-1}$

(5) $Mg(s)+\frac{1}{2}O_2(g)\longrightarrow MgO(s)$　　$\Delta H_5=-602\ kJ\cdot mol^{-1}$

由(5)-(1)-(2)-(3)-(4)得$O(g)+2e\longrightarrow O^{2-}(g)$,即可求得氧原子的电子亲和能$A(O)$:

$A(O)=\Delta H_5-\Delta H_1-\Delta H_2-\Delta H_3-\Delta H_4=-602-141-2201-247+3916=725\ kJ\cdot mol^{-1}$

3. 今有下列双原子分子或离子:Li_2、Be_2、B_2、N_2、CO^+、CN^-。试回答:

(1)写出它们的分子轨道式;

(2) 通过键级计算判断哪种分子最稳定,哪种分子最不稳定;

(3) 判断哪些分子或离子是顺磁性的,哪些是反磁性的。

解 (1) 分子轨道式分别为:Li_2:$KK(\sigma_{2s})^2$; 键级=1

Be_2:$KK(\sigma_{2s})^2(\sigma_{2s}^*)^2$; 键级=0

B_2:$KK(\sigma_{2s})^2(\sigma_{2s}^*)^2(\pi_{2py})^1(\pi_{2pz})^1$; 键级=1

N_2:$KK(\sigma_{2s})^2(\sigma_{2s}^*)^2(\pi_{2py})^2(\pi_{2pz})^2(\sigma_{2px})^2$; 键级=3

CO^+：$KK(\sigma_{2s})^2(\sigma_{2s}^*)^2(\pi_{2py})^2(\pi_{2pz})^2(\sigma_{2px})^1$；键级=2.5

CN^-：$KK(\sigma_{2s})^2(\sigma_{2s}^*)^2(\pi_{2py})^2(\pi_{2pz})^2(\sigma_{2px})^2$；键级=3

(2) 最稳定的分子为N_2分子；最不稳定的是Be_2分子(因键级为0而不能稳定存在)。

(3)顺磁性的物质为B_2、CO^+；反磁性的物质为Li_2、N_2、CN^-、Be(Be_2不存在)。

4. 已知NaF晶体的晶格能为$-894\ kJ\cdot mol^{-1}$，金属钠的升华热为$101\ kJ\cdot mol^{-1}$，F_2分子的解离能为$160\ kJ\cdot mol^{-1}$，NaF的生成焓为$-571\ kJ\cdot mol^{-1}$，钠的电离能为$495.8\ kJ\cdot mol^{-1}$，试计算元素F的电子亲和能。

解 (1) $Na^+(g) + F^-(g) \longrightarrow NaF(s)$ $\Delta H_1=-894\ kJ\cdot mol^{-1}$

(2) $Na(s) \longrightarrow Na(g)$ $\Delta H_2= 101\ kJ\cdot mol^{-1}$

(3) $F_2(g) \longrightarrow 2\ F(g)$ $\Delta H_3=160\ kJ\cdot mol^{-1}$

(4) $Na(s) + \frac{1}{2}F_2(g) \longrightarrow NaF(s)$ $\Delta H_4 = -571\ kJ\cdot mol^{-1}$

(5) $Na(g) \longrightarrow Na^+(g) + e$ $\Delta H_5 = 495.8\ kJ\cdot mol^{-1}$

由(4)-(1)-(2) - $\frac{1}{2}$ ×(3)-(5)得$F(g) + e \longrightarrow F^-(g)$，即可求得F原子的电子亲和能$A(F)$：

$$A(F)=\Delta H_4 - \Delta H_1 - \Delta H_2 - \frac{1}{2}\Delta H_3 - \Delta H_5 = -571-(-894)-101-\frac{1}{2}\times 160-495.8 = -353.8\ kJ\cdot mol^{-1}$$

3.4 自测题及答案

一、是非题

1. 不同原子的原子光谱不同，因为原子核内的质子数与中子数不同。 ( )
2. p轨道的角度分布图为“8”字形，这表明电子是沿“8”轨迹运动的。 ( )
3. 将氢原子的一个电子从基态激发到4s或4f轨道所需要的能量相同。 ( )
4. 同一亚层中不同的磁量子数m表示不同的原子轨道，因此，它们的能量也不同。 ( )
5. 最外层电子构型为ns^{1-2}的元素不一定都在s区。 ( )
6. s区、d区元素原子都是先失去最外层s电子得到相应的离子。 ( )
7. 两原子间可形成多重键，但其中只能有一个σ键，其余均为π键。 ( )
8. 凡中心原子采用sp^3杂化轨道成键的分子，其几何构型都是正四面体。 ( )
9. sp^3杂化就是1s轨道与3p轨道进行杂化。 ( )
10. 共价键的键长等于成键原子共价半径之和。 ( )
11. 对共价分子来说，其中键的键能就等于它的解离能。 ( )
12. 非极性分子永远不会产生偶极。 ( )
13. 氢键是具有方向性和饱和性的共价键。 ( )
14. 原子核外有几个未成对电子，就能形成几个共价键。 ( )
15. 一般来说，同类分子(结构相似的分子晶体)的相对分子质量越大，分子间的作用力也越大。 ( )
16. HNO_3的沸点比H_2O低得多的原因是HNO_3形成分子内氢键，H_2O形成分子间氢键。

（ ）

17. 浓硫酸、甘油等液体黏度大，是由于它们分子间可能形成众多的氢键。 （ ）

18. 原子晶体中晶格结点上的原子之间以牢固的共价键结合，使得原子晶体的熔点高，硬度大。 （ ）

19. 稀有气体分子是由原子组成的，低温凝固后形成的晶体属于原子晶体。 （ ）

20. 共价化合物呈固态时，均为分子晶体，因此熔点、沸点都低。 （ ）

二、选择题

1. 对于原子的s轨道，下列说法中正确的是 （ ）

A. 距原子核最近　B. 球形对称　C. 必有成对电子　D. 具有方向性

2. 下列原子轨道不存在的是 （ ）

A. 2d　B. 8s　C. 4f　D. 7p

3. 在一个多电子原子中，具有下列各组量子数(n,l,m,m_s)的电子，能量最大的电子具有的量子数是 （ ）

A. $3,2,+1,+\frac{1}{2}$　B. $2,1,+1,-\frac{1}{2}$　C. $3,1,0,-\frac{1}{2}$　D. $3,1,-1,+\frac{1}{2}$

4. 基态$_{11}$Na原子最外层电子的四个量子数应是 （ ）

A. $4,1,0,+\frac{1}{2}$或$-\frac{1}{2}$　B. $4,1,1,+\frac{1}{2}$或$-\frac{1}{2}$

C. $3,0,0,+\frac{1}{2}$或$-\frac{1}{2}$　D. $4,0,0,+\frac{1}{2}$或$-\frac{1}{2}$

5. 下列电子分布属于激发态的是 （ ）

A. $1s^22s^22p^4$　B. $1s^22s^22p^63s^1$　C. $1s^22s^23s^1$　D. $1s^22s^22p^63s^23p^64s^1$

6. 基态原子的第五层只有2个电子，则原子的第四电子层中的电子数 （ ）

A. 肯定为8个　B. 肯定为18个　C. 肯定为8~32个　D. 肯定为8~18个

7. 下列离子属于9~17电子构型的是 （ ）

A. Sc^{3+}　B. Br^-　C. Zn^{2+}　D. Fe^{2+}

8. 某元素基态原子，有量子数$n=4,l=0,m=0$的一个电子，有$n=3,l=2$的10个电子，此元素价电子层构型及其在周期表中的位置为 （ ）

A. $3d^44s^1$ 第四周期 ⅤB族 ds区　B. $3d^{10}4s^1$ 第四周期 ⅠB族 ds区

C. $3d^44s^1$ 第四周期 ⅠB族 ds区　D. $3d^{10}4s^1$ 第三周期 ⅠA族 s区

9. 某元素的+2氧化态离子的核外电子结构为$1s^22s^22p^63s^23p^63d^5$，此元素在周期表中的位置是 （ ）

A. d区 第四周期 ⅦB族　B. d区 第四周期 ⅤB族

C. d区 第四周期 Ⅷ族　D. p区 第三周期 ⅤA族

10. 从中性原子Li、Be、B原子中去掉一个电子，需要相差不多的能量，而去掉第二个电子时，最难的是 （ ）

A. Li　B. Be　C. B　D. 都一样

11. 某元素X的各级电离能（单位为$kJ\cdot mol^{-1}$）分别是740、1500、7700、10500、13600、18000、21700，当X与氯反应时，最容易生成的离子是 （ ）

A. X^-　B. X^+　C. X^{2+}　D. X^{3+}

12. 下列元素的电负性大小顺序正确的是 （ ）

A. B>C>N>O>F　　B. F>Cl>Br>I　　C. Si>P>S>Cl　　D. Te>Se>S>O

13. 以下形成的化学键既具有饱和性又有方向性的是　　(　　)

A. NaCl　　B. H_2　　C. HCl　　D. Na

14. 下列分子中相邻共价键的夹角最小的是　　(　　)

A. BF_3　　B. CCl_4　　C. NH_3　　D. H_2O

15. 关于杂化轨道的一些说法,正确的是　　(　　)

A. CH_4分子中的sp^3杂化轨道是由H原子的1s轨道与C原子的2p轨道重新组合形成的

B. sp^3杂化轨道是由同一原子中ns轨道和np轨道重新组合形成的4个sp^3杂化轨道

C. 凡是中心原子采取sp^3杂化轨道成键的分子,其几何构型都是正四面体

D. 凡AB_3型分子的共价化合物,其中心原子A均采用sp^3杂化轨道成键

16. BF_3中B原子采取sp^2杂化,BF_3分子空间构型为　　(　　)

A. 直线形　　B. 平面三角形　　C. 正四面体形　　D. 三角锥形

17. 下列物质的分子中含有非极性健,但却是极性分子的是　　(　　)

A. NO_2　　B. O_2　　C. H_2O_2　　D. SO_2

18. 下列哪种分子的偶极矩等于零　　(　　)

A. NH_3　　B. H_2S　　C. BeH_2　　D. CH_4

19. 都能形成氢键的一组分子是　　(　　)

A. NH_3, HNO_3, H_2S　　B. H_2O, C_2H_2, CH_2F_2

C. H_3BO_3, HNO_3, HF　　D. HCl, H_2O, CH_4

20. 下列说法中正确的是　　(　　)

A. 一定质量的氯化钠晶体中存在着一定数量的氯化钠分子

B. 共价型晶体的熔点通常高于离子型晶体的熔点

C. 元素的电负性反映了元素金属性和非金属性的强弱

D. 电离能反映了元素非金属性的强弱,而电子亲和能反映了元素金属性强弱

三、填空题

1. 微观粒子的重要特征是________,具体体现在微观粒子能量的________和运动规律的统计性。

2. 将硼原子的电子排布式写为$1s^2 2s^3$,这违背了______原则;将氮原子的电子排布式写为$1s^2\ 2s^2\ 2p_x^2\ 2p_y^1$,这违背了______。

3. 原子R的最外电子层排布式为$ms^m mp^m$,则R位于______周期______族,其电子排布式是______。

4. 试根据原子结构理论预测:第八周期将包括______种元素,第114号元素的特征电子构型为______,位于周期表______周期______族,其最高价氧化态为______。

5. M^{3+}离子的3d轨道上有6个电子,M原子基态时核外电子排布是______,M属于______周期______族______区元素,原子序数为______。

6. 在元素周期表中,同一主族自上而下,元素第一电离能的变化趋势是逐渐______,因而其金属性依次______;在同一周期中自左向右,元素的第一电离能的变化趋势是逐渐______,元素的金属性逐渐______。

7. 根据价键理论,形成共价键必须具备的两个条件分别是______、______;共价键的基本性质可以用______、______、______等参数来表征。共价键按原子轨道重叠方式的不同,可分为

____键和____键，在乙炔（$H—C\equiv C—H$）分子中，各种类型键的数目分别为____、____。

8. σ键可由s–s、s–p和p–p原子轨道“头碰头”重叠构建而成，试讨论HCl、Cl_2、CH_4分子里的σ键分别属于____、____、____。

9. 杂化轨道理论认为BF_3分子的空间构型为______，偶极矩______（填大于、小于、等于）零。水分子中氧原子采取______杂化，分子的空间构型为______。根据价层电子对互斥理论，ClF_3分子的空间构型为______。

10. HCl的沸点比HF要低得多，这是因为HF分子之间除了有____外，还存在____。

四、简答题

1. 简述四个量子数的物理意义及其取值要求，原子轨道及其能级各由哪些量子数来确定。

2. 试说明下述三种形式的原子轨道：

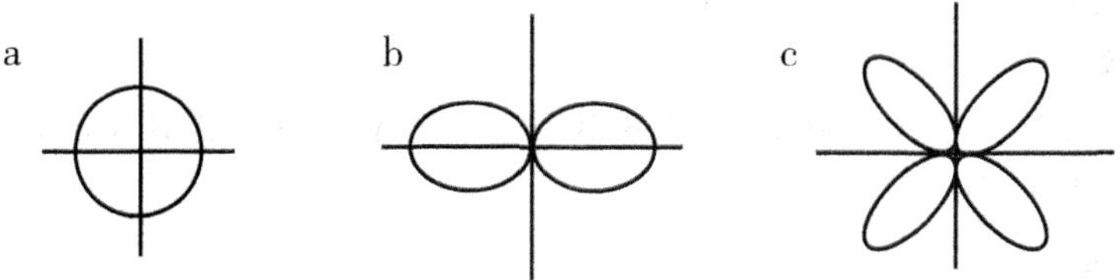

(1) 在原子轨道(b)中包含的最大电子数是多少？

(2) 在$n = 4$电子层中，可以找到多少个轨道(a)、轨道(b)和轨道(c)？

(3) 对于上述三种类型的轨道中的一个电子而言，最小的n值分别是多少？

(4) 上述三种轨道对应的l值分别是多少？

(5) 在多电子原子中，将上述三种轨道以能量递增次序排列，这些轨道在M电子层中和在其他电子层中有无不同的次序？

3. 写出O_2分子轨道电子排布式，计算其键级，说明其分子中的键型；比较O_2^+、O_2、O_2^-和O_2^{2-}的键长大小，并说明哪几种有顺磁性。

4. 试解释在通常状态下，CF_4呈气态，CCl_4为液态，CBr_4和CI_4为固态，而且熔点依次升高但均很低的原因。

5. 推测下列物质中，何者熔点最高，何者熔点最低，为什么？

NaCl；KBr；KCl；MgO。

五、推断题

1. 电子构型满足下列条件之一的是哪一类元素或哪一种元素？

（1）基态原子中4p半充满；（2）基态原子中3d半充满；（3）具有2个p电子；（4）有2个量子数n=4、l=0的电子，6个量子数n=3、l=2的电子；（5）3d为全充满，4s只有一个电子；（6）n= 4的电子层上有一个电子，在次外层d原子轨道上有10个电子；（7）具有$(n-1)d^{10}ns^2$电子构型；（8）最外层1个电子，该电子的4个量子数分别为n=4，l=0，m=0，m_s=+1/2。

2. 设有A、B、C、D、E、F、G七种元素。试按下列所给条件，推断它们的元素符号及在元素周期表中的位置，并写出它们的价电子构型。

（1）A、B、C为同一周期的金属元素，已知C有三个电子层，它们的原子半径在所属周期中最大，并且A>B>C；

（2）D、E为非金属元素，与氢化合生成HD和HE，在室温时D为液体单质，E的单质为固体；

(3)F是所有元素中电负性最大的元素;

(4)G为金属元素,它有四个电子层,它的最高氧化数与氯的最高氧化数相同。

3. 在某一周期中有A、B、C、D四种元素。已知它们的最外层电子数依次为2、2、1、7;D^-的外层电子构型为$4s^24p^6$;A和C次外层只有8个电子;B、D次外层有18个电子。推断四种元素的元素符号及其在元素周期表中的位置,并指出:(1)原子半径由小到大顺序;(2)第一电离能由小到大顺序;(3)电负性由小到大顺序;(4)金属性由弱到强顺序。

参考答案

一、是非题

1. × 2. × 3. √ 4. × 5. √ 6. √ 7. √ 8. × 9. × 10. × 11. × 12. × 13. × 14. × 15. √ 16. √ 17. √ 18. √ 19. × 20. ×

二、选择题

1. B 2. A 3. A 4. C 5. C 6. D 7. D 8. B 9. A 10. A 11. C 12. B 13. C 14. D 15. B 16. B 17. C 18. CD 19. C 20. C

三、填空题

1. 波粒二象性;量子化

2. Pauli不相容;Hund规则

3. 二;ⅣA;$1s^22s^22p^2$

4. 50;$7s^27p^2$;七;ⅣA;+4

5. [Ar]$3d^74s^2$;四;Ⅷ;d;27

6. 减小;增强;增大;减弱

7. 电子配对原理;最大重叠原理;键长;键能;键角;σ;π;3个σ键;2个π键

8. s-p;p-p;s-sp^3

9. 正三角形;等于;不等性sp^3;V字形;T字形

10. 分子间作用力;氢键

四、简答题

1.(1)主量子数n=1,2,3,…,n,与能层对应,代表一个电子层,而且n越大,电子的能量越高。

(2)角量子数l=0,2,…,(n−1),与能级对应,代表一个电子亚层,以s、p、d、f对应的能级表示亚层,它决定了原子轨道或电子云的形状。

(3)磁量子数m=0,±1,±2,…,±l,与轨道对应,m值反映了波函数(原子轨道)或电子云在空间的伸展方向。

(4)自旋量子数$m_s = \pm\frac{1}{2}$,表示同一轨道中电子的二种自旋状态。

原子轨道由n、l、m确定;轨道能级由n、l确定。

2.(1)在原子轨道(b)中包含的最大电子数是2个。

(2)在n = 4电子层中,可以找到1个轨道(a)(m=0),3个轨道(b)(m=+1,0,−1)和5个轨道(c)(m = +2,+1,0,−1,−2)。

(3)轨道(a)最小的n=1,轨道(b)最小的n=2,轨道(c)最小的n=3。

(4) 轨道(a)的l=0, 轨道(b)的l=1, 轨道(c)的l=2。

(5) 能量递增次序排列为:轨道(a)、轨道(b)、轨道(c);在M电子层中和在其他电子层中能量排列次序都一样,因为多电子原子轨道能量大小取决于n、l,对于同一电子层,取决于l的大小。

3. O_2分子轨道电子排布式:$[KK(\sigma_{2s})^2(\sigma_{2s}^*)^2(\sigma_{2p})^2(\pi_{2p})^4(\pi_{2p}^*)^2]$

键级 = 2

键型:1个σ键,2个三电子π键

键级减小,键长则增长,即键长顺序依次为: $O_2^+ < O_2 < O_2^- < O_2^{2-}$

O_2、O_2^+、O_2^-顺磁性

4. 对于分子晶体,熔点都较低,且熔沸点高低与分子间作用力有关,由于CCl_4、CBr_4、CCl_4、CF_4均为非极性分子,只存在色散力,且结构类型相同,相对分子质量越大,色散力越大,熔沸点越高。故熔沸点:$CCl_4 > CBr_4 > CCl_4 > CF_4$,通常状态下,$CF_4$呈气态,$CCl_4$为液态,$CBr_4$和$Cl_4$为固态。

5. 熔点最高的为MgO,熔点最低的为KBr。因为它们均为离子化合物,熔点随晶格能增大而升高。MgO的晶格能最大(电荷高,半径小),故熔点最高;KBr的晶格能最小(电荷低,半径大),故熔点最低。

五、推断题

1.(1) As;(2) Mn和Cr;(3) ⅣA族元素;(4) Fe;(5) Cu;(6) K;(7) ⅡB族元素;(8) K、Cr和Cu。

2.

元素代号	原子符号	价电子构型	周期	族	区
A	Na	$3s^1$	3	ⅠA	s
B	Mg	$3s^2$	3	ⅡA	s
C	Al	$3s^23p^1$	3	ⅢA	s
D	Br	$4s^24p^5$	4	ⅦA	p
E	I	$5s^25p^5$	5	ⅦA	p
F	F	$2s^22p^5$	2	ⅦA	p
G	Mn	$3d^54s^2$	4	ⅦB	d

3.

<table>
<tr><th>元素代号</th><th>电子排布式</th><th>周期</th><th>族</th><th>区</th><th>原子符号</th><th>原子半径顺序</th><th>第一电离能顺序</th><th>电负性顺序</th><th>金属性顺序</th></tr>
<tr><td>D</td><td>$4s^24p^5$</td><td>4</td><td>ⅦA</td><td>p</td><td>Br</td><td rowspan="4">小
↓
大</td><td rowspan="4">大
↓
小</td><td rowspan="4">大
↓
小</td><td rowspan="4">弱
↓
强</td></tr>
<tr><td>B</td><td>$3d^{10}4s^2$</td><td>4</td><td>ⅡB</td><td>ds</td><td>Zn</td></tr>
<tr><td>A</td><td>$4s^2$</td><td>4</td><td>ⅡA</td><td>s</td><td>Ca</td></tr>
<tr><td>C</td><td>$4s^1$</td><td>4</td><td>ⅠA</td><td>s</td><td>K</td></tr>
</table>

第 4 章

元素化学(金属元素及其化合物)

4.1 知识结构

- **元素**
  - **分类**
    - ①非金属元素:109种元素中,其中金属87种,非金属17种,准金属5种(B、Si、As、Se、Te)
    - ②金属元素
      - 黑色金属:包括Fe、Mn、Cr及合金
      - 有色金属:除Fe、Mn、Cr之外的所有金属
        - 按密度分:轻有色金属和重有色金属
        - 按价格分:贵金属和贱金属
        - 按储量和分布分:稀有金属和普通金属
        - 按周期表分区分:s区金属、p区金属、ds区金属、d区金属和f区金属
  - **存在形式**
    - ①化学矿物
    - ②天然含盐水
    - ③大气
- **金属**
  - **冶炼**
    - ①矿石的富集
    - ②金属的冶炼
      - ①电解法:活泼金属(ⅠA、ⅡA、ⅢA,如镁、钠、铝、钙等)
      - ②热还原法（重要反应）
        - 碳热还原法　$MnO_2 + 2C \longrightarrow Mn + 2CO\uparrow$
        - 氢热还原法　$WO_3 + 3H_2 \longrightarrow W + 3H_2O$
        - 金属(如Al、Na)热还原法　$Fe_2O_3 + 2Al \longrightarrow 2Fe + Al_2O_3$
      - ③热分解法:极不活泼金属(如Au、Ag、Hg、铂系贵金属)　$2HgO \longrightarrow 2Hg + O_2\uparrow$　$HgS + O_2 \longrightarrow Hg + SO_2\uparrow$
    - ③金属的精炼
      - ①电解精炼
      - ②气相精炼法　$Ni + 4CO \xrightarrow{\text{高压}} Ni(CO)_4$　$Ni(CO)_4 \xrightarrow{513\sim593\ K} Ni + 4CO$
      - ③区域熔炼法
  - **结构**
    - 影响金属键强度(升华热$\Delta_r H^{\ominus}$)因素
      - ①原子半径越大,升华热越小,金属键越弱
      - ②价电子数越多,升华热越高,金属键越强
      - ③过渡元素成单电子数越多,金属键强度越大
      - ④金属晶格类型(面心立方、体心立方、六方)
  - **物理性质**
    - 金属键越强,熔点、沸点越高,硬度越大
      - ①金属光泽:呈现钢灰色至银白色光泽。Au黄色,Cu赤红色,Bi淡红色,Cs淡黄色,Pb灰蓝色
      - ②导电导热性:Ag>Cu>Au>Al>Zn>Pt>Sn>Fe>Sb>Hg
      - ③延展性:Sb、Bi、Mn等性质较脆,延展性不好
      - ④硬度密度:副族元素具有较大的密度、硬度,Os密度最大,Cr的硬度最高
      - ⑤熔点沸点:熔点最高的金属处于第二、第三过渡系中部,W的熔点最高
  - **化学性质**
    - 影响金属活泼性因素
      - ①高温时可用电离度I_1量度
      - ②水溶液中可用$E^{\ominus}$量度,与升华热、电离度、金属离子的水合热有关　K、Na、Ca、Li、Mg、Al性质活泼,Hg、Ag、Pt、Au性质不活泼
      - ③生成物性质影响
        - 动力学因素:如Li、Na、Ca与水反应
        - 氧化膜覆盖:如Al、Cr、Fe在空气及硝酸中钝化
        - 沉淀及配合物的形成:如Pb与盐酸、硫酸的反应
  - **合金**
    - ①低共熔混合物:如Bi、Pb、Sn、Cd组成伍德合金　$2(Na\cdot nHg) + 2H_2O \longrightarrow 2NaOH + H_2\uparrow + 2nHg$
    - ②金属固溶体:C溶入γ-Fe中形成铁碳奥氏体　$2Al\cdot nHg + 6H_2O \longrightarrow 2Al(OH)_3 + 3H_2\uparrow + 2nHg$
    - ③金属化合物　$4Al\cdot nHg + 3O_2 + 2xH_2O \longrightarrow 2Al_2O_3\cdot xH_2O$(白毛)$+ 4nHg$

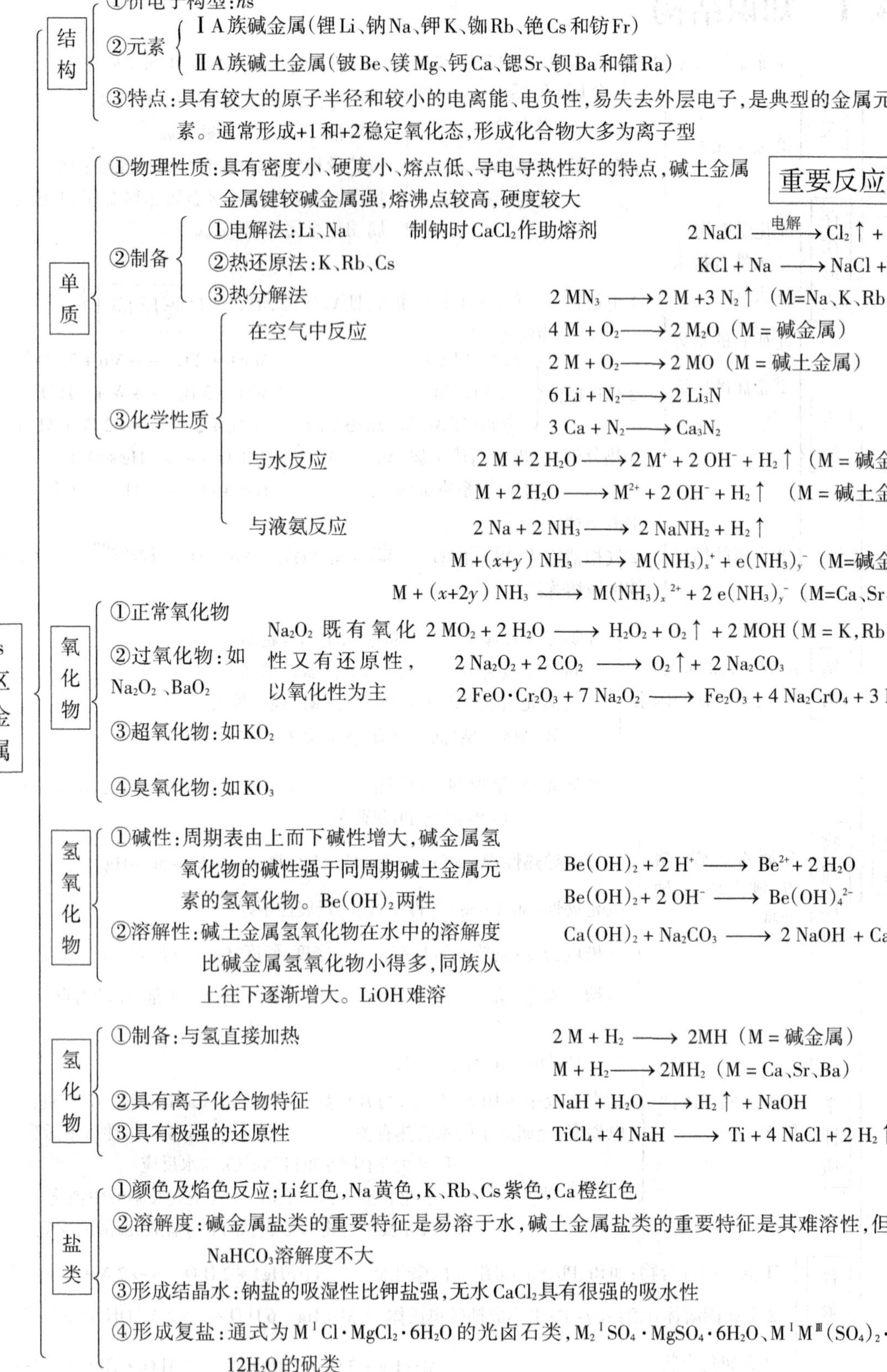
s区金属
结构
①价电子构型：ns^{1-2}
②元素
Ⅰ A族碱金属（锂Li、钠Na、钾K、铷Rb、铯Cs和钫Fr）
Ⅱ A族碱土金属（铍Be、镁Mg、钙Ca、锶Sr、钡Ba和镭Ra）
③特点：具有较大的原子半径和较小的电离能、电负性，易失去外层电子，是典型的金属元素。通常形成+1和+2稳定氧化态，形成化合物大多为离子型
重要反应
单质
①物理性质：具有密度小、硬度小、熔点低、导电导热性好的特点，碱土金属金属键较碱金属强，熔沸点较高，硬度较大
②制备
①电解法：Li、Na　制钠时$CaCl_2$作助熔剂　$2\,NaCl \xrightarrow{电解} Cl_2\uparrow + 2\,Na$
②热还原法：K、Rb、Cs　$KCl + Na \longrightarrow NaCl + K\uparrow$
③热分解法　$2\,MN_3 \longrightarrow 2\,M + 3\,N_2\uparrow$（M=Na、K、Rb、Cs）
③化学性质
在空气中反应
$4\,M + O_2 \longrightarrow 2\,M_2O$（M = 碱金属）
$2\,M + O_2 \longrightarrow 2\,MO$（M = 碱土金属）
$6\,Li + N_2 \longrightarrow 2\,Li_3N$
$3\,Ca + N_2 \longrightarrow Ca_3N_2$
与水反应
$2\,M + 2\,H_2O \longrightarrow 2\,M^+ + 2\,OH^- + H_2\uparrow$（M = 碱金属）
$M + 2\,H_2O \longrightarrow M^{2+} + 2\,OH^- + H_2\uparrow$（M = 碱土金属）
与液氨反应
$2\,Na + 2\,NH_3 \longrightarrow 2\,NaNH_2 + H_2\uparrow$
$M + (x+y)\,NH_3 \longrightarrow M(NH_3)_x^+ + e(NH_3)_y^-$（M=碱金属）
$M + (x+2y)\,NH_3 \longrightarrow M(NH_3)_x^{2+} + 2\,e(NH_3)_y^-$（M=Ca、Sr、Ba）
氧化物
①正常氧化物
②过氧化物：如Na_2O_2、BaO_2
Na_2O_2既有氧化性又有还原性，以氧化性为主
$2\,MO_2 + 2\,H_2O \longrightarrow H_2O_2 + O_2\uparrow + 2\,MOH$（M = K，Rb，Cs）
$2\,Na_2O_2 + 2\,CO_2 \longrightarrow O_2\uparrow + 2\,Na_2CO_3$
$2\,FeO\cdot Cr_2O_3 + 7\,Na_2O_2 \longrightarrow Fe_2O_3 + 4\,Na_2CrO_4 + 3\,Na_2O$
③超氧化物：如KO_2
④臭氧化物：如KO_3
氢氧化物
①碱性：周期表由上而下碱性增大，碱金属氢氧化物的碱性强于同周期碱土金属元素的氢氧化物。$Be(OH)_2$两性
$Be(OH)_2 + 2\,H^+ \longrightarrow Be^{2+} + 2\,H_2O$
$Be(OH)_2 + 2\,OH^- \longrightarrow Be(OH)_4^{2-}$
②溶解性：碱土金属氢氧化物在水中的溶解度比碱金属氢氧化物小得多，同族从上往下逐渐增大。LiOH难溶
$Ca(OH)_2 + Na_2CO_3 \longrightarrow 2\,NaOH + CaCO_3$
氢化物
①制备：与氢直接加热
$2\,M + H_2 \longrightarrow 2MH$（M = 碱金属）
$M + H_2 \longrightarrow 2MH_2$（M = Ca、Sr、Ba）
②具有离子化合物特征　$NaH + H_2O \longrightarrow H_2\uparrow + NaOH$
③具有极强的还原性　$TiCl_4 + 4\,NaH \longrightarrow Ti + 4\,NaCl + 2\,H_2\uparrow$
盐类
①颜色及焰色反应：Li红色，Na黄色，K、Rb、Cs紫色，Ca橙红色
②溶解度：碱金属盐类的重要特征是易溶于水，碱土金属盐类的重要特征是其难溶性，但$NaHCO_3$溶解度不大
③形成结晶水：钠盐的吸湿性比钾盐强，无水$CaCl_2$具有很强的吸水性
④形成复盐：通式为$M^ICl\cdot MgCl_2\cdot 6H_2O$的光卤石类，$M_2^ISO_4\cdot MgSO_4\cdot 6H_2O$、$M^IM^{III}(SO_4)_2\cdot 12H_2O$的矾类

p区金属

结构

①价电子构型：$ns^2np^{1\text{-}4}$

②元素：ⅢA族（铝Al、镓Ga、铟In、铊Tl）、ⅣA族（锗Ge、锡Sn、铅Pb）、VA族（锑Sb、铋Bi）、ⅥA族（钋Po）

③特点
- ①金属性比s区金属要弱，Al、Ga、Ge、Sn、Pb的单质、氧化物及其水合物均表现出两性
- ②常有两种氧化态，且其氧化值相差为2，如ⅢA族Ga有+Ⅰ和+Ⅲ，ⅣA族Ge、Sn有+Ⅱ和+Ⅳ，VA族Sb有+Ⅲ和+V，自上而下低氧化态化合物的稳定性增强
- ③高价氧化态化合物多数为共价化合物，低氧化态的化合物中部分离子性较强

单质

重要反应

①制备
- ①电解法：Al 加Na_3AlF_6作助熔剂　$2\ Al_2O_3 \xrightarrow{\text{电解}} 4\ Al + 3\ O_2\uparrow$
- ②热还原法：Ge、Sn、Pb　$2\ PbS + 3\ O_2 \longrightarrow 2\ PbO + 2\ SO_2\uparrow$；$PbO + C \longrightarrow Pb + CO\uparrow$

②化学性质
- ①亲氧性：Al 铝与氧一接触，表面立即形成致密的氧化膜，铝汞齐形成破坏氧化膜。铝亲氧性还表现为夺取氧化物中的氧（铝热法）
  - $Fe_2O_3 + 2\ Al \longrightarrow 2\ Fe + Al_2O_3$
  - $Cr_2O_3 + 2\ Al \longrightarrow 2\ Cr + Al_2O_3$
- ②两性：Al、Ga、Ge、Sn
  - $2\ Al + 2\ NaOH + 6\ H_2O \longrightarrow 2\ Na[Al(OH)_4] + 3H_2\uparrow$
  - $M + 2\ OH^- + H_2O \longrightarrow MO_3^{2-} + 2H_2\uparrow$ （M=Ge，Sn）

氧化物

①Al为Al_2O_3，有α-Al_2O_3、γ-Al_2O_3和β-Al_2O_3

②Ge、Sn有MO_2（两性偏酸性）和MO（两性偏碱性）；铅有PbO、Pb_2O_3、Pb_3O_4、PbO_2；其中，PbO_2是强氧化剂
- $Pb_3O_4 + 4\ HNO_3 \longrightarrow PbO_2 + 2\ Pb(NO_3)_2 + 2\ H_2O$
- $2\ Mn^{2+} + 5\ PbO_2 + 4\ H_3O^+ \longrightarrow 2\ MnO_4^- + 5\ Pb^{2+} + 6\ H_2O$
- $PbO_2 + 4\ HCl(\text{浓}) \longrightarrow PbCl_2 + Cl_2\uparrow + 2\ H_2O$

③Sb、Bi有+3的Sb_4O_6（两性偏碱性）、Bi_2O_3和+5的Sb_4O_{10}（弱酸性）、Bi_2O_5（弱碱性）；其中Bi（V）是强氧化剂
- $2Mn^{2+} + 5NaBiO_3 + 14H^+ \longrightarrow 2MnO_4^- + 5Bi^{3+} + 5Na^+ + 6H_2O$

氢氧化物

①Al为$Al(OH)_3$

②Ge、Sn、Pb有$M(OH)_4$和$M(OH)_2$

③Sb、Bi有+3的$M(OH)_3$和+5的$H[Sb(OH)_6]$

酸碱性同氧化物
- $Sn(OH)_2 + 2\ HCl \longrightarrow SnCl_2 + 2\ H_2O$
- $Sn(OH)_2 + 2\ NaOH \longrightarrow Na_2[Sn(OH)_4]$
- $Pb(OH)_2 + NaOH \longrightarrow Na[Pb(OH)_3]$

硫化物

①Al_2S在水溶液中不存在
- $Al_2S_3 + 6\ H_2O \longrightarrow 2\ Al(OH)_3 + 3\ H_2S\uparrow$

②SnS（褐色）、SnS_2（黄色）、PbS（黑色）具有共价性特征，难溶于水，易溶于浓HCl
- $PbS + 4\ HCl \longrightarrow H_2[PbCl_4] + H_2S\uparrow$

③Sb_2S_3（橙色）、Sb_2S_5（橙色）、Bi_2S_3（暗棕色），难溶于水，易溶于浓HCl

卤化物

①Al_2Cl_6；Ga、In、Tl有M_2Cl_6和MCl；其中M_2Cl_6是共价化合物，易水解；Tl(Ⅲ)氧化性强，易变成Tl(Ⅰ)
- $Al[(H_2O)_6]^{3+} + H_2O \rightleftharpoons 2\ [Al(H_2O)_5(OH)]^{2+} + H^+$
- $2\ Al^{3+} + 3\ CO_3^{2-} + x\ H_2O \longrightarrow Al_2O_3\cdot x\ H_2O + 3\ CO_2$

②Ge、Sn、Pb有MX_4和MX_2；其中MX_4具有共价化合物特征，熔点低，易升华，易水解；MX_2为离子化合物，熔点较高
- $SnCl_2 + H_2O \longrightarrow Sn(OH)Cl\downarrow + HCl$

③Sb、Bi有MX_3和MX_5；在水溶液中强烈水解
- $SbCl_3 + H_2O \longrightarrow SbOCl\downarrow + 2\ HCl$
- $BiCl_3 + H_2O \longrightarrow BiOCl\downarrow + 2\ HCl$

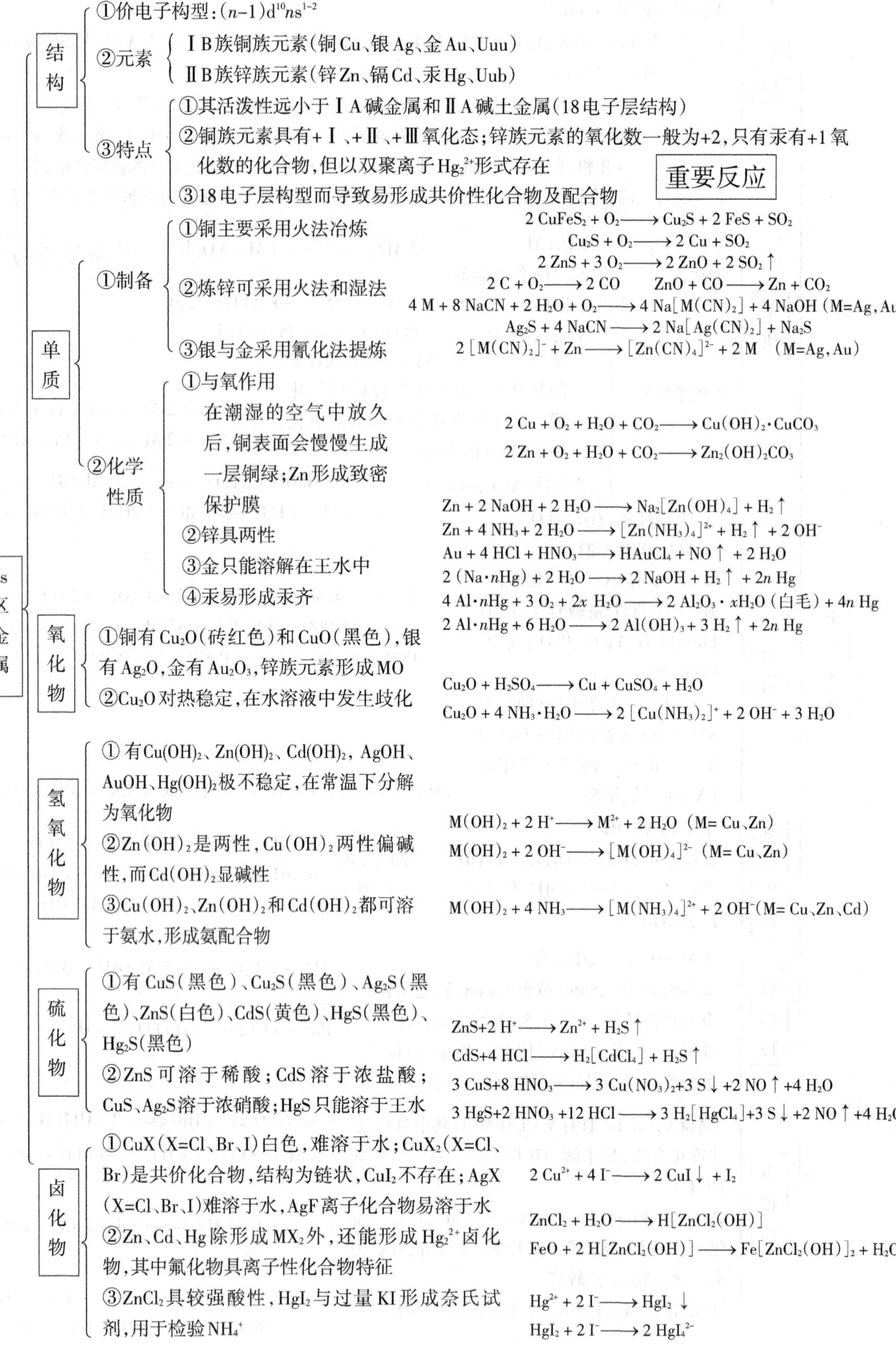

ds区金属

结构
①价电子构型：$(n-1)d^{10}ns^{1\sim2}$
②元素
Ⅰ B族铜族元素(铜Cu、银Ag、金Au、Uuu)
Ⅱ B族锌族元素(锌Zn、镉Cd、汞Hg、Uub)
③特点
①其活泼性远小于ⅠA碱金属和ⅡA碱土金属(18电子层结构)
②铜族元素具有+Ⅰ、+Ⅱ、+Ⅲ氧化态；锌族元素的氧化数一般为+2，只有汞有+1氧化数的化合物，但以双聚离子Hg_2^{2+}形式存在
③18电子层构型而导致易形成共价性化合物及配合物

重要反应

单质
①制备
①铜主要采用火法冶炼
$2CuFeS_2 + O_2 \longrightarrow Cu_2S + 2FeS + SO_2$
$Cu_2S + O_2 \longrightarrow 2Cu + SO_2$
②炼锌可采用火法和湿法
$2ZnS + 3O_2 \longrightarrow 2ZnO + 2SO_2\uparrow$
$2C + O_2 \longrightarrow 2CO$　$ZnO + CO \longrightarrow Zn + CO_2$
③银与金采用氰化法提炼
$4M + 8NaCN + 2H_2O + O_2 \longrightarrow 4Na[M(CN)_2] + 4NaOH$ (M=Ag, Au)
$Ag_2S + 4NaCN \longrightarrow 2Na[Ag(CN)_2] + Na_2S$
$2[M(CN)_2]^- + Zn \longrightarrow [Zn(CN)_4]^{2-} + 2M$ (M=Ag, Au)
②化学性质
①与氧作用
在潮湿的空气中放久后，铜表面会慢慢生成一层铜绿；Zn形成致密保护膜
$2Cu + O_2 + H_2O + CO_2 \longrightarrow Cu(OH)_2\cdot CuCO_3$
$2Zn + O_2 + H_2O + CO_2 \longrightarrow Zn_2(OH)_2CO_3$
②锌具两性
$Zn + 2NaOH + 2H_2O \longrightarrow Na_2[Zn(OH)_4] + H_2\uparrow$
$Zn + 4NH_3 + 2H_2O \longrightarrow [Zn(NH_3)_4]^{2+} + H_2\uparrow + 2OH^-$
③金只能溶解在王水中
$Au + 4HCl + HNO_3 \longrightarrow HAuCl_4 + NO\uparrow + 2H_2O$
④汞易形成汞齐
$2(Na\cdot nHg) + 2H_2O \longrightarrow 2NaOH + H_2\uparrow + 2nHg$
$4Al\cdot nHg + 3O_2 + 2xH_2O \longrightarrow 2Al_2O_3\cdot xH_2O$ (白毛) $+ 4nHg$
$2Al\cdot nHg + 6H_2O \longrightarrow 2Al(OH)_3 + 3H_2\uparrow + 2nHg$

氧化物
①铜有Cu_2O(砖红色)和CuO(黑色)，银有Ag_2O，金有Au_2O_3，锌族元素形成MO
②Cu_2O对热稳定，在水溶液中发生歧化
$Cu_2O + H_2SO_4 \longrightarrow Cu + CuSO_4 + H_2O$
$Cu_2O + 4NH_3\cdot H_2O \longrightarrow 2[Cu(NH_3)_2]^+ + 2OH^- + 3H_2O$

氢氧化物
①有$Cu(OH)_2$、$Zn(OH)_2$、$Cd(OH)_2$，AgOH、AuOH、$Hg(OH)_2$极不稳定，在常温下分解为氧化物
②$Zn(OH)_2$是两性，$Cu(OH)_2$两性偏碱性，而$Cd(OH)_2$显碱性
$M(OH)_2 + 2H^+ \longrightarrow M^{2+} + 2H_2O$ (M= Cu、Zn)
$M(OH)_2 + 2OH^- \longrightarrow [M(OH)_4]^{2-}$ (M= Cu、Zn)
③$Cu(OH)_2$、$Zn(OH)_2$和$Cd(OH)_2$都可溶于氨水，形成氨配合物
$M(OH)_2 + 4NH_3 \longrightarrow [M(NH_3)_4]^{2+} + 2OH^-$ (M= Cu、Zn、Cd)

硫化物
①有CuS(黑色)、Cu_2S(黑色)、Ag_2S(黑色)、ZnS(白色)、CdS(黄色)、HgS(黑色)、Hg_2S(黑色)
②ZnS可溶于稀酸；CdS溶于浓盐酸；CuS、Ag_2S溶于浓硝酸；HgS只能溶于王水
$ZnS + 2H^+ \longrightarrow Zn^{2+} + H_2S\uparrow$
$CdS + 4HCl \longrightarrow H_2[CdCl_4] + H_2S\uparrow$
$3CuS + 8HNO_3 \longrightarrow 3Cu(NO_3)_2 + 3S\downarrow + 2NO\uparrow + 4H_2O$
$3HgS + 2HNO_3 + 12HCl \longrightarrow 3H_2[HgCl_4] + 3S\downarrow + 2NO\uparrow + 4H_2O$

卤化物
①CuX(X=Cl、Br、I)白色，难溶于水；CuX_2(X=Cl、Br)是共价化合物，结构为链状，CuI_2不存在；AgX(X=Cl、Br、I)难溶于水，AgF离子化合物易溶于水
$2Cu^{2+} + 4I^- \longrightarrow 2CuI\downarrow + I_2$
②Zn、Cd、Hg除形成MX_2外，还能形成Hg_2^{2+}卤化物，其中氟化物具离子性化合物特征
$ZnCl_2 + H_2O \longrightarrow H[ZnCl_2(OH)]$
$FeO + 2H[ZnCl_2(OH)] \longrightarrow Fe[ZnCl_2(OH)]_2 + H_2O$
③$ZnCl_2$具较强酸性，HgI_2与过量KI形成奈氏试剂，用于检验NH_4^+
$Hg^{2+} + 2I^- \longrightarrow HgI_2\downarrow$
$HgI_2 + 2I^- \longrightarrow 2HgI_4^{2-}$

d区金属

结构与通性

①价电子构型:$(n-1)d^{1\sim10}ns^{1\sim2}$

②元素:包括元素周期表中部的ⅢB~ⅦB族、Ⅷ族,分为钪分族、钛分族、钒分族、铬分族、锰分族、Ⅷ族

③通性

- ①熔点、沸点高,硬度、密度大的金属大都集中在这一区
- ②不少元素形成有颜色的化合物
- ③许多元素形成多种氧化态,从而导致丰富的氧化还原行为
- ④除了钪分族和钛分族外,形成配合物的能力比较强,包括形成金属有机配合物
- ⑤参与工业催化过程和酶催化过程的能力强
- ⑥金属性周期表从上到下:第一过渡系>第二过渡系>第三过渡系,第一过渡系元素属活泼金属范围,第二、三过渡系属不活泼金属范围;从左到右金属的活泼性逐渐减弱

重要反应

钛分族

①工业上生产钛也采用热还原法

②Ti抗腐蚀能力强,但能被浓HCl、HF侵蚀,钛更易溶于HF+HCl(H_2SO_4)中

③TiO_2:金红石是四方结构;两性,可与极浓热的酸碱作用,易溶于HF;钛白粉

④$TiCl_4$为分子晶体,常温液体,极易水解

$TiO_2 + 2C + 2Cl_2 \longrightarrow TiCl_4 + 2CO\uparrow$

$TiCl_4 + 2Mg \longrightarrow Ti + 2MgCl_2$

$2Ti + 6HCl(浓) \longrightarrow 2TiCl_3 + 3H_2\uparrow$

$Ti + 6HF \longrightarrow 2TiF_6^{2-} + 2H^+ + 2H_2\uparrow$

$TiO_2 + 2OH^- \longrightarrow TiO_3^{2-} + H_2O$

$TiO_2 + 2H^+ \longrightarrow TiO^{2+}(Ti^{4+}) + H_2O$

$TiO_2 + 6HF \longrightarrow H_2TiF_6 + 2H_2O$

$TiCl_4 + 3H_2O \longrightarrow H_2TiO_3 + 4HCl\uparrow$

铬分族

①Cr高熔点,高硬度,高强度,耐腐蚀性,被浓H_2SO_4、HNO_3钝化

$2HCl + Cr \longrightarrow CrCl_2(蓝) + H_2\uparrow$

$4CrCl_2(蓝) + 4H_2O + O_2 \longrightarrow 4CrCl_3(绿) + 2H_2O$

②Cr_2O_3、$Cr(OH)_3$两性

$Cr_2O_3 + 3H_2SO_4 \longrightarrow Cr_2(SO_4)_3 + 3H_2O$

$Cr_2O_3 + 2NaOH + 3H_2O \longrightarrow 2NaCr(OH)_4$

③Cr(Ⅲ)在碱性溶液中CrO_2^-具较强还原性,生成CrO_4^{2-}

$2CrO_2^- + 3H_2O_2 + 2OH^- \longrightarrow CrO_4^{2-} + 4H_2O$

④Cr(Ⅵ)以$Cr_2O_7^{2-}$、CrO_4^{2-}存在,在酸性条件下具有强氧化性

$2CrO_4^{2-}(黄) + 2H_3O^+ \rightleftharpoons Cr_2O_7^{2-}(橙红) + 3H_2O$

$Cr_2O_7^{2-} + 6Fe^{2+} + 14H_3O^+ \longrightarrow 6Fe^{3+} + 2Cr^{3+} + 21H_2O$

锰分族

①Mn有Ⅱ、Ⅲ、Ⅳ、Ⅵ、Ⅶ氧化态,如氧化物有MnO、Mn_2O_3、MnO_2、MnO_3、Mn_2O_7,随着氧化数的升高酸性增强

$2Mn(OH)_2 + O_2 \longrightarrow 2MnO(OH)_2$

②Mn^{2+}在碱性条件下具强氧化性,酸性条件下具有弱还原性

$2Mn^{2+} + 5PbO_2 + 4H_3O^+ \longrightarrow 2MnO_4^- + 5Pb^{2+} + 6H_2O$

$2Mn^{2+} + 5S_2O_8^{2-} + 8H_2O \longrightarrow 2MnO_4^- + 16H^+ + 10SO_4^{2-}$

③$KMnO_4$是常用的氧化剂之一,在酸性介质中还原产物为Mn^{2+},在中性或微碱性溶液中还原产物为MnO_2,在强碱性溶液中则还原为MnO_4^{2-}

$2MnO_4^- + 6H_3O^+ + 5H_2C_2O_4 \longrightarrow 2Mn^{2+} + 10CO_2\uparrow + 14H_2O$

$2MnO_4^- + I^- + H_2O \longrightarrow 2MnO_2\downarrow + IO_3^- + 2OH^-$

$2MnO_4^- + SO_3^{2-} + 2OH^- \longrightarrow 2MnO_4^{2-} + SO_4^{2-} + H_2O$

铁钴镍

①铁系金属(Fe、Co、Ni)有+2氧化态的FeO、CoO、NiO和+3氧化态的Fe_2O_3、Co_2O_3、Ni_2O_3及相应氢氧化物和盐

$4Fe(OH)_2 + 2H_2O + O_2 \longrightarrow 4Fe(OH)_3$

$4FeSO_4 + 2H_2O + O_2 \longrightarrow 4Fe(OH)SO_4$

$4Fe(OH)_2 + O_2 + 2H_2O \longrightarrow 4Fe(OH)_3$

②Fe(Ⅱ)还原性较强,在碱性条件下还原性大于酸性,Co(Ⅱ)和Ni(Ⅱ)还原性较弱

$2Ni(OH)_2 + NaOCl + H_2O \longrightarrow 2Ni(OH)_3 + NaCl$

$2Ni(OH)_2 + Br_2 + 2NaOH \longrightarrow 2Ni(OH)_3 + 2NaBr$

③Fe(Ⅲ)氧化性较弱,Co(Ⅲ)和Ni(Ⅲ)的氧化性较强,除Fe_2O_3外,氧化物、氢氧化物被盐酸溶解的同时还原为Co(Ⅱ)和Ni(Ⅱ)

$Fe(OH)_3 + 3HCl \longrightarrow FeCl_3 + 3H_2O$

$2M(OH)_3 + 6HCl \longrightarrow 2CoCl_2 + Cl_2\uparrow + 6H_2O$(M= Co、Ni)

④CoS、NiS、FeS可溶于稀盐酸

$MS + 2H^+ \longrightarrow M^{2+} + H_2S\uparrow$(M= Fe、Co、Ni)

⑤$FeCl_3\cdot6H_2O$加热易水解,加入亚硫酰氯能抑制水解,生成$FeCl_3$

$2FeCl_3\cdot6H_2O \longrightarrow Fe_2O_3 + 6HCl + 3H_2O$

$FeCl_3\cdot6H_2O + 6SOCl_2 \longrightarrow FeCl_3 + 6SO_2\uparrow + 12HCl$

4.2 重点知识剖析及例解

4.2.1 元素及金属分类

【知识要求】了解元素分类及其存在形式，掌握各分区金属的特点。

【评注】金属按周期表分区不同，分为s区金属、p区金属、ds区金属、d区金属和f区金属。s区金属的价电子构型为$ns^{1\text{-}2}$，为典型的金属元素，其稳定氧化态的氧化数分别为+1和+2；p区金属的价电子构型为$ns^2np^{1\text{-}6}$，常有两种氧化态，且其氧化值相差为2；ds区金属的价电子构型为$(n-1)d^{10}ns^{1\text{-}2}$；d区金属价层电子构型为$(n-1)d^{1\text{-}10}ns^{1\text{-}2}$，有可变氧化数，通常有小于它们族数的氧化态，相邻两个氧化数的差值大多为1；f区金属的价电子构型为$(n-2)f^{0\text{-}14}(n-1)d^{0\text{-}2}ns^2$，+3氧化态是其特征氧化态，部分存在+4、+2氧化态。ds区、d区、f区元素统称为过渡金属。周期表中ⅢB族的钪、钇和镧系元素（共17种元素）性质非常相似，并在矿物中共生在一起，总称为稀土元素。

【例题4-1】为什么p区元素氧化数的改变往往是不连续的，且其主要氧化数相差2，而d区元素往往氧化数是连续的？

解 p区元素除了单个p电子首先参与成键外，还可依次拆开成对的p电子，甚至ns^2电子对，氧化数总是增加2。d区元素增加的电子填充在$(n-1)$d轨道，$(n-1)$d与ns轨道接近，d电子可逐个地参与成键，因此其氧化数是连续的。

4.2.2 金属的冶炼

【知识要求】了解金属单质在自然界的存在形式，掌握一般金属的冶炼方法及重要金属的冶炼。

【评注】矿石中提炼金属一般经过三大步骤：矿石的富集$\longrightarrow$冶炼$\longrightarrow$精炼；常用的冶炼方法有电解法、热还原法和热分解法。

在金属活动顺序表中，排在铝前面的活泼金属（如Li、Na、Ca、Mg、Al）宜采用电解法制取。工业上利用电解熔融氯化钠（40% NaCl和60% $CaCl_2$混合盐）制金属钠，$CaCl_2$的主要作用是降低电解质熔点，防止金属钠的挥发，减少金属钠的分散性，使析出的钠易浮在水面上。铝最有工业价值的矿物是铝土矿，铝土矿是氧化铝的水合物（$Al_2O_3\cdot xH_2O$），工业上从铝土矿出发制取金属铝，一般要经过Al_2O_3的纯制和Al_2O_3的熔融电解两步，助熔剂Na_3AlF_6的作用是降低电解质熔点，加入AlF_3、CaF_2、LiF和MgF_2等是增加熔体的导电性、提高电流效率并减少氟向环境的飞逸。

大量的冶金过程采用热还原法（如Zn、Mn、W、Fe、Cr、Ti等）。焦炭、CO、H_2和活泼金属（如Al、Na）等都是良好的还原剂。Al是最常用的还原剂，用铝与金属氧化物还原出金属的过程叫铝热法。

【例题4-2】工业上利用电解熔融氯化钠制金属钠，电解用的原料是40% NaCl和60% $CaCl_2$混合盐，加入$CaCl_2$的作用是什么？金属钾为什么不能采用电解熔融KCl方法制得？钾比钠活泼，为什么可以通过$KCl + Na \longrightarrow NaCl + K$反应制备金属钾？

解 加入$CaCl_2$的主要作用是降低电解质熔点，防止金属钠的挥发，同时，减少金属钠的分散性,使析出的钠易浮在水面上。

不能采用熔融KCl制金属钾的原因是:金属K与C电极可生成羰基化合物;金属K易溶在熔盐中,难以分离;金属K蒸气易从电解槽逸出造成易燃爆且污染环境。

可用KCl+Na ⟶ NaCl+K反应制备金属钾的原因有:①钾的第一电离能(418.9 kJ·mol^{-1})比钠的第一电离能(495.8 kJ·mol^{-1})小;②钾的沸点(766 ℃)比钠的沸点(890 ℃)低,当反应体系的温度控制在两沸点之间,使金属钾变成气态,而金属钠和KCl、NaCl仍保持在液态,钾由液态变成气态,熵值大为增加;③由于钾变成蒸气,可设法使其不断离开反应体系,让体系中其分压始终保持在较小的数值。

【评注】在氢后面的某些金属(如Au、Ag、Hg、铂系贵金属),其氧化物受热容易分解,可采用热分解法冶炼。银与金等金属可用氰化法提炼。

【例题4-3】如何从含金量低的矿物中提取金？ O_2和CN^-起什么作用?

解　$4\,Au + 8\,NaCN + 2\,H_2O + O_2 \longrightarrow 4\,Na[Au(CN)_2] + 4\,NaOH$

进一步可采用Zn将Au从其配合物中还原出来:

$2\,[Au(CN)_2]^- + Zn \longrightarrow [Zn(CN)_4]^{2-} + 2\,Au$

O_2和CN^-分别起氧化和配位作用。

4.2.3　金属的性质

【知识要求】了解金属性质在周期系中的变化规律,掌握重要金属及合金的物理、化学性质。能运用金属键理论对金属元素的有关问题和现象进行理论分析、判断、推理和概括。

【评注】金属键的强度用金属的升华热来衡量。金属原子半径越小,参与金属键的价电子数越多,过渡元素的成单电子数越多,则金属键越强,升华热越高。金属单质的升华热越高,金属键越强,其熔点、沸点就越高,硬度也越大。过渡金属的升华热一般高于主族金属元素,升华热特高的元素位于第二、第三过渡系中部,而钨的升华热则是所有金属中最高的。

金属具有金属光泽、优良的导电导热性、延展性等某些共同的特征,这可以用金属键自由电子理论和能带理论加以解释。

【例题4-4】为什么碱土金属比碱金属熔点高、硬度大且没有规律?

解　金属的熔沸点的高低由金属键强度决定。影响金属键强度的因素包括:(1)价电子数。价电子数越多,强度越大。(2)原子半径。原子半径越大,强度越小。(3)金属晶格结构类型。对过渡元素而言,还与成单电子数有关。成单电子数越多,强度越大。

碱土金属比碱金属熔点高、硬度大的原因是:(1)碱土金属原子半径小,内聚力大;(2)碱土金属价电子数为2;(3)碱土金属晶格结构大多为配位数为12的最紧密堆积,而碱金属为配位数为8的体心立方。

碱土金属熔点没有规律的原因是金属晶格结构类型不同。Be、Mg为六方晶格(配位数为12),Ca、Sr为面心立方晶格(配位数为12),Ba为体心立方晶格(配位数为8)。碱金属都为体心立方晶格(配位数为8)。

【评注】金属的化学性质主要表现为还原性。金属的还原性与反应条件(温度、介质、金属存在状态)有关。电离能的大小衡量金属的还原性适用于气态金属,电离能越小的气态金属越易失去电子,金属活泼性越强;在常温时水溶液中,金属的还原性的强弱与金属的升华热、电离能和金属离子的水合能有关,可用标准电极电势来衡量。部分金属的主要化学性质见下表：

<table>
<tr><td>金属</td><td>K</td><td>Na</td><td>Ca</td><td>Li</td><td>Mg</td><td>Al</td><td>Mn</td><td>Zn</td><td>Cr</td><td>Cd</td><td>Fe</td><td>Ni</td><td>Pb</td><td>Sn</td><td>H</td><td>Cu</td><td>Hg</td><td>Ag</td><td>Pt</td><td>Au</td></tr>
<tr><td>$E^{\ominus}$/V</td><td>-2.931</td><td>-2.868</td><td>-2.373</td><td>-1.185</td><td>-0.744</td><td>-0.447</td><td>-0.126</td><td>0.000</td><td>+0.851</td><td>+1.200</td><td>-1.710</td><td>-3.045</td><td>-1.662</td><td>-0.762</td><td>-0.703</td><td>-0.250</td><td>-0.151</td><td>+0.342</td><td>+0.800</td><td>+1.691</td></tr>
<tr><td>在空气中</td><td colspan="4">迅速反应（Li、Ca还有氮化物生成）</td><td colspan="12">从左向右反应程度减小（铝、铬形成致密的氧化膜，铜在潮湿的空气中放久后表面会慢慢生成一层铜绿）</td><td colspan="4">不反应</td></tr>
<tr><td>燃烧</td><td colspan="12">加热燃烧（碱金属在过量的空气中燃烧时，生成不同类型的氧化物）</td><td colspan="6">缓慢氧化</td><td colspan="2">不反应</td></tr>
<tr><td>与水反应</td><td colspan="3">与冷水反应快</td><td colspan="2">与冷水反应慢</td><td colspan="6">在红热时与水蒸气反应</td><td colspan="2">可逆</td><td colspan="7">不反应</td></tr>
<tr><td>与稀酸</td><td colspan="3">爆炸</td><td colspan="8">从左向右反应依次减慢</td><td colspan="3">很慢</td><td colspan="6">不反应</td></tr>
<tr><td>与氧化性酸</td><td colspan="6">/</td><td colspan="12">能反应</td><td colspan="2">仅与王水反应</td></tr>
<tr><td>与碱</td><td colspan="4">与液氨放出氢气，生成氨合阳离子</td><td colspan="16">两性金属Al、Zn、Sn与碱反应放出H_2，Zn与氨溶液反应放出H_2</td></tr>
<tr><td>与盐</td><td colspan="20">前面金属可以将后面的金属从其盐中置换出来</td></tr>
</table>

【例题4–5】根据电极电势$E^{\ominus}$(Ox/Red)大小意义，$E^{\ominus}$(Ox/Red)值越大，其中，氧化型的氧化性越强，还原型的还原性越弱（参见第9章 氧化还原平衡与氧化还原滴定），试解释：锂的电离能比钠或钾大，为什么其标准电极电势比钠或钾的标准电极电势小？为什么锂与水反应没有其他金属与水的反应激烈？

解 锂的标准电极电势比钠或钾的标准电极电势小的原因是Li^+半径小，水合能大。

电极电势属于热力学范畴，而反应剧烈程度属于动力学范畴，两者之间并无直接的联系。锂与水反应没有其他碱金属与水反应激烈，主要原因有：(1)锂的熔点较高，与水反应产生的热量不足以使其熔化；(2)与水反应的产物氢氧化锂溶解度较小，一旦生成，就覆盖在金属锂的表面，阻碍反应继续进行。

4.2.4 金属化合物

【知识要求】掌握金属氧化物、氢氧化物的重要性质、制备和应用。能运用金属化合物的性质对金属化合物的有关问题和现象进行理论分析、判断、推理和概括。

【评注】金属氧化物、氢氧化物的酸碱性一般有如下变化规律：同一周期从左到右，酸性越强，碱性越弱；由上而下碱性增强，酸性减弱。同一元素多种氧化态，随着氧化数的降低酸性减弱，碱性增强。金属最高价氧化物的水化物（氢氧化物）的酸碱性如下表：

ⅡA	ⅢB	ⅣB	ⅤB	ⅥB	ⅦB	ⅢA	ⅣA		ⅤA	
$Be(OH)_2$ 两性						$Al(OH)_3$ 两性				
$Mg(OH)_2$ 中强碱										
$Ca(OH)_2$ 强碱	$Sc(OH)_3$ 弱碱	$Ti(OH)_4$ 两性	HVO_3 酸性	H_2CrO_4 强酸	$HMnO_4$ 强酸		$Ge(OH)_2$ 两性偏碱	$Ge(OH)_4$ 两性偏酸	H_3AsO_3 两性偏酸	H_3AsO_4 中强酸
$Sr(OH)_2$ 强碱	$Y(OH)_3$ 中强碱	$Zr(OH)_4$ 两性偏碱	$Nb(OH)_5$ 两性	H_2MoO_4 弱酸	$HTcO_4$ 酸性		$Sn(OH)_2$ 两性偏碱	$Sn(OH)_4$ 两性偏酸	$Sb(OH)_3$ 两性略偏碱	$H[Sb(OH)_6]$ 两性偏酸
$Ba(OH)_2$ 强碱	$La(OH)_3$ 强碱	$Hf(OH)_4$ 两性偏碱	$Ta(OH)_5$ 两性	H_2WO_4 弱酸	$HReO_4$ 弱酸		$Pb(OH)_2$ 两性偏碱	$Pb(OH)_4$ 两性偏酸	$Bi(OH)_3$ 弱碱	/

【例题4-6】如何用实验方法证实Pb_3O_4的组成,用化学方程式表示之。

解　$Pb_3O_4 + 4\ HNO_3 \longrightarrow 2\ Pb(NO_3)_2 + PbO_2\downarrow$(棕黑)$+2\ H_2O$

$Pb^{2+} + CrO_4^{2-} \longrightarrow PbCrO_4\downarrow$(黄色)

$2\ Mn^{2+} + 5\ PbO_2 + 4\ H_3O^+ \longrightarrow 2\ MnO_4^- + 5\ Pb^{2+} + 6\ H_2O$

因此,Pb_3O_4的组成为$2\ PbO \cdot PbO_2$。

【例题4-7】使用和保存NaOH及其溶液时,应注意哪些问题?为什么?

解　试用和保存NaOH及其溶液时,应注意:(1)密封保存;(2)盛NaOH溶液的玻璃瓶需用橡皮塞,不能用玻璃塞;(3)试用时可先配制NaOH饱和溶液(Na_2CO_3不溶于饱和的NaOH溶液),再取上层清液,用煮沸后冷却的新鲜水稀释。

【评注】氢化物按其结构与性质的不同可分为离子型(似盐型)氢化物、金属型氢化物、共价型(分子型)氢化物三类,见下表。离子型氢化物中氢以H^-离子形式存在,具有离子化合物特征,与水发生激烈的反应,具有极强的还原性;金属型氢化物的性质与母体金属的性质非常相似。

Li	Be											B	C	N	O	F	Ne
Na	Mg											Al	Si	P	S	Cl	Ar
K	Ca	Sc	Ti	V	Cr	Mn	Fe	Co	Ni	Cu	Zn	Ga	Ge	As	Se	Br	Kr
Rb	Sr	Y	Zr	Nb	Mo	Tc	Ru	Rh	Pd	Ag	Cd	In	Sn	Sb	Te	I	Xe
Cs	Ba	La	Hf	Ta	W	Re	Os	Ir	Pt	Au	Hg	Tl	Pb	Bi	Po	At	Rn
离子型氢化物		金属型氢化物											共价型氢化物				/

【例题4-8】如何证明NaH、CaH_2为离子型氢化物,并含有H^-?

解　NaH、CaH_2在熔融状态下能导电,说明其为离子化合物。

NaH、CaH_2中含有H^-可用下列方法证明：

①电解熔融盐，阳极放出H_2；

②与水作用产生氢气：$NaH + H_2O \longrightarrow NaOH + H_2\uparrow$

$CaH_2 + 2H_2O \longrightarrow Ca(OH)_2 + H_2\uparrow$

【评注】大多数硫化物都难溶于水，并具有特征的颜色。这是由于S^{2-}的半径比较大，变形性较大，使金属硫化物具共价性。显然，金属离子的极化作用越强，其硫化物溶解度越小。根据金属硫化物溶解情况的不同，可以把它们分为四类，见下表：

类别	溶于稀盐酸		难溶于稀盐酸				
			溶于浓盐酸		难溶于浓盐酸		
					溶于浓硝酸		仅溶于王水
物质及颜色	MnS（肉色）	CoS（黑色）	SnS（褐色）	Sb_2S_3（橙色）	CuS（黑色）	As_2S_3（黄色）	HgS（黑色）
	ZnS（白色）	NiS（黑色）	SnS_2（黄色）	Sb_2S_5（橙色）	Cu_2S（黑色）	As_2S_5（黄色）	Hg_2S（黑色）
	FeS（黑色）		PbS（黑色）	CdS（黄色）	Ag_2S（黑色）		
			Bi_2S_3（暗棕色）				

【评注】一般说来，碱金属、碱土金属（铍除外）以及镧系、锕系元素的卤化物大多数属于离子型或接近离子型。部分金属（特别是高氧化数的金属）卤化物为共价型卤化物，如三氯化铝以共价的双聚Al_2Cl_6分子形式存在，氯化铜是由$CuCl_4$平面组成的长链。卤化物的性质主要表现在其水解性，若对应氢氧化物不是强碱的都易水解，产物为氢氧化物或碱式盐。配制这类溶液时必须用盐酸溶解，以防止发生水解，制备时也要防止水解。重要的卤化物有$AlCl_3$、$SnCl_2$和$SnCl_4$、$CuCl_2$和CuI、$ZnCl_2$、Hg_2Cl_2、$HgCl_2$和HgI_2、$FeCl_2$和$FeCl_3$等，要结合常见卤化物的性质及特点进行化合物的推断和有关问题、现象的分析。

【例题4-9】氯化铜晶体为绿色，其在浓盐酸中为黄色，在稀的水溶液中又为蓝色，这是为什么？

解 $CuCl_2$在浓盐酸中为黄色，这是由于生成$[CuCl_4]^{2-}$（黄绿色）；在稀的水溶液中为蓝色，是由于生成$[Cu(H_2O)_4]^{2+}$（蓝色）。

【例题4-10】为什么氯化亚汞分子式要写成Hg_2Cl_2，而不能写成HgCl？

解 Hg原子电子构型为$5d^{10}6s^2$。若氯化亚汞分子式写成HgCl，则意味着在氯化亚汞的分子中，汞还存在着一个未成对电子，这是一种很难存在的不稳定构型；另外，它又是反磁性的，这与$5d^{10}6s^2$的电子构型相矛盾，因此，形成Cl－Hg－Hg－Cl才与分子磁性一致。试验证明其中的汞离子是$[Hg-Hg]^{2+}$，而不是Hg^+。

【评注】金属通常以简单阳离子形式与酸根离子形成硝酸盐、硫酸盐、碳酸盐和磷酸盐等，重要的金属盐除钠盐、钾盐外，还有p区的$KAl(SO_4)_2\cdot 12H_2O$，ds区的$CuSO_4\cdot 5H_2O$、$AgNO_3$，d区的$FeSO_4\cdot 7H_2O$。

【例题4-11】试从结构的观点简单说明+1价铜离子和+2价铜离子的价态稳定性与其存在状态之间的关系。

解 从结构的观点看，简单+1价铜离子具稳定的$3d^{10}$结构，但+2价铜离子的水合热较大。因而在固态或气态状态下,+1价铜离子很稳定,但在水溶液中+1价铜离子容易发生歧化反应转变成+2价铜离子。

【评注】p区两性金属氢氧化物与碱作用形成含氧酸盐,d区金属如ⅤB、ⅥB、ⅦB金属也能形成含氧酸盐,常见的金属含氧酸盐有重铬酸钾、高锰酸钾。要结合常见化合物的性质及特点进行化合的推断和有关问题、现象的分析。

$K_2Cr_2O_7$、$KMnO_4$都是常见的氧化剂。$K_2Cr_2O_7$不含结晶水,可用作基准氧化试剂,在酸性介质中是强氧化剂,还原产物为Cr^{3+}离子。$KMnO_4$还原产物随介质的酸碱性不同而异,在酸性介质中还原产物为Mn^{2+},在中性或微碱性溶液中还原产物为MnO_2,在强碱性溶液中则还原为MnO_4^{2-}。

【例题4-12】解释重铬酸盐溶液中加入Ba^{2+}、Pb^{2+}、Ag^+等重金属离子总是得到铬酸盐沉淀。

解　重铬酸钾溶液中存在以下平衡:

$$2\,CrO_4^{2-} + 2\,H^+ \rightleftharpoons Cr_2O_7^{2-} + H_2O$$

生成的两种阴离子都可能与Ba^{2+}、Pb^{2+}、Ag^+生成相应的盐,但铬酸盐为难溶盐,而重铬酸盐较易溶解,所以$K_2Cr_2O_7$溶液中加Ba^{2+}、Pb^{2+}、Ag^+时生成相应的铬酸盐沉淀。

【评注】解化学式推导题的关键是以某些特征反应作为切入点,同时也要熟悉各种物质的颜色、性质及其反应特征。

【例题4-13】某种浅绿色的水合晶体A,放置在空气中,表面逐渐生成黄褐色固体B。A溶于水,在水溶液中,加入NaOH,开始得到白色沉淀C,而后迅速变成灰绿色,最后变为红棕色沉淀D,D经灼烧变成砖红色粉末E,E经不彻底还原生成黑色的铁磁性物质F,若向含有D的浓NaOH悬浮液中滴入数滴液溴,可得一紫红色溶液G,G中加入稀H_2SO_4酸化,则有气体O_2放出。

(1)写出A、F物质的分子式。

(2)写出A→B、C→D、D→G化学方程式(或离子方程式)。

解　(1)A:$FeSO_4\cdot 7H_2O$;F:Fe_3O_4

(2)A→B:$4\,FeSO_4 + 2\,H_2O + O_2 \longrightarrow 4\,Fe(OH)SO_4$

C→D:$4\,Fe(OH)_2 + 2\,H_2O + O_2 \longrightarrow 4\,Fe(OH)_3$

D→G:$2\,Fe(OH)_3 + 10\,OH^- + 3\,Br_2 \longrightarrow 2\,FeO_4^{2-} + 6\,Br^- + 8\,H_2O$

【例题4-14】某一固体A,易溶于水生成绿色(紫色)溶液B。将B分成二份,一份与$BaCl_2$溶液作用生成白色不溶于酸的沉淀C;另一份加入少量NaOH作用生成灰蓝色沉淀D。D与过量NaOH作用得绿色溶液E,在E中加入少量过氧化钠固体,溶液则变成黄色溶液F。酸化F,溶液变为橙红色G,再加入氯化钡溶液,则产生柠檬黄色沉淀H,加酸,黄色沉淀H溶解,加入乙醚和过氧化氢,乙醚层呈蓝色I。写出A、I的分子式及D→E、E→F、G→H的反应方程式。

解　(1)A:$Cr_2(SO_4)_3$;I:CrO_5

(2)D→E:$Cr(OH)_3 + OH^- \longrightarrow CrO_2^- + 2\,H_2O$

E→F:$2\,CrO_2^- + 3\,Na_2O_2 + 2\,H_2O \longrightarrow 2\,CrO_4^- + 4\,OH^- + 6Na^+$

G→H:$Cr_2O_7^{2-} + 2\,Ba^{2+} + H_2O \longrightarrow 2\,BaCrO_4 + 2\,H^+$

4.2.5 金属阳离子的分离与鉴定

【知识要求】熟悉常见阳离子的基本反应，能根据离子的性质进行分离与鉴定。

【评注】物质的鉴别与分离要根据物质的不同性质，如溶解度、酸碱性、氧化还原性、配位性或其他特性进行。如果离子间相互干扰，可以通过分离或掩蔽干扰离子方法来进行鉴定，分离时通常加入一定试剂，将溶液中离子分成若干组，然后组内再细分，一直分到彼此不干扰鉴定为止。

根据金属硫化物溶解情况，在阳离子鉴定时建立了“硫化氢系统分析法”，分组方案见下表：

组别	组试剂	组内离子	组的其他名称
Ⅰ	稀HCl	Ag^+、Hg_2^{2+}、Pb^{2+}	盐酸组，银组
Ⅱ	H_2S(TAA) (0.3 $mol\cdot L^{-1}$ HCl)	ⅡA(硫化物不溶于Na_2S) Pb^{2+}、Bi^{3+}、Cu^{2+}、Cd^{2+} ⅡB(硫化物溶于Na_2S) Hg^{2+}、$As^{Ⅲ,Ⅴ}$、$Sb^{Ⅲ,Ⅴ}$、$Sn^{Ⅱ,Ⅳ}$	硫化氢组，铜锡组
Ⅲ	$(NH_4)_2S$ (NH_3+NH_4Cl)	Al^{3+}、Cr^{3+}、Fe^{3+}、Fe^{2+}、 Mn^{2+}、Zn^{2+}、Co^{2+}、Ni^{2+}	硫化铵组，铁组
Ⅳ	$(NH_4)_2CO_3$ (NH_3+NH_4Cl)	Ba^{2+}、Ca^{2+}、Sr^{2+}	碳酸铵组，钙组
Ⅴ	/	Mg^{2+}、K^+、Na^+、NH_4^+	可溶组，钠组

【评注】在其他离子共存时，阳离子可根据特征反应直接进行分别鉴定。常见阳离子的特征反应见下表：

离子	特征反应	现象	鉴定时干扰离子与处理
NH_4^+	$NH_4^+ + OH^- \longrightarrow NH_3\uparrow + H_2O$	产生石蕊变蓝的气体	
	$NH_4^+ + 2[HgI_4]^{2-} + 4OH^- \longrightarrow \left[O\langle^{Hg}_{Hg}\rangle NH_2\right]I\downarrow$(红褐色)$+7I^- + 3H_2O$	生成红棕色沉淀	与碱性溶液反应，能生成有颜色沉淀的离子干扰
K^+	$Na^+ + 2K^+ + [Co(NO_2)_6]^{3-} \longrightarrow K_2Na[Co(NO_2)_6]$	生成亮黄色沉淀	NH_4^+干扰，水浴加热消除；Fe^{3+}、Co^{2+}、Ni^{2+}和Cu^{2+}等干扰，加入Na_2CO_3使其转变为碳酸盐消除
	$K^+ + [HC_4H_4O_6]^{3-} \longrightarrow KHC_4H_4O_6\downarrow$	生成白色沉淀	NH_4^+干扰，事先灼烧除去；其他重金属离子的干扰可用EDTA掩蔽；Ag^+的干扰用HCl沉淀除去
Na^+	$Na^+ + Zn^{2+} + 3UO_2^{2+} + 9Ac^- + 9H_2O \longrightarrow NaZn(UO_2)_3(Ac)_9\cdot 9H_2O\downarrow$	淡黄色晶状沉淀	其他金属离子干扰，加入EDTA掩蔽
	$Na^+ + [Sb(OH)_6]^- \longrightarrow NaSb(OH)_6\downarrow$	白色沉淀	

续表

离子	特征反应	现象	鉴定时干扰离子与处理
Ag^+	$Ag^+ + Cl^- \longrightarrow AgCl\downarrow$ $AgCl + 2NH_3\cdot H_2O \longrightarrow [Ag(NH_3)_2]^+ + Cl^- + 2H_2O$ $[Ag(NH_3)_2]^+ + Cl^- + 2H^+ \longrightarrow AgCl\downarrow + 2NH_4^+$	白色沉淀，溶于氨水，加入稀HNO_3，沉淀又生成	Pb^{2+}、Hg_2^{2+}干扰，$PbCl_2$溶于热水，Hg_2Cl_2与氨水反应有沉淀生成
Mg^{2+}	Mg^{2+}与镁试剂Ⅰ反应 镁试剂Ⅰ结构： 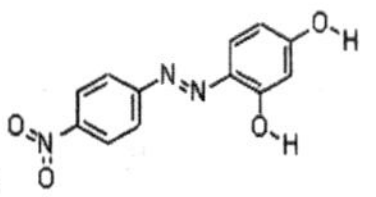	蓝色的螯合物沉淀	在碱性介质中生成深色氢氧化物沉淀的离子产生干扰，加入EDTA掩蔽
Ca^{2+}	$Ca^{2+} + C_2O_4^{2-} \longrightarrow CaC_2O_4\downarrow$	白色结晶形沉淀	Ba^{2+}干扰，加饱和$(NH_4)_2SO_4$，取溶液再进行鉴定
Sr^{2+}	$Sr^{2+} + Na_2C_6O_6$(玫瑰红酸钠) $\longrightarrow 2Na^+ + SrC_6O_6\downarrow$ 玫瑰红酸钠结构： 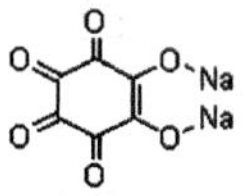	红棕色沉淀	Ba^{2+}干扰
Ba^{2+}	$Ba^{2+} + Na_2C_6O_6$(玫瑰红酸钠) $\longrightarrow 2Na^+ + BaC_6O_6\downarrow$	黄色沉淀	Ag^+、Hg^{2+}、Pb^{2+}等干扰，预先用金属锌还原除去
	$Ba^{2+} + CrO_4^{2-} \longrightarrow BaCrO_4\downarrow$	黄色沉淀	
Al^{3+}	Al^{3+}与铝试剂反应 铝试剂结构： 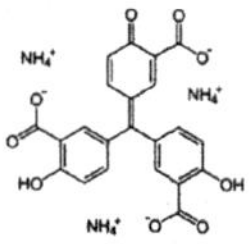	红色絮状螯合物沉淀	Bi^{3+}、Fe^{3+}、Cu^{2+}、Cr^{3+}、Ca^{2+}等干扰，可用$Na_2CO_3-Na_2O_2$处理
Sn^{2+}	$2HgCl_2 + SnCl_2 + 2HCl \longrightarrow Hg_2Cl_2\downarrow + H_2SnCl_6$ $Hg_2Cl_2 + SnCl_2 + 2HCl \longrightarrow 2Hg\downarrow + H_2SnCl_6$	白色到黑色沉淀	
Sb^{3+}	$Sb^{3+} + 4H^+ + 6Cl^- + 2NO_2^- \longrightarrow SbCl_6^- + 2NO\uparrow + 2H_2O$ $SbCl_6^- +$ 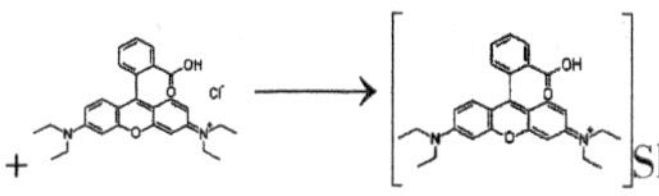 ⟶ $SbCl_6^- + Cl^-$	紫色或蓝色的微细沉淀	Hg^{2+}、Bi^{3+}等有干扰，可事先加NaOH除去
Pb^{2+}	$Pb^{2+} + CrO_4^{2-} \longrightarrow PbCrO_4\downarrow$	黄色沉淀	Ba^{2+}、Ag^+、Hg^{2+}、Bi^{3+}等干扰，可将Pb^{2+}转化为$[Pb(OH)_4]^{2-}$与其他沉淀分离，再鉴定
Bi^{3+}	$Bi^{3+} + CS(NH_2)_2$（硫脲）$\longrightarrow Bi[CS(NH_2)_2]^{3+}$	鲜黄色	Sb^{3+}干扰，可加NH_4F使其生成SbF_5^{2-}、SbF_6^{3-}掩蔽
Cr^{3+}	$Cr^{3+} + 4OH^- \longrightarrow CrO_2^- + 2H_2O$ $2CrO_2^- + 3H_2O_2 + 2OH^- \longrightarrow 2CrO_4^{2-} + 4H_2O$ $2CrO_4^{2-} + 2H^+ \longrightarrow Cr_2O_7^{2-} + H_2O$ $Cr_2O_7^{2-} + 4H_2O_2 + 2H^+ \longrightarrow 2CrO_5 + 5H_2O$	乙醚层呈现蓝色	

续表

离子	特征反应	现象	鉴定时干扰离子与处理
Mn^{2+}	$2\,Mn^{2+} + 5\,NaBiO_3 + 14\,H^+ \longrightarrow 2\,MnO_4^- + 5\,Bi^{3+} + 5\,Na^+ + 7\,H_2O$	紫红色	还原剂存在时干扰该反应
Fe^{3+}	$K^+ + [Fe(CN)_6]^{2-} + Fe^{3+} \longrightarrow KFe[Fe(CN)_6]\downarrow$	蓝色沉淀	Cu^{2+}大量存在时，可先加氨水将它分出；Co^{2+}、Ni^{2+}等与试剂生成淡绿色至绿色沉淀
	$Fe^{3+} + n\,SCN^- \longrightarrow [Fe(SCN)_n]^{3-n}(n=1\sim6)$	血红色	
Fe^{2+}	$Fe^{2+} + K^+ + [Fe(CN)_6]^{3-} \longrightarrow KFe[Fe(CN)_6]\downarrow$	蓝色沉淀	
	3（邻二氮菲）$+ Fe^{2+} \longrightarrow [Fe(邻二氮菲)_3]^{2+}$	红色	
Co^{2+}	$Co^{2+} + 4\,SCN^- \longrightarrow Co(SCN)_4^{2-}$	有机层形成蓝色	Fe^{3+}干扰该反应，可用NaF掩蔽
Ni^{2+}	$Ni^{2+} + 2\begin{array}{c}CH_3-C=NOH\\ \mid \\ CH_3-C=NOH\end{array} + 2\,H_2O \longrightarrow \begin{array}{c}O-H-O\\ H_3C-C=N\quad N=C-CH_3\\ Ni\\ H_3C-C=N\quad N=C-CH_3\\ O-H-O\end{array}\downarrow$（红色）$+ 2\,H_3O^+$	鲜红色螯合物沉淀	大量的Co^{2+}、Fe^{2+}、Fe^{3+}、Cu^{2+}干扰，要预先分离
Zn^{2+}	$Zn^{2+} + [Hg(SCN)_4]^{2-} \longrightarrow Zn[Hg(SCN)_4]$	白色晶型沉淀	Fe^{3+}、Cu^{2+}、Ni^{2+}和大量的Co^{2+}干扰
	$Zn^{2+} + 2\,C_6H_5-NH-NH-CS-N=N-C_6H_5 \longrightarrow Zn(C_6H_5-N-NH-CS-N=N-C_6H_5)_2 + 2\,H^+$	粉红色螯合物沉淀	
Cu^{2+}	$Cu^{2+} + 4\,NH_3\cdot H_2O \longrightarrow [Cu(NH_3)_4]^{2+} + 4\,H_2O$ $2\,Cu^{2+} + 4\,I^- \longrightarrow 2\,CuI\downarrow + I_2$ $2\,Cu^{2+} + [Fe(CN)_6]^{4-} \longrightarrow Cu_2Fe(CN)_6\downarrow$	红棕色沉淀	Fe^{3+}干扰，可用NaF掩蔽
Cd^{2+}	$[Cd(NH_3)_4]^{2+} + S^{2-} \longrightarrow CdS\downarrow + 4\,NH_3$	黄色沉淀	Cu^{2+}、Ni^{2+}、Co^{2+}、Zn^{2+}干扰，可用KCN掩蔽
Hg^{2+}	$Hg^{2+} + 2\,Cu^{2+} + 4\,I^- \longrightarrow Cu_2[HgI_4]\downarrow$	橙红色沉淀	
	$Cu + Hg^{2+} \longrightarrow Cu^{2+} + Hg$ $Cu + Hg \longrightarrow Cu-Hg$	在铜片上形成白色斑点，加热消失	Ag^+、Hg_2^{2+}干扰，可事先加HCl除去
Hg_2^{2+}	$Hg_2^{2+} + 2\,Cl^- \longrightarrow Hg_2Cl_2\downarrow$ $Hg_2Cl_2 + 2\,NH_3\cdot H_2O \longrightarrow HgNH_2Cl\downarrow + Hg\downarrow + NH_4Cl + 2\,H_2O$	白色沉淀转化为灰色沉淀	

【例题4-15】试设计分离Cu^{2+}、Ag^{+}、Zn^{2+}、Hg_2^{2+}、Bi^{3+}、Pb^{2+}混合溶液的方案。

解

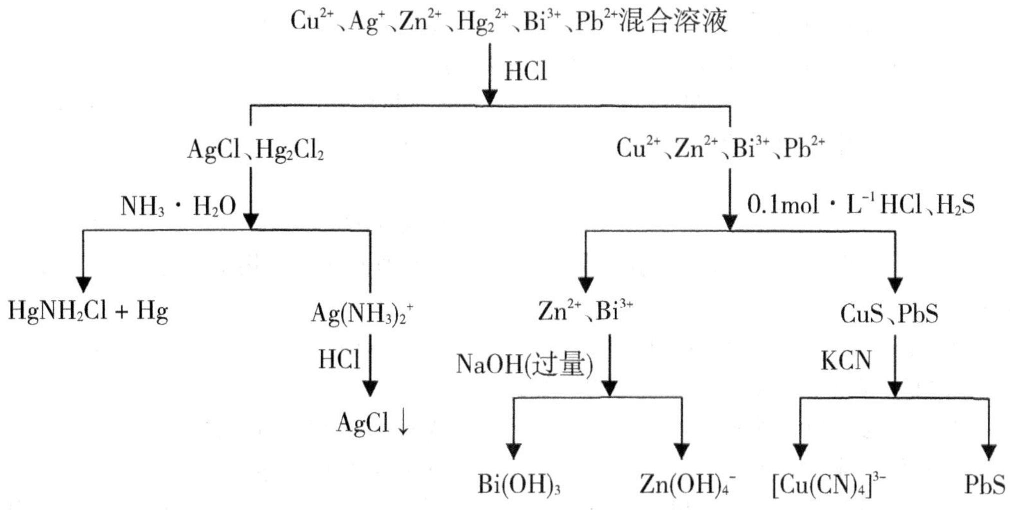

4.3　课后习题选解

4-1 是非题

1. 元素的金属性愈强，则其相应氧化物水合物的碱性就愈强；元素的非金属性愈强，则其相应氧化物水合物的酸性就愈强。（ × ）

2. 在所有的金属中，熔点最高的是副族元素，熔点最低的也是副族元素。（ √ ）

3. 在$CuSO_4 \cdot 5H_2O$中的5个H_2O，其中有4个配位水，1个结晶水。加热脱水时，应先失去结晶水，而后才失去配位水。（ × ）

4. 氯化亚铜是反磁性的，其化学式应该用CuCl来表示；氯化亚汞也是反磁性物质，其化学式应该用Hg_2Cl_2表示。（ √ ）

5. 铁系元素中，只有最少d电子的铁元素可以形成FeO_4^{2-}，而钴、镍则不能形成类似的含氧酸根阴离子。（ √ ）

6. 金属单质的升华热越大，说明该金属晶体的金属键的强度越大，内聚力也就越大；反之也是一样。（ √ ）

7. 所有主族金属元素最稳定氧化态的氧化物都溶于硝酸。（ √ ）

8. 凡是价层p轨道上全空的原子都是金属原子，部分或全部充填着电子的原子则都是非金属原子。（ × ）

9. 真金不怕火炼，说明金的熔点在金属中最高。（ × ）

10. 实验室所用的变色硅胶，当其颜色为红色时，即已失效。（ √ ）

4-2 选择题

1. 根据价层电子的排布，下列化合物中为无色的是（ A ）

A. CuCl　　B. $CuCl_2$　　C. $FeCl_3$　　D. $FeCl_2$

2. 金属锂应存放在（ C ）

A. 水中　　B. 煤油中　　C. 石蜡中　　D. 液氨中

3. 铝通常很稳定是因为 （ C ）

A. 表面致密光滑　B. 表面产生钝化层

C. 表面生成氧化膜　D. 有较高的电极电势

4. 下列氧化物与浓 H_2SO_4共热，没有 O_2生成的是 （ D ）

A. CrO_3　B. MnO_2　C. PbO_2　D. Fe_3O_4

5. 盛氢氧化钡溶液的瓶子在空气中放置一段时间后，其内壁常形成一层白膜，可用下列哪种物质洗去 （ B ）

A. 水　B. 稀盐酸　C. 稀硫酸　D. 浓氢氧化钠

6. 熔融电解是制备活泼金属的一种重要方法，下列四种化合物中，不能用作熔融电解原料的是 （ AC ）

A. $AlCl_3$　B. NaCl　C. $CaSO_4·2H_2O$　D. Al_2O_3

7. 可以与氢生成离子型氢化物的一类元素是 （ B ）

A. 绝大多数活泼金属　B. 碱金属和钙，锶，钡

C. 活泼非金属元素　D. 过渡金属元素

8. 在含有 0.1 $mol·L^{-1}$的 Pb^{2+}、Cd^{2+}、Mn^{2+} 和 Cu^{2+} 的 0.3 $mol·L^{-1}$ HCl 溶液中通入 H_2S，全部沉淀的一组离子是 （ D ）

A. Mn^{2+}，Cd^{2+}，Cu^{2+}　B. Cd^{2+}，Mn^{2+}

C. Pb^{2+}，Mn^{2+}，Cu^{2+}　D. Cd^{2+}，Cu^{2+}，Pb^{2+}

9. 能共存于溶液中的一对离子是 （ B ）

A. Fe^{3+} 和 I^-　B. Pb^{2+} 和 Sn^{2+}　C. Ag^+ 和 PO_4^{3-}　D.Fe^{3+} 和 SCN^-

10. 分离 SnS 和 PbS，应加的试剂为 (D)

A . 氨水　B. 硫化钠　C. 硫酸钠　D. 多硫化铵

11. 下列氢氧化物中，哪一种既能溶于过量的 NaOH 溶液，又能溶于氨水中 （ B ）

A. $Ni(OH)_2$　B. $Zn(OH)_2$　C. $Fe(OH)_3$　D. $Al(OH)_3$

12. 在酸性介质中，使 Mn^{2+}氧化为 MnO_4^-，不应选用的氧化剂是 （ D ）

A. PbO_2　B. $NaBiO_3$　C. $Na_2S_2O_8$　D. NaOCl

13. 为了保护环境，生产中的含氰废液通常采用 $FeSO_4$法处理，此方法产生的毒性很小的配合物是 （ D ）

A. $[Fe(SCN)_6]^{3-}$　B. $Fe(OH)_3$　C. $[Fe(CN)_6]^{3-}$　D. $Fe_2[Fe(CN)_6]$

14. 处理含汞离子的废水时，可加入下列哪种试剂使其沉淀、过滤而净化 （ C ）

A. NaCl 溶液　B. Na_2SO_4溶液　C. Na_2S　D. 通入 Cl_2

15. 在分别含有 Cu^{2+}、Sb^{3+}、Hg^{2+}、Cd^{2+}的四种溶液中加入哪种试剂，即可将它们鉴别出来 （ D ）

A. 氨水　B. 稀 HCl　C. KI　D. NaOH

16. 铝和铍的化学性质有许多相似之处，但并不是所有性质都是一样的，下列各相似性中何者是不恰当的 （ C ）

A. 氧化物都具有高熔点　B. 氯化物都为共价化合物

C. 能生成六配位的配合物　D. 既溶于酸又溶于碱

17. 铝热法冶金的主要根据是 （ A ）

A. 铝的亲氧能力很强，氧化铝有很高的生成焓

B. 铝是两性元素

C. 铝和氧化合是放热反应

D. 铝是活泼金属

18. 配制$SnCl_2$时,可采取的措施是 (BC)

A. 加入还原剂Na_2SO_3　　B. 加入盐酸

C. 加入金属锡　　D. 通入氯气

19. ⅣA族元素从Ge到Pb,下列性质随原子序数的增大而增加的是 (A)

A. +2氧化态的稳定性　　B. 二氧化物的酸性

C. 单质的熔点　　D. 氢化物的稳定性

20. 下列物质遇水后能放出气体并生成沉淀的是 (C)

A. $SnCl_2$　　B. $Bi(NO_3)_3$　　C. Mg_3N_2　　D. $(NH_4)_2SO_4$

4-3 填空题

1. 在元素周期表各区的金属单质中,熔点最低的是__Hg__;硬度最小的是__Cs__;密度最大的是__Os__,最小的是__Li__;导电性最好的是__Ag__;延性最好的是__Pt__;展性最好的是__Au__;第一电离能最大的是__Be__;电负性最小的是__Cs__,最大的是__Au__。

2. 有10种金属:Ag、Au、Al、Cu、Fe、Hg、Na、Ni、Zn、Sn,根据下列性质和反应判断a、b、c、……各代表何种金属。

(1)难溶于盐酸,但溶于热的浓硫酸中,反应产生气体的是a、d;

(2)与稀硫酸或氢氧化物溶液作用产生氢气的是b、e、j,其中离子化倾向最小的是j;

(3)在常温下和水激烈反应的是c;

(4)密度最小的是c,最大的是h;

(5)电阻最小的是i,最大的是d,在冷浓硝酸中呈钝态的是f和g;

(6)熔点最低的是d,最高的是g;

(7)b^{n+}、e^{m+}离子易和氨生成配合物。

则a__Cu__;b__Zn__;c__Na__;d__Hg__;e__Ni__;f__Al__;g__Fe__;h__Au__;i__Ag__;j__Sn__。

3. 氨合电子和碱金属氨合阳离子是由碱金属与液氨反应生成的,溶液具有__导电性__、__顺磁性__、__强还原性__。

4. 有$AlCl_3$、$FeCl_3$、$CuCl_2$、$BaCl_2$四种卤化物,在上述物质的溶液中加Na_2CO_3溶液生成沉淀,其中沉淀:(1)能溶于2 mol·L^{-1} NaOH的是__$AlCl_3$__;(2)加热能部分溶于浓NaOH的是__$FeCl_3$__、__$CuCl_2$__;(3)能溶于$NH_3·H_2O$的是__$CuCl_2$__;(4)在浓NaOH溶液中,加液溴加热,能生成紫色物质的是__$FeCl_3$__;(5)能溶于HAc的是__$AlCl_3$、$FeCl_3$、$CuCl_2$、$BaCl_2$__。

5. 人们很早发现了汞,其俗称为__水银__,汞能溶解金属而形成__汞齐__。在Na、Al、Cu、Zn、Sn、Fe等金属中,汞易与__Na、Al、Zn、Sn__金属形成汞齐,而不和__Cu、Fe__金属形成汞齐。钠汞剂和水反应相比于钠和水反应的特点是__反应平稳__,这是因为__汞占据钠表面,使之与水接触面积减少__。金属汞,特别是它的蒸气,对人体__有毒__,如有少量汞散落,应先尽量收集起来,再撒上__S__粉并摩擦,使之生成__HgS__而消除污染。

6. 周期系ⅠB族元素的价电子结构为__$(n-1)d^{10}ns^1$__,最外电子层只有__1__个电子,次外层为__18__个电子;在气态或固态情况下,Cu(Ⅰ)化合物的稳定性__大于__Cu(Ⅱ)化合物,这是因为Cu(Ⅰ)的电子构型为__$3d^{10}$__,但在水溶液中,Cu(Ⅰ)不稳定,易发生__歧化__反应,其主要原因是__Cu^{2+}水合热大__。

7. Fe_3O_4是一种具有<u>磁</u>性的<u>黑</u>色氧化物，其中Fe的价态分别为<u>+2</u>和<u>+3</u>。Pb_3O_4是一种可作颜料的<u>红</u>色氧化物，其中Pb的价态分别为<u>+2</u>和<u>+4</u>。

8. 按要求排序（用“>”或“<”表示）。

（1）MnO、Mn_2O_3、MnO_2、Mn_2O_7的酸性：<u>$MnO < Mn_2O_3 < MnO_2 < Mn_2O_7$</u>；

（2）PCl_3、$AsCl_3$、$SbCl_3$、$BiCl_3$的水解能力：<u>$PCl_3 > AsCl_3 > SbCl_3 > BiCl_3$</u>；

（3）AlF_3、$AlCl_3$、$AlBr_3$、AlI_3的沸点：<u>$AlF_3 > AlI_3 > AlBr_3 > AlCl_3$</u>；

（4）Li、Na、K、Rb、Cs的熔点：<u>Li > Na > K > Rb > Cs</u>；

（5）Na_2CO_3、$NaHCO_3$的溶解性：<u>$Na_2CO_3 > NaHCO_3$</u>；

（6）$Ge(OH)_2$、$Sn(OH)_2$、$Pb(OH)_2$的碱性：<u>$Ge(OH)_2 < Sn(OH)_2 < Pb(OH)_2$</u>。

4-4 完成下列方程式

1. 写出工业上实现从砂金中提取金的主要方程式。

解 $4\,Au + 2\,H_2O + 8\,CN^- + O_2 \longrightarrow 4\,[Au(CN)_2]^- + 4\,OH^-$

$2\,[Au(CN)_2]^- + Zn \longrightarrow [Zn(CN)_4]^{2-} + 2\,Au\downarrow$

2. Pb_3O_4分别溶于浓盐酸、浓硝酸溶液中。

解 $Pb_3O_4 + 8\,HCl(浓) \longrightarrow 3\,PbCl_2 + Cl_2\uparrow + 4\,H_2O$

$Pb_3O_4 + 4\,HNO_3(浓) \longrightarrow 2\,Pb(NO_3)_2 + PbO_2\downarrow + 2\,H_2O$

3. PbO_2分别与浓盐酸、浓硫酸作用。

解 $PbO_2 + 4\,HCl(浓) \longrightarrow PbCl_2 + Cl_2\uparrow + 2\,H_2O$

$2\,PbO_2 + 2\,H_2SO_4(浓) \longrightarrow 2\,PbSO_4 + O_2\uparrow + 2\,H_2O$

4. $Sn(OH)_2$分别溶于盐酸、氢氧化钠溶液中。

解 $Sn(OH)_2 + 2\,HCl \longrightarrow SnCl_2 + 2\,H_2O$

$Sn(OH)_2 + 2\,NaOH \longrightarrow Na_2[Sn(OH)_4]$

5. $Cr(OH)_3$分别溶于盐酸、氢氧化钠溶液中。

解 $Cr(OH)_3 + 3\,HCl \longrightarrow CrCl_3 + 3\,H_2O$

$Cr(OH)_3 + NaOH \longrightarrow Na[Cr(OH)_4]$

6. ZnS能溶于盐酸，而HgS仅溶于王水。

解 $ZnS + 2\,HCl \longrightarrow ZnCl_2 + H_2S$

$3HgS + 2\,HNO_3 + 12\,HCl \longrightarrow 3\,H_2[HgCl_4] + 3\,S\downarrow + 2\,NO\uparrow + 4\,H_2O$

7. $Fe(OH)_3$、$Co(OH)_3$分别溶于浓盐酸中。

解 $Fe(OH)_3 + 3\,HCl \longrightarrow FeCl_3 + 3\,H_2O$

$2\,Co(OH)_3 + 6\,HCl \longrightarrow 2\,CoCl_2 + Cl_2\uparrow + 6\,H_2O$

8. 写出实现$CrO_4^{2-} \longrightarrow Cr_2O_7^{2-} \longrightarrow Cr^{3+}$转化的方程式各一个。

解 $2\,CrO_4^{2-} + 2\,H^+ \longrightarrow Cr_2O_7^{2-} + H_2O$

$Cr_2O_7^{2-} + 6\,Fe^{2+} + 14\,H_3O^+ \longrightarrow 6\,Fe^{3+} + 2\,Cr^{3+} + 21\,H_2O$

9. 写出实现$Mn^{2+} \longrightarrow MnO_4^-$转化的方程式二个。

解 $2\,Mn^{2+} + 5\,PbO_2 + 4\,H_3O^+ \longrightarrow 2\,MnO_4^- + 5\,Pb^{2+} + 6\,H_2O$

$2\,Mn^{2+} + 5\,NaBiO_3 + 14\,H^+ \longrightarrow 2\,MnO_4^- + 5\,Na^+ + 5\,Bi^{3+} + 7\,H_2O$

10. 以重晶石为原料，制备$BaCl_2$、$BaCO_3$、BaO、BaS和BaO_2。

解 $BaSO_4 + 4\ C \longrightarrow BaS + 4\ CO$

$2\ BaS + 2\ H_2O \longrightarrow Ba(HS)_2 + Ba(OH)_2$

$Ba(HS)_2 + 2\ HCl \longrightarrow BaCl_2 + 2\ H_2S$ 或 $Ba(OH)_2 + 2HCl \longrightarrow BaCl_2 + 2\ H_2O$

$Ba(HS)_2 + CO_2 + H_2O \longrightarrow BaCO_3 \downarrow + 2\ H_2S$ 或 $Ba(OH)_2 + CO_2 \longrightarrow BaCO_3 \downarrow + H_2O$

$BaCO_3 \longrightarrow BaO + CO_2 \uparrow$

$2\ BaO + O_2 \longrightarrow 2\ BaO_2$

4-5 简答题

1. 用金属钠制取Na_2O通常采用的方法是:$2\ NaNO_2 + 6\ Na \longrightarrow 4\ Na_2O + N_2$。采用此法的原因是什么?

解 钠和氧气加热燃烧,得到的不是Na_2O,而是Na_2O_2,所以要采用此法制取Na_2O。

2. 气体状态和固体状态时,$BeCl_2$各为何种结构? 为什么$BeCl_2$溶于水时水溶液显酸性?

解 $BeCl_2$是共价化合物,中心Be是缺电子原子。气态的$BeCl_2$一般是单体和二聚体,但都还是没有满足8电子结构;晶体的$BeCl_2$一般通过桥键形成多聚体,是无限长的链状分子。$BeCl_2$溶于水时水溶液显酸性的原因:$BeCl_2 + H_2O \longrightarrow BeO + 2\ HCl$ 。

3. 为什么焊接铁皮时,常使用浓$ZnCl_2$溶液处理铁皮表面?

解 氯化锌的浓溶液中,由于生成配合酸(羟基二氯合锌酸)而具有显著的酸性,它能溶解金属氧化物,清除金属表面的氧化物。

$ZnCl_2 + H_2O \longrightarrow H[ZnCl_2(OH)]$

$FeO + 2\ H[ZnCl_2(OH)] \longrightarrow Fe[ZnCl_2(OH)]_2 + H_2O$

焊接时氯化锌的浓溶液不损害金属表面,而且水分蒸发后,熔化的盐覆盖在金属表面,使之不再氧化,能保证焊接金属的直接接触。

4.(1)用NH_4SCN溶液检出Co^{2+}时,如有少量Fe^{3+}存在,需加入NH_4F。

(2)在Fe^{3+}离子的溶液中加入KSCN溶液时出现了血红色,再加入少量的铁粉后,血红色立即消失。

解 (1)加入NH_4F使Fe^{3+}转变成$[FeF_6]^{3-}$而得以掩蔽。

(2) 加入Fe使Fe(Ⅲ)转化为Fe(Ⅱ):

$2\ [\ Fe(SCN)_n\ ]^{3-n} + Fe \longrightarrow 3\ Fe^{2+} + 2n\ SCN^-$ (n=1~6)

5. 测得蒸气状态时三溴化铝的相对分子质量为534,熔化时仍几乎无导电性,但在水溶液中却有显著的导电性,且呈酸性,试评述这些事实。

解 三溴化铝蒸气以Al_2Br_6形式存在,其相对分子质量为534,其化学键主要是共价键,因而不导电;溶于水后Al_2Br_6发生水解,形成$[Al(H_2O)_6]^{3+}$而导电,且水解产生H^+而显酸性。

6. 为什么AlF_3的熔点高达1290 ℃,而$AlCl_3$却只有190 ℃?

解 AlF_3为离子晶体,而$AlCl_3$却是通过共价键形成Al_2Cl_6分子晶体。

7. 金属铝不溶于水,为什么能溶于NH_4Cl和Na_2CO_3溶液中?

解 金属铝具有两性,所以能溶于酸性NH_4Cl溶液: $Al + 6\ H^+ \longrightarrow 2\ Al^{3+} + 3\ H_2$;也能溶于碱性$Na_2CO_3$溶液:$2\ Al + 2OH^- + 2\ H_2O \longrightarrow 2\ AlO_2^- + 3\ H_2$

8. 从最外层电子来看,碱土金属和锌族元素一样,都只有2个s电子,为什么锌族元素金属活泼性比碱土金属弱得多,且其金属活泼性从上到下递减,这与碱土金属元素恰好相反。

解 ⅡA碱土金属的价电子结构为ns^2，ⅡB锌族元素的价电子结构为$(n-1)d^{10}ns^2$,锌族元素由于次外层有18个电子,对原子核的屏蔽较小,有效核电荷较大,对外层s电子的引力较大,其原子半径、M^{2+}离子半径都比同周期的碱土金属小,电离能以及电负性都比碱土金属大,所以金属活泼性比碱土金属弱得多;碱土金属原子半径大,且随核电荷增加半径增大明显,所以金属活泼性从上到下递增,而锌族元素随原子序数增加,有效核电荷数Z^*增加明显,所以金属活泼性从上到下递减,与碱土金属元素恰好相反。

4-6 推断题

1. 有一固体混合物A,加入水以后部分溶解,得溶液B和不溶物C。往B溶液中加入澄清的石灰水,出现白色沉淀D,D可溶于稀HCl或HAc,放出可使石灰水变浑浊的气体E,溶液B的焰色反应为黄色。不溶物C可溶于稀盐酸得溶液F,F可以使酸化的$KMnO_4$溶液褪色,F可使淀粉-KI溶液变蓝。在盛有F的试管中加入少量MnO_2可产生气体G,G使带有余烬的火柴复燃。在F中加入Na_2SO_4溶液,可产生不溶于硝酸的沉淀H,F的焰色反应为黄绿色。问A、B、C、D、E、F、G、H各是什么物质?写出有关的离子反应式。

解 A:$Na_2CO_3 + BaO_2$;B:Na_2CO_3溶液;C:BaO_2;D:$CaCO_3$;E:CO_2;F:$H_2O_2 + Ba^{2+}$;G:O_2;H:$BaSO_4$。

有关的离子反应式:

B→D:$CO_3^{2-} + Ca^{2+} \longrightarrow CaCO_3\downarrow$

D→E:$CaCO_3 + 2H^+ \longrightarrow Ca^{2+} + CO_2\uparrow + H_2O$

C→F:$BaO_2 + 2H^+ \longrightarrow Ba^{2+} + H_2O_2$

F使酸化的$KMnO_4$溶液褪色:$5H_2O_2 + 2MnO_4^- + 6H^+ \longrightarrow 2Mn^{2+} + 5O_2\uparrow + 8H_2O$

F使淀粉-KI溶液变蓝:$H_2O_2 + 2I^- + 2H^+ \longrightarrow 2I_2 + 2H_2O$

F→G:$H_2O_2 + MnO_2 \longrightarrow O_2\uparrow + Mn^{2+} + 2OH^-$

F→H:$SO_4^{2-} + Ba^{2+} \longrightarrow BaSO_4\downarrow$

2. 用冷水与单质A反应放出无色无味的气体B和溶液C,金属钠同B反应生成固体产物D,D为离子化合物,溶于水反应产生气体B和强碱性溶液F。当二氧化碳通入溶液C时,生成白色沉淀G。沉淀G在1000 ℃加热时形成一种白色化合物H,而H同碳一起加热至2000 ℃以上时则形成一种有重要商品价值的固体I。写出A到I的化学式及每一步反应的化学反应方程式。

解 A:Ca;B:H_2;C:$Ca(OH)_2$;D:NaH;F:NaOH;G:$CaCO_3$;H:CaO;I:CaC_2。

每一步反应的化学反应方程式:

A→B+C:$Ca + 2H_2O \longrightarrow H_2\uparrow + Ca(OH)_2$

B→D:$2Na + H_2 \longrightarrow 2NaH$

D→B+F:$NaH + H_2O \longrightarrow H_2\uparrow + NaOH$

C→G:$CO_2 + Ca(OH)_2 \longrightarrow CaCO_3\downarrow + H_2O$

G→H:$CaCO_3 \longrightarrow CaO + H_2O$

H→I:$CaO + 3C \longrightarrow CaC_2 + CO\uparrow$

3. 铬的某化合物A是橙红色可溶于水的固体,将A用浓HCl处理产生黄绿色刺激性气体B和生成暗绿色溶液C。在C中加入KOH溶液,先生成灰蓝色沉淀D,继续加入过量的KOH

溶液则沉淀消失，变为绿色溶液E。在E中加入H_2O_2并加热则生成黄色溶液F，F用稀酸酸化，又变为原来的化合物A的溶液。问A至F各是什么物质？写出有关反应式。

解　A：$K_2Cr_2O_7$；B：Cl_2；C：$CrCl_3$；D：$Cr(OH)_3$；E：$KCrO_2$；F：K_2CrO_4。

有关化学反应式：

A→B+C：$K_2Cr_2O_7 + 14\,HCl \longrightarrow 3\,Cl_2\uparrow + 2\,CrCl_3 + 7\,H_2O + 2\,KCl$

C→D：$CrCl_3 + 3\,KOH \longrightarrow Cr(OH)_3\downarrow + 3\,KCl$

C→E：$CrCl_3 + 4\,KOH \longrightarrow KCrO_2 + 3\,KCl + 2\,H_2O$

E→F：$2\,KCrO_2 + 3\,H_2O_2 + 2\,KOH \longrightarrow 2\,K_2CrO_4 + 4\,H_2O$

F→A：$2\,K_2CrO_4 + H_2SO_4 \longrightarrow K_2Cr_2O_7 + K_2SO_4 + H_2O$

4. 现有一种含结晶水的淡绿色晶体，将其配成溶液，若加入$BaCl_2$溶液，则产生不溶于酸的白色沉淀；若加入NaOH溶液，则生成白色胶状沉淀并很快变成红棕色。再加入盐酸，此红棕色沉淀又溶解，滴入硫氰化钾溶液显深红色。问该晶体是什么物质？写出有关的化学反应式。

解　A：$FeSO_4\cdot 7H_2O$。

有关化学反应式：

$SO_4^{2-} + Ba^{2+} \longrightarrow BaSO_4\downarrow$

$2\,OH^- + Fe^{2+} \longrightarrow Fe(OH)_2\downarrow$

$4\,Fe(OH)_2 + O_2 + 2\,H_2O \longrightarrow 4\,Fe(OH)_3$

$Fe(OH)_3 + 3\,H^+ \longrightarrow Fe^{3+} + 3\,H_2O$

$Fe^{3+} + n\,SCN^- \longrightarrow [\,Fe(SCN)_n\,]^{3-n}$ (n=1~6)

5. 有棕黑色粉末A，不能溶于水。加入B溶液后加热生成气体C和溶液D；将气体C通入KI溶液得棕色溶液E。取少量溶液D以HNO_3酸化后与$NaBiO_3$粉末作用，得紫色溶液F；往F中滴加Na_2SO_3则紫色褪去；接着往该溶液中加入$BaCl_2$溶液，则生成难溶于酸的白色沉淀G。试推断A、B、C、D、E、F、G各为何物？写出有关的化学反应式。

解　A：MnO_2；B：HCl；C：Cl_2；D：$MnCl_2$；E：I_2；F：MnO_4^-；G：$BaSO_4$。

有关化学反应式：

A+B→C +D：$MnO_2 + 4\,HCl \longrightarrow Cl_2\uparrow + MnCl_2 + 2\,H_2O$

C→E：$Cl_2 + 2\,KI \longrightarrow I_2 + 2\,KCl$

D→F：$2\,Mn^{2+} + 5\,NaBiO_3 + 14\,H^+ \longrightarrow 2\,MnO_4^- + 5\,Na^+ + 5\,Bi^{3+} + 7\,H_2O$

F→G：$2\,MnO_4^- + 5\,SO_3^{2-} + 6\,H^+ \longrightarrow 2\,Mn^{2+} + 5\,SO_4^{2-} + 3\,H_2O$　$SO_4^{2-} + Ba^{2+} \longrightarrow BaSO_4\downarrow$

6. 将化合物A溶于水后加入NaOH溶液有黄色沉淀B生成。B不溶于氨水和过量的NaOH溶液，B溶于HCl溶液得无色溶液，向该溶液中滴加少量$SnCl_2$溶液有白色沉淀C生成。向A的水溶液中滴加KI溶液得红色沉淀D，D可溶于过量KI溶液得无色溶液。向A的水溶液中加入$AgNO_3$溶液有白色沉淀E生成，E不溶于HNO_3溶液但可溶于氨水。请写出A、B、C、D、E的化学式，并写出有关的化学反应式。

解　A：$HgCl_2$；B：HgO；C：Hg_2Cl_2；D：HgI_2；E：AgCl。

有关化学反应式：

$Hg^{2+} + 2\,OH^- \longrightarrow HgO + H_2O$

$SnCl_2 + 2\ HgCl_2 \longrightarrow Hg_2Cl_2\downarrow + SnCl_4$

$Hg^{2+} + 2\ I^- \longrightarrow HgI_2$

$HgI_2 + 2\ I^- \longrightarrow [HgI_4]^{2-}$

$Ag^+ + 2\ Cl^- \longrightarrow AgCl\downarrow$

7. 卤化物A溶于水，加NaOH溶液得蓝色絮状沉淀B，B溶于氨水生成深蓝色溶液C，通H_2S于C中有黑色沉淀D生成，D能溶于稀硝酸得一蓝绿色溶液及乳白色沉淀。在另一份A溶液中加入$AgNO_3$溶液生成白色沉淀E，E与溶液分离后，可溶于氨水得溶液F，F用HNO_3酸化又产生沉淀E。试推断A、B、C、D、E、F各为何物？写出有关的化学反应式。

解 A：$CuCl_2$；B：$Cu(OH)_2$；C：$[Cu(NH_3)_4]^{2+}$；D：CuS；E：AgCl；F：$[Ag(NH_3)_2]^+$。

有关化学反应式：

A→B：$Cu^{2+} + 2\ OH^- \longrightarrow Cu(OH)_2\downarrow$

B→C：$Cu(OH)_2 + 4\ NH_3 \longrightarrow [Cu(NH_3)_4]^{2+} + 2\ OH^-$

C→D：$[Cu(NH_3)_4]^{2+} + H_2S + 2\ H^+ \longrightarrow CuS\downarrow + 4\ NH_4^+$

D溶于稀硝酸：$3\ CuS + 8\ H^+ + 2\ NO_3^- \longrightarrow 3\ Cu^{2+} + 2\ NO\uparrow + 3\ S\downarrow + 4\ H_2O$

A→E：$Ag^+ + Cl^- \longrightarrow AgCl\downarrow$

E→F：$AgCl + 2\ NH_3 \longrightarrow [Ag(NH_3)_2]^+ + Cl^-$

F→E：$[Ag(NH_3)_2]^+ + Cl^- + 2\ H^+ \longrightarrow AgCl\downarrow + 2\ NH_4^+$

8. 在一种含有配离子A的溶液中，加入稀盐酸，有刺激性气体B、黄色沉淀C和白色沉淀J产生。气体B能使$KMnO_4$溶液褪色。若通氯气于溶液A中，得到白色沉淀J和含有D的溶液。D与$BaCl_2$作用，有不溶于酸的白色沉淀E产生。若在溶液A中加入KI溶液，产生黄色沉淀F，再加入NaCN溶液，黄色沉淀F溶解，形成无色溶液G，向G中通入H_2S气体，得到黑色沉淀H。根据上述实验结果，确定A、B、C、D、E、F、G、H及J各为何物，并写出各步反应的方程式。

解 A：$[Ag(S_2O_3)_2]^{3-}$；B：SO_2；C：S；D：SO_4^{2-}；E：$BaSO_4$；F：AgI；G：$[Ag(CN)_2]^-$；H：Ag_2S；J：AgCl。

各步的反应方程式：

A→B+C+J：$[Ag(S_2O_3)_2]^{3-} + Cl^- + 4\ H^+ \longrightarrow 2\ SO_2\uparrow + 2\ S\downarrow + AgCl\downarrow + 2\ H_2O$

B能使$KMnO_4$溶液褪色：$2\ MnO_4^- + 5\ SO_2 + 2\ H_2O \longrightarrow 2\ Mn^{2+} + 5\ SO_4^{2-} + 4\ H^+$

A→D+J：$[Ag(S_2O_3)_2]^{3-} + 8\ Cl_2 + 10\ H_2O \longrightarrow AgCl\downarrow + 15\ Cl^- + 4\ SO_4^{2-} + 20\ H^+$

D→E：$SO_4^{2-} + Ba^{2+} \longrightarrow BaSO_4\downarrow$

A→F：$[Ag(S_2O_3)_2]^{3-} + I^- \longrightarrow 2\ S_2O_3^{2-} + AgI\downarrow$

F→G：$2\ CN^- + AgI \longrightarrow [Ag(CN)_2]^- + I^-$

G→H：$2\ [Ag(CN)_2]^- + H_2S + 2\ H^+ \longrightarrow Ag_2S\downarrow + 4\ HCN$

9. 某亮黄色溶液A，加入稀H_2SO_4转为橙红色溶液B，加入浓HCl又转化为绿色溶液C，同时放出能使淀粉-KI试纸变色的气体D。另外，绿色溶液C加入NaOH溶液即生成蓝色沉淀E，E溶于过量NaOH溶液得F，E经灼烧后转为绿色固体G。试推断A、B、C、D、E、F、G各是何物？写出A→B、E→F的方程式。

解 A：CrO_4^{2-}；B：$Cr_2O_7^{2-}$；C：$CrCl_3$；D：Cl_2；E：$Cr(OH)_3$；F：$[Cr(OH)_4]^-$；G：Cr_2O_3。

A→B： $2\,CrO_4^{2-} + 2\,H^+ \longrightarrow Cr_2O_7^{2-} + H_2O$

E→F： $Cr(OH)_3 + OH^- \longrightarrow [Cr(OH)_4]^-$

10. 一种纯的金属单质A不溶于水和盐酸。但溶于硝酸而得到B溶液,溶解时有无色气体C放出,C在空气中可以转变为另一种棕色气体D。加盐酸到B的溶液中能生成白色沉淀E,E可溶于热水中,E的热水溶液与硫化氢反应得黑色沉淀F,F用60% HNO_3溶液处理可得淡黄色固体G同时又得B的溶液. 根据上述的现象试判断这七种物质各是什么？并写出有关反应式。

解 A：Pb；B：$Pb(NO_3)_2$；C：NO；D：NO_2；E：$PbCl_2$；F：PbS；G：S。

有关化学反应式：

A→B+C： $3\,Pb + 8\,HNO_3 \longrightarrow 3\,Pb(NO_3)_2 + 2\,NO\uparrow + 4\,H_2O$

C→D： $2\,NO + O_2 \longrightarrow 2\,NO_2$

B→E： $Pb(NO_3)_2 + 2\,HCl \longrightarrow PbCl_2\downarrow + 2\,HNO_3$

E→F： $PbCl_2 + H_2S \longrightarrow PbS\downarrow + 2\,HCl$

F→G+B： $3\,PbS + 8\,HNO_3 \longrightarrow 3\,Pb(NO_3)_2 + 2\,NO\uparrow + 3\,S\downarrow + 4\,H_2O$

4-7 分离鉴别题

1. 试用五种试剂,把含有$BaCO_3$、AgCl、SnS_2、$PbSO_4$和CuS五种固体混合物一一溶解分离,每一种试剂只可溶解一种固体物质,请指明溶解次序。

解 (1)用$NH_3\cdot H_2O$将AgCl溶解；(2)用浓NH_4Ac将$PbSO_4$溶解；(3)用HAc或稀HCl将$BaCO_3$溶解；(4)用$(NH_4)_2S$或Na_2S将SnS_2溶解；(5)用HNO_3将CuS溶解。

注：(1)、(2)、(3)顺序可变；(4)不能在(1)、(2)之前,否则转化为Ag_2S、PbS。

2. 分离并检出溶液中的Zn^{2+}、Mg^{2+}、Ag^+。

解

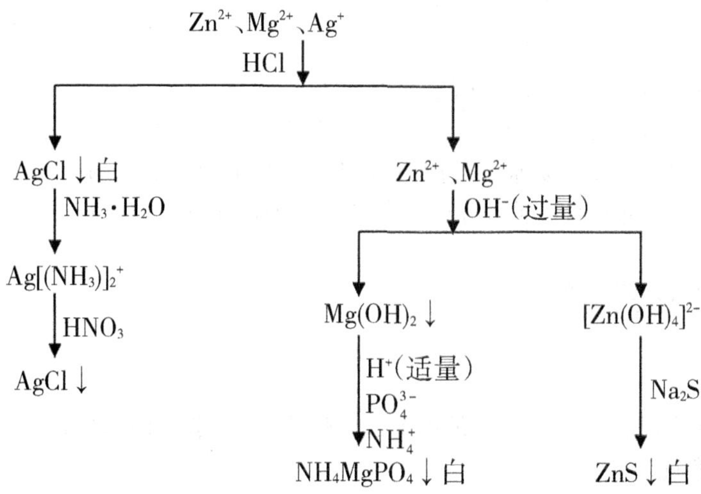

3. 试设计一种最佳的方案，分离Fe^{3+}、Al^{3+}、Cr^{3+}和Ni^{2+}离子。

解

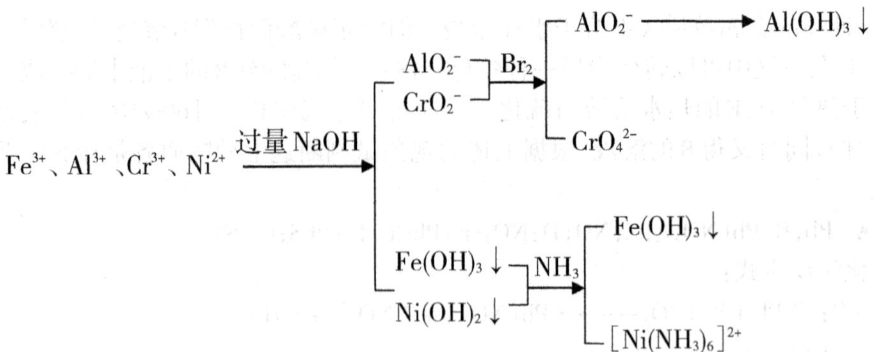

4. 一种不锈钢是Fe、Cr、Mn、Ni的合金，试设计一种简单的定性分析方法。

解 合金经过酸处理得到含Fe^{3+}、Mn^{2+}、Cr^{3+}、Ni^{2+}的试样。

鉴定Fe^{3+}：在稀盐酸下，$Fe^{3+} + n\ SCN^- \longrightarrow [Fe(SCN)_n]^{3-n}$（$n$=1~6）（血红色）

Mn^{2+}、Cr^{3+}、Ni^{2+}不干扰

鉴定Mn^{2+}：试样在强酸性溶液中，可被强氧化剂如$NaBiO_3$氧化为MnO_4^-（紫红色）。

$2\ Mn^{2+} + 5\ NaBiO_3 + 14\ H^+ \longrightarrow 2\ MnO_4^- + 5\ Bi^{3+} + 5\ Na^+ + 7\ H_2O$

Fe^{3+}、Ni^{2+}不干扰，即使Cr^{3+}是还原性的离子有干扰，多加一些试剂即可消除。

鉴定Cr^{3+}：试样在碱性条件下，经H_2O_2氧化成为黄色铬酸根离子CrO_4^{2-}，但此反应不够灵敏，受还原性离子Mn^{2+}及有色离子Fe^{3+}的干扰。进一步用H_2SO_4把CrO_4^{2-}酸化，使其转化为$Cr_2O_7^{2-}$，然后加入戊醇，再加H_2O_2，此时在戊醇层中将有蓝色的过氧化铬CrO_5生成。

$Cr^{3+} + 4\ OH^- \longrightarrow CrO_2^- + 2\ H_2O$

$2\ CrO_2^- + 3\ H_2O_2 + 2\ OH^- \longrightarrow 2\ CrO_4^{2-} + 4\ H_2O$

$2\ CrO_4^{2-} + 2\ H^+ \longrightarrow Cr_2O_7^{2-} + H_2O$

$Cr_2O_7^{2-} + 4\ H_2O_2 + 2\ H^+ \longrightarrow 2\ CrO_5$（蓝色）$+ 5\ H_2O$

鉴定Ni^{2+}：试样在氨水溶液中与丁二酮肟（镍试剂）产生鲜红色螯合物沉淀。

Cr^{3+}不干扰，Fe^{3+}、Mn^{2+}等能与氨水生成深色沉淀的离子，可用PO_4^{3-}掩蔽。

上述方法比较简单，因为不必通过分离而在其他离子存在下就可进行鉴别。

4.4 自测题及答案

一、是非题

1. 除LiOH外，所有碱金属氢氧化物都可加热到熔化，甚至蒸发而不分解。 （ ）
2. 镧系元素的单质都是活泼金属。 （ ）
3. 与碱土金属相比，碱金属具有较大的硬度、较高的熔点。 （ ）
4. 铝是亲氧、两性元素，Al-Li合金密度小，刚性强，可用于导弹、火箭等领域。 （ ）
5. 在空气中燃烧Ca或Mg，燃烧的产物遇水可生成氨。 （ ）
6. 热的NaOH溶液与过量硫粉反应可生成$Na_2S_2O_3$。 （ ）
7. 碱土金属的碳酸盐和硫酸盐在中性水溶液中的溶解度都是自上而下减小。 （ ）

8. $HgCl_2$、$BeCl_2$均为直线型分子，其中心原子均以杂化轨道形式成键。（　）

9. Zn^{2+}、Cd^{2+}、Hg^{2+}都能与氨水作用，形成氨的配合物。（　）

10. ⅢB族是副族元素中最活泼的元素，它们的氧化物碱性最强，接近于对应的碱土金属氧化物。（　）

11. 同一过渡金属的离子电荷越高，与非金属形成二元化合物的离子性越显著。（　）

12. 第一过渡系元素的稳定氧化态变化，自左向右，先是逐渐升高，而后又有所下降，这是由于d轨道半充满以后倾向于稳定而产生的现象。（　）

13. 铁系元素不仅可以和CN^-、F^-、$C_2O_4^{2-}$、SCN^-、Cl^-等离子形成配合物，还可以与CO、NO等分子以及许多有机试剂形成配合物，但Fe^{2+}和Fe^{3+}均不能形成稳定的氨合物。（　）

14. 金属元素的含氧酸都是白色或无色的，但硫化物都是有颜色的固体化合物。（　）

15. 过量汞与硝酸反应可制得$Hg(NO_3)_2$。（　）

16. 在周期表中，处于对角线位置的元素性质相似，这称为对角线规则。（　）

17. CaH_2便于携带，遇水分解放出H_2，故野外常用它来制取氢气。（　）

18. Pb^{2+}与稀硫酸作用生成$PbSO_4$沉淀，因此，$PbSO_4$不溶于硫酸。（　）

二、选择题

1. 下列提炼金属的方法，不可行的是（　）

A. Mg还原$TiCl_4$制备Ti　B. 热分解Cr_2O_3制备Cr

C. H_2还原WO_3制备W　D. 氰化法提纯Ag

2. 常温下，下列金属不与水反应的是（　）

A. Mg　B. Ca　C. Na　D. Rb

3. 下列金属中最软的是（　）

A. Li　B. Na　C. Cs　D. Be

4. 黄铜是哪两种金属组成的合金（　）

A. Cu和Sn　B. Pb和Sn　C. Cu和Zn　D. Al和Cu

5. 关于过渡元素，下列说法中不正确的是（　）

A. 所有过渡元素都有显著的金属性　B. 大多数过渡元素仅有一种价态

C. 水溶液中它们的简单离子大都有颜色　D. 大多数过渡元素的d轨道未充满电子

6. 下列各组金属单质中，可以和碱溶液发生作用的一组是（　）

A. Cr，Al，Zn　B. Sn，Zn，Al　C. Ni，Al，Zn　D. Sn，Be，Fe

7. 给下列氢化物分类，属于金属型氢化物的是（　）

A. BaH_2　B. SiH_4　C. AsH_3　D. $PdH_{0.9}$

8. 下列方程式中与实验事实相符合的是（　）

A. $Bi(OH)_3 + Cl_2 + 3\ NaOH \longrightarrow NaBiO_3 + 2\ NaCl + 3\ H_2O$

B. $CuSO_4 + 2\ HI \longrightarrow CuI_2 + K_2SO_4$

C. $Na_2S + SnS_2 \longrightarrow NaSnS_3$

D. $2\ AlCl_3 + 3\ Na_2S \longrightarrow Al_2S_3 + 6\ NaCl$

9. 金属锂、钠、钙的氢化物、氮化物、碳化物(乙炔化物)的相似点是（　）

A. 都可以和水反应，生成气态产物　B. 都可以和水反应，生成一种碱性溶液

C. 在室温条件下，它们都是液体　D. A和B都对

10. 能溶解 HgS 的物质是 ( )

A. 盐酸 B. 浓硫酸 C. 王水 D. 浓氢氧化钠

11. 工业上制备无水 $AlCl_3$ 常用的方法是 ( )

A. 加热使 $AlCl_3 \cdot H_2O$ 脱水 B. Al_2O_3 与浓盐酸作用

C. 熔融的铝与氯气反应 D. 硫酸铝水溶液与氯化钡溶液反应

12. 下列各对离子能用稀 NaOH 溶液分离的是 ( )

A. Cu^{2+}, Ag^{+} B. Cr^{3+}, Zn^{2+} C. Cr^{3+}, Fe^{3+} D. Zn^{2+}, Al^{3+}

13. 铊、铅、铋的高价化合物不稳定是因为具有 ( )

A. 原子半径大 B. 镧系收缩效应

C. 强烈水解作用 D. 惰性电子对效应

14. $KMnO_4$ 在酸性、中性和碱性介质中，其还原产物分别是 ( )

A. Mn^{2+}、MnO_2、MnO_4^{2-} B. Mn^{2+}、MnO_4^{2-}、MnO_2

C. Mn^{2+}、Mn^{3+}、MnO_2 D. Mn^{2+}、Mn^{3+}、MnO_4^{2-}

15. 用以检验 Fe^{2+} 离子的试剂是 ( )

A. NH_4CNS B. $K_3[Fe(CN)_6]$ C. $K_4[Fe(CN)_6]$ D. H_2SO_4

16. 下列各组离子，在偏酸性条件下通入 H_2S 都能生成硫化物沉淀的是 ( )

A. Be^{2+}, Al^{3+} B. Sn^{2+}, Pb^{2+} C. Be^{2+}, Sn^{2+} D. Al^{3+}, Pb^{2+}

17. 实验室鉴定 Hg^{2+} 时，往 $HgCl_2$ 溶液中逐滴加入 $SnCl_2$ 溶液时，形成的沉淀颜色为 ( )

A. 先白后变黑 B. 先黑后变白 C. 白色 D. 黑色

18. 若将 Al^{3+} 与 Zn^{2+} 离子分离，下列试剂中最好使用 ( )

A. NaOH B. Na_2S C. KSCN D. $NH_3 \cdot H_2O$

19. 从 Ag^{+}、Hg^{2+}、Hg_2^{2+}、Pb^{2+} 的混合液中分离出 Ag^{+}，可加入的试剂为 ( )

A. H_2S B. $SnCl_2$ C. NaOH D. $NH_3 \cdot H_2O$

20. 在空气中不易被氧化，稳定存在的是 ( )

A. $Mn(OH)_2$ B. $Fe(OH)_2$ C. $Co(OH)_2$ D. $Ni(OH)_2$

三、填空题

1. 在地壳中丰度值最大的三种元素是______，丰度值最大的三种金属元素按顺序是______，地壳中含量最大的含氧酸盐是______，可以游离态存在的金属元素是______、______、______及铂系元素单质。

2. 写出下列物质的化学式或俗名：

黄铜矿______，甘汞______，升汞______，锌钡白(立德粉)______，砒霜______，摩尔盐______，重晶石______，泻盐______，铜绿______，钛白______，铬黄______，红矾钠______，Pb_3O_4______，α-Al_2O_3______，Na_3AlF_6______。

3. 铬酸洗液通常是由______的饱和溶液和______配制而成；______称为奈斯勒试剂，可用于检出微量的______。

4. 碱金属和______反应生成______色溶液，溶液中含有大量的溶剂合离子和溶剂合电子，故溶液具有______性、______性。

5. $AlCl_3$ 中的 Al 是______原子，铝以______杂化形成______结构单元，然后借______键使两个结构单元结合成________。$AlCl_3 \cdot H_2O$ 是______晶体，三氯化铝水溶液中的阳离子为______。

6. 在配制$FeSO_4$溶液时,将______溶于水,需要加入______、______,其目的是______。

7. 红色不溶于水的固体__________与稀硫酸反应,微热,得到蓝色_____溶液和暗红色的沉淀物_______。取上层蓝色溶液加入氨水生成深蓝色溶液。

8. 丁二酮肟与______在中性、弱酸性或弱碱性溶液中形成鲜红色的螯合物沉淀,成为鉴定该离子的特征反应。

9. 实验室中作干燥剂用的硅胶常浸有______,吸水后成为______色水合物,分子式是______,在393 K下干燥后呈______色。

10. 按要求由高到低排序(用">"表示)

(1)K、Cu、Ga、W的熔点__________________;

(2) LiCl、NaCl、KCl、RbCl、CsCl的熔点__________________;

(3) $Co(OH)_3$、$Fe(OH)_3$、$Ni(OH)_3$的氧化性__________________;

(4) Be、Na、K、Mg金属单质升华热__________________;

(5) $FeCl_2$、$FeCl_3$的熔点__________________。

四、完成下列方程式

1. 分析化学中利用$K_2Cr_2O_7$测定Fe^{2+};

2. 重铬酸钾溶液中加入Ba^{2+}离子;

3. 将过量Sn^{2+}逐滴滴加到Hg^{2+}溶液中;

4. 钠分别与CCl_4、CH_3OH作用;

5. Na_2O_2可用作高空飞行、潜水作业和地下采掘人员的供氧剂;

6. CrO_2^-溶液中逐滴加入盐酸至过量;

7. Cu_2O和Mn_2O_3分别与稀硫酸作用;

8. Pb_3O_4分别与盐酸、HNO_3(稀)反应;

9. 氨水分别与升汞、甘汞反应;

10. $Hg(NO_3)_2$、$Hg_2(NO_3)_2$溶液中分别逐滴加入KI溶液至过量。

五、简答题

1. 用离子势概念说明碱土金属氢氧化物的碱性变化趋势。

2. 解释镁、钙、钡的氢氧化物和碳酸盐溶解度大小的递变规律。

3. 实验室如何配制$SnCl_2$溶液?说明理由。

4. 试证明氧化物PbO_2和BaO_2中,哪个是普通氧化物,哪个是过氧化物。

5. 如何能促进反应$Hg_2^{2+} \rightleftharpoons Hg + Hg^{2+}$向右进行?

6. 试设计方案分离下列离子:Fe^{3+},Al^{3+},Cr^{3+}。

7. 根据性质差异分离$Be(OH)_2$和$Mg(OH)_2$,说明具体的方法。

8. 在配制和保存下列溶液时,应注意什么问题(写出必要的化学方程式)?

(1)$KMnO_4$(2)$FeSO_4$

六、推断题

1. 第ⅠA族金属A溶于稀硝酸中,生成的溶液可产生红色焰色反应,蒸干溶液并在600 ℃加热得到金属氧化物B。A同氮气反应生成化合物C,同氢气反应生成化合物D。D同水反应放出气体E和形成可溶的化合物F,F为强碱性。写出物质A到F的化学式,并写出有关反应的化学方程式。

2. 金属M溶于稀盐酸时生成MCl_2，其磁矩为5.0 B.M.，在无氧操作条件下，MCl_2溶液遇NaOH溶液生成一白色沉淀A。A接触空气，就逐渐变绿，最后变成棕色沉淀B。灼烧时B生成了棕红色粉末C，C经不彻底还原而生成了铁磁性的黑色物D。B溶于稀盐酸生成溶液E，它使KI溶液氧化成I_2，但在加入KI前先加入NaF，则KI将不被E所氧化。若向B的浓NaOH悬浮液中通入氯气时可得到一红色溶液F，加入$BaCl_2$时就会沉淀出红棕色固体G，G是一种强氧化剂。试确认A至G所代表的物质，写出有关反应的化学方程式。

3. 化合物A是一种黑色固体，它不溶于水、稀HAc与NaOH溶液，而易溶于热HCl中，生成一种绿色的溶液B。如溶液B与铜丝一起煮沸，即逐渐变成土黄色溶液C。溶液C用大量水稀释时会生成白色沉淀D，D可溶于氨溶液中生成无色溶液E。E暴露于空气中则迅速变成蓝色溶液F。往F中加入KCN时，蓝色消失，生成溶液G。往G中加入锌粉，则生成红色沉淀H，H不溶于稀酸和稀碱，但可溶于热HNO_3中生成蓝色的溶液I。往I中慢慢加入NaOH溶液则生成蓝色沉淀J。如将J过滤，取出后强热，又生成原来的化合物A。写出物质A到J的化学式，以及有关反应化学方程式。

4. 将黄色钾盐A溶于水后通入SO_2气体得绿色溶液B。向溶液B中加入过量K_2CO_3溶液有沉淀C生成。C溶于NaOH溶液后得绿色溶液，向该绿色溶液中滴加H_2O_2溶液并微热得黄色溶液D。向A的水溶液中滴加$AgNO_3$得砖红色沉淀E。给出A、B、C、D、E的分子式，写出有关反应化学方程式。

5. 有一红色固体粉末A，加入HNO_3后部分溶解为溶液B及棕色沉淀物C；向B中加入$K_2Cr_2O_7$溶液得沉淀D；向C中加入浓盐酸生成气体E，E可使KI-淀粉试纸变蓝。问A、B、C、D、E各为何物？写出有关反应化学方程式。

6. 某一黑色固体铁的化合物A，溶于盐酸时可得浅绿色溶液B，同时放出有臭味气体C。将此气体导入硫酸铜溶液中，得到黑色沉淀D。若将Cl_2通入B溶液中，则溶液变成棕黄色E，再加硫氰化钾溶液变成血红色F。问A、B、C、D、E、F各为何物？写出有关反应化学方程式。

七、分离鉴别题

1.欲初步鉴别棕黑色的氧化物：MnO_2、Fe_3O_4、Co_2O_3、Ni_2O_3，应选择哪种试剂？写出反应现象。供选择的试剂有：浓H_2SO_4、稀H_2SO_4、浓HCl、稀HCl、浓HNO_3、稀HNO_3。

2. 在6个未贴标签的试剂瓶中分别装有白色固体试剂Na_2CO_3、$BaCO_3$、Na_2SO_4、$MgCO_3$、$CaCl_2$和$Mg(OH)_2$。试设法鉴别并以化学方程式表示。

3. 有6瓶无色液体，只知它们是K_2SO_4、$Pb(NO_3)_2$、$SnCl_2$、$SbCl_3$、$Al_2(SO_4)_3$和$Bi(NO_3)_3$溶液，怎样用最简便的办法来鉴别它们？写出实验现象和有关离子方程式。

参考答案

一、是非题

1. √ 2. √ 3. × 4. √ 5. √ 6. √ 7. × 8. √ 9. × 10. √ 11. × 12. √ 13. √ 14. × 15. × 16. × 17. √ 18. ×

二、选择题

1. B 2. A 3. C 4. C 5. B 6. B 7. D 8. C 9. D 10. C 11. C 12. C 13. D 14. A 15. B 16. B 17. A 18. D 19. D 20. D

三、填空题

1. O、Si、Al; Al、Fe、Ca; 硅酸盐; Au ; Ag ;Hg

2. $CuFeS_2$;Hg_2Cl_2;$HgCl_2$;$ZnS\cdot BaSO_4$;As_2O_3;$(NH_4)_2SO_4\cdot FeSO_4\cdot 6H_2O$;$BaSO_4$;$MgSO_4\cdot 7H_2O$;$Cu_2(OH)_2CO_3$; TiO_2 ; $PbCrO_4$;$Na_2Cr_2O_7$;红丹或铅丹; 刚玉; 冰晶石

3. $K_2Cr_2O_7$;浓硫酸;$K_2[HgI_4]$的KOH溶液;NH_4^+

4. 液氨;蓝;导电;顺磁

5. 缺电子; sp^3; 四面体; 氯桥键; 共价的二聚分子Al_2Cl_6;分子;$[Al(H_2O)_6]^{3+}$

6. 硫酸亚铁铵;稀硫酸; 铁粉(钉);防止亚铁离子水解和被氧化

7. Cu_2O; $CuSO_4$; Cu

8. Ni^{2+}

9. $CoCl_2$; 粉红; $[Co(H_2O)_6]Cl_2$或$CoCl_2\cdot 6H_2O$;蓝

10. (1) W>Cu>K>Ga;

(2) NaCl>KCl>RbCl>CsCl>LiCl;

(3) $Ni(OH)_3>Co(OH)_3>Fe(OH)_3$;

(4) Be>Mg>Na>K

(5) $FeCl_2>FeCl_3$

四、完成下列方程式

1. $Cr_2O_7^{2-} + 6\,Fe^{2+} + 14\,H^+ \longrightarrow 6\,Fe^{3+} + 2\,Cr^{3+} + 7\,H_2O$

2. $Cr_2O_7^{2-} + 2\,Ba^{2+} + H_2O \longrightarrow 2\,BaCrO_4\downarrow + 2\,H^+$

3. $2\,Hg^{2+} + 8\,Cl^- + Sn^{2+} \longrightarrow Hg_2Cl_2\downarrow$(白)$+ SnCl_6^{2-}$

$Hg_2Cl_2 + Sn^{2+} + 4\,Cl^- \longrightarrow 2\,Hg\downarrow$(黑)$+ SnCl_6^{2-}$

4. $CCl_4 + 4\,Na \longrightarrow C + 4\,NaCl$

$2\,Na + 2\,CH_3OH \longrightarrow 2\,CH_3ONa + H_2\uparrow$

5. $2\,Na_2O_2 + 2\,CO_2 \longrightarrow 2\,Na_2CO_3 + O_2\uparrow$

6. $CrO_2^- + H^+ + H_2O \longrightarrow Cr(OH)_3\downarrow$

$Cr(OH)_3 + 3\,H^+ \longrightarrow Cr^{3+} + 3\,H_2O$

7. $Cu_2O + H_2SO_4 \longrightarrow Cu\downarrow + CuSO_4 + H_2O$

$Mn_2O_3 + H_2SO_4 \longrightarrow MnSO_4 + MnO_2\downarrow + H_2O$

8. $Pb_3O_4 + 8\,HCl \longrightarrow 3\,PbCl_2 + Cl_2\uparrow + 4\,H_2O$

$Pb_3O_4 + 4\,HNO_3 \longrightarrow 2\,Pb(NO_3)_2 + PbO_2\downarrow + 2\,H_2O$

9. $HgCl_2 + 2\,NH_3 \longrightarrow HgNH_2Cl\downarrow$(白)$+ NH_4Cl$

$Hg_2Cl_2 + 2\,NH_3 \longrightarrow HgNH_2Cl\downarrow$(白)$+ Hg\downarrow$(黑)$+ NH_4Cl$

10. $Hg^{2+} + 2\,I^- \longrightarrow HgI_2\downarrow$(橘红)　$HgI_2 + 2\,I^- \longrightarrow [HgI_4]^{2-}$

$Hg_2^{2+} + 2\,I^- \longrightarrow Hg_2I_2\downarrow$(黄绿)　$Hg_2I_2 + 2\,I^- \longrightarrow [HgI_4]^{2-} + Hg\downarrow$(黑)

五、简答题

1. 根据ROH规则,离子势($\Phi = Z/r$)越小,元素氧化物的水合物碱性越强。因此,对于同族同价态碱土金属离子,由上而下,半径增大,离子势减小,碱土金属氢氧化物碱性增强,即碱性强弱顺序为:$Be(OH)_2 < Mg(OH)_2 < Ca(OH)_2 < Sr(OH)_2 < Ba(OH)_2$。

2. 镁、钙、钡的碳酸盐溶解度随金属半径增大而减小，而氢氧化物的溶解度随金属半径增大而增大，即溶解度：$MgCO_3>CaCO_3>BaCO_3$；$Mg(OH)_2<Ca(OH)_2<Ba(OH)_2$，根据"相差溶解"规律，阴离子$CO_3^{2-}$的半径较大，阳离子较大者与阴离子的半径差较小，溶解度较小；而半径小的阴离子OH^-与较大阳离子半径差较大，溶解度较大。

3. 将固体$SnCl_2$溶解到稀盐酸中，防止Sn的水解：

$SnCl_2+H_2O \rightleftharpoons SnOHCl\downarrow+HCl$

配成的溶液中加入适量的Sn粒，否则将迅速被空气氧化：

$2\,Sn^{2+}+O_2+4\,H_3O^+ \longrightarrow 2\,Sn^{4+}+6\,H_2O$

4. 过氧化物和普通氧化物的区别就在于其中的氧原子，只有过氧化物中的氧原子具有氧化性，可以将它们直接溶于水中，若有使带火星的木条复燃的气体生成，即为过氧化物，普通氧化物没有此现象。利用此现象可以确认PbO_2是普通氧化物，BaO_2是过氧化物。

5. 反应$Hg_2^{2+} \rightleftharpoons Hg+Hg^{2+}$的平衡常数很小，意味着反应是可逆的，故只有在$Hg_2^{2+}$离子的溶液中加入$Hg^{2+}$离子的沉淀剂如$OH^-$、$NH_3$、$S^{2-}$、$CO_3^{2-}$等或配合剂如$I^-$、$CN^-$等时，会大大降低$Hg^{2+}$离子浓度，上述反应才向右进行，如：

$Hg_2^{2+}+2\,OH^- \longrightarrow HgO\downarrow+Hg\downarrow+H_2O$

$Hg_2^{2+}+H_2S \longrightarrow HgS\downarrow+Hg\downarrow+2\,H^+$

$Hg_2^{2+}+4\,I^- \longrightarrow HgI_4^{2-}+Hg\downarrow$

6. 加入过量NaOH，生成$Fe(OH)_3$沉淀；再在酸性条件下形成Al^{3+}、Cr^{3+}，往里加入过量氨水，形成$Al(OH)_3$沉淀和$[Cr(NH_3)_6]^{3+}$。

7. 根据对角线规则，Be类似于Al，也具有两性，$Be(OH)_2$为两性氢氧化物。$Mg(OH)_2$为中强碱。因此，可以用NaOH将$Be(OH)_2$溶解而分离出来。

$Be(OH)_2+2\,OH^- \longrightarrow BeO_2^{2-}+2\,H_2O$

8.(1)$KMnO_4$在水溶液中比较稳定，但长期放置时会缓慢地发生下列反应：

$4\,MnO_4^-+4\,H^+ \longrightarrow 4\,MnO_2\downarrow+3\,O_2\uparrow+2\,H_2O$

$4\,MnO_4^-+2\,H_2O \longrightarrow 4\,MnO_2\downarrow+3\,O_2\uparrow+4\,OH^-$

反应速率很慢，但光照和MnO_2对上述反应起催化作用，所以溶液应该避光保存在棕色瓶中；放置一段时间后，需过滤除去MnO_2。如用于滴定，需要重新标定其浓度。

(2)$FeSO_4$水溶液配制时，应加足够浓度的H_2SO_4(防止水解，且防止被氧化)，同时加无锈铁钉。

六、推断题

1. A：Li；B：Li_2O；C：Li_3N；D：LiH；E：H_2；F：LiOH。

有关反应化学方程式：

$3\,Li+4\,HNO_3 \longrightarrow 3\,LiNO_3+NO\uparrow+2\,H_2O$

$2\,LiNO_3 \longrightarrow Li_2O+2\,NO_2+\frac{1}{2}O_2\uparrow$

$3\,Li+\frac{1}{2}N_2 \longrightarrow Li_3N$

$2\,Li+H_2 \longrightarrow 2\,LiH$

$LiH+H_2O \longrightarrow LiOH+H_2\uparrow$

2. A:$Fe(OH)_2$;B:$Fe(OH)_3$;C:Fe_2O_3;D:Fe_3O_4;E:$FeCl_3$;F:Na_2FeO_4;G:$BaFeO_4$。

有关反应化学方程式:

$4\ Fe(OH)_2 + O_2 + 2\ H_2O \longrightarrow 4\ Fe(OH)_3$

$2\ Fe(OH)_3 \longrightarrow Fe_2O_3 + 3\ H_2O$

$Fe(OH)_3 + 3\ H^+ \longrightarrow Fe^{3+} + 3\ H_2O$

$2\ Fe^{3+} + 2\ I^- \longrightarrow 2\ Fe^{2+} + I_2$

$2\ Fe(OH)_3 + 10\ OH^- + 3\ Cl_2 \longrightarrow 2\ FeO_4^{2-} + 6\ Cl^- + 8\ H_2O$

$FeO_4^{2-} + Ba^{2+} \longrightarrow BaFeO_4 \downarrow$

3. A:CuO;B:$CuCl_2$;C:$H[CuCl_2]$;D:$CuCl$;E:$[Cu(NH_3)_2]^+$;F:$[Cu(NH_3)_4]^{2+}$; G:$[Cu(CN)_4]^{2-}$;H:Cu;I:$Cu(NO_3)_2$;J:$Cu(OH)_2$。

有关反应化学方程式:

$CuO + 2\ HCl \longrightarrow CuCl_2 + H_2O$

$CuCl_2 + Cu + 2\ Cl^- \longrightarrow 2\ [CuCl_2]^-$

$[CuCl_2]^- \longrightarrow CuCl \downarrow + Cl^-$

$CuCl + 2\ NH_3 \cdot H_2O \longrightarrow [Cu(NH_3)_2]^+ + Cl^- + 2\ H_2O$

$4\ [Cu(NH_3)_2]^+ + 8\ NH_3 + O_2 + 2\ H_2O \longrightarrow 4\ [Cu(NH_3)_4]^{2+} + 4\ OH^-$

$[Cu(NH_3)_4]^{2+} + 4\ CN^- \longrightarrow [Cu(CN)_4]^{2-} + 4\ NH_3$

$[Cu(CN)_4]^{2-} + Zn \longrightarrow [Zn(CN)_4]^{2-} + Cu$

$3\ Cu + 8\ HNO_3 \longrightarrow 3\ Cu(NO_3)_2 + 2\ NO \uparrow + 4\ H_2O$

$Cu^{2+} + 2\ OH^- \longrightarrow Cu(OH)_2 \downarrow$

4. A:$K_2Cr_2O_7$;B:$Cr_2(SO_4)_3$;C:$Cr(OH)_3$;D:K_2CrO_4;E:Ag_2CrO_4。

有关反应化学方程式:

$Cr_2O_7^{2-} + 3\ SO_2 + 2\ H^+ \longrightarrow 2\ Cr^{3+} + 3\ SO_4^{2-} + H_2O$

$2\ Cr^{3+} + 3\ CO_3^{2-} + 3\ H_2O \longrightarrow 2\ Cr(OH)_3 \downarrow + 3\ CO_2 \uparrow$

$Cr(OH)_3 + OH^- \longrightarrow CrO_2^- + 2\ H_2O$

$2\ CrO_2^- + 2\ OH^- + 3\ H_2O_2 \longrightarrow 2\ CrO_4^{2-} + 4\ H_2O$

$Cr_2O_7^{2-} + 4\ Ag^+ + H_2O \longrightarrow 2\ H^+ + 2\ Ag_2CrO_4 \downarrow$

5. A:Pb_3O_4;B:$Pb(NO_3)_2$;C:PbO_2;D:$PbCrO_4$;E:Cl_2。

有关反应化学方程式:

$Pb_3O_4 + 4\ HNO_3 \longrightarrow 2\ Pb(NO_3)_2 + PbO_2 \downarrow + 2\ H_2O$

$Cr_2O_7^{2-} + 2\ Pb^{2+} + H_2O \longrightarrow 2\ PbCrO_4 \downarrow + 2\ H^+$

$PbO_2 + 4\ HCl \longrightarrow PbCl_2 + Cl_2 \uparrow + 2\ H_2O$

$Cl_2 + 2\ KI \longrightarrow 2\ KCl + I_2$

6. A:FeS;B:$FeCl_2$;C:H_2S;D:CuS;E:$FeCl_3$;F:$[Fe(SCN)_n]^{3-n}$。

有关反应化学方程式:

$FeS + 2\ HCl \longrightarrow FeCl_2 + 2\ H_2S \uparrow$

$CuSO_4 + 2\ H_2S \longrightarrow CuS \downarrow + H_2SO_4$

$Cl_2 + 2\ FeCl_2 \longrightarrow 2\ FeCl_3$

$Fe^{3+} + n\ SCN^- \longrightarrow [Fe(SCN)_n]^{3-n}$

七、分离鉴别题

1. 选择浓HCl

MnO_2:MnO_2+4 HCl(浓) $\longrightarrow$ $MnCl_2$+2 H_2O+Cl_2↑(有黄绿色气体生成,反应后溶液呈无色)

Fe_3O_4:Fe_3O_4+8 HCl(浓) $\longrightarrow$ $FeCl_2$+ 2 $FeCl_3$ + 4 H_2O(反应后溶液呈黄绿色)

Co_2O_3:Co_2O_3+6 HCl(浓) $\longrightarrow$ 2 $CoCl_2$+3 H_2O+ Cl_2↑(有黄绿色气体生成,反应后溶液呈粉红色)

Ni_2O_3:Ni_2O_3 +6 HCl(浓) $\longrightarrow$ 2 $NiCl_2$+3 H_2O+ Cl_2↑(有黄绿色气体生成,反应后溶液呈浅绿色)

2.加水分成2组:

可溶性组加硫酸:Na_2CO_3 ,Na_2SO_4(无现象),$CaCl_2$

$Na_2CO_3 + H_2SO_4 \longrightarrow Na_2SO_4 + H_2O + CO_2\uparrow$

$CaCl_2 + H_2SO_4 \longrightarrow CaSO_4\downarrow + 2\ HCl$

不可溶性组加硫酸:$BaCO_3$,$MgCO_3$, $Mg(OH)_2$

$BaCO_3 + H_2SO_4 \longrightarrow BaSO_4\downarrow + H_2O + CO_2\uparrow$

$MgCO_3 + H_2SO_4 \longrightarrow MgSO_4 + H_2O + CO_2\uparrow$

$Mg(OH)_2 + H_2SO_4 \longrightarrow MgSO_4 + 2\ H_2O$

3. ①取试液少许,通入H_2S气体,无任何变化的是K_2SO_4、$Al_2(SO_4)_3$,需要进一步鉴别;有黑色沉淀和棕黑色沉淀的为$Pb(NO_3)_2$、$SnCl_2$、$Bi(NO_3)_3$,需要进一步鉴别;有橙红色沉淀的为$SbCl_3$。

$2\ Sb^{3+} + 3\ H_2S \longrightarrow Sb_2S_3\downarrow + 6\ H^+$

② 取K_2SO_4、$Al_2(SO_4)_3$溶液各少许,滴加NaOH溶液,无反应的是K_2SO_4;有白色沉淀且NaOH溶液过量沉淀溶解的是$Al_2(SO_4)_3$。

$Al^{3+} + 3\ OH^- \longrightarrow Al(OH)_3\downarrow$ $Al(OH)_3 + OH^- \longrightarrow Al(OH)_4^-$

③ 将得到的三种黑色沉淀和棕黑色沉淀分别加入H_2O_2,沉淀转化为白色的是PbS,原溶液为$Pb(NO_3)_2$。

$Pb^{2+} + H_2S \longrightarrow PbS\downarrow + 2\ H^+$ $PbS + 4\ H_2O_2 \longrightarrow PbSO_4\downarrow + 4\ H_2O$

余下$SnCl_2$、$Bi(NO_3)_3$,各取少许加入$HgCl_2$,有白色到黑色沉淀的是$SnCl_2$。

$2\ HgCl_2 + SnCl_2 + 2\ HCl \longrightarrow Hg_2Cl_2\downarrow + H_2SnCl_6$

$Hg_2Cl_2 + SnCl_2 + 2\ HCl \longrightarrow 2\ Hg\downarrow + H_2SnCl_6$

第 5 章

元素化学(非金属元素及其化合物)

5.1 知识结构

单质

单质

①单原子分子，分子晶体：He、Ne、Ar、Kr、Xe

②双原子分子，分子晶体：H_2、F_2、Cl_2、Br_2、I_2、At_2 分子晶体（σ单键），N_2、O_2（第二周期，半径小，形成p-pπ键）

③多原子分子物质，分子晶体：P_4、S_8、As_4、Se_8（半径大，难形成p-pπ键，形成σ单键）

④大分子物质，原子晶体：B、C、Si

⑤同素异形体：O_2 和 O_3；金刚石和石墨；白磷、红磷和黑磷；斜方硫和单斜硫

族号	ⅠA	ⅢA	ⅣA	ⅤA	ⅥA	ⅦA	0
单质	H_2						He
		B_{12}	C	N_2	O_2	F_2	Ne
			Si	P_4	S_8	Cl_2	Ar
				As_4	Se_8	Br_2	Kr
					Te_8	I_2	Xe
						At_2	Rn

非金属性依次增强，化学活泼性增强

F > O > N > C > B

Cl > S > P > Si

非金属性、化学活泼性依次减弱

F > Cl > Br > I

O > S > Se > Te

N > P > As

性质

①与 H_2 和金属反应

②与 O_2 和其他非金属反应

③与水反应

F_2 与 H_2O 反应放出 O_2；Cl_2、Br_2 与水发生歧化反应；B、C、Si在高温下与 H_2O 蒸气作用；N_2、P_4、O_2、S_8 与水不反应

④与碱反应

卤素、S、Se、Te、P_4、As发生歧化反应；Si、B与碱反应，放出氢气；C、N_2、O_2、F_2 无上述两类反应

⑤与酸反应

B、C、P、As、S、Se、Te、I_2 等被浓 HNO_3、热浓 H_2SO_4 等氧化性酸氧化为氧化物和含氧酸

⑥与盐反应

活泼非金属具强氧化性，氧化能力 $F_2 > Cl_2 > Br_2 > I_2 > S$，许多非金属具有还原性，如S、$P_4$

重要反应

$2F_2 + 2H_2O \longrightarrow 4HF + O_2$

$X_2 + H_2O \rightleftharpoons HX + HXO$（X=Cl、Br）

$C + H_2O \xrightarrow{\Delta} CO + H_2$

$Cl_2 + 2NaOH \longrightarrow NaClO + NaCl + H_2O$

$2Cl_2 + 3Ca(OH)_2 \longrightarrow Ca(ClO)_2 + CaCl_2 \cdot Ca(OH)_2 \cdot H_2O + H_2O$

$3I_2 + 6NaOH \longrightarrow NaIO_3 + 5NaI + 3H_2O$

$3S + 6NaOH \longrightarrow 2Na_2S + Na_2SO_3 + 3H_2O$

$P_4 + 3NaOH + 3H_2O \longrightarrow PH_3 + 3NaH_2PO_2$

$Si + 2NaOH + H_2O \longrightarrow Na_2SiO_3 + 2H_2$

$Cl_2 + 2BrO_3^- \longrightarrow Br_2 + 2ClO_3^-$

$4Cl_2 + S_2O_3^{2-} + 5H_2O \longrightarrow 8Cl^- + 2SO_4^{2-} + 10H^+$

$I_2 + 2S_2O_3^{2-} \longrightarrow S_4O_6^{2-} + 2I^-$

$11P + 15CuSO_4 + 24H_2O \longrightarrow 5Cu_3P + 6H_3PO_4 + 15H_2SO_4$

制备

①O_2、N_2 及稀有气体：空气中分离

②F_2、Cl_2：电解法

电解 KHF_2 和无水HF的熔融混合物制 F_2，电解过程中要加入LiF（或 AlF_3）作为助熔剂降低电解质熔点，减少HF挥发，减弱碳化电极极化作用；要不断补充HF

③Br_2、I_2：置换法

④P_4、Si、B：氧化还原反应法

$2KHF_2 \longrightarrow 2KF + H_2$（阴极）$+ F_2$（阳极）

$2Br^- + Cl_2 \longrightarrow 2Cl^- + Br_2$

$3Br_2 + 3CO_3^{2-} \longrightarrow 5Br^- + BrO_3^- + 3CO_2$

$5Br^- + BrO_3^- + 6H^+ \longrightarrow 3Br_2 + 3H_2O$

$2Ca_3(PO_4)_2 + 6SiO_2 + 10C \longrightarrow P_4 + 6CaSiO_3 + 10CO$

$SiO_2 + 2C \longrightarrow Si + 2CO$　　Si（粗）$+ 2Cl_2 \longrightarrow SiCl_4$

Si（粗）$+ 3HCl \longrightarrow SiHCl_3 + H_2$

$SiCl_4 + 2H_2 \longrightarrow$ Si（纯）$+ 4HCl$

$SiHCl_3 + H_2 \longrightarrow$ Si（纯）$+ 3HCl$

氢化物

结构

①sp^3杂化,σ键,分子晶体

②B_2H_6的分子结构中存在3c–2e键氢桥键

③NH_3、H_2O、HF存在分子间氢键缔合

④H_2O_2含有过氧键(—O—O—)

族号	ⅢA	ⅣA(正四面体)	ⅤA(三角锥形)	ⅥA(角形)	ⅦA(直线形)
氢化物	B_2H_6	CH_4	NH_3	H_2O	HF
		SiH_4	PH_3	H_2S	HCl
			AsH_3	H_2Se	HBr
				H_2Te	HI

此外,自相结合成链,形成系列氢化物,如H_2O_2、N_2H_4、烃、$Si_nH_{2n+2}(n=1\sim7)$、B_nH_{n+4}、B_nH_{n+6}

(向下)电负性减少,还原性增大
极性减小,键长增大,酸性增强
键能减小,稳定性增大
键角减小

(向右)电负性增大,还原性减小
极性增大,键长减小,酸性增强
键长减小,稳定性增大

性质

重要反应

①稳定性

与非金属元素与氢元素的电负性差值、氢化物的键能有关

$2\ H_2O_2 \longrightarrow 2\ H_2O + O_2$

②还原性

还原性与其半径和电负性的大小有关

B_2H_6、SiH_4、若PH_3中含有少量P_2H_4,在空气中能自燃

H_2O_2既有还原性又具有氧化性

$4\ NH_3 + 5\ O_2 \longrightarrow 4\ NO$

$N_2H_4 + 2\ H_2O_2 \longrightarrow N_2 + 4\ H_2O$

$B_2H_6 + 3\ O_2 \longrightarrow B_2O_3 + 3\ H_2O$

$PH_3 + 4\ Cu^{2+} + 4\ H_2O \longrightarrow 4\ Cu + 8\ H^+ + H_3PO_4$

$2\ AsH_3 + 12\ Ag^+ + 3\ H_2O \longrightarrow As_2O_3 + 12\ Ag + 12\ H^+$

$4\ H_2O_2 + PbS \longrightarrow PbSO_4 + 4\ H_2O$

$H_2O_2 + 2\ I^- + 2\ H_3O^+ \longrightarrow I_2(s) + 4\ H_2O$

$5\ H_2O_2 + 2\ MnO_4^- + 6\ H^+ \longrightarrow 2\ Mn^{2+} + 5\ O_2 + 8\ H_2O$

③酸碱性

水溶液中的酸碱性与H—A的键能、非金属元素的电子亲和能、阴离子的水合能有关

$2\ Na + 2\ NH_3 \longrightarrow 2\ NaNH_2 + H_2$

$HgCl_2 + 2\ NH_3 \longrightarrow Hg(NH_2)Cl + NH_4Cl$

N、P原子上的孤对电子具有加合性,在水中能发生质子转移反应而显示碱性,碱性顺序为:$NH_3 > N_2H_4 > NH_2OH > PH_3 > AsH_3$

$NH_3 + H_2O \rightleftharpoons NH_4^+ + OH^-$

制备

①HF、HCl、NH_3:直接合成法

$H_2 + X_2 \longrightarrow 2\ HX$　(X=Cl、Br、I)

$N_2 + 3\ H_2 \longrightarrow 2\ NH_3$

②HF、HCl、H_2S、PH_3:复分解法

$CaF_2 + H_2SO_4 \longrightarrow CaSO_4 + 2\ HF$

$PX_3 + 3\ H_2O \longrightarrow H_3PO_3 + HX(X=Br,\ Cl)$

③H_2O_2:电解法、蒽二酚氧化法

阳极(铂极):$2\ HSO_4^- \longrightarrow S_2O_8^{2-} + 2\ H^+ + 2\ e$

阴极(石墨):$2\ H^+ + 2\ e \longrightarrow H_2$

$S_2O_8^{2-} + 2\ H_2O \longrightarrow H_2O_2 + 2\ HSO_4^-$

(2-R-9,10-蒽二酚,HO/OH) $\underset{+H_2\ (钯催化剂)}{\overset{+O_2}{\rightleftharpoons}}$ (2-R-蒽醌,O/O) $+ H_2O_2$

非金属氧化物

结构：SO_2、SO_3、NO_2、CO_2等形成大π键，五氧化二磷化学式为P_4O_{10}，SiO_2为原子晶体

性质

①与水反应

SiO_2不溶于水，溶于碱；P_4O_{10}对水有很强的亲和力，吸湿性强

②氧化还原性

NO_2、SO_3具有强氧化性，SO_2、NO具有氧化还原性，CO具还原性

③配位性

CO能与金属形成一类羰基配合物，NO分子中有孤对电子，可以与金属离子形成配合物

制备

①CO来源为炉煤气和水煤气

②硫黄或黄铁矿燃烧生产SO_2

重要反应

$SiO_2 + 2\,NaOH \longrightarrow Na_2SiO_3 + H_2O$

$P_4O_{10} + 12\,HNO_3 \longrightarrow 6\,N_2O_5 + 4\,H_3PO_4$

$P_4O_{10} + 6\,H_2SO_4 \longrightarrow 6\,SO_3 + 4\,H_3PO_4$

$2\,CO_2 + 2\,Na \longrightarrow Na_2CO_3 + CO$

$SO_2 + 2\,CO \longrightarrow 2\,CO_2 + S$

$PdCl_2 + CO + H_2O \longrightarrow CO_2 + Pd + 2\,HCl$

$FeSO_4 + NO \longrightarrow [Fe(NO)]SO_4$

$Cu(NH_3)_2CH_3COO + NH_3 + CO \rightleftharpoons Cu(NH_3)_3 \cdot CO \cdot CH_3COO$

$C + H_2O \longrightarrow CO + H_2$

$3\,FeS_2 + 8\,O_2 \longrightarrow Fe_3O_4 + 6\,SO_2$

非金属含氧酸

结构

①分子中只含有σ单键：酸的氧原子数目等于氢原子数目，如HOCl、H_4SiO_4

②分子中具有一般双键(p-pπ)：(第2周期元素)酸的氧原子数目多于氢原子数目，如H_2CO_3、HNO_2

③分子中含大π键：如第2周期HNO_3分子中有Π_3^4键

④具有d←pπ键(反馈键)：(第2周期外的元素)酸的氧原子数目多于氢原子数目，如H_3PO_4、H_2SO_4、$HClO_4$

族号	ⅢA	ⅣA	ⅤA	ⅥA	ⅦA
最高价态的含氧酸	H_3BO_3	H_2CO_3	HNO_3		
		H_2SiO_3	H_3PO_4	H_2SO_4	$HClO_4$
			H_3AsO_4	H_2SeO_4	$HBrO_4$
				H_6TeO_6	H_5IO_6

此外，N还有HNO_2；P还有H_3PO_3、H_3PO_2；Cl、Br、I还有HXO、HXO_2、HXO_3；S还有HSO_3、HS_2O_3、$H_2S_2O_8$等

↓ 电负性减少，酸性减少

$HClO_4 > HBrO_4 > HIO_4$

$H_2SO_4 > H_2SeO_4 > H_6TeO_6$

$HNO_3 > H_3PO_4 > H_3AsO_4$

$H_2CO_3 > H_2SiO_3$

→ 电负性增大，非羟基氧原子数增多，酸性增大

$HClO_4 > H_2SO_4 > H_3PO_4 > H_2SiO_3$

$HNO_3 > H_2CO_3 > H_3BO_3$

性质

①酸性

- ROH规则：$\Phi = Z/r$ →
  - $\Phi > 100$，ROH显酸性；
  - $49 < \Phi < 100$，ROH显两性；
  - $\Phi < 49$，ROH显碱性
- 鲍林规则：$RO_{m-n}(OH)_n$，$N = m-n$ → $K_1^\ominus \approx 10^{5N-7}$，即$pK_1^\ominus \approx 7-5N$；$K_1^\ominus : K_2^\ominus : K_3^\ominus \cdots \approx 1:10^{-5}:10^{-10}\cdots$
- H_3BO_3是路易斯酸 $pK_a^\ominus = 9.2$

②氧化还原性 (右列为重要反应)

	重要反应
同一周期中从左至右依次递增：$HClO_4>H_2SO_4>H_3PO_4>H_2SiO_3$；$HNO_3>H_2CO_3>H_3BO_3$	$3\,P + 5\,HNO_3 + 2\,H_2O \longrightarrow 3\,H_3PO_4 + 5\,NO$
	$4\,Zn + 10\,HNO_3$(极稀)$\longrightarrow 4\,Zn(NO_3)_2 + N_2O + 5\,H_2O$
	$2\,HNO_2 + 2\,I^- + 2\,H_3O^+ \longrightarrow 2\,NO + I_2 + 4\,H_2O$
同一主族，从上到下呈锯齿型升高：$HBrO_3 > HClO_3 > HIO_3$	$5\,NO_2^- + 2\,MnO_4^- + 6\,H_3O^+ \longrightarrow 5\,NO_3^- + 2\,Mn^{2+} + 9\,H_2O$
	$5\,S_2O_8^{2-} + 2\,Mn^{2+} + 24\,H_2O \longrightarrow 2\,MnO_4^- + 10\,SO_4^{2-} + 16\,H_3O^+$
同一种元素低氧化态的氧化性较强：$HClO>HClO_2>HClO_3>HClO_4$；$HNO_2>HNO_3$(稀)	
H_2SO_3、H_3PO_3具较强的还原性	$H_3PO_3 + Cu^{2+} + H_2O \longrightarrow Cu + H_3PO_4 + 2\,H^+$

③热稳定性：H_2CO_3、H_2SO_3、HNO_3、H_3PO_3、HClO等不稳定

$4\,HNO_3 \longrightarrow 4\,NO_2 + O_2 + 2\,H_2O$

$2\,HXO \longrightarrow 2\,HX + O_2$

制备

①硝酸的工业制法：氨氧化法

$4\,NH_3 + 5\,O_2 \longrightarrow 4\,NO + 6\,H_2O$　　$2\,NO + O_2 \longrightarrow 2\,NO_2$

$3\,NO_2 + H_2O \longrightarrow 2\,HNO_3 + NO$

②硫酸的工业制法：接触法

$4\,FeS_2 + 11\,O_2 \longrightarrow 2\,Fe_2O_3 + 8\,SO_2$　　或$S + O_2 \longrightarrow SO_2$

$2\,SO_2 + O_2 \longrightarrow 2\,SO_3$　　$SO_3 + H_2O \longrightarrow H_2SO_4$

③磷酸的工业制法：分解磷灰石法

$Ca_3(PO_4)_2 + 3\,H_2SO_4 \longrightarrow 3\,CaSO_4 + 2\,H_3PO_4$

④高氯酸的工业制法：电解法氧化氯酸盐

$NaClO_3 + H_2O \longrightarrow NaClO_4$(阳极)$+ H_2$(阴极)

$NaClO_4 + HCl \longrightarrow HClO_4 + NaCl$

非金属含氧酸盐

结构

- ①B、Si原子采用sp^3杂化，分子中只含有σ单键 —— $[B(OH)_4]^-$、SiO_4^-正四面体
- ②第2周期元素中心原子采用sp^2杂化，形成RO_3^{n-}，空间构型为平面三角形，有一个Π_4^6键 —— BO_3^{3-}、CO_3^{2-}、NO_3^-平面三角形
- ③第2周期元素中心原子采用sp^2杂化，形成RO_2^{n-}，空间构型为角形，有一个Π_3^4键 —— NO_2^-角形
- ④第2、3周期外元素原子有空3d轨道，形成RO_4^{n-}、RO_3^{n-}、RO_2^{n-}、RO^{n-}，空间构型分别为正四面体、三角锥形、V字形和直线形，具有d←pπ键（反馈键） —— PO_4^{3-}、SO_4^{2-}、ClO_4^-正四面体；SO_3^{2-}、ClO_3^{2-}三角锥形；ClO_2^-角形；ClO^-直线形

性质

- ①溶解性
  - ①硝酸盐：易溶于水，溶解度随温度的升高而迅速地增加
  - ②硫酸盐：大部分易溶于水，但$BaSO_4$、$SrSO_4$、$PbSO_4$难溶于水，$CaSO_4$、Ag_2SO_4、Hg_2SO_4微溶于水
  - ③碳酸盐：大部分难溶于水，其中以Ca^{2+}、Sr^{2+}、Ba^{2+}、Pb^{2+}最难溶
  - ④磷酸盐：大多数不溶于水

  ← 溶解性大小要综合考虑晶格能、离子的水合能及熵效应

重要反应

- ②水解性
  - $XO_m^{n-} + H_2O \rightleftharpoons HXO_m^{(n-1)-} + OH^-$
  - $CO_3^{2-} + H_2O \rightleftharpoons HCO_3^- + OH^-$
  - $HCO_3^- + H_2O \rightleftharpoons H_2CO_3 + OH^-$

  $Ba^{2+} + CO_3^{2-} \longrightarrow BaCO_3$

  $2\,Al^{3+} + 3\,CO_3^{2-} + 3\,H_2O \longrightarrow 2\,Al(OH)_3 + 3\,CO_2$

  $2\,Mg^{2+} + 2\,CO_3^{2-} + H_2O \longrightarrow Mg_2(OH)_2CO_3 + CO_2$

- ③热稳定性
  - 类型
    - 非氧化还原分解反应：$CuSO_4\cdot5H_2O \longrightarrow CuSO_4 + 5\,H_2O$；$(NH_4)_3PO_4 \longrightarrow H_3PO_4 + 3\,NH_3$；$2\,NaHSO_4 \longrightarrow Na_2S_2O_7 + H_2O$
    - 自氧化还原分解反应：$(NH_4)_2Cr_2O_7 \longrightarrow Cr_2O_3 + N_2 + 4\,H_2O$
  - 规律
    - ①磷酸盐、硅酸盐比较稳定，硝酸盐和卤酸盐稳定性差，碳酸盐和硫酸盐稳定性居中
      - $2\,NaNO_3 \longrightarrow 2\,NaNO_2 + O_2$
      - $2\,Pb(NO_3)_2 \longrightarrow 2\,PbO + 4\,NO_2 + O_2$
      - $2\,AgNO_3 \longrightarrow 2\,Ag + 2NO_2 + O_2$
    - ②酸式盐的稳定性往往比正盐小，如$H_2CO_3 < MHCO_3 < M_2CO_3$
    - ③碱金属盐＞碱土金属盐＞副族元素和p区重金属的盐，如$SrCO_3 > CaCO_3 > MgCO_3 > BeCO_3$
- ④氧化还原性：同含氧酸的氧化还原性，含氧酸氧化性比相应盐强

制备

- ①硝酸钾晶体：转化法
  - $NaNO_3 + KCl \longrightarrow NaCl + KNO_3$
- ②Na_2CO_3：氨碱法
  - $2\,NH_4^+ + CO_3^{2-} + CO_2 + H_2O \longrightarrow 2\,NH_4HCO_3$
  - $NaCl + NH_3 + CO_2 + H_2O \longrightarrow NaHCO_3 + NH_4Cl$
  - $2\,NaHCO_3 + NH_3 \longrightarrow Na_2CO_3 + CO_2 + H_2O$
- ③漂白粉：氯气作用于消石灰
  - $2\,Cl_2 + 3\,Ca(OH)_2 \longrightarrow Ca(ClO)_2 + CaCl_2\cdot Ca(OH)_2\cdot H_2O + H_2O$

5.2 重点知识剖析及例解

5.2.1 非金属单质

【知识要求】了解非金属元素的特点,掌握非金属单质的重要物理、化学性质,了解其用途,掌握一些重要非金属单质的工业制法。

【评注】非金属单质大多是分子晶体,按其单质的结构和性质不同,分为小分子组成的单质(稀有气体、卤素、O_2、N_2及H_2等)、多原子分子组成的单质(S_8、P_4和As_4等)、大分子单质(金刚石、晶态硅和硼等);单质共价键数大部分符合8–N规则(N代表元素所在的族数);非金属单质除卤素、氢、氮及稀有气体外,大多存在同素异形体,如组成分子的原子数目不同的氧气O_2和臭氧O_3,晶格中原子排列方式不同的金刚石和石墨,晶格中分子排列方式不同的斜方硫和单斜硫。

【例题5–1】单质硼的熔点高于单质铝,试从它们结构加以说明。

解 铝为金属晶体,是主族元素,原子中无d电子,金属键不强,熔点不高;晶体硼为原子晶体,原子间靠共价键结合,这种作用力较强,因此熔点高于铝。(单质硼具有特殊的结构复杂性,它有多种同素异形体,其基本结构单元是由12个硼原子构成的B_{12}二十面体,各种不同晶形硼的差别仅在于二十面体连接方式的不同。如果要使晶体硼熔化,必须有足够的能量以克服二十面体之间以及二十面体内部硼原子间的化学键,所以硼的熔点较高。)

【评注】在常见的非金属元素中,以F_2的化学性质最活泼,Cl_2、Br_2、I_2、O_2、P_4、S_8比较活泼,而N_2、B、C、Si在常温下不活泼;活泼非金属表现为强氧化性,它们的氧化能力顺序为$F_2 > Cl_2 > Br_2 > I_2 > S$;许多非金属具有还原性,如$I_2$、S、$P_4$等。

F_2与H_2O反应放出O_2,卤素部分地与水发生歧化反应,B、C、Si只能在高温下与水蒸气作用,N_2、P_4、O_2、S_8在高温时也不与水反应。

非金属与碱可发生两类反应:第一类是在碱性水溶液中发生歧化反应(Cl_2、Br_2、I_2、S、Se、Te及P_4、As);第二类是非金属与强碱反应放出氢气(Si与B)。C、N_2、O_2无上述两类反应。

许多非金属单质不与盐酸或稀硝酸反应,但具有还原性的非金属如B、C、Si、P能与浓硫酸或浓硝酸反应。

【例题5–2】从化学性质来说,稀有气体中Xe是最活泼的(Rn除外),你如何解释这一现象?你认为He和Ne有可能形成化合物吗?

解 较之惰性元素中的He、Ne、Ar、Kr来说,Xe的原子半径最大,外层电子受吸引力必然最小,故其电离能和达到未成对电子状态的激发能是最小的,所以更易成键,化学性质最活泼。

而He、Ne尚未出现可以利用的d轨道,外层电子受激发的机会甚微,它们两个不太可能形成化合物。

【评注】工业上一般采用物理方法制取稀有气体、O_2、N_2;采用电解法制F_2(电解KHF_2和无水HF的熔融混合物)、Cl_2(电解饱和食盐水),电解法制F_2过程中要加入LiF(或AlF_3)作为助熔剂,以降低电解质熔点、减少HF挥发,减弱碳化电极极化作用,同时要不断补充HF;采用氧化置换法从海水中制备Br_2、I_2;采用热还原法制P_4(由磷灰石与石英砂和炭的混合物热还原)、Si(以焦炭还原石英砂)。

【例题5-3】工业上用焦炭或天然气与水反应制H_2，为什么都需添加空气或氧气燃烧？

解 因为这两个反应都是吸热反应：

$C(s) + H_2O(g) \longrightarrow H_2(g) + CO(g)$ $\Delta_r H_m^\ominus = +131.3\ kJ \cdot mol^{-1}$

$CH_4(g) + H_2O(g) \longrightarrow 3\ H_2(g) + CO(g)$ $\Delta_r H_m^\ominus = +206.0\ kJ \cdot mol^{-1}$

要反应得以进行，则需供给热量，如添加空气或氧气燃烧：

$C(s) + O_2(g) \longrightarrow CO_2(g)$ $\Delta_r H_m^\ominus = -393.7\ kJ \cdot mol^{-1}$

$CH_4(g) + 2\ O_2(g) \longrightarrow CO_2(g) + 2\ H_2O(g)$ $\Delta_r H_m^\ominus = -803.3\ kJ \cdot mol^{-1}$

这样靠"内部燃烧"放热，供焦炭或天然气与水作用所需热量，无需从外部供给热量，这是目前工业上最经济的生产氢的方法。

【例题5-4】用C还原$Ca_3(PO_4)_2$制备P_4时，为什么还要SiO_2参加反应？

解 单独还原反应$2\ Ca_3(PO_4)_2 + C \longrightarrow 6\ CaO + P_4 + 10\ CO$，在25 ℃时的$\Delta_r G_m^\ominus = 2805\ kJ \cdot mol^{-1}$，即便在1400 ℃时，$\Delta_r G_m^\ominus = 117\ kJ \cdot mol^{-1}$，仍大于零。而$CaO + SiO_2 \longrightarrow CaSiO_3$（造渣反应）在25 ℃和1400 ℃时的$\Delta_r G_m^\ominus$分别为$-92.1\ kJ \cdot mol^{-1}$和$-91.6\ kJ \cdot mol^{-1}$。这时总反应的$\Delta_r G_m^\ominus$在25 ℃和1400 ℃时分别为$2252\ kJ \cdot mol^{-1}$和$-432.6\ kJ \cdot mol^{-1}$，因此，在高温（电弧炉）中原来不能进行的反应就能进行了，这种情况称为反应的耦合。

5.2.2 非金属氢化物

【知识要求】掌握非金属氢化物的一些重要物理、化学性质，工业制法及其用途。掌握非金属无氧酸的酸碱性、氧化还原变化规律。

【评注】非金属形成的正常氧化态的氢化物的组成、结构、性质规律见下表，元素通过sp^3杂化与H元素形成σ键（除B_2H_6外），晶体均为分子晶体。

族号	ⅢA	ⅣA	ⅤA	ⅥA	ⅦA	规律
分子组成	B_2H_6	CH_4	NH_3	H_2O	HF	↓ 沸点升高（除NH_3、H_2O、HF形成氢键外） 极性降低 热稳定性降低 还原性增强 酸性增加
		SiH_4	PH_3	H_2S	HCl	
			AsH_3	H_2Se	HBr	
				H_2Te	HI	
空间结构		正四面体	三角锥形	角形	直线形	
规律	→ 极性增大，稳定性增强，还原性减弱，酸性增加					

ⅢA族的B能形成一系列硼烷（B_nH_{n+4}和B_nH_{n+6}），最简单的B_2H_6分子中有4个σ键和2个三中心二电子键（3c-2e键）的氢桥键，易自燃、水解。

ⅣA族的C、Si能分别形成一系列烃和硅烷[Si_nH_{2n+2}（n=1~7）]，其中SiH_4易水解，有强还原性。

ⅤA族的N、P可形成氨（NH_3）、联氨（N_2H_4，肼）、羟氨（NH_2OH，肟）、叠氮酸（HN_3）及膦（PH_3）、联膦（P_2H_4）等一系列化合物。除HN_3具极弱酸性外，其余氢化物均为Lewis碱，其碱性顺序为：$NH_3 > N_2H_4 > NH_2OH > PH_3 > P_2H_4$。膦为无色极毒气体，具有强还原性和配位性。

ⅥA族的O、S的氢化物还能形成H_2O_2和多硫化氢(H_2S_n，$n\leqslant 8$)。H_2O_2分子中含有过氧键(—O—O—)，氢原子不在同一个平面上，H_2O_2为二元弱酸(酸性比水强)，既有强还原性又是强氧化剂，能发生过氧键转移反应。多硫化氢不稳定，只存在多硫化物。

【例题5-5】将下列化合物归类并讨论其物理性质：$HfH_{1.5}$，PH_3，CsH，B_2H_6。

解　$HfH_{1.5}$和CsH两个氢化物为固体，前者是金属型氢化物，显示良好的导电性，d区金属和f区金属往往形成这类化合物；后者是s区金属离子型(似盐型)氢化物，是具有岩盐结构的电绝缘体。

p区分子型氢化物PH_3和B_2H_6具有低的摩尔质量，可以预料其具有很高的挥发性(标准状态下实际上是气体)。Lewis结构表明，PH_3的P原子上有一对孤对电子，因而它是个富电子化合物；乙硼烷是缺电子化合物。

【例题5-6】为什么硼的最简单氢化物是B_2H_6而不是BH_3，但硼的卤化物能以BX_3的形式存在？

解　如果BH_3分子存在的话，B原子还有一个空的2p轨道没有参与成键，如果该轨道能用来成键，将会使体系的能量进一步降低，故从能量来说BH_3是不稳定体系。B_2H_6由于存在三中心二电子键(3c-2e键)的氢桥键，所有的价轨道都用来成键，分子的总键能比两个BH_3的总键能大，故B_2H_6比BH_3稳定(二聚体的稳定常数为10^6)。

BX_3中B以sp^2杂化，每个杂化轨道与X形成σ键后，垂直于分子平面B有一个空的p轨道，3个F原子各有一个充满电子的p轨道，它们互相平行，形成了Π_4^6大π键，使BX_3获得额外的稳定性。但BH_3中H原子没有像F原子那样的p轨道，故不能生成大π键。

【评注】工业上制备氢化物可采用非金属与氢气直接合成法(HCl、NH_3等)、复分解法(如HF)等；H_2O_2常采用电解水解法制取，即用金属铂作电极，以NH_4HSO_4与H_2SO_4饱和溶液为电解液，先制取$(NH_4)_2S_2O_8$溶液，将电解产物$(NH_4)_2S_2O_8$在H_2SO_4作用下进行水解，得到H_2O_2溶液；工业制取H_2O_2较新的方法是钯催化的蒽二酚氧化法。

【例题5-7】采用复分解法从卤化物制取各种HX(X=F、Cl、Br、I)，应分别采用什么酸？为什么？

解　氟化物制备HF，用浓H_2SO_4；氯化物制备HCl，用浓H_2SO_4；溴化物制备HBr，用浓H_3PO_4；碘化物制备HI，用浓H_3PO_4

因为HBr、HI还原性较强，浓H_2SO_4具有氧化性，它们之间要发生氧化还原反应，得不到HBr、HI。有关化学方程式如下：

$NaBr + H_2SO_4 \longrightarrow NaHSO_4 + HBr\uparrow$；　$2\,HBr + H_2SO_4 \longrightarrow Br_2 + SO_2\uparrow + 2\,H_2O$

$NaI + H_2SO_4 \longrightarrow NaHSO_4 + HI\uparrow$；$8\,HI + H_2SO_4 \longrightarrow 4\,I_2 + H_2S\uparrow + 4\,H_2O$

浓H_3PO_4为高沸点的非氧化性酸，可与溴化物、碘化物发生复分解反应生成HBr、HI。

5.2.3　非金属氧化物

【知识要求】掌握一些常见非金属氧化物的结构、物理性质、化学性质。

【评注】除氟及稀有气体外，非金属都能与氧结合形成氧化物，大多数非金属与氧能形成多种氧化物，最常见的氧化物有SO_2、SO_3、NO、NO_2、P_4O_{10}、CO、CO_2、SiO_2，其结构和主要性质见下表：

化学式	性状	成键情况	空间构型	主要性质
SO_2	无色有刺激性气体	S以sp^2杂化轨道成键，2个σ键，1个Π_3^4键	V字形	有毒气体，具有化合漂白作用，接触法制H_2SO_4时，SO_2就被空气所氧化
SO_3	无色易挥发固体	S以sp^2杂化轨道成键，3个σ键，1个Π_4^6键	平面三角形	SO_3与H_2O能剧烈反应并强烈放热，生成H_2SO_4。H_2SO_4生产工艺中不能直接用H_2O作为吸收剂，通常是用98.3%浓H_2SO_4吸收SO_3得到焦硫酸$H_2S_2O_7$(又叫发烟硫酸)，再用H_2O稀释得到浓H_2SO_4
NO	无色气体	N以sp杂化轨道成键，1个σ键，1个π键，1个三电子π键	直线形	NO分子中有孤对电子，与Fe^{2+}形成棕色可溶性的硫酸亚硝酰合铁(Ⅱ)，称为棕色环反应
NO_2	红棕色气体	N以sp^2杂化轨道成键，2个σ键，1个Π_3^3键	V字形	将等物质的量的NO和NO_2混合物溶解在冰水中，生成亚硝酸
P_4O_{10}	白色吸湿性蜡状固体	P以sp^3杂化轨道成键，3个杂化轨道与O原子之间形成3个σ键，另一个P—O键是由1个从磷到氧的σ配键和2个从氧到磷的d←pπ配键组成	(结构图)	P_4O_{10}对水有很强的亲和力，吸湿性强，因此是一种高效率的干燥剂
CO	无色气体	1个σ键，2个π键(其中之一为配键)	直线形	CO容易被氧化为CO_2，是冶金工业的重要还原剂；CO作为一种配体，与ⅥB、ⅦB和Ⅷ族的过渡金属形成羰基配合物
CO_2	无色气体	C以sp杂化轨道成键，2个σ键，2个Π_3^4键	直线形	固体CO_2叫"干冰"，195 K开始升华。是一种方便的致冷剂
SiO_2	无色固体	Si以sp^3杂化轨道成键，4个杂化轨道与O原子之间形成4个σ键，具有SiO_4结构	正四面体	SiO_2不溶于水，能与热的浓碱、熔融的碱或碱性氧化物反应

【例题5-8】某物质A的水溶液，既有氧化性，又有还原性。(1)向此溶液中加入碱时生成盐；(2)将(1)所得盐溶液酸化，加入适量$KMnO_4$，可使$KMnO_4$褪色；(3)在(2)所得溶液中加入$BaCl_2$得白色沉淀。问A为何物？写出有关化学方程式。

解　A为SO_2水溶液。有关化学方程式如下：

(1)$SO_2 + 2\,OH^- \longrightarrow SO_3^{2-} + H_2O$

(2)$5\,SO_3^{2-} + 2\,MnO_4^- + 6\,H^+ \longrightarrow 2\,Mn^{2+} + 5\,SO_4^{2-} + 3\,H_2O$

(3)$Ba^{2+} + SO_4^{2-} \longrightarrow BaSO_4\downarrow$

5.2.4　非金属含氧酸

【知识要求】掌握一些常见非金属含氧酸的结构、物理性质、化学性质。掌握非金属含氧酸的酸碱性、氧化还原性、热稳定性规律。

【评注】非金属元素氧化物的水合物通常以含氧酸形式存在，常见非金属最高价含氧酸的结构、主要性质及制备见下表：

元素	最高价含氧酸	含氧酸及酸根离子结构	酸性	主要化学性质	制备
B	H_3BO_3	H—O—B(—O—H)—O—H $[BO_3]^{3-}$	一元弱酸 (Lewis酸) $pK_a^{\ominus}=9.2$	加入多羟基化合物(如甘露醇、甘油)，H_3BO_3则与这类化合物反应生成稳定的配合物	$Na_2B_4O_7+H_2SO_4+5\,H_2O \longrightarrow 4\,H_3BO_3+Na_2SO_4$
C	H_2CO_3	H—O—C(=O)—O—H $[CO_3]^{2-}$	二元弱酸 $pK_{a1}^{\ominus}=6.4$ $pK_{a2}^{\ominus}=10.3$	CO_2在水中溶解度不大，溶于水的CO_2大部分以弱的水合分子存在	$CaCO_3+2HCl \longrightarrow CaCl_2+CO_2+H_2O$
N	HNO_3	H—O—N(O)O $[NO_3]^{-}$	一元强酸 $pK_{a1}^{\ominus}=-1.3$	HNO_3分子具不稳定性；硝酸是强氧化剂，可氧化许多金属和非金属，Fe、Al、Cr与冷、浓HNO_3产生“钝化”现象；作为氧化剂，HNO_3最常见的还原产物为NO_2或NO	$4\,NH_3+5\,O_2 \longrightarrow 4\,NO+6\,H_2O$ $2\,NO+O_2 \longrightarrow 2\,NO_2$ $3\,NO_2+H_2O \longrightarrow 2\,HNO_3+NO$
Si	H_2SiO_3	H—O—Si(—O—H)(—O—H)—O—H $[SiO_4]^{4-}$	二元弱酸 $pK_{a1}^{\ominus}=9.8$ $pK_{a2}^{\ominus}=11.8$	硅酸种类很多，通式为$xSiO_2\cdot yH_2O$。硅酸难溶于水。酸与可溶性硅酸盐作用形成硅酸溶胶，经干燥脱水形成硅胶	$Na_2SiO_3+NH_4Cl \longrightarrow H_2SiO_3+2\,NaCl+2\,NH_3$
P	H_3PO_4	H—O—P(→O)(—O—H)—O—H $[PO_4]^{3-}$	三元中强酸 $pK_{a1}^{\ominus}=2.1$ $pK_{a2}^{\ominus}=7.2$ $pK_{a3}^{\ominus}=12.4$	具有很强的配位性，能与许多金属离子形成可溶性配合物，如与Fe^{3+}生成无色的$H_3[Fe(PO_4)_2]$和$H[Fe(HPO_4)_2]$	$Ca_3(PO_4)_2+3\,H_2SO_4 \longrightarrow 3\,CaSO_4+2\,H_3PO_4$
S	H_2SO_4	O⇄S(—O—H)(—O—H)⇄O $[SO_4]^{2-}$	二元强酸 $pK_{a1}^{\ominus}=-2.0$ $pK_{a2}^{\ominus}=-2.0$	具有强吸水性、脱水性和氧化性	$4\,FeS_2+11\,O_2 \longrightarrow 2\,Fe_2O_3+8\,SO_2$ $S+O_2 \longrightarrow SO_2$ $2\,SO_2+O_2 \longrightarrow 2\,SO_3$ $SO_3+H_2O \longrightarrow H_2SO_4$

续表

元素	最高价含氧酸	含氧酸及酸根离子结构	酸性	主要化学性质	制备
Cl	$HClO_4$	H—O—Cl(=O)₂—O—H 结构式；$[ClO_4]^-$ 四面体结构	无机酸中最强的酸 $pK_{a1}^{\ominus}=-7.0$	热浓的 $HClO_4$ 是强氧化剂，与大多数有机物发生爆炸性反应	$NaClO_3+H_2O\longrightarrow$ $NaClO_4$(阳极) + H_2(阴极) $NaClO_4+HCl\longrightarrow$ $HClO_4+NaCl$

除B、C、Si三种元素外，其他非金属元素还能形成低价态的含氧酸。

ⅦA族卤素含氧酸有HXO_4(高卤酸)、HXO_3(卤酸)、HXO_2(亚卤酸)、HXO(次卤酸)，高碘酸通常为H_5IO_6。卤素含氧酸具有氧化性，其氧化性顺序为：$HXO>HXO_2>HXO_3>HXO_4$，与稳定性相反；$HBrO_3>HClO_3>HIO_3$。

ⅥA族的S主要含氧酸有H_2SO_4(硫酸)、$H_2S_2O_3$(硫代硫酸)、$H_2S_xO_6$(连多硫酸)、$H_2S_2O_8$(过二硫酸)等。$H_2S_2O_8$具有极强的氧化性，在酸性介质和Ag^+催化的条件下，可将Mn^{2+}、Cr^{3+}、Ce^{3+}等氧化至它们的高氧化态。

ⅤA族N还有HNO_2(亚硝酸)；P还有H_3PO_3(亚磷酸)、H_3PO_2(次磷酸)。HNO_2是不稳定性酸，既有氧化性又有还原性，在酸性溶液中以氧化性为主，其还原产物为NO、N_2O、N_2、NH_3OH^+或NH_4^+，其中最常见的产物是NO；当遇到强氧化剂如MnO_4^-、Cl_2等，HNO_2是还原剂，被氧化为NO_3^-。亚磷酸H_3PO_3、H_3PO_2分子中含有P—H键，容易被氧原子进攻，显示还原性。

H_3BO_3是典型的Lewis酸，在加入甘露醇、甘油等多羟基化合物后，因生成稳定的配合物，溶液的酸性增强。

【例题5-9】组成为$M_2S_2O_x$的三种盐，它们各自符合下面所述的某些性质：

(1)它由酸式硫酸盐缩合而成；(2)它由酸式硫酸盐阳极氧化形成；(3)它由亚硫酸盐水溶液与硫反应而成；(4)它的水溶液使溴化银溶解；(5)它的水溶液与氢氧化物反应生成硫酸盐；(6)在水溶液中能将Mn^{2+}氧化为MnO_4^-。试将x的正确数值填入下表中角标括号内，并将上述各性质以序号填入相应盐的横栏内。

$M_2S_2O_{()}$		
$M_2S_2O_{()}$		
$M_2S_2O_{()}$		

解

$M_2S_2O_{(8)}$	(2)	(6)
$M_2S_2O_{(3)}$	(3)	(4)
$M_2S_2O_{(7)}$	(1)	(5)

【评注】同一周期元素最高价氧化物的水合物从左到右其碱性减弱，酸性增强；同一族相同价态元素的氧化物的水合物从上到下碱性增强，酸性减弱；同一元素高价态氧化物的水合物的酸性较强，低价态氧化物的水合物的碱性较强。

含氧酸酸性的变化规律可通过ROH规则和Pauli规则来说明。ROH规则认为：ROH按碱式还是酸式解离，取决于阳离子R^{n+}的电荷与半径之比Z/r，即离子势Φ，若半径以nm为单

位,有如下关系:

$\Phi > 100$,ROH显酸性;

$49 < \Phi < 100$,ROH显两性;

$\Phi < 49$,ROH显碱性。

Pauli规则认为:非金属元素含氧酸H_nRO_m,可用$RO_{m-n}(OH)_n$表示,含氧酸的$K_1^{\ominus}$与非羟基氧原子数$N(N=m-n)$有关,即$K_1^{\ominus} \approx 10^{5N-7}$或$pK_1^{\ominus} \approx 7-5N$;多元含氧酸的逐级电离常数之比约为$10^{-5}$,即$K_1^{\ominus}:K_2^{\ominus}:K_3^{\ominus}\cdots \approx 1:10^{-5}:10^{-10}\cdots$,或$pK_a^{\ominus}$的差值为5。

【例题5-10】估计下列各酸$K_1^{\ominus}$值及酸强度:

$HBrO_4$、$HClO$、HNO_3、HNO_2、H_3PO_3。

解

酸	$HBrO_4$	$HClO$	HNO_3	HNO_2	H_3PO_3
$m-n$	3	0	2	1	1
$K_1^{\ominus}$	$\sim10^{8}$	$\sim10^{-7}$	$\sim10^{3}$	$\sim10^{-2}$	$\sim10^{-2}$
酸强度	很强酸	弱酸	强酸	中强酸	中强酸

5.2.5　非金属含氧酸盐

【知识要求】掌握非金属含氧酸盐的溶解性、氧化还原性、稳定性变化规律。

【评注】影响含氧酸盐溶解性的因素主要是晶格能和离子的水合能:若$H_{水合能} > U_{晶格能}$,溶解过程能自发进行,盐类易溶;反之,盐类难溶。对于某些盐来说,溶解过程中的熵效应有显著的影响,一般说来离子的电荷低、半径大的碱金属离子及NO_3^-、ClO_3^-、ClO_4^-等都是熵增大过程,有利于溶解;电荷高、半径较小的离子,如Mg^{2+}、Fe^{3+}、Al^{3+}及CO_3^{2-}、PO_4^{3-}等都是熵减少过程,则不利于溶解。

硝酸盐都易溶于水,且溶解度随温度的升高而迅速地增加。

大多数硫酸盐易溶于水,常见的难溶盐有$BaSO_4$、$SrSO_4$、$CaSO_4$、$PbSO_4$, Ag_2SO_4和Hg_2SO_4微溶于水。

只有铵盐和碱金属(除Li)的碳酸盐溶于水,其他金属碳酸盐难溶于水,其中又以Ca^{2+}、Sr^{2+}、Ba^{2+}、Pb^{2+}的碳酸盐最难溶。对易溶的碳酸盐,其酸式碳酸盐的溶解度由于HCO_3^-离子通过氢键形成二聚或多聚离子而相对较小。

所有的磷酸二氢盐都易溶于水。而磷酸氢盐和正盐除了K^+、Na^+、NH_4^+离子的盐外,一般不溶于水。

【例题5-11】估计下列各含氧酸的溶解性,溶者在对应的格内填入"溶",难溶者填入"难"。

解

	Ag^+	Fe^{2+}	Cu^{2+}	Zn^{2+}	K^+
CO_3^{2-}	难	难	难	难	溶
SO_4^{2-}	微	溶	溶	溶	溶
PO_4^{3-}	难	难	难	难	溶
ClO_3^-	溶(热水)	溶	溶	溶	溶

【评注】含氧酸盐溶于水后，阴、阳离子都可能引起水解作用，其酸碱性由二者水解程度决定。

【例题5-12】Na_2CO_3与金属离子反应，可分为三种情况，请举例并用反应式加以说明。

解 Na_2CO_3与金属离子反应，可分为三种情况：

Ba^{2+}、Sr^{2+}、Ca^{2+}和Ag^+等离子不水解，与CO_3^{2-}反应时仅生成碳酸盐沉淀。

$Ba^{2+} + CO_3^{2-} \longrightarrow BaCO_3\downarrow$

Al^{3+}、Fe^{3+}、Cr^{3+}、Sn^{2+}、Sn^{4+}和Sb^{3+}等金属离子的水解性极强，与CO_3^{2-}反应生成氢氧化物沉淀。

$2\,Al^{3+} + 3\,CO_3^{2-} + 3\,H_2O \longrightarrow 2\,Al(OH)_3\downarrow + 3\,CO_2\uparrow$

Pb^{2+}、Bi^{3+}、Cu^{2+}、Cd^{2+}、Zn^{2+}、Hg^{2+}、Co^{2+}、Ni^{2+}和Mg^{2+}等金属离子与CO_3^{2-}反应生成碳酸羟盐(碱式碳酸盐)沉淀。

$2\,Mg^{2+} + 2\,CO_3^{2-} + H_2O \longrightarrow Mg_2(OH)_2CO_3\downarrow + CO_2\uparrow$

$2\,Cu^{2+} + 2\,CO_3^{2-} + H_2O \longrightarrow Cu_2(OH)_2CO_3\downarrow + CO_2\uparrow$

【评注】含氧酸盐的热稳定性既和酸根离子有关，也和阳离子有关。一般酸不稳定者其对应的盐也不稳定；阳离子的极化力越强，它越容易使含氧阴离子变形，含氧酸盐的稳定性越差。含氧酸盐的热稳定性有如下规律：

同一种酸及其盐的热稳定性：正盐＞酸式盐＞酸，在加热时酸式盐放出酸酐或者容易缩合生成多酸盐。

含氧酸盐的稳定性与酸根离子有关。当金属相同时，在常见的含氧酸盐中，磷酸盐、硅酸盐比较稳定，它们在加热时不分解，易脱水结合为多酸盐；硝酸盐和卤酸盐稳定性差，加热时较易分解；碳酸盐和硫酸盐稳定性居中。

含氧酸盐的稳定性与阳离子有关。同一酸根不同金属阳离子的盐的热稳定性：碱金属盐＞碱土金属盐＞副族元素和p区重金属的盐＞铵盐；在碱金属或碱土金属各族中，盐的稳定性从上到下增加；同一成酸金属，高价态盐比低价态盐稳定。

【例题5-13】为什么硫酸盐的热稳定性比碳酸盐高，而硅酸盐的稳定性更高。

解 对于相同金属离子的碳酸盐和硫酸盐来说，金属离子的极化能力相同，含氧酸根(SO_4^{2-}、CO_3^{2-})电荷相同，且半径较大。因此，两者热稳定性的差异主要是由于含氧酸根的中心原子氧化数的不同。一般情况下，中心原子氧化数越大，抵抗金属离子的极化能力越强，含氧酸越稳定，因此，硫酸盐的热稳定性比碳酸盐高。

硫酸盐和碳酸盐受热分解均产生气体，如SO_3、CO_2，是熵驱动反应。而硅酸盐分解无气体产生，产物除金属氧化物外，就是SiO_2，反应熵增很少。这就是硅酸盐稳定性更高的原因。

【评注】各种含氧酸(盐)的氧化还原性强弱，归纳起来主要有下列规律：

同一周期中各元素最高氧化态含氧酸的氧化性从左至右依次递增，第ⅢA、ⅣA族一般不显氧化性，第ⅤA、ⅥA、ⅦA族具有氧化性。

同一主族中，各元素的最高氧化态含氧酸的氧化性从上到下呈锯齿型升高。

同一种元素的不同氧化态的含氧酸，低氧化态的氧化性较强。

含氧酸盐的氧化性，随着酸度升高而增强，含氧酸的氧化性一般比相应盐的氧化性强，同一种含氧酸盐在酸性介质中的氧化性比在碱性介质中强。

若最高氧化态含氧酸的氧化性较弱，则它们的低氧化态含氧酸还原性较强，如H_2SO_3。

【例题5-14】简述氨碱法制纯碱的原理及侯氏制碱法的优点。

解　氨碱法制纯碱的原理:

$NH_3 + CO_2 + H_2O \longrightarrow NH_4HCO_3$

$NaCl + NH_4HCO_3 \longrightarrow NH_4Cl + NaHCO_3\downarrow$

$NaHCO_3 \longrightarrow CO_2\uparrow + Na_2CO_3 + H_2O$

母液中NH_4Cl加消石灰回收氨,循环使用。

$Ca(OH)_2 + 2\ NH_4Cl \longrightarrow CaCl_2 + 2\ NH_3\uparrow + 2\ H_2O$

缺点:①产物中含有大量的$CaCl_2$,用途不大;②NaCl利用率仅70%,30%留在母液中。

侯氏制碱法原理是:利用NH_4Cl($NH_4Cl \longrightarrow NH_4^+ + Cl^-$)比NaCl溶解度小,向母液中加入NaCl,由于同离子效应,析出NH_4Cl。

优点:①NaCl利用率提高到96%;②生产出NH_4Cl可作氮肥;③制碱和制氨联合生产方法,节约成本,增加生产。

【例题5-15】化合物A是白色固体,不溶于水,加热时剧烈分解,产生固体B和气体C。固体B不溶于水或盐酸,但溶于热的稀硝酸,得溶液D及气体E。E无色,但在空气中迅速变红。溶液D用盐酸处理时得一白色沉淀F。气体C与普通试剂不反应,但与热的金属镁反应生成白色固体G。G与水反应得另一种白色固体H及气体J。J使润湿的红色石蕊试纸变蓝。固体H可溶于稀硫酸得溶液I。化合物A用硫化氢溶液处理时得黑色沉淀K、无色溶液L和气体C,过滤后,固体K溶于硝酸得气体E、黄色固体M和溶液D。D以盐酸处理得沉淀F,滤液L用NaOH溶液处理又得气体J。请指出A至M表示的物质名称,并用化学方程式表示以上过程。

解　A:AgN_3;B:Ag;C:N_2;D:$AgNO_3$;E:NO;F:AgCl;G:Mg_3N_2;H:$Mg(OH)_2$;I:$MgSO_4$;J:NH_3;K:Ag_2S;L:$(NH_4)_2S$;M:S。

A加热,产生B和C:$2\ AgN_3 \longrightarrow 2\ Ag + 3\ N_2\uparrow$

B溶于热的稀硝酸,得D及E:$3\ Ag + 4\ HNO_3 \longrightarrow 3\ AgNO_3 + NO\uparrow + 2\ H_2O$

E在空气中变红:$2\ NO + O_2 \longrightarrow 2\ NO_2$

D用盐酸处理得F:$Ag^+ + Cl^- \longrightarrow AgCl\downarrow$

C与热的金属镁反应G:$N_2 + 3\ Mg \longrightarrow Mg_3N_2$

G与水反应得H及J:$Mg_3N_2 + 6\ H_2O \longrightarrow 3\ Mg(OH)_2\downarrow + 2\ NH_3\uparrow$

H溶于稀硫酸得溶液I:$Mg(OH)_2 + 2\ H^+ \longrightarrow Mg^{2+} + 2\ H_2O$

A用硫化氢溶液处理时得K、L、C:$6\ AgN_3 + 4\ H_2S \longrightarrow 3\ Ag_2S\downarrow + (NH_4)_2S + 8\ N_2\uparrow$

K溶于硝酸得E、M、D:$3\ Ag_2S + 8\ HNO_3 \longrightarrow 6\ AgNO_3 + 2\ NO\uparrow + 3\ S\downarrow + 4\ H_2O$

L用NaOH溶液处理又得气体J:$NH_4^+ + OH^- \longrightarrow NH_3\uparrow + H_2O$

5.2.6　阴离子的分离与鉴定

【知识要求】熟悉常见阴离子的基本反应,掌握阴离子的分离与鉴定。

【评注】阴离子的分析通常是先通过初步试验,排除肯定不存在的阴离子。初步试验及其结果见下表:

试剂	稀 H_2SO_4	$BaCl_2$ (中性或弱碱性)	$AgNO_3$ (稀 HNO_3)	KI–淀粉 (稀 H_2SO_4)	$KMnO_4$ (稀 H_2SO_4)	I_2–淀粉 (稀 H_2SO_4)
SO_4^{2-}		↓				
SiO_3^{2-}	↓	↓				
PO_4^{3-}		↓				
CO_3^{2-}	↑	↓				
S^{2-}	↑		↓		+	+
SO_3^{2-}	↑	↓			+	+
$S_2O_3^{2-}$	↑和↓	↓	↓		+	+
Cl^-			↓		+	
Br^-			↓		+	
I^-			↓		+	
NO_3^-						
NO_2^-	↑			+	+	

【评注】阴离子的分析主要根据阴离子的特征反应采用分别分析。常见阴离子的特征反应见下表：

离子	特征反应	现象	鉴定时的干扰及处理
CO_3^{2-}	$CO_3^{2-} + 2H^+ \longrightarrow CO_2 + H_2O$ $CO_2 + Ca(OH)_2 \longrightarrow CaCO_3 + H_2O$	生成的 CO_2 使澄清 $Ca(OH)_2$ 变浑浊	SO_3^{2-}、$S_2O_3^{2-}$ 干扰，可在酸化前加 H_2O_2 溶液，使 S^{2-} 和 SO_3^{2-} 转化为 SO_4^{2-}
NO_3^-	$NO_3^- + 3Fe^{2+} + 4H^+ \longrightarrow NO + 3Fe^{3+} + 2H_2O$ $Fe^{2+} + NO \longrightarrow [Fe(NO)]^{2+}$	形成棕色环	Br^-、I^- 及 NO_2^- 干扰，加稀 H_2SO_4 和 Ag_2SO_4 溶液，使 Br^- 和 I^- 生成沉淀后分离，加尿素并微热可除去 NO_2^-
NO_2^-	$NO_2^- + 3Fe^{2+} + 4HAc \longrightarrow$ $NO + 3Fe^{3+} + 2H_2O + 4Ac^-$ $Fe^{2+} + NO \longrightarrow [Fe(NO)]^{2+}$	形成棕色环	Br^- 和 I^- 干扰鉴定，加 Ag_2SO_4 溶液，使 Br^- 和 I^- 生成沉淀后分离出去
PO_4^{3-}	$PO_4^{3-} + 3NH_4^+ + 12MoO_4^{2-} + 24H^+ \longrightarrow$ $(NH_4)_3PO_4 \cdot 12MoO_3 \cdot 6H_2O + 6H_2O$	黄色沉淀	SiO_3^{2-}、AsO_4^{3-} 干扰，可加酒石酸消除；S^{2-}、SO_3^{2-}、$S_2O_3^{2-}$ 等干扰，可加 HNO_3 除去
S^{2-}	$S^{2-} + [Fe(CN)_5NO]^{2-} \longrightarrow [Fe(CN)_5NOS]^{4-}$	紫红色	SO_3^{2-} 有类似反应
SO_3^{2-}	与品红反应 品红结构：H_2N、NH、NH_2	红色褪色	S^{2-} 干扰，可先加入 $PbCO_3$ 固体生成PbS沉淀除去
$S_2O_3^{2-}$	$Ag^+ + S_2O_3^{2-} \longrightarrow Ag_2S_2O_3$	沉淀颜色由白色变为黄色、棕色，最后变为黑色	S^{2-} 干扰，可先加入 $PbCO_3$ 固体生成PbS沉淀除去
SO_4^{2-}	$Ba^{2+} + SO_4^{2-} \longrightarrow BaSO_4$	白色结晶形沉淀	CO_3^{2-}、SO_3^{2-} 干扰，可先酸化除去这些离子
Cl^-	$Cl^- + Ag^+ \longrightarrow AgCl$ $AgCl + 2NH_3 \longrightarrow [Ag(NH_3)_2]Cl$	白色沉淀溶于氨水	SCN^- 的存在干扰 Cl^- 的鉴定，在氨水中AgSCN难溶，AgCl易溶，滤去AgSCN，酸化后鉴定

续表

离子	特征反应	现象	鉴定时的干扰及处理
I^-	$2\ I^- + Cl_2 \longrightarrow I_2 + 2\ Cl^-$ $6\ H_2O + I_2 + 5\ Cl_2 \longrightarrow 2\ IO_3^- + 10\ Cl^- + 12\ H^+$	I_2在CCl_4或$CHCl_3$层呈紫红色,氯水过量紫色消失	/
Br^-	$2\ Br^- + Cl_2 \longrightarrow Br_2 + 2\ Cl^-$	溶液显红色,Br_2在CCl_4或$CHCl_3$层呈红棕色,氯水过量,则生成淡黄色BrCl	I^-存在干扰Br^-鉴定,I^-先与氯水反应
SiO_3^{2-}	$2\ NH_4^+ + SiO_3^{2-} \longrightarrow 2\ NH_3 + H_2SiO_3$	白色胶状沉淀	/
	$SiO_3^{2-} + 4\ NH_4^+ + 12\ MoO_4^{2-} + 22\ H^+ \longrightarrow$ $(NH_4)_4[Si(Mo_3O_{10})_4] + 11\ H_2O$	黄色沉淀	PO_4^{3-}、AsO_4^{3-}也有类似反应,但沉淀不溶于HNO_3中

【例题5-16】试用三种简便方法鉴别:(A)NaCl ,(B)NaBr ,(C)NaI。

解　(1)$AgNO_3$:

(A) $Cl^- + Ag^+ \longrightarrow AgCl\downarrow$ (白色)

(B) $Br^- + Ag^+ \longrightarrow AgBr\downarrow$ (淡黄色)

(C) $I^- + Ag^+ \longrightarrow AgI\downarrow$ (黄色)

(2) Cl_2水+CCl_4:

(A) NaCl在CCl_4中无色

(B) $2\ Br^- + Cl_2 \longrightarrow 2\ Cl^- + Br_2$ (Br_2在CCl_4中呈橘黄色)

(C) $2\ I^- + Cl_2 \longrightarrow 2\ Cl^- + I_2$ (I_2在CCl_4中呈紫红色)

(3)浓H_2SO_4:

(A) $NaCl + H_2SO_4 \xrightarrow{\Delta} NaHSO_4 + HCl\uparrow$

(B) $NaBr + H_2SO_4 \xrightarrow{\Delta} NaHSO_4 + HBr\uparrow$

$2\ HBr + H_2SO_4 \longrightarrow Br_2 + SO_2\uparrow + 2\ H_2O$ (SO_2可使湿润的品红试纸褪色)

(C) $NaI + H_2SO_4 \xrightarrow{\Delta} NaHSO_4 + HI\uparrow$

$8\ HI + H_2SO_4 \longrightarrow 4\ I_2 + H_2S\uparrow + 4\ H_2O$ (H_2S可使湿润的$PbAc_2$试纸变黑色)

5.3　课后习题选解

5-1　是非题

1. 钻石之所以那么坚硬是因为碳原子间都是以共价键结合起来的,但它的稳定性在热力学上比石墨要差一些。（ √ ）

2. 歧化反应就是发生在同一分子内的同一元素上的氧化还原反应。（ √ ）

3. 非金属单质不生成金属键的结构,所以熔点比较低,硬度比较小,都是绝缘体。（ × ）

4. 非金属单质与碱作用都是歧化反应。（ × ）

5. 硫有6个价电子,每个原子需要两个共用电子对才能满足于八隅体结构,硫与硫之间又不易生成π键,所以硫分子总是链状结构。（ × ）

6. 所有非金属卤化物水解的产物都有氢卤酸。（ × ）

7. 在B_2H_6分子中有两类硼氢键,一类是通常的硼氢σ键,另一类是三中心二电子键,硼

与硼之间是不直接成键的。 （ √ ）

8. NO_2^-和O_3互为等电子体；NO_3^-和CO_3^{2-}互为等电子体；$HSb(OH)_6$、$Te(OH)_6$、$IO(OH)_5$互为等电子体。 （ √ ）

9. 各种高卤酸根离子的结构，除了IO_6^{5-}离子中的I是sp^3d^2杂化外，其他中心原子均为sp^3杂化。 （ √ ）

10. 用棕色环反应鉴定NO_2^-和NO_3^-时，所需要的酸性介质是一样的。 （ × ）

5-2 选择题

1. 石墨中的碳原子层与层之间的作用力是 （ A ）

A. 范德华力　　B. 共价键

C. 配位共价键　　D. 自由电子型金属键

2. 在碱性介质中能发生歧化反应的单质是 （ A ）

A. 硫　　B. 硅　　C. 硼　　D. 碳

3. 有关Cl_2的用途，不正确的论述是 （ B ）

A. 制备Br_2　　B. 作为杀虫剂

C. 饮用水的消毒　　D. 合成聚氯乙烯

4. 下列浓酸中，可以用来和KI固体反应制取较纯HI气体的是 （ C ）

A. 浓HCl　　B. 浓H_2SO_4　　C. 浓H_3PO_4　　D. 浓HNO_3

5. 氢氟酸是弱酸，同其他弱酸一样，浓度越大，电离度越小，酸度越大；但浓度大于5 mol·L^{-1}时，则变成强酸。这点不同于一般弱酸，原因是 （ A ）

A. 浓度越大，F^-与HF的缔合作用越大

B. HF的浓度变化对HF的K_a有影响，而一般弱酸无此性质

C. HF_2^-的稳定性比水合F^-离子强

D. 以上三者都是

6. H_2O的沸点是373 K，H_2Se的沸点是231 K，这可用下列哪一种理论来解释 （ D ）

A. 范德华力　　B. 共价键　　C. 离子键　　D. 氢键

7. 在合成氨生产中，为吸收H_2中杂质CO，可选用的试剂是 （ C ）

A. $[Cu(NH_3)_4](Ac)_2$　　B. $[Ag(NH_3)_2]^+$

C. $[Cu(NH_3)_2]Ac$　　D. $[Cu(NH_3)_4]^{2+}$

8. 下列物质在空气中不能自燃的是 （ A ）

A. 红磷　　B. 白磷　　C. P_2H_4　　D. B_2H_6

9. 按硼氢化合物的多中心键理论，B_5H_9结构表示如右图所示，此硼烷分子中不存在的键型是 （ D ）

A. 硼氢键　　B. 氢桥键

C 硼桥键　　D. 硼—硼键

10. 下列分子中偶极矩最大的是 （ D ）

A. HCl　　B. H_2　　C. HI　　D. HF

11. 下列物质中不易水解的是 （ A ）

A. CCl_4　　B. NCl_3　　C. $SiCl_4$　　D.PCl_5

12. 下列说法不正确的是 （ B ）

A. $SiCl_4$在与潮湿的空气接触时会冒“白烟”　B. NF_3因会水解，不能与水接触

C. SF_6在水中是稳定的　　D. PCl_5不完全水解生成$POCl_3$

13. 下列关于BF_3的叙述不正确的是　(C)

A. 共价化合物,空间构型为正三角形　　B. 分子中含有离域π键,符号为Π_4^6

C. 遇水发生水解,生成硼酸和氢氟酸　　D. 与NH_3能形成配合物

14. 分子中含有Π_3^4键的有　(AB)

A. SO_2　　B. O_3　　C. NO_2　　D. O_2

15. 在下列各对物质中,互为等电子体的是　(B)

A. ${}^{65}_{30}Zn$, ${}^{65}_{28}Cu$　　B. SiH_4, PH_4^+　　C. NO,CN^-　　D. O_2,NO^+

16. 关于五氧化二磷的化合物,下列说法不正确的是　(D)

A. 分子式是P_4O_{10}　　B. 易溶于水,最终生成磷酸

C. 可用作高效脱水剂及干燥剂　　D. 常压下不能升华

17. 欲使含氧酸变成对应的酸酐,除了利用加热分解外,可采用适当的脱水剂,例如要将高氯酸变成其酸酐(Cl_2O_7),一般采用的脱水剂是　(C)

A. 发烟硝酸　　B. 发烟硫酸　　C. 五氧化二磷　　D. 碱石灰

18. 下列化合物,不属于多元酸的是　(BC)

A. H_3PO_4　　B. H_3PO_2　　C. H_3BO_3　　D. H_4SiO_4

19. 与NO_3^-离子结构相似的是　(BC)

A. PO_4^{3-}、SO_4^{2-}、ClO_4^-　　B. CO_3^{2-}、SiO_3^{2-}、SO_3

C. SO_3、CO_3^{2-}、BO_3^{3-}　　D. NO_2^-、SO_3^{2-}、PO_4^{3-}

20. 硝酸盐热分解可以得到单质的是　(A)

A. $AgNO_3$　　B. $Pb(NO_3)_2$　　C. $Zn(NO_3)_2$　　D. $NaNO_3$

5-3　填空题

1. 在Cl_2、I_2、CO、NH_3、H_2O_2、BF_3、HF、Fe等物质中, CO 与N_2的性质十分相似, HF 能溶解SiO_2, Fe能与 CO 形成羰基配合物, Cl_2 能溶于KI溶液, Cl_2、I_2 能在NaOH溶液中发生歧化反应, BF_3 具有缺电子化合物特征, Cl_2、I_2、H_2O_2 既有氧化性又有还原性, NH_3 是非水溶剂。

2. 指出下列分子中化学键类型及数目。□

(1) N_2O: $2\sigma+2\Pi_3^4$;(2) 亚磷酸: 6σ + 2个反馈d-pπ ;(3) B_2H_6: 4σ + 2个氢桥键 ;(4) H_2CO_3: $5\sigma+1\pi$;(5) O_3: $2\sigma+1\Pi_3^4$;(6) H_2SO_4: 6σ + 4个反馈d-pπ 。

3. NO_3^-离子是一种多原子离子,氮原子以 sp^2 杂化,分子中有3个σ键,1个符号为 Π_3^4 的离域π键,其空间构型为 平面正三角形 ;而PO_4^{3-}离子的空间构型为 正四面体 ,该离子中P—O键是由1个 σ配 键和2个 反馈d-pπ 键组成的。

4. CO分子中有10个价电子,与N_2分子互为 等电子 体,其结构式可表示为 :C—Ö: ,C和O的电负性虽相差很大,但由于 π配键 的原因,致使CO分子的偶极矩几乎为零。CO可作为一种配体与许多过渡金属作用,形成一类称为 金属羰基化合物 的配合物,如$Ni(CO)_4$。

5. 现有NH_4Cl、$(NH_4)_2SO_4$、Na_2SO_4、NaCl四种固体试剂,用 $Ba(OH)_2$ 一种试剂就可以把它们一一鉴别开。

6. 按要求排序(用">"或"<"表示)。□

(1) $HClO_4$、H_2SO_4、H_3PO_4、H_4SiO_4的酸性: $HClO_4>H_2SO_4>H_3PO_4>H_4SiO_4$;

(2) HF、HCl、HBr、HI的沸点: HF > HI > HBr > HCl ;

(3) HClO、$HClO_2$、$HClO_3$、$HClO_4$的氧化能力：$HClO > HClO_2 > HClO_3 > HClO_4$；

(4) HF、HCl、HBr、HI的酸性：$HI > HBr > HCl > HF$；

(5) NH_3、PH_3的碱性：$NH_3 > PH_3$；□

(6) ClO_3^-、BrO_3^-、IO_3^-的氧化能力：$ClO_3^- < BrO_3^- > IO_3^-$ 或 $BrO_3^- > ClO_3^- > IO_3^-$；

(7) NaClO、$NaClO_2$、$NaClO_3$、$NaClO_4$的碱性：$NaClO > NaClO_2 > NaClO_3 > NaClO_4$；

(8) $(NH_4)_2CO_3$、NH_4HCO_3、H_2CO_3、Na_2CO_3的热稳定性：$Na_2CO_3 > (NH_4)_2CO_3 > NH_4HCO_3 > H_2CO_3$；

(9) $BeCO_3$、$MgCO_3$、$CaCO_3$、$BaCO_3$的热稳定性：$BeCO_3 < MgCO_3 < CaCO_3 < BaCO_3$。

5-4 完成下列方程式

1. 氯水滴加到碘化钾溶液中直至过量。

解　$2\,I^- + Cl_2 \longrightarrow I_2 + 2\,Cl^-$

$6\,H_2O + I_2 + 5\,Cl_2 \longrightarrow 2\,IO_3^- + 10\,Cl^- + 12\,H^+$

2. 氯气、碘水在室温条件下分别与氢氧化钠作用。

解　$Cl_2 + 2\,NaOH \longrightarrow NaCl + NaClO + H_2O$

$3\,I_2 + 6\,NaOH \longrightarrow 5NaI + NaIO_3 + 3\,H_2O$

3. H_2O_2具氧化、还原作用，试各举一例。

解　$H_2O_2 + 2\,Fe^{2+} + 2\,H_3O^+ \longrightarrow 2\,Fe^{3+} + 4\,H_2O$

$5\,H_2O_2 + 2\,MnO_4^- + 6\,H^+ \longrightarrow 2\,Mn^{2+} + 5\,O_2\uparrow + 8\,H_2O$

4. 分别通H_2S于$FeCl_3$溶液、$CuSO_4$溶液中。

解　$H_2S + 2\,Fe^{3+} \longrightarrow 2\,Fe^{2+} + 2\,H^+ + S\downarrow$

$H_2S + Cu^{2+} \longrightarrow CuS\downarrow + 2\,H^+$

5. 侯德榜于1942年提出侯氏制碱法，以食盐、氨和CO_2为原料生产纯碱和氯化铵。

解　$NaCl(饱和) + NH_3 + H_2O + CO_2 \longrightarrow NH_4Cl + NaHCO_3\downarrow$

$2\,NaHCO_3 \longrightarrow Na_2CO_3 + H_2O + CO_2\uparrow$

6. 亚硫酸氢盐作还原剂，从碘酸盐制取碘；化学分析中利用碘与硫代硫酸钠反应，作为“碘量法”的基础。

解　$5\,HSO_3^- + 2\,IO_3^- \longrightarrow 3\,H^+ + 5\,SO_4^{2-} + H_2O + I_2$

$I_2 + 2\,S_2O_3^{2-} \longrightarrow S_4O_6^{2-} + 2\,I^-$

5-5 简答题

1. 氯的电负性比氧小，但为何很多金属都比较容易和氯作用，而与氧反应较困难？

解　因为氧气的解离能比氯气的要大得多，并且氧的第一、第二电子亲和能之和为较大正值（吸热），而氯的电子亲和能为负值，因此，很多金属同氧作用较困难，比较容易和氯气作用；此外，同种金属的卤化物的挥发性比氧化物更强，也导致容易形成卤化物。

2. 氮和磷同类且相邻，试从氮和磷的分子结构说明为什么常温下氮气很不活泼，常可作为保护气体，而白磷却那么活泼，在空气中会自燃。

解　N_2分子中存在氮氮三键（$1\sigma+2\pi$），键能大，常温下很不活泼。而白磷分子是由磷磷单键通过正四面体结构形成，其键角为60°，分子中存在张力，很活泼。

3. 为什么$SiCl_4$水解而CCl_4不水解？

解　$SiCl_4$中的Si是第三周期元素，其最外层是M层，具有空的3d轨道，可接受H_2O中

OH^-提供的孤电子对而水解,水解反应式为:$SiCl_4 + 4\ H_2O \longrightarrow H_4SiO_4 + 4\ HCl$;而$CCl_4$无空的价轨道,不能接受孤电子对,因此不能水解。

4. 为什么说H_3BO_3是一个一元弱酸?

解　H_3BO_3是一个一元弱酸,它的酸性是由于B的缺电子性而加合了来自H_2O中氧原子上的孤电子对形成配键,而释放出H^+,使溶液的$c(H^+)$大于$c(OH^-)$的结果:$B(OH)_3 + 2\ H_2O \longrightarrow [B(OH)_4]^- + H_3O^+$。

5. 硝酸是常见的氧化剂,它与金属反应的还原产物主要取决于哪些因素?最常见的还原产物是哪些?热力学证明HNO_3被还原为单质N_2的倾向很大,但事实上HNO_3很少被还原为N_2,为什么?

解　硝酸还原产物取决于硝酸的浓度、金属活泼性和反应温度。常见的还原产物有NO_2、NO、N_2O、N_2、NH_4^+。热力学只能说明HNO_3被还原为单质N_2的倾向,即反应的可能性,而现实反应中还得考虑反应速率,即反应的动力学问题,因为该反应速度太慢,所以HNO_3很少被还原为N_2。

6. 单独用硝酸或盐酸不能溶解金或铂等不活泼金属,但用王水却能使之溶解。

解　因为王水中的硝酸具氧化作用,而盐酸中的氯离子具配位作用。

$Au + 4\ HCl + HNO_3 \longrightarrow HAuCl_4 + NO\uparrow + 2\ H_2O$

$3\ Pt + 4\ HNO_3 + 18\ HCl \longrightarrow 3\ H_2[PtCl_6] + 4\ NO\uparrow + 8\ H_2O$

5-6 推断题

1. 有一种白色固体A,加入油状无色液体B,可得紫黑色固体C。C微溶于水,加入A后C的溶解度增大,成棕色溶液D。将D分成两份,一份中加一种无色溶液E,另一份通入气体F,都褪色成无色透明溶液,E溶液遇酸有淡黄色沉淀,将气体F通入溶液E,在所得的溶液中加入$BaCl_2$溶液有白色沉淀,后者难溶于HNO_3。问A至F各代表何物质?用反应式表示以上过程。

解　A:KI;B:浓H_2SO_4;C:I_2;D:KI_3;E:$Na_2S_2O_3$;F:Cl_2。

有关化学反应方程式:

A+B→C: $2\ I^- + SO_4^{2-} + 4\ H^+ \longrightarrow I_2 + SO_2\uparrow + 2\ H_2O$

A+C→D: $I^- + I_2 \longrightarrow I_3^-$

D+E: $I_3^- + 2\ S_2O_3^{2-} \longrightarrow S_4O_6^{2-} + 3\ I^-$

D+F: $2\ I_3^- + Cl_2 \longrightarrow 3\ I_2 + 2\ Cl^-$

E+酸: $2\ H^+ + S_2O_3^{2-} \longrightarrow S\downarrow + SO_2\uparrow + H_2O$

E+F: $2\ OH^- + S_2O_3^{2-} + 2\ Cl_2 \longrightarrow SO_4^{2-} + 4\ Cl^- + H_2O$

$SO_4^{2-} + Ba^{2+} \longrightarrow BaSO_4\downarrow$

2.今有白色的钠盐晶体A和B。A和B都溶于水,A的水溶液呈中性,B的水溶液呈碱性。A溶液与$FeCl_3$溶液作用,溶液呈棕色。A溶液与$AgNO_3$溶液作用,有淡黄色沉淀析出。晶体B与浓盐酸反应,有黄绿色气体产生,此气体同冷NaOH溶液作用,可得到含B的溶液。在酸性介质中,向A溶液中开始滴加B溶液时,溶液呈红棕色;若继续滴加过量的B溶液,则溶液的红棕色消失。试判断白色晶体A和B各为何物?写出有关的反应方程式。

解　A:NaBr;B:NaClO。

有关化学反应方程式:

A+$FeCl_3$: $2\ Br^- + 2\ Fe^{3+} \longrightarrow Br_2 + 2\ Fe^{2+}$

A+ $AgNO_3$：$Br^- + Ag^+ \longrightarrow AgBr\downarrow$

B+浓 HCl：$NaClO + 2\,HCl \longrightarrow Cl_2\uparrow + H_2O + NaCl$

Cl_2+NaOH→B：$Cl_2 + 2\,NaOH \longrightarrow NaCl + NaClO + H_2O$

A+B：$ClO^- + 2\,Br^- + 2H^+ \longrightarrow Br_2 + H_2O + Cl^-$

A+B(过量)：$ClO^- + Br^- \longrightarrow BrO^- + Cl^-$

3. 14 mg某黑色固体A，与浓NaOH共热时产生22.4 mL无色气体B（标况下）。A燃烧的产物为白色固体C，C与氢氟酸反应时，能产生一无色气体D，D通入水中时产生白色沉淀E及溶液F。E用适量的NaOH溶液处理可得溶液G，G中加入氯化铵溶液则E重新沉淀。溶液F加过量的NaCl时得一无色晶体H。试判断各字母所代表的物质，用反应式表示以上过程。

解　A：Si；B：H_2；C：SiO_2；D：SiF_4；E：H_2SiO_3；F：H_2SiF_6；G：Na_2SiO_3；H：Na_2SiF_6。

有关化学反应方程式：

A+浓 NaOH→B：$Si + 2\,NaOH + H_2O \longrightarrow Na_2SiO_3 + 2\,H_2\uparrow$

A+O_2→C：$Si + O_2 \longrightarrow SiO_2$

C+HF→D：$SiO_2 + 4\,HF \longrightarrow SiF_4\uparrow + 2\,H_2O$

D+H_2O→E+F：$3\,SiF_4 + 3\,H_2O \longrightarrow H_2SiO_3\downarrow + 2\,H_2SiF_6$

E+NaOH→G：$H_2SiO_3 + 2\,NaOH \longrightarrow Na_2SiO_3 + 2\,H_2O$

G+NH_4Cl→E：$Na_2SiO_3 + 2\,NH_4Cl \longrightarrow H_2SiO_3\downarrow + 2\,NaCl + 2\,NH_3\uparrow$

F+NaCl(过量)→H：$H_2SiF_6 + 2\,NaCl \longrightarrow Na_2SiF_6 + 2\,HCl$

4. 一种无色的钠盐晶体A，易溶于水，向所得的水溶液中加入稀HCl，有淡黄色沉淀B析出，同时放出刺激性气体C。C通入酸性$KMnO_4$溶液，可使其褪色；C通入H_2S溶液又生成B。若通氯气于A溶液中，再加入Ba^{2+}，则产生不溶于酸的白色沉淀D。A溶液遇碘液褪色。试根据以上反应的现象推断A、B、C、D各是何物，写出A分别与稀HCl、氯气、碘液反应的方程式。

解　A：$Na_2S_2O_3$；B：S；C：SO_2；D：$BaSO_4$。

A分别与稀HCl、氯气、碘液反应的方程式：

A+稀 HCl：$2\,H^+ + S_2O_3^{2-} \longrightarrow S\downarrow + SO_2\uparrow + H_2O$

A+氯气：$2\,OH^- + S_2O_3^{2-} + 2\,Cl_2 \longrightarrow SO_4^{2-} + 4\,Cl^- + H_2O$

A+碘液：$I_2 + 2\,S_2O_3^{2-} \longrightarrow S_4O_6^{2-} + 2\,I^-$

5-7 分离鉴别题

对含有三种硝酸盐的白色固体进行下列实验：① 取少量固体A加入水溶解后，再加NaCl溶液，有白色沉淀；② 将沉淀离心分离，取离心液二份，一份加入少量H_2SO_4，有白色沉淀产生；一份加$K_2Cr_2O_7$溶液，有柠檬黄色沉淀；③ 在A所得沉淀中加入过量的氨水，白色沉淀转化为灰白色沉淀，部分沉淀溶解；将沉淀离心分离，得离心液B；④ 在离心液B中加入过量硝酸，又有白色沉淀产生。试推断白色固体含有哪三种硝酸盐，并写出有关的反应式。

解　可能的三种硝酸盐为：$AgNO_3$、$Ba(NO_3)_2$和$Hg_2(NO_3)_2$。有关反应式如下：

① $Ag^+ + Cl^- \longrightarrow AgCl\downarrow$（白）；$Hg_2^{2+} + 2Cl^- \longrightarrow Hg_2Cl_2\downarrow$（白）

② $Ba^{2+} + HSO_4^- \longrightarrow BaSO_4\downarrow$（白）$+ H^+$

$2\,Ba^{2+} + Cr_2O_7^{2-} + H_2O \longrightarrow 2\,BaCrO_4\downarrow$（柠檬黄）$+ 2\,H^+$

③ $AgCl + 2\,NH_3 \longrightarrow [Ag(NH_3)_2]^+ + Cl^-$

$Hg_2Cl_2 + 2NH_3 \longrightarrow Hg(NH_2)Cl\downarrow$(白)$+ Hg\downarrow$(黑)$+ NH_4Cl$

④ $[Ag(NH_3)_2]^+ + Cl^- + 2H^+ \longrightarrow AgCl\downarrow$(白)$+ 2NH_4^+$

5.4　自测题及答案

一、是非题

1. 氢有三种同位素氕(H)、氘(D)、氚(T),其中主要是H。(　　)

2. 稀有气体都是单原子分子,它们间的作用力只有色散力。(　　)

3. $CuSO_4$溶液与KI的反应中,I^-既是还原剂又是沉淀剂。(　　)

4. 卤素单质水解反应进行的程度由Cl_2到I_2依次减弱。(　　)

5. 在氢卤酸中,因为氟的非金属性强,所以氢氟酸的酸性最强。(　　)

6. 除HF外,可用卤化物与浓硫酸反应制取卤化氢。(　　)

7. O_3和SO_2具有类似的V字形结构。中心原子都以sp^2杂化,原子间除以σ键相连外,还存在Π_3^4的离域π键。它们结构的主要不同点在于键长、键能和键角不同。(　　)

8. 双氧水的几何结构是直线形,为非极性分子。(　　)

9. 过氧化氢的分解就是它的歧化反应,在碱性介质中分解速率远比在酸性介质中快。(　　)

10. 用稀H_2O_2水溶液可使已变暗的古油画恢复原来的白色。(　　)

11. P_4O_{10}可用作高效脱水剂及干燥剂。(　　)

12. BF_3、BCl_3属于缺电子化合物,遇水发生水解,生成硼酸和氢卤酸。(　　)

13. H_3PO_4是具有高沸点的三元中强酸,一般情况下没有氧化性。(　　)

14. H_3BO_3在水中是一元弱酸。(　　)

15. 石墨晶体中层与层之间的结合力是范德华力。(　　)

二、选择题

1. H_2在常温下不太活泼的原因是(　　)

A. 常温下有较高的解离能　　B. 氢的电负性较小

C. 氢的电子亲和能较小　　D. 以上原因都有

2. 有关稀有气体叙述正确的是(　　)

A. 都具有8电子稳定结构　　B. 常温下都是气态

C. 常温下密度都较大　　D. 常温下在水中的溶解度较大

3. F的电子亲和能和F_2的解离能小于氯,其主要原因是元素F(　　)

A. 原子半径小,电子密度大,斥力大　　B. 原子半径大,电负性大

C. 原子半径小,电离能高　　D. 以上三者都有

4. 硼的独特性质表现在(　　)

A. 能生成正氧化态化合物如BN,其他非金属则不能

B. 能生成负氧化态化合物,其他非金属则不能

C. 能生成大分子

D. 在简单的二元化合物中总是缺电子的

5. 下列化合物与H_2O反应能放出HCl的是(　　)

A. CCl_4　　B. NCl_3　　C. $POCl_3$　　D. Cl_2O_7

6. 下列有关$Na_2S_2O_3$的叙述正确的是　（　）

A. 在酸中不分解　　B. 在溶液中可氧化非金属单质

C. 与I_2反应得SO_4^{2-}　　D. 可以作为配位剂(即配体)

7. 工业上生产H_2SO_4不用水吸收SO_3,原因是　（　）

A. SO_3极易吸水生成H_2SO_4并放出大量的热

B. 大量的热使水蒸气与SO_3形成酸雾液滴

C. 液滴体积较大,扩散较慢,影响吸收速度与吸收效率

D. 以上三种都是

8. 用于制备$K_2S_2O_8$的方法是　（　）

A. 在过量的硫酸存在下,用高锰酸钾使K_2SO_4氧化

B. 在K^+离子存在下,往发烟硫酸中通入空气

C. 在K^+离子存在下,电解使硫酸发生阳极氧化作用

D. 用氯气氧化硫代硫酸钾$K_2S_2O_3$

9. 用煤气灯火焰加热硝酸盐时,可分解为金属氧化物、NO_2和O_2的是　（　）

A. $NaNO_3$　　B. $LiNO_3$　　C. $AgNO_3$　　D. $CsNO_3$

10. 有关H_3PO_4、H_3PO_3、H_3PO_2不正确的论述是　（　）

A. 氧化态分别是+5、+3、+1　　B. 都具有还原性

C. 三种酸在水中的解离度相近　　D. 都是三元酸

11. 磷的单质中,热力学上最稳定的是　（　）

A. 红磷　　B. 白磷　　C. 黑磷　　D. 黄磷

12. 关于五氯化磷(PCl_5),下列说法中不正确的是　（　）

A. 它由氯与PCl_3反应制得

B. 它完全水解生成磷酸H_3PO_4

C. 它在气态时的空间结构为三角双锥,为极性分子

D. 它的固体状态是结构式为$[PCl_4^+][PCl_6^-]$的晶体

13. 对于H_2O_2和N_2H_4,下列叙述正确的是　（　）

A. 都是二元弱酸　　B. 都是二元弱碱

C. 都具有氧化性和还原性　　D. 都可与氧气作用

14. 铂能溶于王水,生成氢氯铂酸,其原因是　（　）

A. 硝酸的强氧化性和强酸性　　B. 硝酸的强氧化性和氯离子的配合性

C. 盐酸的强氧化性　　D. 硝酸的强氧化性和盐酸的强酸性

15. 向含I^-的溶液中通入Cl_2,其产物可能是　（　）

A. I_2和Cl^-　　B. IO_3^-和Cl^-　　C. ICl_2^-　　D. 以上产物均有可能

16. 下列气体中能用氯化钯($PdCl_2$)稀溶液检验的是　（　）

A. O_3　　B. CO_2　　C. CO　　D. Cl_2

17. 下列反应不可能按下式进行的是　（　）

A. $2\,NaNO_3 + H_2SO_4$(浓)$\longrightarrow Na_2SO_4 + 2\,HNO_3$

B. $2\,NaI + H_2SO_4$(浓)$\longrightarrow Na_2SO_4 + 2\,HI$

C. $CaF_2 + H_2SO_4$(浓) $\longrightarrow CaSO_4 + 2\ HF$

D. $2\ NH_3 + H_2SO_4 \longrightarrow (NH_4)_2SO_4$

18. 在热碱性溶液中,次氯酸根离子不稳定,它的分解产物是 ( )

A. Cl^-和Cl_2　B. Cl^-和ClO_3^-　C. Cl^-和ClO_2^-　D. Cl^-和ClO_4^-

19. 下列物质易爆的是 ( )

A. $Pb(NO_3)_2$　B. $Pb(N_3)_2$　C. $PbCO_3$　D. $KMnO_4$

20. CO与金属形成配合物的能力比N_2强的原因是 ( )

A. C原子电负性小,易给出孤对电子

B. C原子外层有空d轨道,易形成反馈键

C. CO的活化能比N_2低

D. 在CO中由于$C^-\leftarrow O^+$配键的形成,使C原子负电荷偏多,加强了CO与金属的配位能力

三、填空题

1. 写出下列物质的化学式或俗称:

小苏打:________,水玻璃:________,五氧化二磷:________,叠氮酸:________,$Na_2B_4O_5(OH)_4\cdot 8H_2O$:________,$Na_2S_2O_3\cdot 5H_2O$:________。

2. 指出下列物质分子中除σ键外的化学键型:

(1)SO_3:________,(2)NO_2:________,(3)CO_2:________。

3. 下列氢化物(1) BaH_2,(2) SiH_4,(3) NH_3,(4) AsH_3,(5) $PdH_{0.9}$,(6) HI,(7) B_2H_6中,________(填序号)是似盐型;________是金属型;分子型的有________,其中________是缺电子。

4. 实验室常用________鉴定少量H_2O_2,在酸性条件下,两者反应形成________,该物质在乙醚中显________色。

5. 最简单的硼氢化合物是________,其结构式为________。其中硼与硼原子间的化学键是________。

6. BN是一种重要的无机材料,六方BN与________晶体结构相似,但它是无色的绝缘体,在高温、高压下,六方BN可以转变为立方BN,此时它与________晶体结构相似。

7. 按要求由高到低排序(用"＞"表示):

(1) BF_3、BBr_3的沸点:________________;

(2) HClO、HBrO、HIO的酸性:________________;

(3) NH_3 NH_2NH_2 NH_2OH的碱性:________________;

(4) ClO_3^-、BrO_3^-、IO_3^-的氧化性:________________;

(5) NH_3、PH_3、AsH_3的键角:________________;

(6) $CaCO_3$、$ZnCO_3$、Na_2CO_3、$(NH)_2CO_3$的热稳定性:________________;

(7) $CaSO_4$、$CaSiO_3$、$Ca(HCO_3)_2$、$CaCO_3$、H_2CO_3的热稳定性:________________。

8. 根据Pauli规则,粗略估计下列各酸属几元酸及pK_{a1}值:

H_3PO_2________; H_3PO_4________; $HClO_4$________; $HClO_3$________。

四、完成下列方程式

1. 碘量法测定Cu^{2+}的反应;

2. $PdCl_2$水溶液检验微量CO的存在;

3. 亚硝酸作为氧化剂氧化I^-和作为还原剂还原MnO_4^-；

4. 硼砂作为基准物标定盐酸的浓度；

5. $Na_2S_2O_3$溶液中分别滴加碘液、氯水；

6. 以碳酸钠和硫黄为原料制备硫代硫酸钠。

五、简答题

1. 试回答HN_3中两个N—N键长为什么不相等。

2. 有人称王水为“三效试剂”，举例说明之。

3. 六方晶体氮化硼与石墨在结构及性质上有何异同？

4. 如何用浓氨水检查氯气管道是否漏气？

5. 为什么ⅤA族元素卤化物NCl_3、PCl_3、$BiCl_3$水解产物不同？

6. 为什么很浓的HF水溶液是强酸？

7. 稀有气体为什么不形成双原子分子？

8. 用NH_4SCN溶液检出Co^{2+}时，如有少量Fe^{3+}存在，应如何处理？

9. 为什么一般情况下浓硝酸被还原为NO_2，而稀硝酸被还原为NO，这与它们的氧化能力的强弱是否矛盾？

10. 给出两种检验砷毒(As_2O_3)的方法。

六、推断题

1. 将一常见的易溶于水的钠盐A与浓硫酸混合后加热得无色气体B。将B通入酸性高锰酸钾溶液后有黄绿色气体C生成。将C通入另一钠盐D的水溶液中则溶液变黄、变橙，最后变为红棕色，说明有单质E生成。向E中加入氢氧化钠溶液得无色溶液F，当酸化该溶液时又有E出现。请问A、B、C、D、E、F各为何物质？写出B→C、E→F的方程式。

2. 已知某化合物是一种钾盐，溶于水得负离子A，酸化加热即产生黄色沉淀B，与此同时有气体C产生，将B和C分离后，溶液中除K^+外，还有D。把气体C通入酸性的$BaCl_2$溶液中并无沉淀产生，但通入含有H_2O_2的$BaCl_2$溶液中，则生成白色沉淀E。B经过过滤干燥后，可在空气中燃烧，燃烧产物全部为气体C。经过定量测定，从A分解出来的产物B在空气中完全燃烧变成气体C的体积在相同条件下是气体C体积的2倍。分离出B和C后的溶液中如果加入一些Ba^{2+}溶液，则生成白色沉淀。从以上事实判断A至E各是什么物质？写出有关反应的化学方程式。

3. 化合物A和B均是能溶于水的白色的钠盐晶体，A的水溶液呈中性，B的水溶液呈碱性。A溶液与$FeCl_3$溶液作用，溶液呈棕色，该溶液用CCl_4萃取，CCl_4层呈紫色；A溶液与$AgNO_3$溶液作用有黄色析出。晶体B与浓盐酸反应，有黄绿色气体产生，此气体同冷的NaOH溶液作用，可得到含B的溶液，向A溶液中滴加B溶液时，溶液开始呈红棕色，若继续滴加过量B溶液，则溶液的红棕色消失。试问白色晶体A和B各为何物？写出有关化学反应方程式。

七、分离鉴别题

1. 有一份白色固体混合物，其中可能含有KCl、$MgSO_4$、$BaCl_2$、$CaCO_3$，根据下列实验现象，判断混合物由哪几种化合物组成？

(1)混合物溶于水，得无色溶液；

(2)进行焰色反应，通过钴玻璃观察到紫色；

(3)向溶液中加入碱，产生白色胶状沉淀。

2. 一固体混合物可能含有$Ba(NO_3)_2$、Na_2SO_4、$MgCO_3$、$AgNO_3$和$CuSO_4$，投入水中得到无色

溶液和白色沉淀;将溶液进行焰色反应,火焰呈黄色;沉淀可溶于稀盐酸并放出气体。判断哪些物质肯定存在,哪些物质肯定不存在,并分析原因。

3. 已知有五瓶透明溶液:$FeCl_3$、Na_2CO_3、KCl、Na_2SO_4和$Ba(NO_3)_2$。除以上五种溶液外,不用任何其他试剂和试纸,请将它们一一区别出来。

4. 碳酸盐A、B、C的分解温度如下:(已知:$p(CO_2)$= 101.325 kPa)

MCO_3	A	B	C
分解温度/℃	1172	1633	562

已知它们是Ca、Cd、Ba的盐,且$r(Ca^{2+})$ = 100 pm,$r(Cd^{2+})$ = 95 pm,$r(Ba^{2+})$ = 135 pm。鉴别出这些化合物,并叙述鉴别的理由。

参考答案

一、是非题

1. √ 2. √ 3. √ 4. √ 5. × 6. × 7. √ 8. × 9. √ 10. √ 11. √ 12. × 13. √ 14. √ 15. √

二、选择题

1. A 2. B 3. A 4. D 5. C 6. D 7. D 8. C 9. B 10. BD 11. C 12. C 13. C 14. B 15. D 16. C 17. B 18. B 19. B 20. D

三、填空题

1. $NaHCO_3$;Na_2SiO_3或$Na_2O\cdot nSiO_2$;P_4O_{10};HN_3;硼砂;海波或大苏打

2.(1) Π_4^6;(2) Π_3^3;(3) Π_3^4

3. (1);(5);(2)(3)(4)(6)(7);(7)

4. 重铬酸钾;CrO_5;蓝

5. B_2H_6; 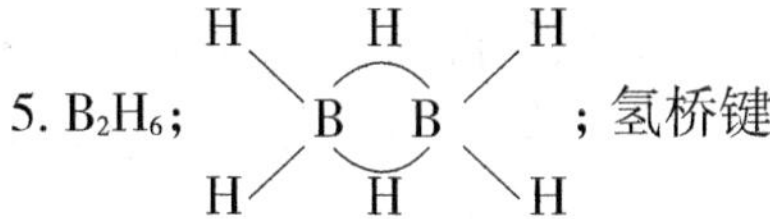 ;氢桥键

6. 石墨;金刚石

7. (1) $BBr_3 > BF_3$;

(2)$HClO>HBrO>HIO$;

(3) $NH_3> N_2H_4 >NH_2OH$;

(4) $BrO_3^- > ClO_3^- > IO_3^-$;

(5) $NH_3 > PH_3 > AsH_3$;

(6) $Na_2CO_3 > CaCO_3 > ZnCO_3 > (NH)_2CO_3$;

(7) $CaSiO_3>CaSO_4>CaCO_3>Ca(HCO_3)_2>H_2CO_3$。

8. 一元酸 $pK_{a1} \approx 2$;三元酸 $pK_{a1} \approx 2$;一元酸 $pK_{a1} \approx -8$;一元酸 $pK_{a1} \approx -3$

四、完成下列方程式

1. $4\ I^- + 2\ Cu^{2+} \longrightarrow I_2 + 2\ CuI\downarrow$

$I_2 + 2\ S_2O_3^{2-} \longrightarrow 2\ I^- + S_4O_6^{2-}$

2. $PdCl_2+CO+ H_2O \longrightarrow Pd\downarrow +CO_2\uparrow +2\ HCl$

3. $2\ HNO_2 + 2\ I^- + 2\ H_3O^+ \longrightarrow 2\ NO\uparrow + I_2 + 4\ H_2O$

$5\ NO_2^- + 2\ MnO_4^- + 6\ H_3O^+ \longrightarrow 5\ NO_3^- + 2\ Mn^{2+} + 9\ H_2O$

4. $Na_2B_4O_7 + 5\ H_2O + 2\ HCl \longrightarrow 4\ H_3BO_3 + 2\ NaCl$

5. $S_2O_3^{2-} + 4Cl_2 + 5\ H_2O \longrightarrow 2\ SO_4^{2-} + 8\ Cl^- + 10\ H^+$

$2\ S_2O_3^{2-} + I_2 \longrightarrow S_4O_6^{2-} + 2\ I^-$

6. $S + O_2 \longrightarrow SO_2$

$SO_2 + Na_2CO_3 \longrightarrow Na_2SO_3 + CO_2$

$Na_2SO_3 + S \longrightarrow Na_2S_2O_3$

五、简答题

1.分子中三个 N 原子以直线相连。靠近 H 原子的第1个 N 原子(N1)是 sp^2 杂化的,第2个 N 原子和第3个 N 原子(N2、N3)是 sp 杂化的,在三个N原子间存在一个 Π_3^4 的离域π键,N2 和 N3 之间还有一个π键,使得N1 和 N2 的距离大于N2 和 N3的距离。

2. 王水中含有强氧化剂HNO_3,又含有配位能力较强的Cl^-,同时王水具有很强的酸性,所以有人称其为"三效试剂",如王水能溶解金,$Au + HNO_3 + 4\ HCl \longrightarrow H[AuCl_4] + NO\uparrow + 2\ H_2O$。

3. 二者为等电子体,均为层状结构,均有滑腻感,可用作润滑剂;石墨中相邻两层的六边形以交错方式排布,六方氮化硼则是重叠排布,BN是无色的绝缘体,石墨是电的良导体,这是因为氮的电负性较大,π键上的电子在很大程度上被定域在氮周围,不能自由流动。

4. NH_3被Cl_2氧化生成N_2及HCl,HCl遇浓氨水冒白烟。$3\ Cl_2 + 2\ NH_3 \longrightarrow N_2 + 6\ HCl$,$NH_3 + 6\ HCl \longrightarrow NH_4Cl$(白烟)。

5. 原因是N无3d轨道,水作为亲核体进攻氯形成中间产物;另外$BiCl_3$水解中间产物BiOCl难溶于水。$NCl_3 + 3\ H_2O \longrightarrow NH_3\uparrow + 3\ HOCl$,$PCl_3 + 3\ H_2O \longrightarrow H_3PO_3 + 3\ HCl$,$BiCl_3 + H_2O \longrightarrow BiOCl\downarrow + 2\ HCl$。

6. 因为F^-有很强的结合质子的能力,与未电离的HF之间以氢键的方式结合,生成很稳定的 HF_2^-:$HF + F^- \longrightarrow HF_2^-$,从而有效地降低了溶液中的$F^-$浓度,促使原来存在的$HF + H_2O \rightleftharpoons H_3O^+ + F^-$向右移动,HF的电离度增大,因而当HF水溶液很浓时(5~15 $mol\cdot L^{-1}$),就变成了强酸。

7. 稀有气体原子的价层均为饱和的8电子稳定结构(He为2电子),电子亲和能都接近于零,而且均具有很高的电离能,因此稀有气体原子在一般条件下不易得失电子而形成化学键,即稀有气体在一般条件下以单原子分子形式存在。

8. 用NH_4SCN溶液检出Co^{2+}时,如有少量Fe^{3+}存在,应加入NH_4F使Fe^{3+}转变成$[FeF_6]^{3-}$而得以掩蔽。

9. 浓、稀硝酸都是强氧化剂,它们的还原产物随还原剂的不同而不同。一般来说,浓硝酸的还原产物为NO_2,稀硝酸的还原产物为NO,这与它们的氧化能力的强弱不矛盾。原因是:浓硝酸的氧化性强于稀硝酸,若还原产物为NO,但浓硝酸的强氧化能力也会将NO氧化成NO_2,因此,浓硝酸一般被还原为NO_2。

10. $As_2O_3 + 6\ Zn + 12\ HCl \longrightarrow 2\ AsH_3\uparrow + 6\ ZnCl_2 + 3\ H_2O$

基于AsH_3的热不稳定性——马氏试砷法:

$2\ AsH_3 \xrightarrow{\Delta} 2\ As\downarrow + 3\ H_2$,$AsH_3$在无氧条件下通过加热的玻管形成亮黑色"砷镜";基

于AsH_3的还原性——古氏试砷法：

$2\ AsH_3 + 12\ AgNO_3 + 3\ H_2O \longrightarrow As_2O_3\downarrow + 12\ HNO_3 + 12\ Ag\downarrow$，形成"银镜"。

六、推断题

1. A：NaCl；B：HCl；C：Cl_2；D：NaBr；E：Br_2；F：NaBr和$NaBrO_3$。

有关反应的化学方程式：

B → C：$10\ Cl^- + 2\ MnO_4^- + 16\ H^+ \longrightarrow 5\ Cl_2\uparrow + 2\ Mn^{2+} + 8\ H_2O$

E → F：$3\ Br_2 + 6\ NaOH \longrightarrow 5\ NaBr + NaBrO_3 + 3\ H_2O$

2. A：$S_4O_6^{2-}$；B：S；C：SO_2；D：H_2SO_4；E：$BaSO_4$。

有关反应的化学方程式：

$S_4O_6^{2-} \longrightarrow 2\ S\downarrow + SO_2\uparrow + SO_4^{2-}$

$SO_2 + H_2O_2 + Ba^{2+} \longrightarrow BaSO_4\downarrow + 2\ H^+$

3. A：NaI；B：NaClO。

有关反应的化学方程式：

$2\ I^- + 2\ Fe^{3+} \longrightarrow I_2 + 2\ Fe^{2+}$

$I^- + Ag^+ \longrightarrow AgI\downarrow$

$Cl^- + ClO^- + 2\ H^+ \longrightarrow Cl_2\uparrow + H_2O$

$Cl_2 + 2\ OH^- \longrightarrow Cl^- + ClO^- + H_2O$

$2\ I^- + ClO^- + H_2O \longrightarrow I_2 + Cl^- + 2\ OH^-$

$I_2 + 5\ ClO^- + 2\ OH^- \longrightarrow 2\ IO_3^- + 5\ Cl^- + H_2O$

七、分离鉴别题

1.(1)由混合物溶于水，得无色溶液，可判断该混合物中不含$CaCO_3$，并且$MgSO_4$和$BaCl_2$不能同时存在；

(2)进行焰色反应，通过钴玻璃观察到紫色，可判断该混合物中含KCl；

(3)向溶液中加入碱，产生白色胶状沉淀，可判断该混合物中含$MgSO_4$，由(1)可知不含$BaCl_2$。

综合以上三点分析，该混合物中含有KCl和$MgSO_4$两种化合物。

2. 肯定存在$MgCO_3$、Na_2SO_4。肯定不存在$Ba(NO_3)_2$、$AgNO_3$和$CuSO_4$。

投入水中得到无色溶液和白色沉淀，则$CuSO_4$肯定不存在。溶液进行焰色反应，火焰呈黄色，则Na_2SO_4肯定存在。沉淀可溶于稀盐酸并放出气体，则$MgCO_3$肯定存在。由于Na_2SO_4肯定存在，则$Ba(NO_3)_2$、$AgNO_3$肯定不存在，原因是$BaSO_4$、Ag_2SO_4不溶于稀盐酸。

3. 五瓶透明溶液中颜色是黄色的是$FeCl_3$溶液。取少量其余四种溶液，各加少量$FeCl_3$溶液，有红棕色絮状沉淀生成者为Na_2CO_3溶液。另取少量其余三种溶液，加入少量Na_2CO_3溶液，有白色沉淀产生者是$Ba(NO_3)_2$溶液。再取少量其余二种溶液，加入$Ba(NO_3)_2$溶液，有白色沉淀产生者是Na_2SO_4溶液，另一种即为KCl溶液。

4. 根据极化理论的观点，Cd^{2+}为18电子结构且半径小，极化力最大，其碳酸盐最不稳定。而对于碱土金属碳酸盐，极化作用越大，越不稳定，Ca^{2+}半径较Ba^{2+}小，极化力较大，故$BaCO_3$较$CaCO_3$稳定。因此，A为$CaCO_3$，B为$BaCO_3$，C为$CdCO_3$。

第6章

定量分析基础

6.1 知识结构

- 定量分析基础
  - 定量分析方法
    - 分类
      - 定性分析
      - 定量分析
        - 仪器分析
          - 电化学分析法
          - 光学分析法
          - 色谱分析法
        - 化学分析
          - 滴定分析（容量分析法）
            - 酸碱滴定
            - 配位滴定
            - 氧化还原滴定
            - 沉淀滴定
          - 重量分析
    - 程序
      - 试样的采集
        - ①气体试样采用集气法和富集法
        - ②液体试样应混匀后取样
        - ③固体样品采用“四分法”
      - ↓ 试样的预处理
        - ①无机试样的分解采用溶解分解法、熔融分解法
        - ②有机试样消化常采用干法灰化和湿法煮解
      - ↓ 干扰物质的分离
      - ↓ 选择合适测定方法测定
        - ①要符合分析目的和要求
        - ②要立足于被测组分的性质
        - ③固体样品采用“四分法”
        - ④要考虑共存组分的影响
        - ⑤应尽量与现有设备和技术相适应
      - ↓ 结果计算和数据处理等
  - 分析误差
    - 分类
      - ①系统误差（可定误差）
      - ②偶然误差（随机误差）
      - 校正方法 →
        - 对照实验、空白实验、校正仪器
        - 增加平行测定的次数
    - 表示方法
      - 准确度 → 误差
        - ①绝对误差：$E = x_i - x_T$
        - ②相对误差：$E_r = \frac{E}{x_T} \times 100\%$
      - 精密度是保证准确度的先决条件，高的精密度不一定能保证高的准确度
      - 精密度 → 偏差
        - ①绝对偏差与平均偏差：$d = x_i - \bar{x}$，$\bar{d} = \frac{\sum_i^n |x_i - \bar{x}|}{n}$
        - ②相对偏差与相对平均偏差：$d_r = \frac{d}{\bar{x}} \times 100\%$，$\bar{d}_r = \frac{\bar{d}}{\bar{x}} \times 100\%$
        - ③标准偏差与相对标准偏差：$s = \sqrt{\frac{\sum_{i=1}^n (x_i - \bar{x})^2}{n-1}}$，$RSD = \frac{s}{\bar{x}} \times 100\%$
  - 数据处理
    - 可疑值取舍：Q检验法，G检验法
    - 有效数字
      - 修约规则：四舍六入五留双
      - 计算规则
        - ①加减：以小数点后面位数最少的数为准
        - ②乘除：以有效数字位数最少的数为准
  - 滴定分析法
    - 滴定分析法对化学反应的要求
      - ①反应能定量完成
      - ②反应速率要快
      - ③必须有适当方法指示终点
      - ④要无副反应干扰
    - 方法
      - ①直接滴定法
      - ②返滴定法
      - ③置换滴定法
      - ④间接滴定法
    - 测定结果的计算 $t\,T + a\,A \longrightarrow c\,C + d\,D$（等物质的量规则）
      - $n(T):n(A) = t:a$
      - $c(A)V(A) = \frac{a}{t}c(T)V(T)$
      - $m(A) = \frac{a}{t}c(T)V(T)M(A)$
      - $w(A) = \frac{\frac{a}{t}c(T)V(T)M(A)}{m_s}$

6.2 重点知识剖析及例解

6.2.1 定量分析概述及样品处理

【知识要求】掌握定量分析的基本概念、方法及分类；了解定量分析的一般程序；了解试样的采取、制备和溶解方法。

【评注】定量分析按分析对象不同可分为无机分析和有机分析；按照分析方法所用手段不同可分为化学分析和仪器分析；按照试样用量不同可分为常量分析、半微量分析、微量分析、超微量分析等。一般定量分析的过程，包括试样的采取和制备、试样的称取和分解、测定方法的选择、干扰组分的处理、分析结果计算和数据处理等环节。

6.2.2 定量分析误差

【知识要求】理解误差的分类、表示方法与减免方法；掌握分析结果的准确度和精密度的概念、误差和偏差及其相互关系。

【评注】误差可分为系统误差和偶然误差。

系统误差包括方法误差、仪器误差、试剂误差及操作误差等，具有单向性和重复性。

偶然误差具有不确定性。

此外还有过失误差。在分析工作中，要避免过失误差。如发现过失误差，应将该次测定结果弃去不用(可用统计方法检查测定值是否保留)。

偶然误差和系统误差通常伴随出现。要提高分析结果的准确度，必须减小偶然误差，消除系统误差。误差的减免可：(1)选择合适的分析方法；(2)减小测量误差；(3)增加平行测定次数，减小偶然误差；(4)采用对照实验、空白实验、仪器校准、方法校准来检验并消除测量的系统误差。

【例题6-1】指出下列情况中哪些属于可以避免的过失误差。

(1)称量时试样吸收了空气中的水分；

(2)所用砝码被腐蚀；

(3)天平零点稍有变动；

(4)试样未经充分混匀；

(5)读取滴定管读数时，最后一位数字估计不准；

(6)蒸馏水或试剂中，含有微量被测定的离子；

(7)滴定时，操作者不小心从锥形瓶中溅失少量试剂。

解 (4)；(7)

【评注】有关误差的基本公式包括：绝对误差：$E = x_i - x_T$；相对误差：$E_r = \dfrac{E}{x_T} \times 100\%$；绝对偏差：$d = x_i - \bar{x}$；相对偏差：$d_r = \dfrac{d}{\bar{x}} \times 100\%$；平均偏差：$\bar{d} = \dfrac{\sum_i^n |x_i - \bar{x}|}{n}$；相对平均偏差：$\bar{d}_r = \dfrac{\bar{d}}{\bar{x}} \times 100\% = \dfrac{\sum_{i=1}^n |x_i - \bar{x}|}{n\bar{x}} \times 100\%$；标准偏差：$s = \sqrt{\dfrac{\sum_{i=1}^n (x_i - \bar{x})^2}{n-1}}$；相对标准偏差：

$RSD=\frac{s}{\bar{x}}\times100\%$。进行有关计算时，要注意误差的基本概念和公式，特别是它们之间的区别和联系。

【例题6-2】 如果要求分析结果达到0.2%或1%的准确度，问至少应用分析天平称取多少克试样？滴定时所用溶液体积至少要多少毫升？

解　根据仪器的准确度，分析天平称量的绝对误差为0.0002 g，滴定管的绝对误差为0.02 mL

0.2%的准确度时：$m=\frac{0.0002}{0.2\%}=0.1\text{ g}$　$V=\frac{0.02}{0.2\%}=10\text{ mL}$

1%的准确度时：$m=\frac{0.0002}{1\%}=0.02\text{ g}$　$V=\frac{0.02}{1\%}=2\text{ mL}$

【例题6-3】 分析某试样中蛋白质的含量，其结果为35.18%、34.92%、35.36%、35.11%、35.19%。试计算这组数据的平均值、平均偏差、相对平均偏差、标准偏差、相对标准偏差。

解　平均值：$\bar{x}=\frac{35.18\%+34.92\%+35.36\%+35.11\%+35.19\%}{5}=35.15\%$

单次测量的绝对偏差分别为：$d_1=0.03\%$；$d_2=-0.23\%$；$d_3=0.21\%$；$d_4=-0.04\%$；$d_5=0.04\%$

平均偏差：$\bar{d}=\frac{1}{n}\sum|d_i|=\frac{0.03+0.23+0.21+0.04+0.04}{5}=0.11\%$

相对平均偏差：$\bar{d}_r=\frac{\bar{d}}{\bar{x}}\times100\%=\frac{0.11\%}{35.15\%}\times100\%=0.31\%$

标准偏差：$s=\sqrt{\frac{\sum_{i=1}^{n}d_i^2}{n-1}}=\sqrt{\frac{(0.03\%)^2+(0.23\%)^2+(0.21\%)^2+(0.04\%)^2+(0.04\%)^2}{5-1}}=0.16\%$

相对标准偏差：$RSD=\frac{s}{\bar{x}}\times100\%=\frac{0.16\%}{35.15\%}\times100\%=0.46\%$

6.2.3　定量分析的数据处理

【知识要求】 掌握有效数字的意义及其计算；能够对分析结果有效数据进行统计处理，并学会可疑值的取舍。

【评注】 有效数字是实际上能测到的数字，记录数据所取的位数要考虑使用仪器的准确度。

"四舍六入五成双"是有效数字的修约规则，在修约数字时，只能一次修约到位，不能分次修约。

对于加减运算，误差是各个数据的绝对误差的传递，计算结果"与小数点后位数最少的一个数字相同"；在乘除运算时，误差是各个数据的相对误差的传递，计算结果"与有效数字位数最少的一个数字相同"；对于混合运算，应按照算式的运算顺序，分别按加减和乘除的修约规则进行分步修约。具体做法是：测定值先多保留一位有效数字（称为安全数），运算过程中再按上述规则将各数据进行修约，然后计算结果。

【例题6-4】 依据有效数字运算规则进行计算。

（1）$50.2+2.51-0.6581=$

（2）$0.0121\times25.66\div2.7156=$

（3）$\frac{0.0981\times(\frac{20.00-14.39}{100.0})\times\frac{162.206}{3}}{1.4182}\times100\%=$

解　(1) $50.2+2.51-0.6581=50.2+2.51-0.66=52.05=52.1$

(2) $0.0121\times25.66\div2.7156=0.0121\times25.66\div2.716=0.114$

(3) $\dfrac{0.0981\times(\dfrac{20.00-14.39}{100.0})\times\dfrac{162.206}{3}}{1.4182}\times100\%=\dfrac{0.0981\times\dfrac{5.61}{100.0}\times\dfrac{162.2}{3}}{1.418}\times100\%=21.0\%$

【评注】可疑数据取舍通常采用Q检验法和G检验法。

Q检验法：先按公式$Q_{计}=\dfrac{|x_{疑}-x_{邻}|}{x_{最大}-x_{最小}}$计算$Q_{计}$值；根据所要求的置信度查表得$Q_{p,n}$值；若$Q_{计}\geqslant Q_{p,n}$，则$x_{疑}$值舍去，否则保留。

G检验法：先按公式$G_{计}=\dfrac{|x_{疑}-\bar{x}|}{s}$计算$G_{计}$，查表与$G_{\alpha,n}$值进行比较，决定取舍，若$G_{计}\geqslant G_{\alpha,n}$，则可疑值应弃去，否则应保留。由于G检验法采用平均值$\bar{x}$和标准偏差s对可疑值取舍判断，故方法的准确性较好。

【例题6-5】测定农药中钴含量为：1.25、1.31、1.27、1.40 μg·g^{-1}。分别应用Q检验法和G检验法，说明1.40是否应该舍弃(置信水平为0.95)？

解　(1)Q检验法

将测定值按大小排序1.25、1.27、1.31、1.40

$$Q_{计}=\frac{|x_{疑}-x_{邻}|}{x_{最大}-x_{最小}}=\frac{1.40-1.31}{1.40-1.25}=0.60$$

查Q值表，当n=4时，$Q_{0.95,4}=0.84>0.60$，故按Q检验法，不应该舍弃

(2)G检验法

$$\bar{x}=\frac{1.25+1.31+1.27+1.40}{4}=1.31$$

$$s=\sqrt{\frac{\sum_{i=1}^{n}(x_i-\bar{x})^2}{n-1}}=\sqrt{\frac{(0.06)^2+(0.00)^2+(0.04)^2+(0.09)^2}{3}}=0.066$$

$$G_{计}=\frac{|x_{疑}-\bar{x}|}{s}=\frac{1.40-1.31}{0.066}=1.36$$

查G值表，当n=4时，$G_{0.05,4}$=1.46。因$G_{0.05,4}>G_{计}$，故测定值不应该舍弃

6.2.4　滴定分析方法概述及计算

【知识要求】了解滴定分析的基本概念和原理；掌握滴定分析对化学反应的要求、滴定方式；了解试剂规格，掌握标准溶液的配制；学会利用等物质的量规则对分析结果进行计算。

【评注】根据滴定时所用化学反应类型不同，滴定分析可分为酸碱滴定法、配位滴定法、沉淀滴定法及氧化还原滴定法四类。常用的滴定方式包括直接滴定法、返滴定法(回滴法或剩余量滴定法)、置换滴定法、间接滴定法四种。

【例题6-6】可用哪些方法测定Ca^{2+}？试写出化学反应方程式，并注明反应条件。

解　(1)酸碱滴定法：$Ca^{2+}\longrightarrow CaCO_3\xrightarrow{过量一定量HCl}Ca^{2+}$，以酚酞为指示剂，用NaOH标准溶液滴定过量HCl。

(2)配位滴定法：$Ca^{2+}+H_2Y^{2-}\longrightarrow CaY^{2-}+2H^+$，在pH≈10时，以铬黑T为指示剂，用

EDTA 直接滴定 Ca^{2+}。

(3)氧化还原滴定法：$Ca^{2+} \longrightarrow CaC_2O_4 \xrightarrow{强酸} H_2C_2O_4$，用 $KMnO_4$ 滴定 $H_2C_2O_4$ 来间接测量 Ca^{2+}：$2\ MnO_4^- + 5\ C_2O_4^{2-} + 16\ H^+ \longrightarrow 2\ Mn^{2+} + 10\ CO_2 + 8\ H_2O$。

(4)重量分析法：$Ca^{2+} \longrightarrow CaC_2O_4 \downarrow$，经过滤、洗涤、干燥，用天平称量 CaC_2O_4，再换算为 Ca^{2+}。

【评注】标准溶液的配制方法有直接配制法和间接配制法(标定法)。

直接配制法：准确称取一定量的基准试剂，溶解后配成一定体积的溶液，根据试剂的质量和体积，直接算出标准溶液的浓度。

间接配制法：先配成接近所需浓度的溶液，然后再用基准物质或用另一种物质的标准溶液来测定它的准确浓度。

【例题6–7】下列物质中哪些可以用直接法配制成标准溶液？哪些只能用间接法配制成标准溶液？

$FeSO_4$、$H_2C_2O_4 \cdot 2H_2O$、KOH、$KMnO_4$、$K_2Cr_2O_7$、$KBrO_3$、$Na_2S_2O_3 \cdot 5H_2O$、$SnCl_2$

解　直接法：$H_2C_2O_4 \cdot 2H_2O$、$K_2Cr_2O_7$、$KBrO_3$；间接法：$FeSO_4$、KOH、$KMnO_4$、$Na_2S_2O_3 \cdot 5H_2O$、$SnCl_2$。

【例题6–8】某同学配制 0.02 $mol \cdot L^{-1}$ $Na_2S_2O_3$ 500 mL，方法如下：在分析天平上准确称取 $Na_2S_2O_3 \cdot 5H_2O$ 2.482 g，溶于蒸馏水中，加热煮沸，冷却，转移至 500 mL 容量瓶中，加蒸馏水定容摇匀，保存待用。请指出其错误。

解　① $Na_2S_2O_3 \cdot 5H_2O$ 不纯且易风化，不能直接配制标准溶液，故不必准确称量，亦不应用容量瓶。

② 应当是将蒸馏水先煮沸(杀细菌、赶去 CO_2 和 O_2)、冷却，再加 $Na_2S_2O_3$。若加 $Na_2S_2O_3$ 共煮，易分解生成S。

③ 配好后还应加少量 Na_2CO_3 使溶液呈微碱性，以易于保存。

【评注】有关滴定分析的计算，主要依据是等物质的量规则，即滴定到达理论终点时，各反应物基本单元的物质的量彼此相等。在计算时要根据不同滴定方式的特点，结合滴定方式和反应物之间的物质的量关系，写出最终的待测物质和标准溶液之间的物质的量关系，再进行计算。

【例题6–9】用 $KMnO_4$ 法测定植物茎秆中的钙，方法为：称取0.4820 g试样，干法消化后，用HCl溶解，加入过量 $(NH_4)_2C_2O_4$ 后，用氨水中和，使样液中的 Ca^{2+} 沉淀为 CaC_2O_4，沉淀经陈化、过滤、洗涤后溶于稀 H_2SO_4 中，再用 $c(KMnO_4) = 0.1014\ mol \cdot L^{-1}$ 标准溶液滴定，消耗 $KMnO_4$ 18.75 mL，求植物茎秆中Ca的含量。(已知：$M(Ca)=40.08\ g \cdot mol^{-1}$)。

解　这是间接滴定方式，基本反应为：

$$Ca^{2+} + C_2O_4^{2-} \longrightarrow CaC_2O_4 \downarrow$$

$$CaC_2O_4 + 2\ H^+ \longrightarrow Ca^{2+} + H_2C_2O_4$$

$$2\ MnO_4^- + 5\ H_2C_2O_4 + 6\ H^+ \longrightarrow 2\ Mn^{2+} + 10\ CO_2 \uparrow + 8\ H_2O$$

$$n(C_2O_4^{2-}) = n(Ca^{2+}) = \frac{5}{2} n(KMnO_4)$$

$$w(Ca) = \frac{m(Ca)}{m_s} \times 100\% = \frac{n(Ca) \cdot M(Ca)}{m_s} \times 100\% = \frac{\frac{5}{2} n(KMnO_4) \cdot M(Ca)}{m_s} \times 100\%$$

$$=\frac{\frac{5}{2}c(KMnO_4)\cdot V(KMnO_4)\cdot M(Ca)}{1000\,m_s}\times 100\%=\frac{\frac{5}{2}\times 0.1014\times 18.75\times 40.08}{1000\times 0.4820}\times 100\%$$

$$=0.3952$$

【例题6-10】称取 $CuSO_4\cdot 5H_2O$ 样品 0.5620 g，酸化后使其与过量KI反应，生成的 I_2 用 0.1080 $mol\cdot L^{-1}$ $Na_2S_2O_3$ 溶液滴定，终点时消耗 $Na_2S_2O_3$ 溶液 19.80 mL，求试样的纯度。(已知：$M(CuSO_4\cdot 5H_2O)=249.7\ g\cdot mol^{-1}$ 。)

解 这属置换滴定法，反应式为：

$$2\,Cu^{2+}+4\,I^- \longrightarrow 2CuI\downarrow + I_2$$

$$I_2+2\,S_2O_3^{2-}\longrightarrow 2I^- + S_4O_6^{2-}$$

$$n(CuSO_4\cdot 5H_2O)=2n(I_2)=n(Na_2S_2O_3)=c(Na_2S_2O_3)\cdot V(Na_2S_2O_3)$$

$$w(CuSO_4\cdot 5H_2O)=\frac{m(CuSO_4\cdot 5H_2O)}{m_s}\times 100\%=\frac{n(CuSO_4\cdot 5H_2O)\cdot M(CuSO_4\cdot 5H_2O)}{m_s}\times 100\%$$

$$=\frac{c(Na_2S_2O_3)\cdot V(Na_2S_2O_3)\cdot M(CuSO_4\cdot 5H_2O)}{1000m_s}\times 100\%$$

$$=\frac{0.1080\times 19.80\times 249.7}{1000\times 0.5620}\times 100\%=0.9501$$

6.3 课后习题选解

6-1 是非题

1. 误差是指测定值与真实值之差。 (×)

2. 精密度高，则准确度必然高。 (×)

3. pH = 10.02的有效数字是四位。 (×)

4. 将3.1424、3.2156、5.6235和4.6245处理成四位有效数字时，则分别为3.142、3.216、5.624和4.624。 (√)

5. 在分析数据中，所有的“0”均为有效数字。 (×)

6. 有效数字能反映仪器的精度和测定的准确度。 (×)

7. 欲配制1 mL 0.2000 $mol\cdot L^{-1}$ $K_2Cr_2O_7$(M = 294.19 $g\cdot mol^{-1}$)溶液，所用分析天平的准确度为+0.1 mg，若相对误差要求为±0.2%，则称取 $K_2Cr_2O_7$ 时称准至0.001 g。 (×)

8. 系统误差影响测定结果的准确度。 (√)

9. 测量值的标准偏差越小，其准确度越高。 (×)

10. 随机误差影响到测定结果的精密度。 (√)

6-2 选择题

1. 误差的正确定义是 (C)

A. 测量值与其算术平均值之差　B. 含有误差之值与真值之差

C. 测量值与其真值接近的程度　D. 错误值与其真值之差

2. 下列各数中有效数字位数为四位的是 (D)

A. 0.0001　B. $c(H^+)$ = 0.0235 $mol\cdot L^{-1}$

C. pH = 4.462　　D. w(CaO)= 25.30%

3. 在定量分析中,精密度与准确度之间的关系是　（ C ）

A. 精密度高,准确度必然高　　B. 准确度高,精密度也就高

C. 精密度是保证准确度的前提　　D. 准确度是保证精密度的前提

4. 由计算器算得(2.236 × 1.1124) ÷ (1.036 × 0.200)的结果为12.004471,按有效数字运算规则应得结果修约为　（ B ）

A.12　　B.12.0　　C.12.00　　D.12.004

5. 已知某溶液的pH值为0.070,其氢离子浓度的正确值为　（ C ）

A. 0.85 $mol\cdot L^{-1}$　　B. 0.8511 $mol\cdot L^{-1}$　　C. 0.851 $mol\cdot L^{-1}$　　D. 0.8 $mol\cdot L^{-1}$

6. 某人以示差光度法测定某药物中主成分含量时,称取此药物0.0250 g,最后计算其主成分含量为98.25%,此结果是否正确;若不正确,正确值应为　（ D ）

A.正确　　B.不正确,98.3%　　C.不正确,98%　　D.不正确,98.2%

7. 在滴定分析法测定中出现下列情况,哪种导致系统误差　（ D ）

A.试样未经充分混匀　　B.滴定管的读数读错

C.滴定时有液滴溅出　　D.砝码未经校正

8. 用25 mL移液管移出的溶液体积应记录为　（ C ）

A. 25 mL　　B. 25.0 mL　　C. 25.00 mL　　D. 25.000 mL

9. 消除或减小试剂中微量杂质引起的误差常用的方法是　（ A ）

A.空白实验　　B.对照实验　　C.平行实验　　D.校准仪器

10. 测定结果的准确度低,说明　（ A ）

A.误差大　　B.偏差大　　C.标准差大　　D.平均偏差大

11. 组分含量在0.01% ~ 1%的分析称为　（ C ）

A. 常量分析　　B. 超痕量分析　　C. 微量分析　　D. 痕量分析

12. 以下有关系统误差的论述错误的是　（ B ）

A. 系统误差有单向性　　B. 系统误差有随机性

C. 系统误差是可测误差　　D. 系统误差是由一定原因造成

13. 为减小分析测定中的随机误差,可采取的方式是　（ D ）

A. 进行空白实验　　B. 进行对照实验

C. 校正仪器　　D. 增加平行测定次数

14. 按照有效数字运算规则,算式 $\dfrac{51.38}{8.709 \times 0.09460}$ 最后结果的有效数字位数是　（ C ）

A. 三位　　B. 二位　　C. 四位　　D. 五位

6-3 填空题

1. 滴定管的读数误差为 ± 0.01 mL,则在一次滴定中的绝对读数误差为 ± 0.02 mL,要使滴定误差不大于0.1%,滴定剂的体积至少应该有 20 mL。

2. 能用于滴定分析的化学反应,应具备的条件是:(1) 反应能定量完成 ;(2) 反应速率要快 ;(3) 必须有适当方法指示终点 ;(4) 要无副反应干扰 。

3. 根据反应类型的不同,滴定分析可分为 酸碱滴定 、配位滴定 、氧化还原滴定 和 沉淀滴定 四种滴定分析方法。

4. 滴定分析中有不同的滴定方式,除了 直接滴定法 这种基本方式外,还有 返滴定法 、

置换滴定法、间接滴定法等。

5. 标准溶液是指浓度准确已知的试剂溶液，标准溶液的配制方法包括直接法和间接法，后者也称标定法。

6. 基准物质指用以直接配制标准溶液或标定未知溶液浓度的试剂。能作为基准物质的试剂必须具备以下条件：(1) 物质组成应与化学式完全符合；(2) 纯度高（一般要求纯度在99.95%~100.05%）；(3) 在空气中稳定；(4) 具有较大的摩尔质量。

7. 进行下列运算，给出适当的有效数字。

(1) $7.9936 \div 0.9967 - 5.02 = 3.00$

(2) $0.0325 \times 5.0103 \times 60.06 \div 139.8 = 0.0700$

(3) $1.276 \times 4.17 + 1.7 \times 10^{-1} - (0.0021764 \times 0.0121) = 5.49$

(4) $pH = 1.05, c(H^+) = 8.9 \times 10^{-2}$

8. 在定量分析运算中，弃去多余的数字时，应以四舍六入五留双的原则决定该数字的进位或舍弃。

6-4 简答题

1. 下列情况属于系统误差还是随机误差：

(1) 天平称量时最后一位读数估计不准；(2) 终点与化学计量点不符合；(3) 砝码腐蚀；(4) 试剂中有干扰离子；(5) 称量试样时吸收了空气中的水分；(6) 重量法测定水泥中SiO_2含量时，试样中的硅酸沉淀不完全；(7) 滴定管读数时，最后一位估计不准；(8) 用含量为99%的硼砂作为基准物质标定HCl溶液的浓度；(9) 天平的零点有微小变动。

解 系统误差：(1)~(8)；随机误差：(9)。

2. 如果分析天平的称量误差为±0.2 mg，拟分别称取试样0.1 g和1 g左右，称量的相对误差各为多少？这些结果说明了什么问题？

解 相对误差分别为0.2%、0.02%，说明称取试样的质量越大，相对误差越小。

3. 下列数据各包括了几位有效数字？

(1) 0.0330；(2) 10.030；(3) 0.01020；(4) 8.7×10^{-5}；(5) $pK_a^\ominus = 4.74$；(6) $pH = 10.00$

解 (1) 三位；(2) 五位；(3) 四位；(4) 二位；(5) 二位；(6) 二位

6-5 计算题

1. 用有效数字运算规则进行下列运算：

(1) $213.64 + 4.4 + 0.3244$

(2) $$\frac{0.0982 \times (20.00 - 14.39) \times \frac{162.206}{3}}{1.4182 \times 100} \times 100$$

(3) $pH = 12.20$溶液的$c(H^+)$

解 (1) $213.64 + 4.4 + 0.3244 = 213.64 + 4.4 + 0.32 = 218.4$

(2) $$\frac{0.0982 \times (20.00 - 14.39) \times \frac{162.206}{3}}{1.4182 \times 100} \times 100 = \frac{0.0982 \times (20.00 - 14.39) \times \frac{162.2}{3}}{1.418 \times 1000} = 21.0$$

(3) $c(H^+) = 6.3 \times 10^{-13}\ mol \cdot L^{-1}$

2. 测定铁矿石中铁的质量分数，以$w(Fe_2O_3)$表示，5次结果分别为：67.48%、67.37%、67.47%、67.43%和67.40%。计算：(1) 平均偏差；(2) 相对平均偏差；(3) 标准偏差；(4) 相对标准偏差。

解　(1) $\bar{x}=\dfrac{67.48\%+67.37\%+67.47\%+67.43\%+67.407\%}{5}=67.43\%$

$$\bar{d}=\frac{1}{n}\sum|d_i|=\frac{0.05\%+0.06\%+0.04\%+0.03\%}{5}=0.04\%$$

(2) $\bar{d}_r=\dfrac{\bar{d}}{\bar{x}}\times100\%=\dfrac{0.04\%}{67.43\%}\times100\%=0.06\%$

(3) $s=\sqrt{\dfrac{\sum d_i^2}{n-1}}=\sqrt{\dfrac{(0.05\%)^2+(0.06\%)^2+(0.04\%)^2+(0.03\%)^2}{5-1}}=0.05\%$

(4) $RSD=\dfrac{s}{\bar{x}}\times100\%=\dfrac{0.05\%}{67.43\%}\times100\%=0.07\%$

3. 用邻苯二甲酸氢钾标定NaOH标准溶液的浓度，四次平行测定的结果为：0.1012、0.1016、0.1025、0.1014 $mol\cdot L^{-1}$，试用Q检验法判定0.1025能否弃去。(已知：$Q_{0.90,4}$= 0.76。)

解　(1) 按递增顺序排列：0.1012、0.1014 、0.1016、0.1025

(2) 0.1025为可疑值，则舍弃商$Q_{计}$为：

$$Q_{计}=\frac{x_n-x_{n-1}}{x_n-x_1}=\frac{0.1025-0.1016}{0.1025-0.1012}=\frac{0.0009}{0.0013}=0.69$$

(3) $Q_{计}<Q_{0.90,4}$，因此，0.1025应该保留。

4. 称取纯金属锌0.3250 g，溶于HCl后，稀释到250 mL容量瓶中。计算Zn^{2+}溶液的浓度。

解　$n(Zn^{2+})=\dfrac{0.3250}{65.39}=0.004970\ mol$

$$c(Zn^{2+})=\frac{0.004970}{250.00\times10^{-3}}=0.01988\ mol\cdot L^{-1}$$

5. 有0.0982 $mol\cdot L^{-1}$的H_2SO_4溶液480 mL，现欲使其浓度增至0.1000 $mol\cdot L^{-1}$。问应加入多少0.5000 $mol\cdot L^{-1}$的H_2SO_4溶液？

解　设应加入x mL 0.5000 $mol\cdot L^{-1}$的H_2SO_4溶液：

$$\frac{0.0982\times480+0.5000x}{480+x}=0.1000$$

解得x = 2.16 mL

6. 要求在滴定时消耗0.2 $mol\cdot L^{-1}$ NaOH溶液25～30 mL。问应称取多少基准试剂邻苯二甲酸氢钾($KHC_8H_4O_4$)？如果改用$H_2C_2O_4\cdot2H_2O$作基准物质，又应称取多少？(已知：$M(KHC_8H_4O_4)=204.1\ g\cdot mol^{-1}$，$M(H_2C_2O_4\cdot2H_2O)=126.1\ g\cdot mol^{-1}$。)

解　$KHC_8H_4O_4+NaOH = KNaC_8H_4O_4+H_2O$；$2\ NaOH+H_2C_2O_4 = 2\ H_2O+Na_2C_2O_4$

$m(KHC_8H_4O_4)=n(NaOH)\cdot M(KHC_8H_4O_4)=0.2\times10^{-3}\times204.1V(NaOH)$

当$V(NaOH)$ = 25～30 mL时，$m(KHC_8H_4O_4)=1.0\sim1.2$ g

$m(H_2C_2O_4\cdot2H_2O)=\dfrac{1}{2}n(NaOH)\cdot M(H_2C_2O_4\cdot2H_2O)=0.5\times0.2\times10^{-3}\times126.1\ V(NaOH)$

当$V(NaOH)$ = 25～30 mL时，$m(H_2C_2O_4\cdot2H_2O)=0.3\sim0.4$ g

7. 欲配制$Na_2C_2O_4$溶液用于在酸性介质中标定0.02 $mol\cdot L^{-1}$的$KMnO_4$溶液，若要使标定时两种溶液消耗的体积相近，问应配制多大浓度的$Na_2C_2O_4$溶液？配制100 mL这种溶液应称取多少$Na_2C_2O_4$？(已知:$M(Na_2C_2O_4)$=134.0 $g\cdot mol^{-1}$。)

解　$5\ C_2O_4^{2-}+2\ MnO_4^-+16\ H^+ \longrightarrow 10\ CO_2\uparrow+2\ Mn^{2+}+8\ H_2O$

$c(C_2O_4^{2-})=\dfrac{5}{2}\times c(MnO^-_4)=\dfrac{5}{2}\times0.02=0.05\ mol\cdot L^{-1}$

$$m(Na_2C_2O_4) = \frac{0.05\times 100}{1000}\times 134.00 = 0.7\ g$$

8. 0.2500 g不纯$CaCO_3$试样中不含干扰测定的组分。加入25.00 mL 0.2600 mol·L^{-1} HCl溶液，煮沸除去CO_2，用0.2450 mol·L^{-1} NaOH溶液返滴定过量的酸，消耗6.30 mL。计算试样中$CaCO_3$的质量分数。(已知：$M(CaCO_3)$=100.09 g·mol^{-1}。)

解 $2\ H^+ + CaCO_3 = Ca^{2+} + H_2CO_3$；$2\ H^+ + 2\ OH^- = 2\ H_2O$

$$w(CaCO_3) = \frac{m(CaCO_3)}{0.2500} = \frac{\frac{1}{2}n(H^+)\cdot M(CaCO_3)}{0.2500} = \frac{100.09\times(25.00\times 0.2600 - 0.2450\times 6.30)}{2\times 0.2500\times 1000} = 0.992$$

9. 已知在酸性溶液中，Fe^{2+}与$KMnO_4$反应时，1.00 mL $KMnO_4$溶液相当于0.1117 g Fe，1.00 mL $KHC_2O_4\cdot H_2C_2O_4$溶液在酸性介质中恰好与0.20 mL上述$KMnO_4$溶液完全反应。问需要多少毫升0.2000 mol·L^{-1} NaOH溶液才能与上述1.00 mL $KHC_2O_4\cdot H_2C_2O_4$溶液完全中和？(已知：$M(Fe)$=55.85 g·mol^{-1}。)

解 $5\ Fe^{2+} + MnO_4^- + 8\ H^+ \longrightarrow Mn^{2+} + 5\ Fe^{3+} + 4\ H_2O$

$5\ KHC_2O_4\cdot H_2C_2O_4 + 4\ MnO_4^- + 17\ H^+ \longrightarrow 20\ CO_2\uparrow + 4\ Mn^{2+} + 5\ K^+ + 16\ H_2O$

$KHC_2O_4\cdot H_2C_2O_4 + 3\ OH^- \longrightarrow K^+ + 2\ C_2O_4^{2-} + 3\ H_2O$

$$c(MnO_4^-) = \frac{1}{5}\times\frac{1000m(Fe)}{M(Fe)} = \frac{1}{5}\times\frac{1000\times 0.1117}{55.85} = 0.4000\ mol\cdot L^{-1}$$

$$c(KHC_2O_4\cdot H_2C_2O_4) = \frac{5}{4}\times\frac{c(MnO_4^-)\cdot V(MnO_4^-)}{1} = \frac{5}{4}\times 0.4000\times 0.20 = 0.10\ mol\cdot L^{-1}$$

$$V(NaOH) = \frac{3}{1}\times\frac{c(KHC_2O_4\cdot H_2C_2O_4)\cdot V(KHC_2O_4\cdot H_2C_2O_4)}{c(NaOH)} = \frac{3}{1}\times\frac{0.1\times 1.00}{0.2000} = 1.5\ mL$$

10. 称取大理石试样0.2303 g，溶于酸中，调节酸度后加入过量$(NH_4)_2C_2O_4$溶液，使Ca^{2+}沉淀为CaC_2O_4。过滤，洗净，将沉淀溶于稀H_2SO_4中。溶解后的溶液用0.04020 mol·L^{-1} $KMnO_4$标准溶液滴定，消耗22.30 mL，计算大理石中$CaCO_3$的质量分数。(已知：$M(CaCO_3)$=100.09 g·mol^{-1}。)

解 $n(CaCO_3) = n(Ca^{2+}) = n(CaC_2O_4) = n(H_2C_2O_4) = \frac{5}{2}n(MnO_4^-)$

$5\ H_2C_2O_4 + 2\ MnO_4^- + 6\ H^+ \longrightarrow 2\ Mn^{2+} + 10\ CO_2\uparrow + 8\ H_2O$

$$w(CaCO_3) = \frac{n(CaCO_3)\cdot M(CaCO_3)}{m_s} = \frac{\frac{5}{2}n(MnO_4^-)\cdot M(CaCO_3)}{m_s} = \frac{\frac{5}{2}c(MnO_4^-)\cdot V(MnO_4^-)\cdot M(CaCO_3)}{1000m_s}$$

$$= \frac{\frac{5}{2}\times 0.04020\times 22.30\times 100.09}{0.2303\times 1000} = 0.9740$$

6.4 自测题及答案

一、是非题

1. 从大量的分析对象中抽出一小部分作为分析材料的过程，称为采样。 (   )

2. 试样溶解后，有的将溶液全部进行分析，有的则把它定量地稀释到一定体积，然后定量取其一固定体积进行分析，取出的部分叫等分部分。 (   )

3. 土壤样品采集之后，必须经风干、粉碎、过筛，以增加其均匀程度，也便于以后的处理。（　）

4.正态分布曲线清楚地反映了随机误差的规律性、对称性、单峰性、抵偿性。（　）

5. 能用于滴定分析的化学反应，必须满足的条件之一是有确定的化学计量关系。（　）

6. 滴定分析法主要适合于常量分析。（　）

7. 在滴定分析中，为了保证测量时的相对误差小于0.1%，消耗滴定剂的体积需大于20 mL。（　）

8. 分析结果的精密度是在相同测定条件下，多次测量结果的重现程度。（　）

9. 偶然误差是由某些难以控制的偶然因素所造成的，因此是无规律可循的。（　）

10. 系统误差和偶然误差都可以通过对照实验发现并消除。（　）

11. 某样品真值为25.00%，测定值为25.02%，则相对误差为-0.08%。（　）

12. 选择基准物的摩尔质量应尽可能大些，以减小称量误差。（　）

13. 用Q检验法检验可疑值的取舍时，当$Q_{计} > Q_{p,n}$时此值应舍去。（　）

14. 滴定分析中，一般利用指示剂颜色的突变来判断化学计量点的到达。在指示剂变色时停止滴定的这一点称为滴定终点。（　）

15. 当被测物质不能直接与标准溶液作用，却能和另一种能与标准溶液作用的物质反应时，可采用间接滴定法。（　）

二、选择题

1. 定量分析按分析对象不同可分为（　）

A. 无机分析和有机分析　B. 定性分析、定量分析和结构分析

C. 重量分析和滴定分析　D. 化学分析和仪器分析

2. 在半微量分析中对固体物质称样量范围的要求是（　）

A. 0.1~1 g　B. 0.01 ~ 0.1 g　C.0.001 ~ 0.01 g　D. 1 g以上

3. 鉴定物质的化学组成属于（　）

A. 定性分析　B. 定量分析　C. 结构分析　D. 仪器分析

4. 滴定分析法一般属于常量分析，取0.05 mL样品溶液测定被测组分含量属于（　）

A. 微量分析　B. 常量分析　C. 半微量分析　D. 痕量分析

5. 下面哪一种方法不属于减小系统误差的方法（　）

A. 对照实验　B. 仪器校正　C. 空白实验　D. 增加平行测定次数

6. 用配位滴定法测定石灰石中CaO的含量，经四次平行测定，得w(CaO)=27.50%，若真实含量为27.30%，则27.50% - 27.30% = +0.20%，称为（　）

A. 绝对偏差　B. 相对偏差　C.绝对误差　D. 相对误差

7. 下列说法正确的是（　）

A. 准确度越高，则精密度越好

B. 精密度越好，则准确度越高

C. 只有消除系统误差后，精密度越好，准确度才越高

D. 只有消除系统误差后，精密度才越好

8. 下列因素引起的误差可以通过做空白实验校正的是（　）

A. 称量时，天平的零点波动　B. 砝码有轻微锈蚀

C. 试剂中含少量待测成分　D. 重量法测SO_4^{2-}，沉淀不完全

9. 滴定分析法要求相对误差为±0.1%，若称取试样的绝对误差为0.0002 g，则一般至少称取试样 ( )

A. 0.1 g B. 0.2 g C. 0.3 g D. 0.4 g

10. 计算一组数据：2.01，2.02，2.03，2.04，2.06，2.00的相对标准偏差为 ( )

A. 0.7% B. 0.9% C. 1.1% D. 1.3%

11. 数字0.0408有几位有效数字 ( )

A. 1 B. 2 C. 3 D. 4

12. 下列能用直接法配制溶液的物质是 ( )

A. HCl B. NaOH C. $Na_2B_4O_7 \cdot 10H_2O$ D. $KMnO_4$

13. 定量分析中，准确测量液体体积的量器有 ( )

A.容量瓶 B. 移液管 C. 滴定管 D. ABC三种

14. 现需要配制0.1000 mol·L^{-1} $K_2Cr_2O_7$溶液，下列量器中合适的是 ( )

A. 容量瓶 B. 量筒 C. 刻度烧杯 D. 酸式滴定管

15. 对定量分析结果的相对平均偏差的要求，通常是 ( )

A. $\overline{d}_r < 2\%$ B. $\overline{d}_r < 0.02\%$ C. $\overline{d}_r \geqslant 0.2\%$ D. $\overline{d}_r < 0.2\%$

三、填空题

1. 分析化学按照“分析任务”的不同可分为______，______；定量分析法按照“分析原理”的不同可分为______，______；滴定分析是依据______和______来计算被测物质含量。

2. 准确度是表示______之间接近的程度，准确度的高低用______来衡量。精密度是表示________之间接近的程度，精密度的高低用______来衡量。定量分析中，系统误差影响测定结果的______，偶然误差影响测定结果的______。

3. 常量分析中，实验所用的仪器是分析天平和50 mL滴定管，某生将称样和滴定的数据记为0.25 g和24.1 mL，正确的记录应为______和______。

4. 17.593+0.00458−3.4856+1.68 =______

5. 下列各测定数据有几位有效数字：

pH = 8.32：______；π：______；8.58：______。

6. 测定某矿石中铁的含量时，获得如下数据：79.58%、79.45%、79.47%、79.50%、79.62%、79.38%，则标准偏差s为______，相对标准偏差RSD为__________。

7. 指示剂发生颜色变化时即停止滴定，称为________。指示剂不一定恰好在计量点时变色，造成的误差称为________，其大小取决于指示剂的________和________。

8. 许多化学试剂由于纯度或稳定性不够等原因，不能直接配制成标准溶液。可先将它们配制成______浓度的溶液，然后再用______或已知准确浓度的标准溶液来标定该标准溶液的准确浓度，这种操作过程称为______。

四、简答题

1. 系统误差的特点是什么？根据系统误差产生的原因可以将其分为哪几个类型？消除系统误差的常见方法有哪些？

2. 试区别准确度与精密度，误差与偏差？

3. 简述有效数字的修约规则。

4. 甲、乙二人同时分析一样品中的蛋白质含量，每次称取2.6 g，进行两次平行测定，分析结果分别报告为：甲（5.654%、5.646%）；乙（5.7%、5.6%）。试问哪份报告合理？为什么？

5. 简述酸碱滴定法和氧化还原滴定法的主要区别。

6. 称取含氮试样0.2 g，经消化后转化为NH_3，用10 mL 0.05 mol·L^{-1} HCl吸收，返滴定时耗去0.05 mol·L^{-1} NaOH 9.5 mL。若想提高测定的准确度，可采取什么方法？

7. 某同学按如下步骤配制 0.02 mol·L^{-1} $KMnO_4$溶液，请指出其错误。

准确称取3.161 g 固体$KMnO_4$，用煮沸过的去离子水溶解，转移至1000 mL容量瓶，稀释至刻度，然后用干燥的滤纸过滤。

8. 某学生按如下步骤配制NaOH标准溶液，请指出其错误并加以改正。

准确称取分析纯NaOH 2.000 g，溶于水中，为除去其中的CO_2加热煮沸，冷却后定容并保存于500 mL容量瓶中备用。

五、计算题

1. 国家标准规定：$FeSO_4 \cdot 7H_2O$ 含量99.50% ~ 100.5%为一级；99.99% ~ 100.5%为二级；98% ~ 101.0%为三级，现用$KMnO_4$法测定$FeSO_4 \cdot 7H_2O$含量，问：

（1）配制$c(KMnO_4)$=0.02 mol·L^{-1}溶液2 L，需称取$KMnO_4$多少？

（2）称取200.0 mg $Na_2C_2O_4$，用29.50 mL $KMnO_4$溶液滴定，$KMnO_4$溶液的浓度是多少？

（3）称硫酸亚铁试样1.012 g，用35.90 mL上述$KMnO_4$溶液滴定至终点，此产品的质量符合哪级标准？

（已知：$M(FeSO_4 \cdot 7H_2O)$=278.0 g·mol^{-1}，$M(KMnO_4)$=158.0 g·mol^{-1}，$M(Na_2C_2O_4)$=134.0 g·mol^{-1}。）

2. 标定0.20 mol·L^{-1} HCl溶液，试计算需要Na_2CO_3基准物质的质量范围。（已知：$M(Na_2CO_3)$=106 g·mol^{-1}。）

3. 用开氏法测定蛋白质的含氮量，称取粗蛋白试样1.658 g，将试样中的氮转变为NH_3并以25.00 mL 0.2018 mol·L^{-1}的HCl标准溶液吸收，剩余的HCl以0.1600 mol·L^{-1}的NaOH标准溶液返滴定，用去NaOH溶液9.15 mL，计算此粗蛋白试样中氮的质量分数。（已知：M(N)=14.9 g·mol^{-1}。）

参考答案

一、是非题

1. √ 2. √ 3. √ 4. √ 5. √ 6. √ 7. √ 8. √ 9. × 10. × 11. × 12. √ 13. √ 14. √ 15. √

二、选择题

1. A 2. B 3. A 4. A 5. D 6. C 7. C 8. C 9. B 10. D 11. C 12. C 13. D 14. A 15. D

三、填空题

1. 定性分析；定量分析；化学分析法；仪器分析法；标准溶液的浓度；体积

2. 分析结果与真实值；误差；多次平行测定结果相互；偏差；准确度；精密度

3. 0.2500 g；24.10 mL

4. 15.78

5. 2；无限多位；3

6. 0.09%；0.1%

7. 滴定终点；终点误差；性质；用量

8. 近似;基准物质; 标定

四、简答题

1.(1)系统误差的特点是单向性、重复性。

(2)根据误差产生原因不同,系统误差可分为方法误差、仪器误差、试剂误差、操作误差。

(3)消除系统误差的常见方法有对照实验、空白实验、仪器校准、方法校正。

2.(1)准确度与精密度的区别在于:准确度是指分析结果与真实值的接近程度,准确度的高低用误差来衡量;精密度是指多次平行测定结果相互接近的程度,精密度的高低用偏差来衡量。精密度是准确度的前提,要使准确度高,精密度一定要高;但精密度高并不能保证准确度高。

(2)误差和偏差的区别在于:误差是指测定结果与真实值之间的差值;偏差是指各单次测定结果与多次测定结果的算术平均值之间的差别。

3. 目前大多数采用的修约规则为“四舍六入五留双”。即被修约的数字尾数≤4时舍去;≥6时进位;=5时,5后面数字不全为0时进位,5后面全为0时则奇进偶不进。

4. 乙报告合理。因为有效数字是仪器能测到的数字,其中最后一位是不确定的数字,它反映了仪器的精度,根据题中所述每次称取2.6 g进行测定,只有两位有效数字,故乙报告正确反映了仪器的精度,是合理的。

5. (1)酸碱滴定法:

①以质子传递反应为基础的滴定分析法。

②滴定剂为强酸或碱。

③指示剂为有机弱酸或弱碱。

④滴定过程中溶液的 pH 值发生变化。

(2)氧化还原滴定法:

①以电子传递反应为基础的滴定分析法。

②滴定剂为强氧化剂或还原剂。

③指示剂有氧化还原指示剂、专属指示剂或自身指示剂。

④滴定过程中溶液的氧化还原电对电势值发生变化。

6. 滴定分析通常滴定剂的体积应在20 mL左右才能保证滴定误差在0.1%左右。滴定剂体积太小,滴定的相对误差增大。NH_3的测定是用返滴定法,即用HCl的量减去NaOH的量得到。若增加HCl溶液的体积,相应NaOH溶液的量也增加,二者的差值变化不大,误差仍然很大;若使用更稀NaOH溶液,滴定剂体积会增加,但是滴定突越减小,对准确度也不利。因此,最佳的方法是增加试样量,使生成更多的氨,从而增加滴定剂体积,提高分析结果的准确度。

7.(1)$KMnO_4$试剂纯度不高,不能直接配制,因此不必准确称量,也不必用容量瓶;

(2)试剂与水中含还原物质,必须与 $KMnO_4$共煮一定时间, 而不是单独煮水;

(3)滤去MnO_2应当采用玻璃砂漏斗抽滤, 用滤纸会引入还原物质,而使 $KMnO_4$还原为MnO_2, 使 $KMnO_4$不稳定。

8. (1)NaOH试剂中会含有水分及CO_3^{2-},其标准溶液须采用间接法配制,因此不必准确称量,亦不必定容至500 mL容量瓶中,而是在台秤上约称取2 g NaOH,最后定容于约500 mL带刻度烧杯中;

(2)加热煮沸是为除去其中的CO_2,然而在碱性中是以CO_3^{2-}存在,加热不会除去, 应当先将水煮沸冷却除去CO_2后再加入饱和的NaOH溶液(此时Na_2CO_3不溶于其中);

(3)碱液不能保存在容量瓶中,否则因碱腐蚀,瓶塞会打不开,应置于带橡皮塞的试剂瓶中。

五、计算题

1. (1)$m(KMnO_4)=0.02\times2\times158.0=6.3$ g

(2)$5\ C_2O_4^{2-}+2\ MnO_4^-+16\ H^+\longrightarrow2\ Mn^{2+}+10\ CO_2\uparrow+8\ H_2O$

$c(KMnO_4)=\dfrac{2}{5}\times\dfrac{0.2000}{134.0}\times\dfrac{1000}{29.50}=0.02024\ mol\cdot L^{-1}$

(3)$5\ Fe^{2+}+MnO_4^-+8\ H^+\longrightarrow Mn^{2+}+5\ Fe^{3+}+4\ H_2O$

$w(FeSO_4\cdot7H_2O)=\dfrac{0.02024\times5\times35.90\times\dfrac{278.0}{1000}}{1.012}\times100\%=99.80\%$ 符合一级标准

2. 当HCl体积为20 mL时,$m(Na_2CO_3)=\dfrac{1}{2}\times\dfrac{0.20\times20}{1000}\times106=0.21$ g

当HCl体积为30 mL时,$m(Na_2CO_3)=\dfrac{1}{2}\times\dfrac{0.20\times30}{1000}\times106=0.32\ g$

需要Na_2CO_3的质量在0.21~0.32 g之间

3. $w(N)=\dfrac{n(N)\cdot M(N)}{m_s}=\dfrac{[c(HCl)\cdot V(HCl)-c(NaON)\cdot V(NaON)]M(N)}{m_s}$

$=\dfrac{(25.00\times0.2018\times10^{-3}-9.15\times0.1600\times10^{-3})\times14.01}{1.658}=0.0303$

第 7 章

酸碱平衡与酸碱滴定

7.1　知识结构

酸碱平衡与酸碱滴定
酸碱理论
电离理论
强电解质 $\alpha=\gamma(c/c^{\ominus})$ 离子强度 $I=\frac{1}{2}(c_1Z_1^2+c_2Z_2^2+\cdots)=\frac{1}{2}\sum c_iZ_i^2$
弱电解质
解离度 α
解离常数：$K_a^{\ominus}$ 或 $K_b^{\ominus}$　稀释定律 $\alpha\approx\sqrt{\frac{K_a^{\ominus}}{c}}$
质子理论
①酸碱关系：共轭关系　酸 $\rightleftharpoons$ 碱$+H^+$
②酸碱反应的实质：质子的转移　$K_a^{\ominus}\cdot K_b^{\ominus}=K_w^{\ominus}$
③酸碱强度衡量：　$K_a^{\ominus}$ 或 $K_b^{\ominus}$　$pK_a^{\ominus}+pK_b^{\ominus}=pK_w^{\ominus}$
$pK_a^{\ominus}=-\lg K_a^{\ominus}$
酸碱解离平衡
水的解离　水的解离常数 $K_w^{\ominus}$　$K_w^{\ominus}=c(H^+)c(OH^-)$　pH=pOH=7
一元弱酸碱
①精确式：$c(H^+)=\sqrt{K_a^{\ominus}(HA)c(HA)+K_w^{\ominus}}$　$c(OH^-)=\sqrt{K_b^{\ominus}(B)c(B)+K_w^{\ominus}}$
②近似式：$c(H^+)=\frac{-K_a^{\ominus}+\sqrt{K_a^{\ominus 2}+4c_0(HA)K_a^{\ominus}}}{2}$　$c(OH^-)=\frac{K_b^{\ominus}+\sqrt{K_b^{\ominus 2}+4c_0(B)\cdot K_b^{\ominus}}}{2}$
③最简式：$c(H^+)=\sqrt{c_0(HA)\cdot K_a^{\ominus}}$　$c(OH^-)=\sqrt{c_0(B)K_b^{\ominus}}$
多元弱酸碱
质子条件
物料平衡
$K_{a1}^{\ominus}>K_{a2}^{\ominus}>K_{a3}^{\ominus}>\cdots$
计算 pH 时与一元酸碱
$c(H^+)=\sqrt{c(HA)K_{a1}^{\ominus}}$
$c(OH^-)=\sqrt{c(B)K_{b1}^{\ominus}}$
两性物质
①NaHA 型 $c(H^+)=\sqrt{K_{a1}^{\ominus}K_{a2}^{\ominus}}$
②Na_2HA 型 $c(H^+)=\sqrt{K_{a2}^{\ominus}K_{a3}^{\ominus}}$
缓冲溶液
同离子效应和盐效应
缓冲溶液pH计算 $pH=pK_a^{\ominus}-\lg\frac{c(酸)}{c(共轭碱)}$　$pOH=pK_b^{\ominus}-\lg\frac{c(碱)}{c(共轭酸)}$
缓冲溶液的缓冲范围：$pH=pK_a^{\ominus}\pm1$（$pOH=pK_b^{\ominus}\pm1$）
酸碱滴定
强碱滴定强酸　pH计算：制作滴定曲线，确定滴定突跃范围
终点pH计算及突跃范围
决定指示剂选择：终点pH
值落入指示剂的变色范围
强酸滴定强碱
酸碱指示剂
理论变色点：$pH=pK_{HIn}^{\ominus}$
变色范围：$pH=pK_{HIn}^{\ominus}\pm1$
强碱滴定弱酸
强酸滴定弱碱
强碱滴定多元酸
强酸滴定多元碱
c 和 $K^{\ominus}$ 决定可否滴定
弱酸(或弱碱)准确滴定的判据：$cK_a^{\ominus}$（或 $cK_b^{\ominus}$）$\geq10^{-8}$
一级可滴定，二级不能被滴定：
$c\cdot K_{a1}^{\ominus}\geq10^{-8}, c\cdot K_{a2}^{\ominus}<10^{-8}, \frac{K_{a1}^{\ominus}}{K_{a2}^{\ominus}}\geq10^4$
一级、二级可分别被滴定：
$c\cdot K_{a1}^{\ominus}\geq10^{-8}, c\cdot K_{a2}^{\ominus}\geq10^{-8}, \frac{K_{a1}^{\ominus}}{K_{a2}^{\ominus}}\geq10^4$

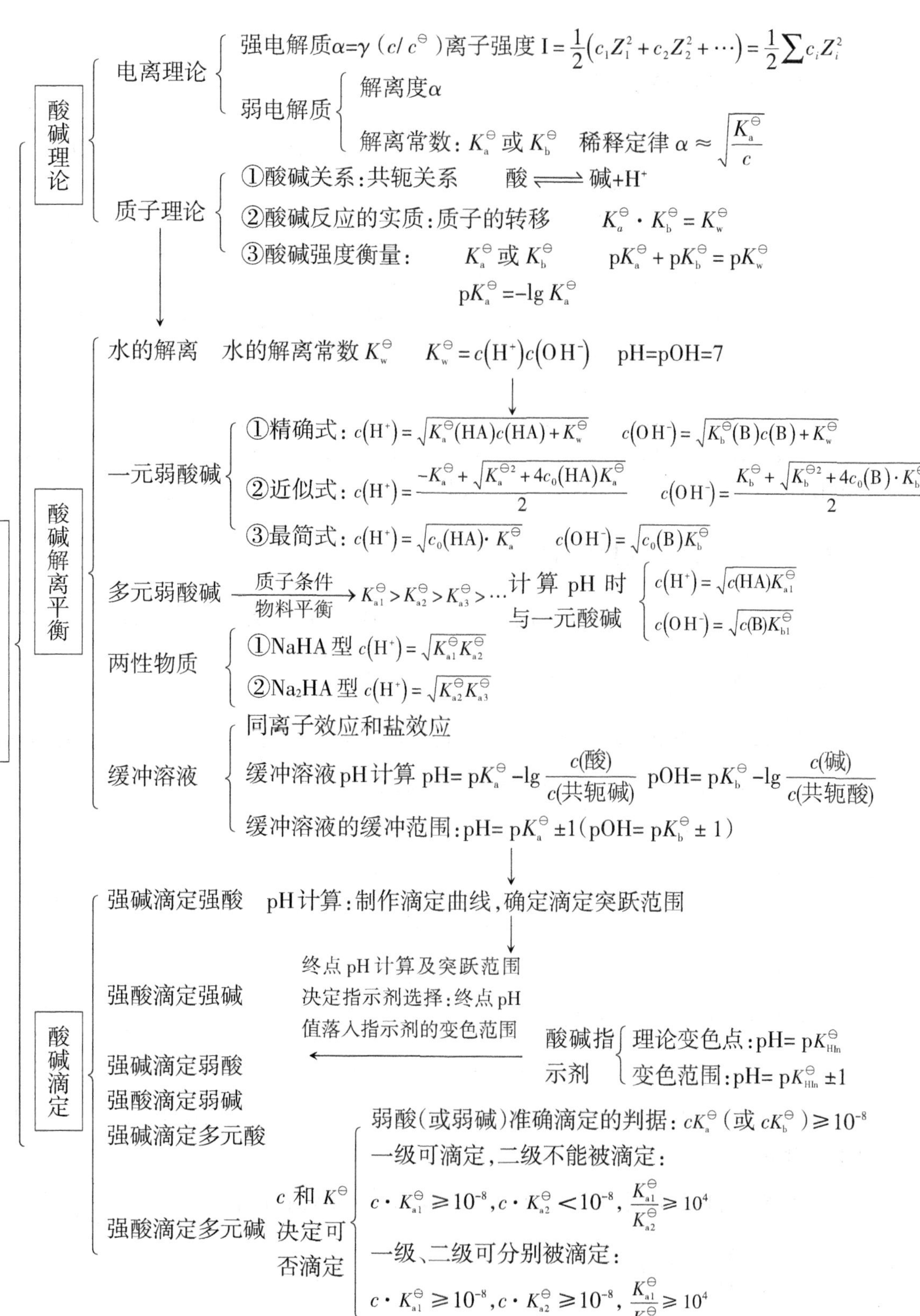

7.2 重点知识剖析及例解

7.2.1 酸碱平衡理论

【知识要求】 理解酸碱质子理论中酸、碱、共轭酸碱对的概念以及酸碱反应的实质，掌握共轭酸碱对之间解离平衡常数的关系。

【评注】 凡能给出质子(H^+)的物质都是酸，凡是能接受质子的物质都是碱；酸和碱之间存在共轭关系；酸碱反应的实质是两个共轭酸碱对之间的质子传递反应；酸碱强度用 $K_a^\ominus$（或 $K_b^\ominus$）表示，共轭酸碱的 $K_a^\ominus$ 与 $K_b^\ominus$ 的关系是 $pK_a^\ominus + pK_b^\ominus = pK_w^\ominus$。

【例题7-1】 根据质子理论，指出下列分子或离子中，哪些只是酸？哪些只是碱？哪些既是酸又是碱？如既是酸又是碱，写出其相应的共轭酸或共轭碱。

$H_2PO_4^-$、Ac^-、OH^-、NH_3、HCl、$[Al(H_2O)_5(OH)]^{2+}$

解 只是酸的有 HCl；只是碱的有 Ac^-、OH^-；既是酸又是碱的有 $[Al(H_2O)_5(OH)]^{2+}$、$H_2PO_4^-$、NH_3；$H_2PO_4^-$共轭酸是 H_3PO_4，共轭碱是 HPO_4^{2-}；NH_3共轭酸是 NH_4^+，共轭碱是 NH_2^-；$[Al(H_2O)_5(OH)]^{2+}$共轭酸是$[Al(H_2O)_6]^{3+}$，共轭碱是$[Al(H_2O)_4(OH)_2]^+$。

7.2.2 酸碱溶液pH值计算

【知识要求】 掌握弱酸、弱碱的平衡原理，理解稀释定律、同离子效应和盐效应的概念，学会书写质子条件式、物料平衡式。掌握各种酸碱水溶液中氢离子浓度的计算，特别是一元弱酸(碱)、多元弱酸(碱)的pH值计算。

【评注】 弱酸的电离度与电离常数、弱酸的浓度之间关系为：$\alpha \approx \sqrt{\dfrac{K_a^\ominus}{c}}$；一元弱酸(碱)pH值计算是在质子平衡式的基础上进行合理的近似处理，其计算公式见下表；

	精确式	近似式	最简式
一元弱酸	$c(H^+) = \sqrt{K_a^\ominus(HA)c(HA) + K_w^\ominus}$	当 $c_0(HA)\,K_a^\ominus \geq 20\,K_w^\ominus$ 时 $c(H^+) = \dfrac{-K_a^\ominus + \sqrt{K_a^{\ominus 2} + 4c_0(HA)\cdot K_a^\ominus}}{2}$	当 $c_0(HA)\,K_a^\ominus \geq 20\,K_w^\ominus$， $c_0(HA)/K_a^\ominus \geq 500$时 $c(H^+) = \sqrt{c_0(HA)\cdot K_a^\ominus}$
一元弱碱	$c(OH^-) = \sqrt{K_b^\ominus(B)c(B) + K_w^\ominus}$	当 $c_0(B)\cdot K_b^\ominus \geq 20\,K_w^\ominus$ 时 $c(OH^-) = \dfrac{K_b^\ominus + \sqrt{K_b^{\ominus 2} + 4c_0(B)\cdot K_b^\ominus}}{2}$	当 $c_0(B)\cdot K_b^\ominus \geq 20\,K_w^\ominus$， $c_0(B)/K_b^\ominus \geq 500$时 $c(OH^-) = \sqrt{c_0(B)\cdot K_b^\ominus}$

多元弱酸(碱)因为 $K_{a1}^\ominus > K_{a2}^\ominus > K_{a3}^\ominus > \cdots$，计算 $c(H^+)$时，可按一元弱酸(碱)质子转移平衡来近似处理；

缓冲溶液pH值计算的依据是同离子效应，由公式 $pH = pK_a^\ominus - \lg\dfrac{c(酸)}{c(共轭碱)}$ 或 $pOH = pK_b^\ominus - \lg\dfrac{c(碱)}{c(共轭酸)}$ 求得。

计算pH值时搞清楚以下几点：一是该溶液属于酸碱溶液中哪一种类型；二是根据浓度及平衡常数选择适当的近似公式进行计算，而选择近似公式的根本在于理解我们是如何通过精确式进行近似处理的；三是计算的是H^+还是OH^-浓度。

【例题7-2】在20 mL 0.10 mol·L^{-1}的HAc溶液中，滴入0.10 mol·L^{-1} NaOH溶液，试计算下列各时期溶液的pH值：(1)刚开始滴定时；(2)当滴入10.0 mL NaOH溶液时；(3)当滴入20.0 mL NaOH溶液时；(4)当滴入30.0 mL NaOH溶液时。(已知：$K_a^\ominus$(HAc)=1.76×10^{-5}。)□

解 (1)刚开始滴定时是弱酸，由于c_0(HAc) $K_a^\ominus$ ≥ 20 $K_w^\ominus$ 、c_0(HAc)/ $K_a^\ominus$ ≥ 500，所以可以采用最简式计算。

$$c(\mathrm{H}^+)=\sqrt{c_0(\mathrm{HAc})K_a^\ominus}=\sqrt{0.10\times1.76\times10^{-5}}=1.3\times10^{-3}\ \mathrm{mol\cdot L^{-1}}$$

pH=2.88

(2)当滴入10.0 mL NaOH溶液时，溶液成为HAc–NaAc组成的缓冲溶液。

$$c(\mathrm{HAc})=\frac{0.10\times(20.0-10.0)}{20.0+10.0}=\frac{0.10}{3.0}\ \mathrm{mol\cdot L^{-1}}$$

$$c(\mathrm{Ac^-})=\frac{0.10\times10.0}{20.0+10.0}=\frac{0.10}{3.0}\ \mathrm{mol\cdot L^{-1}}$$

$$\mathrm{pH}=\mathrm{p}K_a^\ominus-\lg\frac{c(\mathrm{HAc})}{c(\mathrm{Ac^-})}=-\lg(1.76\times10^{-5})+\lg1=4.75$$

(3) 当滴入20.0 mL NaOH溶液时，溶液成为NaAc溶液，NaAc是弱碱，由于c_0(B)· $K_b^\ominus$ ≥ 20 $K_w^\ominus$ 、c_0(B)/ $K_b^\ominus$ ≥ 500，所以可以采用最简式计算。

$$K_b^\ominus=\frac{K_w^\ominus}{K_a^\ominus}=5.6\times10^{-10}$$

$$c(\mathrm{Ac^-})=\frac{0.10\times20.0}{20.0+20.0}=0.050\ \mathrm{mol\cdot L^{-1}}$$

$$c(\mathrm{OH^-})=\sqrt{c(\mathrm{B})\cdot K_b^\ominus}=\sqrt{0.050\times5.6\times10^{-10}}=5.3\times10^{-6}$$

pOH = –lg$c$(OH$^-$)=5.28

pH=14–5.28=8.72

(4) 当滴入30.0 mL NaOH溶液时，溶液成为NaAc和NaOH混合溶液，由于NaOH是强碱，OH$^-$ 主要来源于NaOH。

$$c(\mathrm{OH^-})=\frac{0.10\times(30.0-20.0)}{30.0+20.0}=0.020\ \mathrm{mol\cdot L^{-1}}$$

pOH= – lg0.02=1.70

pH=12.30

7. 2. 3 缓冲溶液

【知识要求】理解酸碱缓冲溶液缓冲作用原理、缓冲容量及缓冲范围等相关概念，掌握缓冲溶液的pH值计算及缓冲溶液的配制。

【评注】由缓冲溶液的pH值计算公式可知，pH值由 p$K_a^\ominus$ 或 p$K_b^\ominus$ 决定，同时可由缓冲比 $\dfrac{c(\text{酸})}{c(\text{共轭碱})}$ 或 $\dfrac{c(\text{碱})}{c(\text{共轭酸})}$ 进行调整，这是缓冲溶液选择的依据，选择时共轭酸碱对的 p$K_a^\ominus$ 应尽可能与要求的pH值接近，选好后按公式调节共轭酸碱对浓度比；

缓冲容量的大小由缓冲溶液的总浓度及其缓冲比决定；

对于由弱的共轭酸碱对所组成的缓冲溶液，通常采用两种方法进行配制：一是在弱酸（碱）溶液中加入适量的强碱（酸），另一种方法是在弱酸（碱）溶液中加入适量的共轭碱（酸）。

【例题7–3】今有$ClCH_2COOH$、HCOOH和$(CH_3)_2AsO_2H$，它们的电离常数分别为1.40×10^{-3}、1.77×10^{-4}、6.40×10^{-7}。试问：(1)配制pH=3.5的缓冲溶液选用哪种酸最好？(2)需要多少毫升浓度为$4.0\ mol\cdot L^{-1}$的酸和多少克NaOH才能配成1 L共轭酸碱对的总浓度为$1.0\ mol\cdot L^{-1}$的缓冲溶液。

解 （1）pH=3.5与HCOOH的$pK_a^\ominus$最接近，所以选用HCOOH最好。

（2）配制的缓冲体系是HCOOH–HCOONa，设溶液中HCOONa的浓度为$x\ mol\cdot L^{-1}$，根据：

$$pH = pK_a^\ominus - \lg\frac{c(HCOOH)}{c(HCOONa)}$$

$$3.5 = -\lg 1.77\times10^{-4} - \lg\frac{1.0-x}{x}$$

$x = 0.36\ mol\cdot L^{-1}$

因此

$c(HCOONa)=0.36\ mol\cdot L^{-1}$

$c(HCOOH)=1.0-0.36=0.64\ mol\cdot L^{-1}$

$c_0(HCOOH)=c(HCOOH)+c(HCOONa)=1.0\ mol\cdot L^{-1}$

那么需要HCOOH的体积为$V(HCOOH)=\dfrac{1.0\times1000}{4.0}=250\ mL$

$n(HCOONa)=n(NaOH)$

所以需要NaOH的质量为$m(NaOH)=0.36\times1\times40=14\ g$

7.2.4 酸碱指示剂

【知识要求】理解酸碱指示剂的变色原理、变色范围和选择原则，掌握变色范围的计算。

【评注】酸碱指示剂一般是有机弱酸或弱碱；若以HIn代表有机酸类指示剂，不同指示剂具有不同的$pK_{HIn}^\ominus$值，理论变色范围为$pH=pK_{HIn}^\ominus\pm1$；酸碱指示剂的选择原则是终点的pH值落入指示剂的变色范围内或者指示剂变色范围全部或部分落在滴定突跃范围内。

【例题7–4】某弱酸HA，其$pK_a^\ominus=9.21$，现有其共轭碱NaA溶液20.00 mL，浓度为0.10 $mol\cdot L^{-1}$，当用$0.10\ mol\cdot L^{-1}$ HCl溶液滴定时，化学计量点的pH为多少？化学计量点附近的pH突跃为多少？宜选用下列哪些指示剂？

指示剂	$pK_{HIn}^\ominus$	变色范围(pH)	颜色变化
百里酚蓝	1.7	1.2~2.8	红–黄
溴甲酚绿	4.9	4.0~5.6	黄–蓝
甲基红	5.0	4.4~6.2	红–黄
酚酞	9.1	8.0~10.0	无色–红

解 滴定反应为NaA + HCl ══ HA + NaCl

化学计量点时生成$0.050\ mol\cdot L^{-1}$ HA，这是弱酸，所以：

$$c(H^+)=\sqrt{c(HA)K_a^\ominus}=\sqrt{0.050\times10^{-9.21}}=5.6\times10^{-6}\ mol\cdot L^{-1}$$

pH = 5.25

离化学计量点前0.1%时，溶液以NaA-HA存在：

$$pH = pK_a^\ominus - \lg\frac{c(HA)}{c(NaA)} = 9.21 - \lg\frac{19.98}{0.02} = 6.2$$

化学计量点后0.1%时，溶液按过量HCl计算：

$$c(H^+) = 0.10 \times \frac{0.02}{20.00 + 20.02} = 5\times10^{-5}\ mol\cdot L^{-1}$$

$$pH = 4.3$$

故滴定的pH突跃为6.2 ~ 4.3。

溴甲酚绿、甲基红可作为该滴定反应的指示剂。

7. 2. 5　酸碱滴定曲线

【知识要求】掌握各种类型酸碱滴定过程中pH的变化规律、终点pH值的计算方法，并能正确选择指示剂；掌握各类酸、碱能被准确滴定的判据。

【评注】有关酸碱滴定要注意以下几个问题：一是要搞清楚滴定类型，譬如清楚是强酸滴定弱碱还是强碱滴定弱酸，强酸滴定多元碱还是强碱滴定多元酸；二是判定可否滴定或分步滴定；三是如果可以滴定，计算终点pH值，关键在于搞清楚终点产物，知道终点产物和浓度，再根据相关公式进行pH值的计算；四是终点pH值已知，就可以依据终点pH值落入指示剂的变色范围为准选择指示剂。

强酸滴定多元碱、强碱滴定多元酸如果可以分步滴定，滴定的中间产物为酸式盐，要特别注意其pH值的计算公式，通常可采用双指示法进行滴定。

滴定方式	可否滴定判据	举例	终点产物	显酸碱性	终点pH计算
强碱滴定强酸	可	NaOH滴定HCl	盐 NaCl	显中性	pH＝7.00
强酸滴定强碱		HCl滴定NaOH			
强碱滴定弱酸	$c\cdot K_a^\ominus \geq 10^{-8}$	NaOH滴定HAc	强碱弱酸盐 NaAc	显碱性	$c(OH^-) = \sqrt{c(B)K_b^\ominus} = \sqrt{c(B)\frac{K_w^\ominus}{K_a^\ominus}}$
强酸滴定弱碱	$c\cdot K_b^\ominus \geq 10^{-8}$	HCl滴定$NH_3\cdot H_2O$	强酸弱碱盐 NH_4Cl	显酸性	$c(H^+) = \sqrt{c(HA)K_a^\ominus} = \sqrt{c(HA)\frac{K_w^\ominus}{K_b^\ominus}}$
强碱滴定多元酸	$c\cdot K_{ai}^\ominus \geq 10^{-8}$ 则 i 级解离能准确滴定	NaOH滴定 二元酸H_2A	$i=1$ 时 酸式盐NaHA	$K_{a2}^\ominus > K_{b2}^\ominus$ 显酸性 $K_{a2}^\ominus < K_{b2}^\ominus$ 显碱性 其中$K_{b2}^\ominus = \frac{K_w^\ominus}{K_{a1}^\ominus}$	$c(H^+) = \sqrt{K_{a1}^\ominus K_{a2}^\ominus}$
			$i=2$ 时 正盐Na_2A	显碱性	$c(OH^-) = \sqrt{c(B)K_{b1}^\ominus} = \sqrt{c(B)\frac{K_w^\ominus}{K_{a2}^\ominus}}$
	$c\cdot K_{ai}^\ominus \geq 10^{-8}$， $\frac{K_{ai}^\ominus}{K_{ai+1}^\ominus} \geq 10^4$ 则 i 级解离能准确、分步滴定	NaOH滴定 三元酸H_3A	$i=1$ 时 酸式盐NaH_2A	$K_{a2}^\ominus > K_{b3}^\ominus$ 显酸性 $K_{a2}^\ominus < K_{b3}^\ominus$ 显碱性 其中$K_{b3}^\ominus = \frac{K_w^\ominus}{K_{a1}^\ominus}$	$c(H^+) = \sqrt{K_{a1}^\ominus K_{a2}^\ominus}$
			$i=2$ 时 酸式盐Na_2HA	$K_{a3}^\ominus > K_{b2}^\ominus$ 显酸性 $K_{a3}^\ominus < K_{b2}^\ominus$ 显碱性 其中$K_{b2}^\ominus = \frac{K_w^\ominus}{K_{a2}^\ominus}$	$c(H^+) = \sqrt{K_{a2}^\ominus K_{a3}^\ominus}$
			$i=3$ 时 正盐Na_3A	显碱性	$c(OH^-) = \sqrt{c(B)K_{b1}^\ominus} = \sqrt{c(B)\frac{K_w^\ominus}{K_{a3}^\ominus}}$

【评注】弱酸（或弱碱）能被强碱（或强酸）准确滴定的判据是 $cK_a^\ominus$（或 $cK_b^\ominus$）$\geq 10^{-8}$，判定

多元酸可否滴定或分步滴定的依据是：(1) 如果$c \cdot K_{a1}^{\ominus} < 10^{-8}$，$H^+$不能被强碱准确地直接滴定；(2) 如果$c \cdot K_{a1}^{\ominus} \geqslant 10^{-8}$，$c \cdot K_{a2}^{\ominus} < 10^{-8}$，$\frac{K_{a1}^{\ominus}}{K_{a2}^{\ominus}} \geqslant 10^4$，第一级解离出的$H^+$可以直接滴定，第二级解离出来的$H^+$不能被直接滴定；(3) 同时符合$c\ K_{a1}^{\ominus} \geqslant 10^{-8}$、$c\ K_{a2}^{\ominus} \geqslant 10^{-8}$且$\frac{K_{a1}^{\ominus}}{K_{a2}^{\ominus}} \geqslant 10^4$，两个$H^+$可分别被准确滴定，若$\frac{K_{a1}^{\ominus}}{K_{a2}^{\ominus}} < 10^4$，两个$H^+$被一次准确滴定。

【例题7-5】下列酸碱溶液浓度均为0.05 $mol \cdot L^{-1}$，能否采用等浓度的标准NaOH溶液或HCl溶液直接滴定？(已知：$K_a^{\ominus}$(HF) = 7.2×10^{-4}；$K_{a1}^{\ominus}$(H_3PO_4) = 7.5×10^{-3}；$K_{a2}^{\ominus}$(H_3PO_4) = 6.2×10^{-8}；$K_{a3}^{\ominus}$(H_3PO_4) = 2.2×10^{-13}；$K_b^{\ominus}$($NH_3 \cdot H_2O$) = 1.8×10^{-5}；$K_a^{\ominus}$(苯酚) = 1.1×10^{-10}；$K_{a1}^{\ominus}$(H_2CO_3) = 4.2×10^{-7}；$K_{a2}^{\ominus}$(H_2CO_3) = 5.6×10^{-11}；$K_b^{\ominus}$[$(CH_2)_6N_4$] = 1.4×10^{-9}；$K_{a1}^{\ominus}$(邻苯二甲酸) = 1.1×10^{-6}；$K_{a2}^{\ominus}$(邻苯二甲酸) = 2.9×10^{-6}。)

(1)HF；(2)Na_3PO_4；(3)$(NH_4)_2SO_4$；(4)苯酚；(5)$NaHCO_3$；(6)$(CH_2)_6N_4$；(7)$(CH_2)_6N_4 \cdot HCl$；(8)邻苯二甲酸氢钾。

解　(1) $K_a^{\ominus} = 7.2 \times 10^{-4}$；$cK_a^{\ominus} = 0.05 \times 7.2 \times 10^{-4} = 3.6 \times 10^{-5} > 10^{-8}$；能直接用NaOH标准溶液滴定。

(2) $K_{b1}^{\ominus} = \frac{K_w^{\ominus}}{K_{a3}^{\ominus}} = \frac{1.0 \times 10^{-14}}{2.2 \times 10^{-13}} = 4.5 \times 10^{-2}$；$cK_{b1}^{\ominus} = 0.05 \times 4.5 \times 10^{-2} = 2.3 \times 10^{-3} > 10^{-8}$；能直接用HCl标准溶液滴定。

(3) $K_a^{\ominus} = \frac{K_w^{\ominus}}{K_b^{\ominus}} = \frac{1.0 \times 10^{-14}}{1.8 \times 10^{-5}} = 5.6 \times 10^{-10}$；$cK_a^{\ominus} = 0.05 \times 5.6 \times 10^{-10} = 2.8 \times 10^{-11} < 10^{-8}$；不能直接滴定。

(4) $K_a^{\ominus} = 1.1 \times 10^{-10}$；$cK_a^{\ominus} = 0.05 \times 1.1 \times 10^{-10} = 5.5 \times 10^{-12} < 10^{-8}$；不能直接滴定。

(5) 酸式盐$NaHCO_3$，$K_{b2}^{\ominus} = \frac{K_w^{\ominus}}{K_{a1}^{\ominus}} = \frac{1.0 \times 10^{-14}}{4.2 \times 10^{-7}} = 2.4 \times 10^{-8}$，因为$K_{b2}^{\ominus} > K_{a2}^{\ominus}$，所以$NaHCO_3$显碱性，作为碱：$cK_{b2}^{\ominus} = 0.05 \times 2.4 \times 10^{-8} = 1.2 \times 10^{-9} < 10^{-8}$；不能直接滴定。

(6) $K_b^{\ominus} = 1.4 \times 10^{-9}$；$cK_b^{\ominus} = 0.05 \times 1.4 \times 10^{-9} = 7 \times 10^{-11} < 10^{-8}$；不能直接滴定。

(7) $K_b^{\ominus} = 1.4 \times 10^{-9}$；$K_a^{\ominus} = \frac{K_w^{\ominus}}{K_b^{\ominus}} = \frac{1.0 \times 10^{-14}}{1.4 \times 10^{-9}} = 1.7 \times 10^{-6}$；$cK_a^{\ominus} = 0.05 \times 1.7 \times 10^{-6} = 8.5 \times 10^{-8} > 10^{-8}$，能直接用NaOH标准溶液滴定。

(8) 酸式盐邻苯二甲酸氢钾，$K_{b2}^{\ominus} = \frac{K_w^{\ominus}}{K_{a1}^{\ominus}} = \frac{1.0 \times 10^{-14}}{1.1 \times 10^{-6}} = 9.1 \times 10^{-9}$；因为$K_{b2}^{\ominus} < K_{a2}^{\ominus}$，所以邻苯二甲酸氢钾显酸性，$cK_{a2}^{\ominus} = 0.05 \times 2.9 \times 10^{-6} = 1.5 \times 10^{-7} > 10^{-8}$；能直接用NaOH标准溶液滴定。

【评注】如满足分步滴定的要求，则滴定曲线中有二个滴定突跃和化学计量点，根据滴定突跃范围分别选择指示剂。

【例题7-6】试问0.10 $mol \cdot L^{-1}$ $H_2C_2O_4$是否可以用0.10 $mol \cdot L^{-1}$ NaOH滴定？有几个pH突跃？化学计量点的pH为多少？宜选用什么指示剂？(已知：$H_2C_2O_4$的$K_{a1}^{\ominus} = 5.9 \times 10^{-2}$，$K_{a2}^{\ominus} = 6.4 \times 10^{-5}$。)

解　0.10 $mol \cdot L^{-1}$ NaOH滴定0.10 $mol \cdot L^{-1}$ $H_2C_2O_4$：

$c \cdot K_{a1}^{\ominus} = 5.9 \times 10^{-3} > 10^{-8}$，一级电离可滴定，有pH突跃。

$c \cdot K_{a2}^{\ominus} = 0.05 \times 6.4 \times 10^{-5} = 3.2 \times 10^{-6} > 10^{-8}$，二级电离可滴定，有pH突跃。

$\dfrac{K_{a1}^{\ominus}}{K_{a2}^{\ominus}} = 9.2 \times 10^{2} < 10^{4}$，两个突跃不能分开，即不可以分步滴定。

因此，用0.10 mol·L^{-1} NaOH滴定0.10 mol·L^{-1} $H_2C_2O_4$，不能分步滴定，只能一次将二级电离全部滴定，即终点产物是$C_2O_4^{2-}$，得：

$$c(OH^-) = \sqrt{c(B)K_{b1}^{\ominus}} = \sqrt{\frac{K_w^{\ominus}}{K_{a2}^{\ominus}}c(B)} = \sqrt{\frac{1.0 \times 10^{-14}}{6.4 \times 10^{-5}} \times \frac{0.10}{3}} = 2.3 \times 10^{-6}\ \text{mol} \cdot \text{L}^{-1}$$

pH = 14− pOH=14−5.64=8.36

可选用百里酚蓝、酚酞为该滴定反应的指示剂。

7.2.6　酸碱滴定的有关计算

【知识要求】熟悉酸碱滴定法及应用（混合碱的分析测定、铵盐中氮含量的测定等），掌握酸碱滴定结果的计算方法。

【评注】酸碱滴定结果计算关键是搞清楚滴定过程和指示剂所指示的滴定终点产物，只有确定了滴定终点的产物，才能确定标准物质与待测物质之间的等物质的量关系。

混合碱试样含量测定通常采用双指示剂法，先以酚酞为指示剂，用HCl滴定到终点，消耗HCl体积为V_1，然后加入甲基橙，继续用HCl滴定到终点，又用去HCl体积为V_2，根据两个终点所消耗的HCl体积可判断并计算混合碱的组成及各组分含量。

V_1和V_2的关系	$V_1 \neq 0$，$V_2 = 0$	$V_1 = 0$，$V_2 \neq 0$	$V_1 = V_2 \neq 0$	$V_1 > V_2 > 0$	$V_2 > V_1 > 0$
试样的组成	NaOH	$NaHCO_3$	Na_2CO_3	$NaOH+Na_2CO_3$	$Na_2CO_3+NaHCO_3$

【例题7−7】称取某混合碱试样0.6021 g，溶于水，加酚酞指示剂，用0.2012 mol·L^{-1} HCl溶液滴定至终点，消耗了32.00 mL。然后加入甲基橙指示剂，继续滴加HCl溶液至终点，又耗去10.00 mL HCl溶液。问试样中含有何种组分？计算各组分的质量分数。（已知：NaOH、$NaHCO_3$、Na_2CO_3的摩尔质量分别为40.01、84.00、106.0 g·mol^{-1}。）

解　$V_1 > V_2 > 0$，因而混合碱试样为NaOH+ Na_2CO_3。

当用V_1 mL HCl溶液滴定至酚酞变色时，NaOH被完全中和，而Na_2CO_3只是被部分中和生成$NaHCO_3$：

$$NaOH + HCl \longrightarrow NaCl + H_2O$$

$$Na_2CO_3 + HCl \longrightarrow NaHCO_3 + NaCl$$

继续用V_2 mL HCl溶液滴定至甲基橙变色时，第一化学计量点时生成的$NaHCO_3$被中和生成H_2CO_3。

$$NaHCO_3 + HCl \longrightarrow H_2CO_3 + NaCl$$

因此

$$w(NaOH) = \frac{c(HCl) \cdot (V_1 - V_2) \cdot M(NaOH)}{m_s} = \frac{0.2012 \times (32.00 - 10.00) \times 10^{-3} \times 40.01}{0.6021} \times 100\% = 0.2941$$

$$w(Na_2CO_3) = \frac{c(HCl) \cdot V_2 \cdot M(Na_2CO_3)}{m_s} = \frac{0.2012 \times 10.00 \times 10^{-3} \times 106.0}{0.6021} \times 100\% = 0.3542$$

【评注】 测定肥料、土壤以及一些含氮有机物质（如含蛋白质的食品、饲料以及生物碱等）中氮含量，通常是将样品先经过适当的处理，使其中的含氮化合物全部转化为NH_4^+，采用蒸馏法或甲醛法间接测定。

【例题7–8】 食用肉中蛋白质含量的测定，通常按下列方法测得N的质量分数，再乘以6.25即得蛋白质含量。称取2.000 g干肉片试样用浓硫酸（汞作催化剂）煮沸，直至存在的氮完全转化为硫酸氢铵。再用过量NaOH处理，放出的NH_3吸收于50.00 mL H_2SO_4（1.00 mL相当于0.08160 g Na_2O）中。过量的酸需要28.80 mL NaOH（1.00 mL相当于0.1266 g邻苯二甲酸氢钾）返滴定。计算肉片中蛋白质的质量分数。（已知：$M(Na_2O)=62.00\ g\cdot mol^{-1}$，$M(KHP)=204.22\ g\cdot mol^{-1}$，$M(N)=14.01\ g\cdot mol^{-1}$。）

解 $2NH_3 + H_2SO_4 \longrightarrow (NH_4)_2SO_4$

$H_2SO_4 + 2NaOH \longrightarrow Na_2SO_4 + 2H_2O$

$H_2SO_4 + Na_2O \longrightarrow Na_2SO_4 + H_2O$

$NaOH+KHP \longrightarrow KNaP+ H_2O$

$$c(H_2SO_4)=\frac{T(H_2SO_4/Na_2O)\times 1000}{M(Na_2O)}=\frac{0.01860\times 1000}{62.00}=0.3000\ mol\cdot L^{-1}$$

$$c(NaOH)=\frac{T(NaOH/KHP)\times 1000}{M(KHP)}=\frac{0.1266\times 1000}{204.22}=0.6199\ mol\cdot L^{-1}$$

$$n(NH_3)=2\times\left[n(H_2SO_4)-\frac{1}{2}n(NaOH)\right]$$

$$=2\times(0.05000\times 0.3000-\frac{1}{2}\times 0.02880\times 0.6199)=0.01215\ mol$$

$$w(蛋白质)=\frac{0.01215\times 14.01\times 6.25}{2.000}\times 100\%=53.19\%$$

7.3 课后习题选解

7–1 是非题

1. 由于乙酸的解离平衡常数 $K_a^{\ominus}=\dfrac{c(H^+)\cdot c(Ac^-)}{c(HAc)}$，所以，只要改变乙酸的起始浓度即 $c_0(HAc)$，$K_a^{\ominus}$ 必随之改变。 （×）

2. 在浓度均为0.01 $mol\cdot L^{-1}$的HCl、H_2SO_4、NaOH和NH_4Ac四种水溶液中，H^+和OH^-离子浓度的乘积均相等。 （√）

3. 稀释可以使醋酸的解离度增大，因而可使其酸性增强。 （×）

4. 溶液的酸度越高，其pH值就越大。 （×）

5. 在共轭酸碱体系中，酸、碱的浓度越大，则其缓冲能力越强。 （×）

6. 酸碱指示剂在酸性溶液中呈现酸色，在碱性溶液中呈现碱色。 （×）

7. 无论何种酸或碱，只要其浓度足够大，都可被强碱或强酸溶液定量滴定。 （×）

8. 在滴定分析中，化学计量点必须与滴定终点完全重合，否则会引起较大的滴定误差。 （×）

9. 各种类型的酸碱滴定，其化学计量点的位置均在突跃范围的中点。 （×）

10. NaOH标准溶液宜用直接法配制，而$K_2Cr_2O_7$则用间接法配制。 （×）

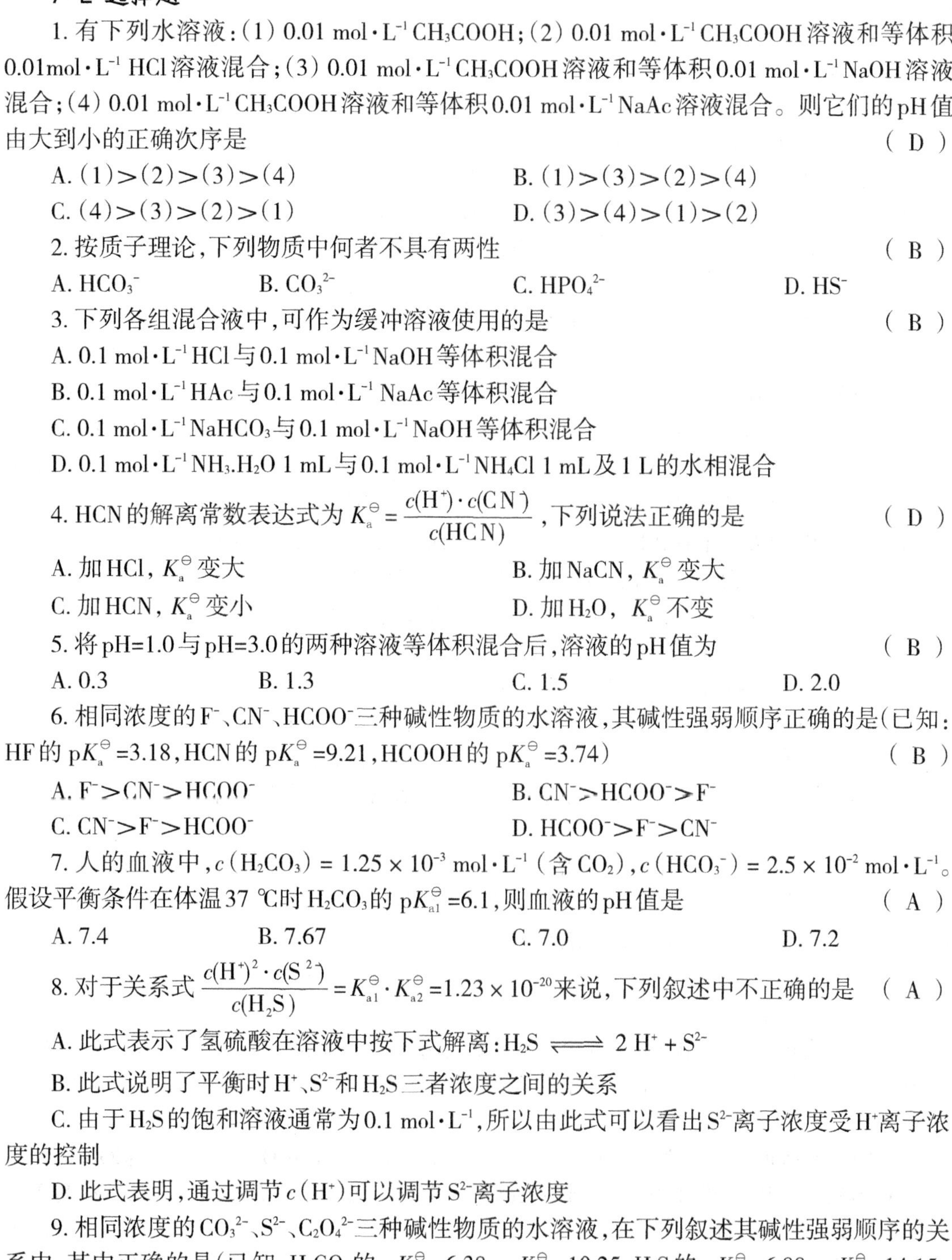

7-2 选择题

1. 有下列水溶液：(1) 0.01 $mol \cdot L^{-1}$ CH_3COOH；(2) 0.01 $mol \cdot L^{-1}$ CH_3COOH溶液和等体积0.01$mol \cdot L^{-1}$ HCl溶液混合；(3) 0.01 $mol \cdot L^{-1}$ CH_3COOH溶液和等体积0.01 $mol \cdot L^{-1}$ NaOH溶液混合；(4) 0.01 $mol \cdot L^{-1}$ CH_3COOH溶液和等体积0.01 $mol \cdot L^{-1}$ NaAc溶液混合。则它们的pH值由大到小的正确次序是　(D)

A. (1)>(2)>(3)>(4)　　B. (1)>(3)>(2)>(4)

C. (4)>(3)>(2)>(1)　　D. (3)>(4)>(1)>(2)

2. 按质子理论，下列物质中何者不具有两性　(B)

A. HCO_3^-　　B. CO_3^{2-}　　C. HPO_4^{2-}　　D. HS^-

3. 下列各组混合液中，可作为缓冲溶液使用的是　(B)

A. 0.1 $mol \cdot L^{-1}$ HCl与0.1 $mol \cdot L^{-1}$ NaOH等体积混合

B. 0.1 $mol \cdot L^{-1}$ HAc与0.1 $mol \cdot L^{-1}$ NaAc等体积混合

C. 0.1 $mol \cdot L^{-1}$ $NaHCO_3$与0.1 $mol \cdot L^{-1}$ NaOH等体积混合

D. 0.1 $mol \cdot L^{-1}$ $NH_3.H_2O$ 1 mL与0.1 $mol \cdot L^{-1}$ NH_4Cl 1 mL及1 L的水相混合

4. HCN的解离常数表达式为 $K_a^\ominus = \frac{c(H^+) \cdot c(CN^-)}{c(HCN)}$，下列说法正确的是　(D)

A. 加HCl，$K_a^\ominus$变大　　B. 加NaCN，$K_a^\ominus$变大

C. 加HCN，$K_a^\ominus$变小　　D. 加H_2O，$K_a^\ominus$不变

5. 将pH=1.0与pH=3.0的两种溶液等体积混合后，溶液的pH值为　(B)

A. 0.3　　B. 1.3　　C. 1.5　　D. 2.0

6. 相同浓度的F^-、CN^-、$HCOO^-$三种碱性物质的水溶液，其碱性强弱顺序正确的是(已知：HF的$pK_a^\ominus$=3.18，HCN的$pK_a^\ominus$=9.21，HCOOH的$pK_a^\ominus$=3.74)　(B)

A. $F^->CN^->HCOO^-$　　B. $CN^->HCOO^->F^-$

C. $CN^->F^->HCOO^-$　　D. $HCOO^->F^->CN^-$

7. 人的血液中，$c(H_2CO_3) = 1.25 \times 10^{-3}$ $mol \cdot L^{-1}$(含CO_2)，$c(HCO_3^-) = 2.5 \times 10^{-2}$ $mol \cdot L^{-1}$。假设平衡条件在体温37 ℃时H_2CO_3的$pK_{a1}^\ominus$=6.1，则血液的pH值是　(A)

A. 7.4　　B. 7.67　　C. 7.0　　D. 7.2

8. 对于关系式 $\frac{c(H^+)^2 \cdot c(S^{2-})}{c(H_2S)} = K_{a1}^\ominus \cdot K_{a2}^\ominus = 1.23 \times 10^{-20}$来说，下列叙述中不正确的是　(A)

A. 此式表示了氢硫酸在溶液中按下式解离：$H_2S \rightleftharpoons 2H^+ + S^{2-}$

B. 此式说明了平衡时H^+、S^{2-}和H_2S三者浓度之间的关系

C. 由于H_2S的饱和溶液通常为0.1 $mol \cdot L^{-1}$，所以由此式可以看出S^{2-}离子浓度受H^+离子浓度的控制

D. 此式表明，通过调节$c(H^+)$可以调节S^{2-}离子浓度

9. 相同浓度的CO_3^{2-}、S^{2-}、$C_2O_4^{2-}$三种碱性物质的水溶液，在下列叙述其碱性强弱顺序的关系中，其中正确的是(已知：H_2CO_3的$pK_{a1}^\ominus$=6.38，$pK_{a2}^\ominus$=10.25；H_2S的$pK_{a1}^\ominus$=6.88，$pK_{a2}^\ominus$=14.15；$H_2C_2O_4$的$pK_{a1}^\ominus$=1.22，$pK_{a2}^\ominus$=4.19)　(C)

A. $CO_3^{2-} > S^{2-} > C_2O_4^{2-}$　　B. $S^{2-} > C_2O_4^{2-} > CO_3^{2-}$

C. $S^{2-} > CO_3^{2-} > C_2O_4^{2-}$　　D. $CO_3^{2-} > C_2O_4^{2-} > S^{2-}$

10. 乙醇胺($HOCH_2CH_2NH_2$)和乙醇胺盐配制缓冲溶液的有效pH范围是(已知：乙醇胺的

$pK_b^\ominus=5$）（ D ）

A. 6~8　B. 3.5~5.5　C. 10~12　D. 8~10

11. 酸碱滴定中选择指示剂的原则是（ D ）

A. 指示剂的变色范围与化学计量点完全相符

B. 指示剂应在pH = 7.00时变色

C. 指示剂变色范围应全部落在pH突跃范围之内

D. 指示剂的变色范围应全部或部分落在pH突跃范围之内

12. 可以用直接法配制标准溶液的物质是（ B ）

A. 盐酸　B. 硼砂　C. 氢氧化钠　D. EDTA

13. 用0.1000 $mol \cdot L^{-1}$ NaOH滴定0.1000 $mol \cdot L^{-1}$ $H_2C_2O_4$，应选指示剂（ C ）

A. 甲基橙　B. 甲基红　C. 酚酞　D. 溴甲酚绿

14. 下列酸碱滴定中，哪种方法由于滴定突跃不明显而不能用直接滴定法进行容量分析（已知：$K_a^\ominus(HAc) = 1.8 \times 10^{-5}$；$K_a^\ominus(HCN)= 4.9 \times 10^{-10}$；$K_{a1}^\ominus(H_3PO_4)= 7.5 \times 10^{-3}$；$K_{a2}^\ominus(H_3PO_4)= 6.2 \times 10^{-8}$；$K_{a3}^\ominus(H_3PO_4) =2.2 \times 10^{-13}$；$K_{a1}^\ominus(H_2CO_3) = 4.2 \times 10^{-7}$；$K_{a2}^\ominus(H_2CO_3) = 5.6 \times 10^{-11}$）（ A ）

A. 用HCl溶液滴定NaAc溶液　B. 用HCl溶液滴定Na_2CO_3溶液

C. 用NaOH溶液滴定H_3PO_4溶液　D. 用HCl溶液滴定NaCN溶液

15. 下列酸碱滴定反应中，化学计量点pH值等于7.00的是（ D ）

A. NaOH滴定HAc　B. HCl溶液滴定$NH_3 \cdot H_2O$

C. HCl溶液滴定Na_2CO_3　D. NaOH溶液滴定HCl

16. 标定HCl和NaOH溶液常用的基准物质分别是（ D ）

A. 硼砂和EDTA　B. 草酸和$K_2Cr_2O_7$

C. $CaCO_3$和草酸　D. 硼砂和邻苯二甲酸氢钾

17. Na_2CO_3和$NaHCO_3$混合物可用HCl标准溶液来测定，测定过程中两种指示剂的滴加顺序为（ A ）

A. 酚酞、甲基橙　B. 甲基橙、酚酞　C. 酚酞、百里酚蓝　D. 百里酚蓝、酚酞

18. 蒸馏法测定NH_4^+（$K_a^\ominus = 5.6 \times 10^{-10}$），蒸出的$NH_3$用$H_3BO_3$（$K_{a1}^\ominus = 5.8 \times 10^{-10}$）溶液吸收，然后用标准HCl滴定，加入的$H_3BO_3$溶液应（ C ）

A. 已知准确浓度　B. 已知准确体积

C. 不需准确量取　D. 浓度、体积均需准确

19. 某混合碱的试液用HCl标准溶液滴定，当用酚酞作指示剂时，需12.84 mL到达终点，若用甲基橙作指示剂，同样体积的试液需同样的HCl标准溶液28.24 mL，则混合溶液中的组分应是（ C ）

A. Na_2CO_3+NaOH　B. $NaHCO_3$　C. Na_2CO_3+$NaHCO_3$　D. Na_2CO_3

20. 滴定分析中，一般利用指示剂颜色的突变来判断化学计量点的到达。在指示剂变色时停止滴定的这一点称为（ D ）

A. 等电点　B. 滴定误差　C. 滴定　D. 滴定终点

7-3 填空题

1. 下列分子或离子：HS^-、CO_3^{2-}、$H_2PO_4^-$、NH_3、H_2S、NO_2^-、HCl、Ac^-、H_2O，根据酸碱质子理论，属于酸的有 H_2S、HCl ，属于碱的有 CO_3^{2-}、NO_2^-、Ac^- ，既是酸又是碱的有 HS^-、$H_2PO_4^-$、NH_3、H_2O 。

2. 在0.10 mol·L^{-1} $NH_3·H_2O$溶液中，浓度最大的物种是 $NH_3·H_2O$ ，浓度最小的物种是 H^+ 。加入少量$NH_4Cl(s)$后，$NH_3·H_2O$的解离度将 减少 ，溶液的pH值将 减少 ，H^+的浓度将 增大 。

3. 已知吡啶的 $K_b^\ominus = 1.7\times10^{-9}$，其共轭酸的 $K_a^\ominus$ = 5.9×10^{-6} 。

4. 将2.500 g纯一元弱酸HA[M(HA)=50.0 g·mol^{-1}]溶于水并稀释至500.0 mL，已知该溶液的pH值为3.15，则弱酸HA的解离常数 $K_a^\ominus$ 为 5.0×10^{-6} 。

5. 化合物NaCl、$NaHCO_3$、Na_2CO_3、NH_4Cl中，同浓度的水溶液，pH值最高的是 Na_2CO_3 。

6. 某混合碱滴定至酚酞变色时消耗HCl溶液11.43 mL，滴定至甲基橙变色时又用去HCl溶液14.02 mL，则该混合碱的主要成分是 Na_2CO_3 和 $NaHCO_3$ 。

7. 硼酸是 一 元弱酸。因其酸性太弱，在定量分析中将其与 甘油 反应，可使硼酸的酸性大为增强，此时溶液可用强碱以酚酞为指示剂进行滴定。

8. 二元弱酸被准确滴定的判断依据是 $cK_{a2}^\ominus \geqslant 10^{-8}$ ，能够分步滴定的判据是 $cK_{a2}^\ominus \geqslant 10^{-8}$，$\dfrac{K_{a1}^\ominus}{K_{a2}^\ominus} \geqslant 10^4$ 。

9. 最理想的指示剂应是恰好在 计量点 时变色的指示剂。

10. 间接法配制标准溶液是采用适当的方法先配制成接近所需浓度，再用一种基准物质或另一种标准溶液精确测定它的准确浓度，这种操作过程称为 标定 。

7-4 计算题

1. 计算下列各溶液的pH：

(1) 0.10 mol·L^{-1} HAc；

(2) 0.15 mol·L^{-1} NaAc。

(已知：HAc的 $pK_a^\ominus = 4.74$。)

解　(1) $c\cdot K_a^\ominus > 20\,K_w^\ominus$，$c/K_a^\ominus > 500$

采用最简式计算：$c(H^+) = \sqrt{c(HA)K_a^\ominus} = \sqrt{0.10\times10^{-4.74}} = 10^{-2.87}$ mol·L^{-1}

pH = 2.87

(2) 由HAc的 $pK_a^\ominus = 4.74$ 知 $pK_b^\ominus = 14-4.74 = 9.26$

则 $cK_b^\ominus > 20\,K_w^\ominus$，$c/K_b^\ominus > 500$

所以 $c(OH^-) = \sqrt{c(B)K_b^\ominus} = \sqrt{0.15\times10^{-9.26}} = 10^{-5.04}$ mol·L^{-1}

pOH = 5.04，pH = 14−5.04 = 8.96

2. 计算0.20 mol·L^{-1} HCl溶液与0.20 mol·L^{-1}氨水混合溶液的pH值。

(1) 两种溶液等体积混合；

(2) 两种溶液按1∶2的体积混合。

(已知：NH_3的 $K_b^\ominus = 1.8\times10^{-5}$。)

解　(1) 反应得到浓度为0.10 mol·L^{-1}的NH_4Cl溶液

$NH_4^+ + H_2O \rightleftharpoons NH_3 + H_3O^+$

$$K_a^\ominus(NH_4^+) = \frac{\dfrac{c(H_3O^+)}{c^\ominus}\cdot\dfrac{c(NH_3)}{c^\ominus}}{\dfrac{c(NH_4^+)}{c^\ominus}} = \frac{K_w^\ominus}{K_b^\ominus}$$

$$c(H_3O^+)=\sqrt{c(HA)\cdot\frac{K_w^\ominus}{K_b^\ominus}}=\sqrt{0.10\times\frac{1.0\times10^{-14}}{1.8\times10^{-5}}}=7.45\times10^{-6}\ mol\cdot L^{-1}$$

pH = 5.13

(2) 反应得到NH_3–NH_4Cl缓冲溶液，其中NH_3、NH_4^+浓度分别为0.067 mol·L^{-1}

$$pOH = pK_b^\ominus - lg\frac{c(NH_3)}{c(NH_4Cl)}$$

$$pOH = pK_b^\ominus - 0 = -lg(1.8\times10^{-5}) = 4.74$$

pH = 9.26

3. 欲配制pH=5.50的缓冲溶液，需向0.500 L 0.25 mol·L^{-1}的HAc溶液中加入多少NaAc？（已知：HAc的$K_a^\ominus=1.8\times10^{-5}$；$M(NaAc)=82.0\ g\cdot mol^{-1}$。）

解 $pH = pK_a^\ominus - lg\frac{c(HAc)}{c(NaAc)}$

$$5.5 = -lg1.8\times10^{-5} - lg\frac{0.25}{c(NaAc)}$$

$c(NaAc)=1.44\ mol\cdot L^{-1}$

$m(NaAc) = c(NaAc)\cdot V\cdot M(NaAc) = 1.44\times0.500\times82.0 = 59.0\ g$

4. 称取基准物质$Na_2C_2O_4$ 0.4020 g，在一定温度下灼烧成Na_2CO_3后，用水溶解并稀释至100.00 mL。准确移取25.00 mL溶液，用甲基橙为指示剂，用HCl溶液滴定至终点，消耗30.00 mL，计算HCl溶液的浓度。（已知：$M(Na_2C_2O_4)=134.0\ g\cdot mol^{-1}$。）

解 $2\ Na_2C_2O_4 + O_2 \longrightarrow 2\ Na_2CO_3 + 2\ CO_2$

$Na_2CO_3 + 2\ HCl \longrightarrow 2\ NaCl + H_2O$

$n(HCl) = 2\,n(Na_2CO_3) = 2\,n(Na_2C_2O_4)$

$$n(Na_2C_2O_4) = \frac{0.4020}{4\times134.0} = 7.500\times10^{-4}\ mol$$

$n(HCl) = 2\,n(Na_2C_2O_4) = 1.5000\times10^{-3} = 30.00\times10^{-3}\cdot c(HCl)$

$c(HCl) = 0.05000\ mol\cdot L^{-1}$

5. 测定肥料中的铵态氮时，称取试样0.2471 g，加浓NaOH溶液蒸馏，产生的NH_3用过量的50.00 mL 0.1015 mol·L^{-1} HCl吸收，再用0.1022 mol·L^{-1} NaOH返滴定过量的HCl，用去11.69 mL，计算样品中的含氮量。（已知：$M(N)=14.01\ g\cdot mol^{-1}$。）

解 $NH_3 + HCl \longrightarrow NH_4Cl$

$HCl(过量) + NaOH \longrightarrow NaCl + H_2O$

$n(HCl) = c(HCl)V(HCl) = n(NH_3) = n(NaOH)$

$$w(N) = \frac{[c(HCl)V(HCl) - c(NaOH)V(NaOH)]\cdot M(N)}{m_s}$$

$$= \frac{(0.1015\times50.00\times10^{-3} - 0.1022\times11.69\times10^{-3})\times14.01}{0.2471} = 0.2198$$

6. 称取混合碱试样0.9476 g，加酚酞指示剂，用0.2785 mol·L^{-1} HCl溶液滴定至终点，耗去酸溶液34.12 mL，再加甲基橙指示剂，滴定至终点，又耗去酸23.66 mL。确定试样的组成并求出各组分的质量分数。（已知：$M(Na_2CO_3)=105.99\ g\cdot mol^{-1}$；$M(NaHCO_3)=84.01\ g\cdot mol^{-1}$；$M(NaOH)=40.01\ g\cdot mol^{-1}$。）

解 $V_1 > V_2$，试样组成为：Na_2CO_3，NaOH

第一终点时 $NaOH + HCl \longrightarrow NaCl + H_2O$

$Na_2CO_3 + HCl \longrightarrow NaCl + NaHCO_3$

第二终点时 $NaHCO_3 + HCl \longrightarrow NaCl + H_2O$

$$w(Na_2CO_3) = \frac{0.2785 \times 23.66 \times 10^{-3} \times 105.99}{0.9476} = 0.7370$$

$$w(NaOH) = \frac{0.2785 \times (34.12 - 23.66) \times 10^{-3} \times 40.01}{0.9476} = 0.1230$$

7. 将0.5500 g $CaCO_3$试样溶于25.00 mL 0.5020 mol·L^{-1}的HCl溶液中，煮沸除去CO_2，过量的HCl用NaOH溶液返滴定耗去4.20 mL，若用NaOH溶液直接滴定20.00 mL该HCl溶液，消耗20.67 mL。试计算试样中$CaCO_3$的含量。(已知：$M(CaCO_3)$ = 100.1 g·mol^{-1}。)

解　$NaOH + HCl \longrightarrow NaCl + H_2O$

NaOH的浓度为 $c(NaOH) = \dfrac{c(HCl) \cdot V(HCl)}{V(NaOH)} = \dfrac{0.5020 \times 20.00}{20.67} = 0.4857\ mol \cdot L^{-1}$

与$CaCO_3$反应的HCl的物质的量为 $n(HCl) = 0.5020 \times 25.00 - 0.4857 \times 4.20 = 10.51\ mmol$

$CaCO_3 + 2\ HCl \longrightarrow CaCl_2 + CO_2 + H_2O$

$$n(CaCO_3) = \frac{1}{2} n(HCl)$$

$$w(CaCO_3) = \frac{\frac{1}{2} \times 10.51 \times 10^{-3} \times 100.1}{0.5500} = 0.9564$$

7.4　自测题及答案

一、是非题

1. 同离子效应可以使溶液的pH值增大，也可以使pH值减小，但一定会使电解质的电离度降低。　(　　)

2. 盐效应使弱电解质的解离度减小。　(　　)

3. 0.20 mol·L^{-1} HAc 溶液中 $c(H^+)$是0.10 mol·L^{-1} HAc 溶液中 $c(H^+)$的2倍。　(　　)

4. 纯水加热到100 ℃，$K_w^\ominus = 5.8 \times 10^{-13}$，所以溶液呈酸性。　(　　)

5. KCl是易溶于水的强电解质，但将浓盐酸加入它的饱和溶液中时，也可能有固体析出，这是由于Cl^-的同离子效应作用的结果。　(　　)

6. 缓冲溶液的pH值主要取决于 $K_a^\ominus$ 或 $K_b^\ominus$，其次取决于缓冲对的浓度比。　(　　)

7. 缓冲溶液用水适当稀释时，溶液的pH值基本不变，但缓冲容量减小。　(　　)

8. 对酚酞不显颜色的溶液一定是酸性溶液。　(　　)

9. 酸碱指示剂的摩尔质量越大，则其变色范围越宽。　(　　)

10. 酸碱滴定中，化学计量点时溶液的pH值与指示剂的理论变色点的pH值相等。(　　)

11. 酚酞和甲基橙都是可用于强碱滴定弱酸的指示剂。　(　　)

12. 不同的酸碱指示剂的变色范围不同，是因为它们各自的 $K_{HIn}^\ominus$ 不一样。　(　　)

13. 强酸滴定强碱的滴定曲线，浓度越小其突跃范围越宽。　(　　)

14. 浓度为0.10 mol·L^{-1}的某一元弱酸不能用NaOH标准溶液直接滴定，则其0.10 mol·L^{-1}的共轭碱一定能用强酸直接滴定。　(　　)

15. 酸碱指示剂的选择原则是变色敏锐，用量少。 ( )

二、选择题

1. 对反应 $HPO_4^{2-} + H_2O \rightleftharpoons H_2PO_4^- + OH^-$ 来说 ( )

A. H_2O 是酸，OH^- 是碱 B. H_2O 是酸，HPO_4^{2-} 是它的共轭碱

C. HPO_4^{2-} 是酸，OH^- 是它的共轭碱 D. HPO_4^{2-} 是酸，$H_2PO_4^-$ 是它的共轭碱

2. 强电解质理论（"离子氛"概念）的先驱者是 ( )

A. 阿累尼乌斯（Arrhenius） B. 布朗施泰德-劳莱（Brnsted-Lowry）

C. 路易斯（Lewis） D. 德拜-休克尔（Debye-Hückel）

3. 若氨水及其共轭酸的解离常数分别表示为 $K_a^\ominus$ 和 $K_b^\ominus$，则下列关系式中正确的是 ( )

A. $K_a^\ominus = 14 - K_b^\ominus$ B. $K_a^\ominus \cdot K_b^\ominus = 1$ C. $K_a^\ominus / K_b^\ominus = K_w^\ominus$ D. $K_a^\ominus \cdot K_b^\ominus = K_w^\ominus$

4. 若酸碱反应 $HB + A^- \rightleftharpoons HA + B^-$ 的 $K^\ominus = 10^{-8}$，下列说法正确的是 ( )

A. HA 是比 HB 强的酸 B. HB 是比 HA 强的酸

C. HB 和 HA 酸性相同 D. 酸的强度无法比较

5. $H_2C_2O_4$ 水溶液的质子条件式为 ( )

A. $c(H^+)=c(HC_2O_4^-)+c(C_2O_4^{2-})+c(OH^-)$

B. $c(H^+)=c(HC_2O_4^-)+2c(C_2O_4^{2-})+c(OH^-)$

C. $c(H^+)=c(HC_2O_4^-)+c(C_2O_4^{2-})+2c(OH^-)$

D. $c(H^+)=c(HC_2O_4^-)+2c(C_2O_4^{2-})+2c(OH^-)$

6. 向 $NH_3 \cdot H_2O$ 溶液中加入下列物质，既有同离子效应，又有盐效应的是 ( )

A. HCl B. NH_4Cl C. KNO_3 D. NaCl

7. 在 1.0 L H_2S 饱和溶液中加入 0.10 mL 0.010 $mol \cdot L^{-1}$ HCl，则下列式子正确的是 ( )

A. $c(H_2S) \approx 0.10\ mol \cdot L^{-1}$ B. $c(HS^-) > c(H^+)$

C. $c(H^+) = 2c(S^{2-})$ D. $c(H^+) = \sqrt{0.10 \times K_{a1}^\ominus(H_2S)}$

8. 要配制 pH=3.5 的缓冲液，已知 HF 的 $pK_a^\ominus = 3.18$，H_2CO_3 的 $pK_{a1}^\ominus = 6.37$，$pK_{a2}^\ominus = 10.25$，丙酸的 $pK_a^\ominus = 4.88$，抗坏血酸的 $pK_a^\ominus = 4.30$，缓冲剂应选 ( )

A. HF-NaF B. Na_2CO_3-$NaHCO_3$

C. 丙酸-丙酸钠 D. 抗坏血酸-抗坏血酸钠

9. 在氨溶液中加入氢氧化钠，使 ( )

A. OH^- 浓度变小 B. NH_3 的 $K_b^\ominus$ 变小

C. NH_3 的 α 降低 D. NH_4^+ 浓度变大

10. 在纯水中加入一些酸，则溶液中 ( )

A. $c(H^+) \cdot c(OH^-)$ 增大 B. $c(H^+) \cdot c(OH^-)$ 减小

C. $c(H^+) \cdot c(OH^-)$ 不变 D. 溶液 pH 增大

11. 把 100 mL 0.1 $mol \cdot L^{-1}$ HCN（$K_a^\ominus = 4.9 \times 10^{-10}$）溶液稀释到 400 mL，$c(H^+)$ 约为原来的 ( )

A. $\frac{1}{2}$ B. $\frac{1}{4}$ C. 2倍 D. 4倍

12. 用硼砂标定 0.1 $mol \cdot L^{-1}$ 的 HCl 时，应选用的指示剂是 ( )

A. 中性红　　B. 甲基红　　C. 酚酞　　D. 百里酚酞

13. 在酸碱滴定中，选择指示剂可不必考虑的因素是 （　　）

A. pH突跃范围　　B. 指示剂的变色范围

C. 指示剂的颜色变化　　D. 指示剂的分子结构

14. 欲配制pOH=4.0的缓冲溶液，对于下列四组缓冲体系，最好选用 （　　）

A. $NaHCO_3$-Na_2CO_3（$pK_b^\ominus=3.8$）　　B. HAc-NaAc（$pK_a^\ominus=4.7$）

C. NH_4Cl-$NH_3 \cdot H_2O$（$pK_b^\ominus=4.7$）　　D. HCOOH-HCOONa（$pK_a^\ominus=3.8$）

15. 用强碱滴定一元弱酸时，应符合 $c \cdot K_a^\ominus \geq 10^{-8}$ 的条件，这是因为 （　　）

A. $c \cdot K_a^\ominus < 10^{-8}$时滴定突跃范围窄　　B. $c \cdot K_a^\ominus < 10^{-8}$时无法确定化学计量关系

C. $c \cdot K_a^\ominus < 10^{-8}$时指示剂不发生颜色变化　　D. $c \cdot K_a^\ominus < 10^{-8}$时反应不能进行

16. 用同一溶液分别滴定体积相同的H_2SO_4和HAc溶液，消耗NaOH的体积相等，说明H_2SO_4和HAc两种溶液中 （　　）

A. 氢离子浓度相等　　B. H_2SO_4和HAc浓度相等

C. H_2SO_4浓度为HAc浓度的一半　　D. 两个滴定的pH突跃范围相等

17. 下列弱酸或弱碱能用酸碱滴定法直接准确滴定的是 （　　）

A. 0.1 $mol \cdot L^{-1}$ Na_2CO_3，$K_{a1}^\ominus(H_2CO_3)=4.2\times10^{-7}$；$K_{a2}^\ominus(H_2CO_3)=5.6\times10^{-11}$

B. 0.1 $mol \cdot L^{-1}$ H_3BO_3，$K_a^\ominus=7.3\times10^{-10}$

C. 0.1 $mol \cdot L^{-1}$ NH_4Cl，$K_b^\ominus=1.8\times10^{-5}$

D. 0.1 $mol \cdot L^{-1}$ NaF，$K_a^\ominus=3.5\times10^{-4}$

18. 在如图的滴定曲线中，哪一条是强碱滴定弱酸的滴定曲线 （　　）

A. 曲线1　　B. 曲线2　　C. 曲线3　　D. 曲线4

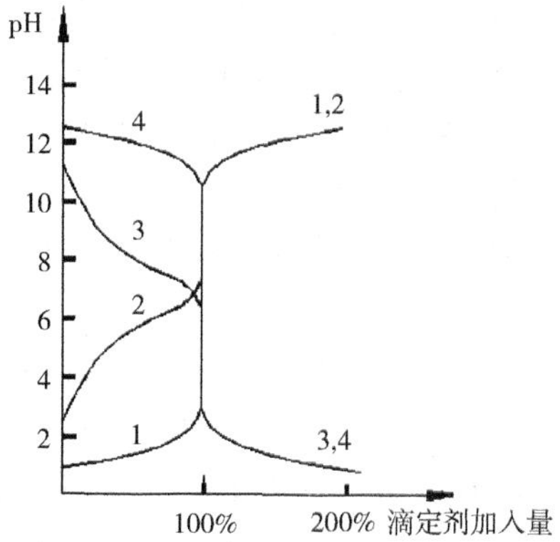

19. 标定HCl溶液用的基准物$Na_2B_4O_7 \cdot 12H_2O$，因保存不当失去了部分结晶水，标定出的HCl溶液浓度将 （　　）

A. 偏低　　B. 偏高　　C. 准确　　D. 无法确定

20. 某混合碱先用HCl滴定至酚酞变色，耗去V_1 mL，继续以甲基橙为指示剂，耗去V_2 mL，已知$V_1=V_2$，其组成是 （　　）

A.NaOH-Na_2CO_3　　B.Na_2CO_3　　C.$NaHCO_3$-NaOH　　D.$NaHCO_3$-Na_2CO_3

三、填空题

1. 有A、B、C、D四种溶液，其中(A)pH=7.6，(B)pOH=9.5，(C)$c(H^+)=10^{-6.2}$，(D)$c(OH^-)=10^{-3.4}$，它们按酸性由弱到强的顺序是________。

2. 根据酸碱质子理论,在水溶液中的下列分子或离子: HSO_4^-、$C_2O_4^{2-}$、$[Al(H_2O)_6]^{3+}$、NO_3^-中,属于酸(不是碱)的有________;属于碱(不是酸)的有________;既可作为酸又可作为碱的有________。$[Fe(H_2O)_5(OH)]^{2+}$的共轭酸是________,其共轭碱是________。

3. 已知$CH_2{=\!=}CHCH_2COONa$的水溶液 $K_b^{\ominus}=7.01\times10^{-10}$,则它的共轭酸是________, 该酸的 $K_a^{\ominus}$ 值应等于________。

4. 25 ℃标准压力下的CO_2气体在水中的溶解度为0.034 mol·L^{-1},该溶液的pH为________,溶液中CO_3^{2-}的浓度为________;已知H_2CO_3的 $K_{a1}^{\ominus}=4.3\times10^{-7}$, $K_{a2}^{\ominus}=5.6\times10^{-11}$,$CO_3^{2-}$的 $K_{b1}^{\ominus}$为________,0.1 mol·L^{-1} Na_2CO_3溶液的pH为________。

5. 由醋酸溶液的分布曲线可知,当醋酸溶液中HAc和Ac^-的存在量各占50%时,pH值即为醋酸的p$K_a^{\ominus}$ 值。当pH< p$K_a^{\ominus}$ 时,溶液中________为主要存在形式;当pH> p$K_a^{\ominus}$时,则________为主要存在形式。

6. 缓冲容量的大小与缓冲溶液的总浓度及其缓冲比(c(HA)/c(B)或c(B)/c(HA))有关,当缓冲溶液的总浓度一定时,缓冲比愈________,则缓冲容量愈________。一般地,缓冲溶液的缓冲能力在________范围内。

7. 酸碱滴定曲线描述了________变化情况。在滴定曲线中pH突跃范围的大小与________、________有关。用强碱滴定一元弱酸时,使弱酸能被准确滴定的条件是________。

8. 酸碱指示剂(HIn)一般都是________弱酸或弱碱,理论变色范围是pH=________,在酸碱滴定中,指示剂的选择原则是________。某溶液中加入酚酞和甲基橙各一滴,显黄色,说明此溶液的pH值范围是________。

四、简答题

1. 配制一定pH值的缓冲溶液,应遵照什么原则和步骤?

2. 用1.0 mol·L^{-1} HCl标准溶液滴定20 mL 1.0 mol·L^{-1} Na_2CO_3,请用最简式计算两个化学计量点时溶液的pH,并说明应选何种指示剂。(已知:H_2CO_3的 p$K_{a1}^{\ominus}=6.37$, p$K_{a2}^{\ominus}=10.25$。)

3. 强碱滴定H_3BO_3时,甘油起什么作用?

4. 简述二元弱酸被强碱准确滴定或分步滴定的判断依据。

五、计算题

1.在 0.10 mol·L^{-1}的HAc溶液中,加入NaAc (s),使 NaAc的浓度为0.10 mol·L^{-1},计算该溶液的pH值和HAc的解离度。(已知:HAC的 $K_a^{\ominus}=1.8\times10^{-5}$。)

2. 计算10 mL 0.30 mol·L^{-1}的HAc和20 mL浓度为0.15 mol·L^{-1} 的HCN混合得到的溶液中的$c(H^+)$、$c(Ac^-)$、$c(CN^-)$。(已知:HAc的 $K_a^{\ominus}=1.76\times10^{-5}$,HCN的 $K_a^{\ominus}=4.93\times10^{-10}$。)

3. 人体血液中有$H_2CO_3-HCO_3^-$平衡起缓冲作用,设测得人体血液中的pH=7.2,$c(HCO_3^-)=2.3\times10^{-2}$ mol·L^{-1}。试计算: (1) HCO_3^-与H_2CO_3浓度的比值;(2)H_2CO_3的浓度。(已知:H_2CO_3的p$K_{a1}^{\ominus}$=6.1。)□

4. 欲用冰醋酸(17 mol·L^{-1})和固体NaAc配制pH=5.00的缓冲溶液250 mL,其中HAc的浓度为1.0 mol·L^{-1},计算所需NaAc的质量。(已知:HAc的 $K_a^{\ominus}=1.8\times10^{-5}$,$M$(NaAc)=82.0 g·mol^{-1}。)

5. 某一元弱酸(HA)1.250 g,用水溶解后定容至50.00 mL,用41.20 mL 0.0900 mol·L^{-1} NaOH标准溶液滴定至化学计量点。加入8.24 mL NaOH溶液时,溶液pH为4.30。求:(1)弱酸的摩尔质量;(2)弱酸的解离常数;(3)化学计量点的pH值;(4)选用何种指示剂。

6. 将12.00 mmol $NaHCO_3$和8.00 mmol NaOH溶解于水后，定量转移于250 mL容量瓶中，用水稀至刻度。移取溶液50.0 mL，以酚酞为指示剂，用0.1000 mol·L^{-1} HCl滴定至终点时，消耗多少HCl？继续加入甲基橙为指示剂，用HCl溶液滴定至终点，又消耗多少HCl溶液？

7. 称取粗铵盐1.000 g，加过量NaOH溶液，加热逸出的氨吸收于56.00 mL 0.2500 mol·L^{-1} H_2SO_4中，过量的酸用0.5000 mol·L^{-1} NaOH回滴，用去碱21.56 mL，计算试样中NH_3的质量分数。（已知：$M(NH_3)$ =17.03 g·mol^{-1}。）

8. 蛋白质试样0.2320 g经克氏法处理后，加浓碱蒸馏，用过量硼酸吸收蒸出的氨，然后用0.1200 mol·L^{-1} HCl 21.00 mL滴至终点，计算试样中氮的质量分数。（已知：$M(N)$ = 14.01 g·mol^{-1}。）

参考答案

一、是非题

1. √ 2. × 3. × 4. × 5. √ 6. √ 7. √ 8. × 9. × 10. × 11. × 12. √ 13. × 14. √ 15. ×

二、选择题

1. A 2. D 3. D 4. A 5. B 6. B 7. A 8. A 9.C 10. C 11. A 12. B 13. D 14. A 15. A 16. C 17. A 18. B 19. A 20. B

三、填空题

1. DACB

2. $[Al(H_2O)_6]^{3+}$；$C_2O_4^{2-}$、NO_3^-；HSO_4^-；$[Fe(H_2O)_6]^{3+}$；$[Fe(H_2O)_4(OH)_2]^+$

3. $CH_2{=\!=}CHCH_2COOH$；1.42×10^{-5}

4. 3.92；5.6×10^{-11}；1.78×10^{-4}；11.63

5. HAc；Ac^-

6. 接近1；大；$pH= pK_a^\ominus \pm 1$（$pOH= pK_b^\ominus \pm 1$）

7. 溶液pH值随滴定剂体积变化的关系曲线；酸或碱的$K_a^\ominus$或$K_b^\ominus$；浓度；$cK_a^\ominus \geqslant 10^{-8}$

8. 有机；$pK_a^\ominus \pm 1$；指示剂的变色范围全部或部分落在pH突跃范围之内；4.4~8.0

四、简答题

1. 配制一定pH的缓冲溶液，应按以下的原则和步骤：

（1）选择合适的缓冲对：原则是所选缓冲对弱酸的$pK_a^\ominus$尽量接近于所需pH，并尽量在缓冲对范围内（$pH= pK_a^\ominus \pm 1$）。

（2）所选缓冲对不能与溶液中主物质发生作用。

（3）缓冲溶液的总浓度要适当，一般0.1 ~ 0.5 mol·L^{-1}之间。

（4）计算所需缓冲对的量，为方便计算和配制，常用相同浓度的共轭酸、碱溶液，分别取不同体积混合即可。

（5）校正，实际pH值与计算pH值常有出入，用pH计或精密pH试纸校正。

2. 第一个化学计量点终点产物为$NaHCO_3$，两性物质：

$$c(H^+) = \sqrt{K_{a1}^\ominus \cdot K_{a2}^\ominus}$$

$$pH = \frac{pK_{a1}^\ominus + pK_{a2}^\ominus}{2} = \frac{6.37 + 10.25}{2} = 8.31$$

选用酚酞指示剂。

第二个化学计量点终点产物为饱和H_2CO_3(室温下浓度约为0.04 mol·L^{-1}),按一元弱酸处理:

$c(H^+)=\sqrt{c\cdot K_{a1}^{\ominus}}=\sqrt{10^{-6.37}\times0.04}=1.3\times10^{-4}\ mol\cdot L^{-1}$

pH =3.89

选用甲基橙指示剂。

3. H_3BO_3的酸性极弱,被滴定前要弱酸强化,H_3BO_3与甘油反应生成稳定的配合物,并生成等物质的量的H_3O^+,再用强碱滴定生成的H_3O^+。

4.(1)如果$c\cdot K_{a1}^{\ominus}<10^{-8}$,则该二元弱酸解离的$H^+$不能被强碱准确地直接滴定。

(2)如果$c\cdot K_{a1}^{\ominus}\geqslant10^{-8}$,$c\cdot K_{a2}^{\ominus}<10^{-8}$, $\frac{K_{a1}^{\ominus}}{K_{a2}^{\ominus}}\geqslant10^4$,则第一级解离出的$H^+$可以被准确地直接滴定,但第二级解离出来的$H^+$不能被直接滴定。

(3)如果$c\cdot K_{a2}^{\ominus}\geqslant10^{-8}$,当$\frac{K_{a1}^{\ominus}}{K_{a2}^{\ominus}}\geqslant10^4$,则二级解离出的$H^+$可分别被准确滴定;当$\frac{K_{a1}^{\ominus}}{K_{a2}^{\ominus}}\leqslant10^4$,则二级解离出的$H^+$被一次准确滴定。

五、计算题

1. 设 HAc 解离了x mol·L^{-1},则:

	HAc + H_2O	$\rightleftharpoons$	H_3O^+	+ Ac^-
初始浓度/(mol·L^{-1})	0.10		0	0.10
平衡浓度/(mol·L^{-1})	$0.10-x\approx0.10$		x	$0.10+x\approx0.10$

$\frac{0.10x}{0.10}=1.8\times10^{-5}$

$x=1.8\times10^{-5}$　$c(H^+)=1.8\times10^{-5}$ mol·L^{-1}

pH = 4.74, $\alpha=0.018\%$

2. c(HAc)= 0.10 mol·L^{-1} , c(HCN)= 0.10 mol·L^{-1}

因为$K^{\ominus}(HAC)\gg K^{\ominus}(HCN)$,所以$c(H^+)$取决于HAc的电离

$c(H^+)=c(Ac^-)=\sqrt{0.10\times1.76\times10^{-5}}=1.3\times10^{-3}\ mol\cdot L^{-1}$

$K^{\ominus}(HCN)=\frac{c(H^+)\cdot c(CN^-)}{c(HCN)}=\frac{1.33\times10^{-3}c(CN^-)}{0.10}=4.93\times10^{-10}$

$c(CN^-)=3.7\times10^{-8}$ mol·L^{-1}

3.(1) $pH=pK_{a1}^{\ominus}+\lg\frac{c(HCO_3^-)}{c(H_2CO_3)}$

$7.2=6.1+\lg\frac{c(HCO_3^-)}{c(H_2CO_3)}$

$\frac{c(HCO_3^-)}{c(H_2CO_3)}=12.5$

(2) $c(H_2CO_3)=\frac{2.3\times10^{-2}}{12.5}=1.8\times10^{-3}\ mol\cdot L^{-1}$

4. $pH=pK_a^{\ominus}-\lg\frac{c(酸)}{c(共轭碱)}$

$5.00=-\lg1.8\times10^{-5}-\lg\frac{1.0}{c(NaAc)}$

$c(NaAc)=1.8\ mol\cdot L^{-1}$

需用NaAc：$m = 1.8 \times 250 \times 10^{-3} \times 82.0 = 36.9\ g$

5.（1） $HA + NaOH \longrightarrow NaA + H_2O$

$$\frac{1.250}{M} = 41.20 \times 10^{-3} \times 0.0900$$

$M=337\ g\cdot mol^{-1}$

（2） $pH = pK_a^{\ominus} - \lg\frac{c(HA)}{c(A^-)}$

$$pK_a^{\ominus} = pH + \lg\frac{c(HA)}{c(A^-)} = 4.30 + \lg\frac{(41.20-8.24)\times 10^{-3}\times 0.0900}{8.24\times 10^{-3}\times 0.0900} = 4.30 + \lg\frac{32.96}{8.24} = 4.90$$

$K_a^{\ominus} = 10^{-4.90} = 1.3 \times 10^{-5}$

（3） $K_b^{\ominus} = \frac{K_w^{\ominus}}{K_a^{\ominus}} = \frac{1.0\times 10^{-14}}{1.3\times 10^{-5}} = 7.7\times 10^{-10}$

计量点时 $c(OH^-)= \sqrt{c(A^-)K_b^{\ominus}} = \sqrt{\frac{0.0900\times 41.20}{50.00+41.20}\times 7.7\times 10^{-10}} = 4.4\times 10^{-6}$

$pH = 14.00 - pOH = 14.00 + \lg 4.4 \times 10^{-6} = 8.64$

（4）可选酚酞为指示剂。

6. $NaHCO_3 + NaOH \longrightarrow Na_2CO_3 + H_2O$

反应生成8.00 mmol Na_2CO_3及4.00 mmol $NaHCO_3$，50.00 mL配制的溶液中含有1.60 mmol Na_2CO_3及0.80 mmol $NaHCO_3$，那么消耗HCl体积：

$$V_1 = \frac{n(Na_2CO_3)}{c(HCl)} = \frac{1.60\times 10^{-3}}{0.1000\times 10^{-3}} = 16\ mL$$

$$V_2 = \frac{n(Na_2CO_3)+n(NaOH)}{c(HCl)} = \frac{(1.60+0.80)\times 10^{-3}}{0.1000\times 10^{-3}} = 24\ mL$$

7. $2\,NH_3 + H_2SO_4 \longrightarrow (NH_4)_2SO_4 \quad H_2SO_4 + 2\,NaOH \longrightarrow Na_2SO_4 + 2\,H_2O$

$$w(NH_3) = \frac{(0.2500\times\frac{56.00}{1000} - 0.5000\times\frac{21.56}{1000\times 2})\times 2\times 17.03}{1.000}\times 100\% = 0.2933$$

8. $w(N) = \frac{0.1200\times\frac{21.00}{1000}\times 14.01}{0.2320}\times 100\% = 0.1522$

第 8 章

沉淀溶解平衡与沉淀滴定

8.1 知识结构

沉淀溶解平衡与沉淀滴定
沉淀溶解平衡
溶解度: s $A_nB_m(s) \rightleftharpoons n\,A^{m+}(aq) + m\,B^{n-}(aq)$
溶度积常数: $K_{sp}^{\ominus}(A_nB_m)=c(A^{m+})^n c(B^{n-})^m$ $s=\sqrt[(n+m)]{\frac{K_{sp}^{\ominus}(A_nB_m)}{n^n m^m}}$
溶度积规则
$Q_i<K_{sp}^{\ominus}$ 沉淀溶解 (不饱和溶液)
①加入酸或碱发生酸碱反应(酸效应)
②加入配位剂发生配位反应(配位效应)
③加入氧化剂或还原剂发生氧化还原反应
④加入其他沉淀剂发生沉淀的转化(沉淀转化)
⑤加入不含相同离子的其他强电解质(盐效应)
$Q_i=K_{sp}^{\ominus}$ 平衡状态 (饱和溶液)
$Q_i>K_{sp}^{\ominus}$ 生成沉淀 (过饱和溶液)
沉淀生成
过量沉淀剂
同离子效应
沉淀完全: $c_0<1.0\times10^{-5}\ mol\cdot L^{-1}$
分步沉淀
溶度积规则应用
应用
沉淀滴定法
离子分离
重量分析法
主要用于测定Cl^-、Br^-、I^-、SCN^-、Ag^+等以及一些含卤素的有机化合物,称为银量法
荧光黄等吸附指示剂
Fe^{3+}指示剂
K_2CrO_4指示剂
法扬斯法
佛尔哈德法
莫尔法
对沉淀形式的要求
①沉淀要完全,沉淀的溶解度要小
②沉淀必须纯净,不应带入沉淀剂和其他杂质,并应易于过滤和洗涤
③应易于转变为称量形式
对称量形式的要求:
①应具有确定的化学组成,组成必须与化学式完全符合
②要有足够的稳定性,不易受空气中水分和二氧化碳的影响,在干燥和灼烧时不易分解等
③应具有足够大的摩尔质量

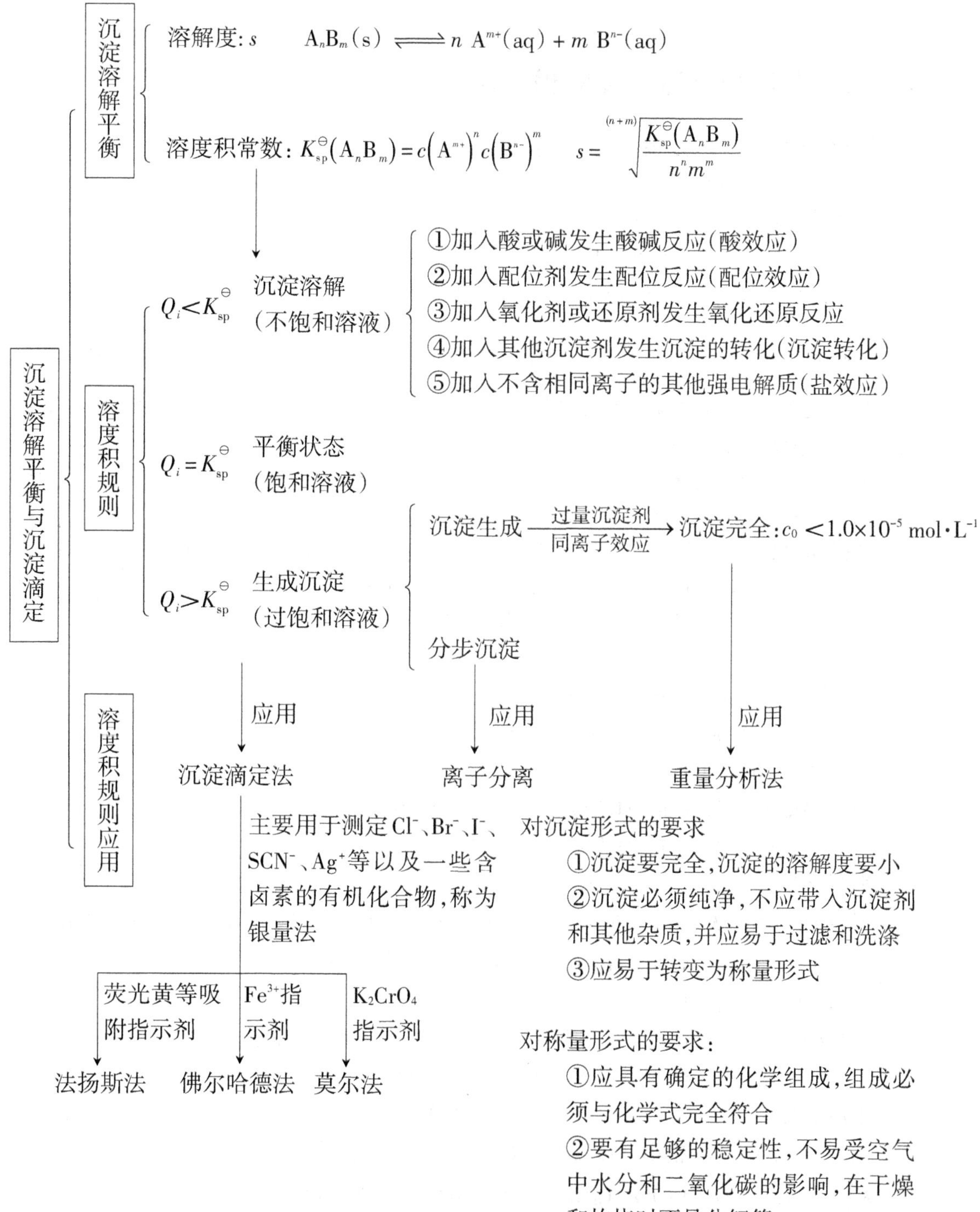

8.2 重点知识剖析及例解

8.2.1 溶度积与溶解度的相互换算

【知识要求】理解溶度积的概念及表示方法，掌握不同类型难溶强电解质的溶解度和溶度积之间的关系并进行相关计算。

【评注】对于一般难溶强电解质（A_nB_m），

$A_nB_m(s) \rightleftharpoons n\ A^{m+}(aq) + m\ B^{n-}(aq)$

其平衡常数表达式为：$K_{sp}^{\ominus}(A_nB_m) = c(A^{m+})^n c(B^{n-})^m$。

不同类型难溶电解质的溶解度和溶度积之间的关系：$s = \sqrt[m+n]{\dfrac{K_{sp}^{\ominus}(A_nB_m)}{n^n m^m}}$，据此，可从溶解度求得溶度积，也可从溶度积求得溶解度；对于同一类型的难溶电解质，可以用 $K_{sp}^{\ominus}$ 的大小比较它们的溶解度的大小。

影响沉淀溶解度的因素有同离子效应、盐效应、酸效应和配位效应。另外，温度、介质、晶体颗粒的大小等对溶解度也有影响。

【例题8-1】已知室温下，Ag_2CrO_4的溶度积是1.12×10^{-12}，请问Ag_2CrO_4的溶解度为多少？（1）在纯水中；（2）在$0.01 mol \cdot L^{-1}$ $AgNO_3$中；（3）在$0.01 mol \cdot L^{-1}$ K_2CrO_4中。

解 （1）设Ag_2CrO_4的溶解度为s_1 $mol \cdot L^{-1}$，根据

$Ag_2CrO_4(s) \rightleftharpoons 2\ Ag^{+}(aq) + CrO_4^{2-}(aq)$

可知达平衡时，$c(Ag^{+}) = 2\ s_1\ mol \cdot L^{-1}$，$c(CrO_4^{2-}) = s_1\ mol \cdot L^{-1}$，

$K_{sp}^{\ominus}(Ag_2CrO_4) = c(Ag^{+})^2 c(CrO_4^{2-}) = (2\ s_1)^2 \cdot s_1 = 1.12 \times 10^{-12}$

$s_1 = 6.54 \times 10^{-5}\ mol \cdot L^{-1}$

（2）设Ag_2CrO_4在$0.01\ mol \cdot L^{-1}$ $AgNO_3$中的溶解度为s_2 $mol \cdot L^{-1}$，根据

$Ag_2CrO_4(s) \rightleftharpoons 2\ Ag^{+}(aq) + CrO_4^{2-}(aq)$

平衡浓度　　$2s_2 + 0.01$　　s_2

因为Ag_2CrO_4的 $K_{sp}^{\ominus}$ 很小，所以s_2相对$0.01\ mol \cdot L^{-1}$来说是很小的，所以$2s_2 + 0.01 \approx 0.01$

$K_{sp}^{\ominus}(Ag_2CrO_4) = c(Ag^{+})^2 c(CrO_4^{2-}) = (0.01)^2 \cdot s_2 = 1.12 \times 10^{-12}$

$s_2 = 1.12 \times 10^{-8}\ mol \cdot L^{-1}$

（3）设Ag_2CrO_4在$0.01\ mol \cdot L^{-1}$ K_2CrO_4中的溶解度为s_3 $mol \cdot L^{-1}$，根据

$Ag_2CrO_4(s) \rightleftharpoons 2\ Ag^{+}(aq) + CrO_4^{2-}(aq)$

平衡浓度　　$2s_3$　　$s_3 + 0.01$

因为Ag_2CrO_4的 $K_{sp}^{\ominus}$ 很小，所以s_3相对$0.01\ mol \cdot L^{-1}$来说是很小的，所以$s_3 + 0.01 \approx 0.01$

$K_{sp}^{\ominus}(Ag_2CrO_4) = c(Ag^{+})^2 c(CrO_4^{2-}) = (2s_3)^2 \cdot 0.01 = 1.12 \times 10^{-12}$

$s_3 = 5.29 \times 10^{-6}\ mol \cdot L^{-1}$

【例题8-2】已知$BaSO_4$的 $K_{sp}^{\ominus} = 1.08 \times 10^{-10}$。试比较$BaSO_4$在250 mL纯水以及在250 mL $c(SO_4^{2-}) = 0.010\ mol \cdot L^{-1}$溶液中的溶解损失（mg）。

解 (1)纯水中：$s_1 = \sqrt{1.08 \times 10^{-10}} = 1.04 \times 10^{-5}\ mol \cdot L^{-1}$

溶解损失：$m_1 = s_1 VM = 1.04 \times 10^{-5} \times 250 \times 233.4 = 0.61\ mg$

(2)设SO_4^{2-}溶液中溶解度为s_2：

$c(Ba^{2+})c(SO_4^{2-}) = s_2(s_2 + 0.010) = K_{sp}^{\ominus} = 1.08 \times 10^{-10}$

因s_2不会太大，$s_2 + 0.010 \approx 0.010$

解得$s_2 = 1.08 \times 10^{-8}\ mol \cdot L^{-1}$

溶解损失：$m_2 = 1.08 \times 10^{-8} \times 250 \times 233.4 = 0.00063\ mg$

8.2.2 溶度积原理判断沉淀的生成和分步沉淀

【知识要求】掌握溶度积规则，能够运用溶度积规则判断沉淀的生成和分步沉淀。

【评注】根据溶度积规则，沉淀生成的必要条件是：$Q_i > K_{sp}^{\ominus}$，常用的方法有加入沉淀剂、同离子效应和控制溶液pH值，沉淀完全的标准是被沉淀离子浓度小于$1.0 \times 10^{-5}\ mol \cdot L^{-1}$。

【例题8-3】将100 mL 1.0 $mol \cdot L^{-1}$的氨水和100 mL 0.20 $mol \cdot L^{-1}$的$MgCl_2$溶液混合后有无$Mg(OH)_2$沉淀生成？如欲使生成的沉淀溶解，或是在混合时就不致生成沉淀，则在该体系中应加入多少克NH_4Cl?（体积变化忽略不计，已知：$K_{sp}^{\ominus}(Mg(OH)_2) = 1.8 \times 10^{-11}$，$K_b^{\ominus}(NH_3.H_2O) = 1.8 \times 10^{-5}$，$M(NH_4Cl) = 53.5\ g \cdot mol^{-1}$。）

解 (1)$c(Mg^{2+}) = 0.10\ mol \cdot L^{-1}$，$c(NH_3 \cdot H_2O) = 0.50\ mol \cdot L^{-1}$

$c(OH^-) = \sqrt{K_b^{\ominus} c(NH_3 \cdot H_2O)} = \sqrt{1.8 \times 10^{-5} \times 0.50} = 3.0 \times 10^{-3}$

$Q_i = c(Mg^{2+}) \cdot c(OH^-)^2 = 0.10 \times (9.0 \times 10^{-6}) = 9.0 \times 10^{-7} > K_{sp}^{\ominus} = 1.8 \times 10^{-11}$

有$Mg(OH)_2$沉淀生成

(2)欲使不生成沉淀

$Q_i < K_{sp}^{\ominus}(Mg(OH)_2)$

$c(Mg^{2+}) \cdot c(OH^-)^2 < 1.8 \times 10^{-11}$

$c(OH^-) < \sqrt{\dfrac{1.8 \times 10^{-11}}{0.10}} = 1.3 \times 10^{-5}\ mol \cdot L^{-1}$

$$K_b^{\ominus} = \frac{c(NH_4^+) \cdot c(OH^-)}{c(NH_3 \cdot H_2O)}$$

$$c(NH_4^+) = \frac{K_b^{\ominus} c(NH_3 \cdot H_2O)}{c(OH^-)} > \frac{1.8 \times 10^{-5} \times 0.50}{1.3 \times 10^{-5}} = 0.67\ mol \cdot L^{-1}$$

$m(NH_4Cl) = 0.67 \times 200 \times 10^{-3} \times 53.5 = 7.2\ g$

【评注】分步沉淀的顺序是溶解度小的先沉淀，溶解度大的后沉淀，对于同一类型，$K_{sp}^{\ominus}$小的先沉淀；对不同类型，可先根据溶度积规则求解析出沉淀所需沉淀剂的最低浓度，比较大小，哪个所需的沉淀剂浓度小，哪个先析出。

【例题8-4】某溶液含Mg^{2+}和Ca^{2+}离子，浓度分别为0.50 $mol \cdot L^{-1}$，通过计算说明滴加$(NH_4)_2C_2O_4$溶液时，哪种离子先沉淀？当第一种离子沉淀完全时（$\leqslant 1.0 \times 10^{-5}\ mol \cdot L^{-1}$），第二种离子沉淀了百分之几？（已知：$CaC_2O_4$的$K_{sp}^{\ominus} = 2.6 \times 10^{-9}$，$MgC_2O_4$的$K_{sp}^{\ominus} = 8.5 \times 10^{-5}$。）

解 由于Mg^{2+}和Ca^{2+}离子浓度相同，且同属于AB型，CaC_2O_4的$K_{sp}^{\ominus}$小于MgC_2O_4的$K_{sp}^{\ominus}$，所

以Ca^{2+}离子先沉淀。

当Ca^{2+}离子沉淀完全时，$c(C_2O_4^{2-})=\dfrac{2.6\times10^{-9}}{1.0\times10^{-5}}=2.6\times10^{-4}\ mol\cdot L^{-1}$

$c(Mg^{2+})=\dfrac{8.5\times10^{-5}}{2.6\times10^{-4}}=0.33\ mol\cdot L^{-1}$

Mg^{2+}离子被沉淀的百分比为：$\dfrac{0.50-0.33}{0.50}\times100\%=34\%$

【评注】调节pH值范围使某一金属离子完全沉淀，另一金属离子不产生沉淀是一种常用的分离金属离子的方法，计算关键是求算其中先被沉淀金属离子完全沉淀和后被沉淀金属离子刚开始沉淀时的临界pH值。

【例题8-5】在离子浓度各为0.1 mol·L⁻¹的Fe^{3+}、Cu^{2+}、H^+等离子的溶液中，问：

(1)是否会生成铁和铜的氢氧化物沉淀？

(2)当向溶液中逐滴加入NaOH溶液时(设总体积不变)能否将Fe^{3+}、Cu^{2+}离子分离？

(已知：$K_{sp}^{\ominus}(Fe(OH)_3)=4.0\times10^{-38}$，$K_{sp}^{\ominus}(Cu(OH)_2)=2.2\times10^{-20}$。)

解　(1)$Q_i=c(Fe^{3+})\cdot c(OH^-)^3=0.1\times(10^{-13})^3=10^{-40}$

$Q_i<K_{sp}^{\ominus}(Fe(OH)_3)$　不会生成$Fe(OH)_3$

$Q_i=c(Cu^{2+})\cdot c(OH^-)^2=0.1\times(10^{-13})^2=10^{-27}$

$Q_i<K_{sp}^{\ominus}(Cu(OH)_2)$　不会生成$Cu(OH)_2$

(2)Fe^{3+}先开始沉淀，因为：

Fe^{3+}开始沉淀时需OH^-的浓度：

$c(OH^-)=\sqrt[3]{\dfrac{4.0\times10^{-38}}{0.1}}=7.4\times10^{-13}\ mol\cdot L^{-1}$

Cu^{2+}开始沉淀时需OH^-的浓度：

$c(OH^-)=\sqrt{\dfrac{2.2\times10^{-20}}{0.1}}=4.7\times10^{-10}\ mol\cdot L^{-1}$

可以将Cu^{2+}、Fe^{3+}分离，因为：

解法1：当Fe^{3+}完全沉淀时，$c(OH^-)=\sqrt[3]{\dfrac{4.0\times10^{-38}}{10^{-5}}}=1.6\times10^{-11}\ mol\cdot L^{-1}$

$c(OH^-)<4.7\times10^{-10}\ mol\cdot L^{-1}$，即$Fe^{3+}$完全沉淀时$Cu^{2+}$还没有开始沉淀

解法2：当Cu^{2+}开始沉淀时，$c(Fe^{3+})=\dfrac{4.0\times10^{-3}}{(4.7\times10^{-10})^3}=3.9\times10^{-10}\ mol\cdot L^{-1}$

$c(Fe^{3+})<10^{-5}\ mol\cdot L^{-1}$，即$Cu^{2+}$开始沉淀时$Fe^{3+}$早已被沉淀完全

8.2.3　溶度积原理判断沉淀的溶解和转化

【知识要求】理解沉淀溶解平衡移动的规律，能进行有关沉淀溶解平衡与其他平衡之间的多重平衡计算。

【评注】根据溶度积规则，沉淀溶解的必要条件是：$Q_i<K_{sp}^{\ominus}$，常用的方法有弱酸弱碱法、配位溶解法和氧化还原溶解法；

多重平衡计算突破口是分析两种平衡之间的关系，可根据多重平衡规则，先计算多重平衡常数，再进行相关计算。

【例题8-6】将H_2S气体通入0.10 mol·L^{-1} $ZnCl_2$溶液中，使其达到饱和，即$c(H_2S)$=0.10 mol·L^{-1}，求Zn^{2+}开始沉淀和沉淀完全时的pH值。（已知：$K_{sp}^{\ominus}(ZnS)=2.8\times10^{-22}$，$K_{a1}^{\ominus}(H_2S)=1.3\times10^{-7}$，$K_{a2}^{\ominus}(H_2S)=7.1\times10^{-15}$。）

解　$H_2S + Zn^{2+} \rightleftharpoons ZnS + 2H^+$　　$K^{\ominus}$

$$K^{\ominus}=\frac{K_{a1}^{\ominus}K_{a2}^{\ominus}}{K_{sp}^{\ominus}(ZnS)}=\frac{1.3\times10^{-7}\times7.1\times10^{-15}}{2.8\times10^{-22}}=3.3$$

当Zn^{2+}开始产生沉淀时，$c(Zn^{2+})=c(H_2S)=0.10$ mol·L^{-1}

$$Q_i=\frac{c(H^+)^2}{c(H_2S)c(Zn^{2+})}=\frac{c(H^+)^2}{0.10\times0.10}=K^{\ominus}=3.3$$

得$c(H^+)=0.18$ mol·L^{-1}，pH = 0.74

即Zn^{2+}开始沉淀时的pH为0.74

当Zn^{2+}沉淀完全时，$c(Zn^{2+})=10^{-5}$ mol·L^{-1}，$c(H_2S)=0.10$ mol·L^{-1}

$$Q_i=\frac{c(H^+)^2}{c(H_2S)c(Zn^{2+})}=\frac{c(H^+)^2}{0.10\times10^{-5}}=K^{\ominus}=3.3$$

得$c(H^+)=1.8\times10^{-3}$ mol·L^{-1}，pH = 2.74

即Zn^{2+}沉淀完全时的pH为2.74

【评注】对于同一类型的沉淀来说，$K_{sp}^{\ominus}$较大的沉淀易于向$K_{sp}^{\ominus}$较小的沉淀转化（不同类型需要进行计算）。

【例题8-7】0.20 mol $BaSO_4$，用1.0 L饱和Na_2CO_3溶液（1.60 mol·L^{-1}）处理，问能溶解$BaSO_4$多少摩尔？需处理多少次能溶解完？（已知：$K_{sp}^{\ominus}(BaSO_4)=1.08\times10^{-10}$，$K_{sp}^{\ominus}(BaCO_3)=2.58\times10^{-9}$。）

解　转化反应为：$BaSO_4(s)+CO_3^{2-}(aq) \rightleftharpoons BaCO_3(s)+SO_4^{2-}(aq)$　　$K^{\ominus}$

$$K^{\ominus}=\frac{c(SO_4^{2-})}{c(CO_3^{2-})}=\frac{K_{sp}^{\ominus}(BaSO_4)}{K_{sp}^{\ominus}(BaCO_3)}=\frac{1.08\times10^{-10}}{2.58\times10^{-9}}=4.19\times10^{-2}$$

显然转化较为困难。

设转化反应达到平衡时SO_4^{2-}的浓度为x mol·L^{-1}

则$c(CO_3^{2-})=(1.60-x)$mol·L^{-1}

$$\frac{c(SO_4^{2-})}{c(CO_3^{2-})}=\frac{x}{1.60-x}=4.19\times10^{-2}$$

可解得：$x=0.064$ mol·L^{-1}

计算说明，大约处理3次沉淀就能基本溶完。

8.2.4　重量分析法

【知识要求】了解重量分析法对沉淀形式和称量形式的要求；了解沉淀的形成，影响沉淀纯度的因素，沉淀条件的选择，能进行重量分析的计算。

【评注】重量分析法对沉淀形式的要求是：(1)沉淀完全，溶解度小；(2)沉淀纯净，不应带入沉淀剂和其他杂质，且易于过滤和洗涤；(3)易于转变为称量形式。

重量分析法对称量形式的要求是：(1)应具有与化学式完全符合的确定组成；(2)要有足够的稳定性；(3)应具有足够大的摩尔质量。

根据重量分析法对沉淀形式和称量形式的要求，结合不同类型沉淀的形成过程，选择沉淀的形成条件。同时，避免共沉淀和后沉淀现象导致杂质混入沉淀，提高沉淀的纯度。

重量分析的结果计算可根据灼烧后沉淀的质量来进行计算。

【例题8-8】称取含铝试样0.5000 g，溶解后用8-羟基喹啉沉淀为$Al(C_9H_6NO)_3$，烘干后称得重0.3280 g。计算试样中铝的质量分数。若将沉淀灼烧为Al_2O_3后称重，可得称量形式多少克？（已知：$M(Al)=26.98\ g\cdot mol^{-1}$，$M(Al(C_9H_6NO)_3)=459.50\ g\cdot mol^{-1}$，$M(Al_2O_3)=101.96\ g\cdot mol^{-1}$。）

解　$m_{待测组分}=m_{称量形式}\times F$（其中换算因子$F=\dfrac{M_{换算形式}}{M_{称量形式}}$）

$$w(Al)=\frac{m(Al)}{m_s}=\frac{m(Al(C_9H_6NO)_3)\cdot F_1}{m_s}$$

$$F_1=\frac{M(Al)}{M(Al(C_9H_6NO)_3)}=\frac{26.98}{459.50}$$

$$w(Al)=\frac{0.3280\times\dfrac{26.98}{459.50}}{0.5000}=0.03852$$

若是将沉淀灼烧为Al_2O_3，那么：

$m(Al_2O_3)=m(Al(C_9H_6NO)_3)\times F_2$

$$F_2=\frac{M(Al_2O_3)}{2M(Al(C_9H_6NO)_3)}=\frac{101.96}{2\times459.50}$$

$$m(Al_2O_3)=0.3280\times\frac{101.96}{2\times459.50}=0.03639\ g$$

8.2.5　沉淀滴定法

【知识要求】掌握银量法（莫尔法、佛尔哈德法和法扬斯法）的原理、滴定条件、适用范围及应注意的问题，以及银量法中的常用标准溶液$AgNO_3$溶液和NH_4SCN溶液的配制和标定。

【评注】沉淀滴定法应用最为广泛的是银量法，根据指示终点方法的不同，包括莫尔法、佛尔哈德法和法扬斯法，其原理、滴定条件、适用范围见下表：

方法	滴定剂	指示剂	原理	滴定终点	溶液酸度
莫尔法	$AgNO_3$	5.0×10^{-3} $mol\cdot L^{-1}$ K_2CrO_4	$Ag^+(aq)+Cl^-(aq)\rightleftharpoons AgCl$(s,白色) $2Ag^+(aq)+CrO_4^{2-}(aq)\rightleftharpoons Ag_2CrO_4$(s,砖红色)	砖红色	6.5~10.5
佛尔哈德法	NH_4SCN或KSCN	0.015 $mol\cdot L^{-1}$ Fe^{3+}	$Ag^+(aq)+SCN^-(aq)\rightleftharpoons AgSCN$(s,白色) $Fe^{3+}(aq)+SCN^-(aq)\rightleftharpoons FeSCN^{2+}$(aq,红色)	红色	0.1~1.0 $mol\cdot L^{-1}$ 稀HNO_3
法扬斯法	$AgNO_3$	荧光黄	$AgCl\cdot Ag^++FIn^-\rightleftharpoons AgCl\cdot Ag\cdot FIn$	黄绿→粉红	7~10

【例题8-9】比较莫尔法和佛尔哈德法的异同点。

解　两者均是以消耗银盐量来计算待测物含量。

莫尔法：

（1）反应：$Ag^+(aq)+Cl^-(aq)\rightleftharpoons AgCl$(s，白色)，中性或弱碱性介质。

（2）滴定剂为$AgNO_3$。

(3)指示剂为 K_2CrO_4，$2Ag^+(aq) + CrO_4^{2-}(aq) \rightleftharpoons Ag_2CrO_4$(s,砖红色)。

(4)SO_4^{2-}、AsO_4^{3-}、PO_4^{3-}、S^{2-} 有干扰。

(5)可测 Cl^-、Br^-、Ag^+，应用范围窄。

(6)注意吸附现象，不可测 I^-、SCN^-。

佛尔哈德法：

(1)反应：$Ag^+(aq) + SCN^-(aq) \rightleftharpoons AgSCN$(s,白色)，酸性介质。

(2)滴定剂为 NH_4SCN。

(3)指示剂为铁铵矾，$Fe^{3+}(aq) + SCN^-(aq) \rightleftharpoons FeSCN^{2+}$(aq,红色)。

(4)干扰少。

(5)可测 Cl^-、Br^-、I^-、SCN^-、Ag^+，应用范围广。

(6)注意返滴定法测 Cl^- 时 AgCl 沉淀转化现象。

【例题8-10】利用生成 $BaSO_4$ 沉淀，在重量法中可以准确测定 Ba^{2+} 或 SO_4^{2-}，但此反应用于容量滴定，即用 Ba^{2+} 滴定 SO_4^{2-} 或相反滴定时难以准确测定，其原因何在？

解 (1)生成 $BaSO_4$ 的反应不很完全，在重量法中可加过量试剂使其反应完全，而容量法基于计量反应，不能多加试剂；(2)生成 $BaSO_4$ 反应要达到完全，速度较慢，易过饱和，不宜用于滴定，而在重量法中可采用陈化等措施。

【例题8-11】佛尔哈德法标定 $AgNO_3$ 溶液和 NH_4SCN 溶液的浓度时，称取基准物 NaCl 0.2000 g，溶解后，加入 $AgNO_3$ 溶液 50.00 mL。用 NH_4SCN 溶液回滴过量的 $AgNO_3$ 溶液，耗去 25.00 mL。已知 1.200 mL $AgNO_3$ 溶液相当于 1.000 mL NH_4SCN 溶液，问 $AgNO_3$、NH_4SCN 浓度各为多少？(已知：$M(NaCl)=58.44\ g \cdot mol^{-1}$。)

解 1.200 mL $AgNO_3$~1.000 mL NH_4SCN

过量 $AgNO_3$ 的体积：$V_{过} = 25.00 \times 1.2 = 30.00$ mL

与 NaCl 反应的 $AgNO_3$ 的体积：$V(AgNO_3) = 50.00 - 30.00 = 20.00$ mL

$n(AgNO_3) = n(NaCl)$

$$20.00 \times 10^{-3} \times c(AgNO_3) = \frac{0.2000}{58.44}$$

$c(AgNO_3) = 0.1711\ mol \cdot L^{-1}$

$c(NH_4SCN) = 0.1711 \times 1.2 = 0.2053\ mol \cdot L^{-1}$

8.3 课后习题选解

8-1 是非题

1. 难溶电解质的溶度积愈小，其溶解度一定愈小。 (×)

2. KCl 是易溶于水的强电解质，但将浓盐酸加入它的饱和溶液中时，也可能有固体析出，这是由于 Cl^- 的同离子效应作用的结果。 (√)

3. 溶度积规则的实质是沉淀反应的反应商判据。 (√)

4. 同离子效应使难溶电解质的溶解度变大。 (×)

5. MgF_2 在 $Mg(NO_3)_2$ 中的溶解度比在水中的溶解度小。 (√)

6. 根据同离子效应，沉淀剂加入越多，其离子沉淀越完全。 (×)

7. 莫尔法测定 Cl^- 含量时，在酸性或碱性溶液中进行滴定均可。 (×)

8. 硫酸钡沉淀为强碱强酸盐的难溶化合物,所以酸度对溶解度影响不大。 （√）

9. 沉淀硫酸钡时,在盐酸存在下的热溶液中进行,目的是增大沉淀的溶解度,相应地降低了溶液的过饱和度,有利于生成大颗粒沉淀。 （√）

10. 为了获得纯净的沉淀,洗涤沉淀时洗涤的次数越多,每次用的洗涤液越多,则杂质含量越少,结果的准确度越高。 （×）

8-2 选择题

1. 298 K 时,NaCl 在水中的溶解度为 36.2 g/100 g 水,在 1 mL 水中加入 36.2 g NaCl,则此溶解过程属于下列哪种情况 （C）

A. $\Delta G>0, \Delta S>0$　　B. $\Delta G<0, \Delta S<0$

C. $\Delta G<0, \Delta S>0$　　D. $\Delta G=0, \Delta S>0$

2. 已知溶度积 $K_{sp}^{\ominus}(Ag_3PO_4)=1.4\times10^{-16}$,则其溶解度为 （B）

A. 1.1×10^{-4} mol·L^{-1}　　B. 4.8×10^{-5} mol·L^{-1}

C. 1.2×10^{-8} mol·L^{-1}　　D. 8.3×10^{-6} mol·L^{-1}

3. 已知溶度积 $K_{sp}^{\ominus}(Ag_2CrO_4)=1.1\times10^{-12}$,则其溶解度为 （B）

A. 1.0×10^{-6}　　B. 6.5×10^{-5}　　C. 1.0×10^{-4}　　D. 7.4×10^{-6}

4. 在难溶电解质 A_2B 的饱和溶液中,$c(A^+)=a$ mol·L^{-1},$c(B^{2-})=b$ mol·L^{-1},则 $K_{sp}^{\ominus}(A_2B)$ 等于 （A）

A. $a^2\cdot b$　　B. $a\cdot b$　　C. $(2a)^2\cdot b$　　D. $a^2\cdot(\frac{1}{2}b)$

5. 已知 $K_{sp}^{\ominus}(AgCl)=1.8\times10^{-10}$, $K_{sp}^{\ominus}(Ag_2C_2O_4)=3.4\times10^{-11}$, $K_{sp}^{\ominus}(Ag_2CrO_4)=1.1\times10^{-12}$, $K_{sp}^{\ominus}(AgBr)=5.0\times10^{-13}$。在下列难溶银盐饱和溶液中,$c(Ag^+)$最大的是 （D）

A. AgCl　　B. Ag_2CrO_4　　C. AgBr　　D. $Ag_2C_2O_4$

6. 在 AgI 饱和溶液中加入 $AgNO_3$ 溶液,达到平衡时,溶液中 （D）

A. $K_{sp}^{\ominus}(AgI)$降低　　B. Ag^+浓度降低

C. AgI 的离子浓度乘积增加　　D. I^-浓度降低

7. 若 $BaCl_2$ 中含有 NaCl、KCl、$CaCl_2$ 等杂质,用 H_2SO_4 沉淀 Ba^{2+} 时,生成的 $BaSO_4$ 最易吸附的离子是 （C）

A. Na^+　　B. K^+　　C. Ca^{2+}　　D. H^+

8. 在重量分析中,待测物质中含的杂质与待测物的离子半径相近,在沉淀过程中往往易形成 （A）

A. 混晶　　B. 吸留　　C. 包藏　　D. 后沉淀

9. 在重量分析中,为了获得晶型沉淀,通常要求 （B）

A. 聚集速率大,定向速率大　　B. 聚集速率小,定向速率大

C. 聚集速率大,定向速率小　　D. 聚集速率小,定向速率小

10. 以铬酸钾为指示剂的莫尔法,适合于用来测定 （A）

A. Cl^-　　B. I^-　　C. SCN^-　　D. Ag^+

8-3 填空题

1. 当相关离子浓度改变时,难溶电解质的溶度积常数<u>不变</u>。多数难溶电解质的溶度积常数随<u>温度</u>的增大而增大。

2. 在$CaCO_3$($K_{sp}^{\ominus}=4.9\times10^{-9}$),$CaF_2$($K_{sp}^{\ominus}=1.5\times10^{-10}$),$Ca_3(PO_4)_2$($K_{sp}^{\ominus}=2.1\times10^{-33}$)这些物质的饱和溶液中,$Ca^{2+}$浓度由小到大的顺序为 $Ca_3(PO_4)_2$,$CaCO_3$,CaF_2 。

3. 同离子效应会使难溶电解质的溶解度 减小 ,盐效应会使难溶电解质的溶解度 增大 。在难溶电解质溶液中,加入具有相同离子的强电解质,则会产生同离子效应,同时也能产生盐效应,但通常前者的影响比后者的影响 大 。

4. 重量分析法的主要操作过程通常包括 溶解 、沉淀 、过滤和洗涤 、烘干 和 灼烧至恒重 。

5. 在沉淀反应中,沉淀的颗粒愈 大 ,沉淀吸附杂质愈 小 。

8-4 简答题

1. 溶度积和溶解度有何区别和联系?

解　(1)溶度积用来表示难溶电解质的溶解性能;而溶解度用来表示各类物质(包括电解质和非电解质,易溶电解质和难溶电解质)的溶解性能。

(2)溶度积值受温度的影响,但不受外加相同离子浓度的影响;而溶解度不仅受温度的影响,而且也受外加相同离子浓度的影响。

(3)对于溶度积与溶解度之间的联系,除难溶的弱电解质外,溶度积与溶解度之间能直接进行换算。难溶电解质(A_nB_m)的溶解度s($mol\cdot L^{-1}$)与$K_{sp}^{\ominus}$的关系:$K_{sp}^{\ominus}=(ns)^n(ms)^m$。

2. 为什么$Mg(NH_4)PO_4$在$NH_3\cdot H_2O$中的溶解度比在纯水中小,而它在HAc溶液中的溶解度却比在纯水中大?[已知:在水溶液中存在平衡$Mg(NH_4)PO_4(s)\rightleftharpoons Mg^{2+}(aq)+NH_4^+(aq)+PO_4^{3-}(aq)$。]

解　$Mg(NH_4)PO_4(s)\rightleftharpoons Mg^{2+}(aq)+NH_4^+(aq)+PO_4^{3-}(aq)$　(1)

$NH_3\cdot H_2O(aq)\rightleftharpoons NH_4^+(aq)+OH^-(aq)$　(2)

由于反应(2)的同离子效应,使(1)平衡左移,$Mg(NH_4)PO_4$的溶解度变小。

$HAc(aq)+H_2O\rightleftharpoons H_3O^+(aq)+Ac^-(aq)$　(3)

$PO_4^{3-}(aq)+H_3O^+(aq)\rightleftharpoons HPO_4^{2-}(aq)+H_2O$　(4)

由于反应(3)和(4)的作用,使(1)平衡右移,$Mg(NH_4)PO_4$的溶解度增大。

3. 重量分析法对沉淀形式和称量形式各有何要求?

解　重量分析法对沉淀形式的要求:

(1)沉淀要完全,沉淀的溶解度要小;

(2)沉淀要纯净,并易于过滤和洗涤;

(3)应易于转变为称量形式。

重量分析法对称量形式的要求:

(1)组成必须与化学式完全符合;

(2)称量形式要稳定,不易吸收空气中的水分和CO_2,在干燥、灼烧时不易分解等;

(3)称量形式的摩尔质量应尽可能地大。

4. 要获得纯净而易于过滤和洗涤的沉淀,需要采取些什么措施?

解　要获得纯净而易于过滤和洗涤的沉淀,可采取以下措施:

(1)选用适当的分析程序和沉淀方法;

(2)降低易被吸附杂质离子的浓度;

(3)针对不同类型的沉淀,选用适当的沉淀剂;

(4)在沉淀分离后,选用适当的洗涤剂洗涤沉淀。

5. 莫尔法测定Cl^-含量时,为什么只能在中性或弱碱性溶液中进行滴定?

解 莫尔法测定Cl^-含量时只能在中性或弱碱性溶液中进行滴定,主要是因为在酸性溶液中,H^+将与作为指示剂的K_2CrO_4中的CrO_4^{2-}发生反应生成$Cr_2O_7^{2-}$,降低了CrO_4^{2-}的浓度,影响Ag_2CrO_4沉淀的生成,从而影响终点的判定;在强碱性溶液中,$AgNO_3$易沉淀为Ag_2O,影响滴定的顺利进行。

8-5 计算题

1. 已知$Mg(OH)_2$在水中的溶解度为$6.38\times10^{-3}\ g\cdot L^{-1}$,试计算:

(1)$Mg(OH)_2$的溶度积;

(2)$Mg(OH)_2$在$0.010\ mol\cdot L^{-1}\ MgCl_2$中的溶解度。

(已知:$M[Mg(OH)_2]=58\ g\cdot mol^{-1}$。)

解 (1)$s_1=\dfrac{6.38\times10^{-3}}{58}=1.1\times10^{-4}\ mol\cdot L^{-1}$

$$Mg(OH)_2(s) \rightleftharpoons Mg^{2+}(aq)+2\ OH^-(aq)$$

平衡浓度/($mol\cdot L^{-1}$)　　s_1　　$2s_1$

$K_{sp}^{\ominus}(Mg(OH)_2)=c(Mg^{2+})c(OH^-)^2=s_1(2s_1)^2=5.3\times10^{-12}$

(2)$Mg(OH)_2(s) \rightleftharpoons Mg^{2+}(aq)+2\ OH^-(aq)$

平衡浓度/($mol\cdot L^{-1}$)　　$0.010+s_2$　　$2s_2$

$(0.010+s_2)(2s_2)^2=5.3\times10^{-12}$

$s_2=1.2\times10^{-5}\ mol\cdot L^{-1}$

2. 已知$K_{sp}^{\ominus}(PbI_2)=7.1\times10^{-9}$,计算:

(1)PbI_2在水中的溶解度;

(2)PbI_2在$0.10\ mol\cdot L^{-1}$ NaI溶液中的溶解度。

解 (1)设PbI_2在水中的溶解度为$s_1\ mol\cdot L^{-1}$:

$$PbI_2(s) \rightleftharpoons Pb^{2+}(aq)+2\ I^-(aq)$$

平衡浓度/($mol\cdot L^{-1}$)　　s_1　　$2s_1$

$K_{sp}^{\ominus}(PbI_2)=c(Pb^{2+})c(I^-)^2$

$7.1\times10^{-9}=s_1(2s_1)^2$

$s_1=1.2\times10^{-3}\ mol\cdot L^{-1}$

(2)设PbI_2在$0.10\ mol\cdot L^{-1}$ NaI溶液中的溶解度$s_2\ mol\cdot L^{-1}$:

$$PbI_2(s) \rightleftharpoons Pb^{2+}(aq)+2I^-(aq)$$

平衡浓度/($mol\cdot L^{-1}$)　　s_2　　$0.10+2s_2$

$K_{sp}^{\ominus}(PbI_2)=c(Pb^{2+})c(I^-)^2$

$7.1\times10^{-9}=s_2(0.10+2s_2)^2$

$s_2=7.1\times10^{-7}\ mol\cdot L^{-1}$

3. 已知$K_{sp}^{\ominus}(PbCl_2)=1.6\times10^{-5}$,将$0.10\ mol\cdot L^{-1}$ KCl溶液逐滴加1 L到$0.010\ mol\cdot L^{-1}\ Pb^{2+}$溶液中(忽略由于加入KCl引起的体积的变化):

(1)当$c(Cl^-)=3.0\times10^{-4}\ mol\cdot L^{-1}$时,有无$PbCl_2$沉淀生成?

(2)当$c(Cl^-)$分别为多大时,开始生成$PbCl_2$沉淀和Pb^{2+}已沉淀完全?

解　(1)$c(Pb^{2+})=0.010\ mol\cdot L^{-1}$，$c(Cl^-)=3.0\times10^{-4}\ mol\cdot L^{-1}$

$Q_i=c(Pb^{2+})c(Cl^-)^2=0.010\times(3.0\times10^{-4})^2=9.0\times10^{-10}$

$Q_i<K_{sp}^{\ominus}(PbCl_2)$，无$PbCl_2$沉淀生成

(2)设当$c(Cl^-)$分别为c_1和c_2时开始生成$PbCl_2$沉淀和Pb^{2+}已沉淀完全：

$K_{sp}^{\ominus}(PbCl_2)=c(Pb^{2+})c(Cl^-)^2$

$1.6\times10^{-5}=0.010\times(c_1)^2$

$c_1=4.0\times10^{-2}\ mol\cdot L^{-1}$

$1.6\times10^{-5}=1.0\times10^{-5}\times(c_2)^2$

$c_2=1.3\ mol\cdot L^{-1}$

4. 已知$K_{sp}^{\ominus}(AgCl)=1.8\times10^{-10}$，将80 mL 0.10 $mol\cdot L^{-1}$ $AgNO_3$溶液与20 mL 0.10 $mol\cdot L^{-1}$ NaCl溶液混合，试计算平衡时$c(Ag^+)$及生成的AgCl(s)质量。(已知：$M(AgCl)=143.3\ g\cdot mol^{-1}$。)

解　反应前Ag^+与Cl^-浓度分别为：

$c(Ag^+)=\dfrac{80\times0.10}{80+20}=0.080\ mol\cdot L^{-1}$

$c(Cl^-)=\dfrac{20\times0.10}{80+20}=0.020\ mol\cdot L^{-1}$

设平衡时$c(Cl^-)=x\ mol\cdot L^{-1}$：

	$AgCl(s) \rightleftharpoons$	$Ag^+(aq)$	+	$Cl^-(aq)$
开始浓度/($mol\cdot L^{-1}$)		0.080		0.020
变化浓度/($mol\cdot L^{-1}$)		$0.020-x$		$0.020-x$
平衡浓度/($mol\cdot L^{-1}$)		$0.080-(0.020-x)\approx0.060$		x

$K_{sp}^{\ominus}(AgCl)=c(Ag^+)c(Cl^-)$

$1.8\times10^{-10}=0.060x$

$x=3.0\times10^{-9}\ mol\cdot L^{-1}$

所以$c(Ag^+)\approx0.060\ mol\cdot L^{-1}$

$n(AgCl)=0.080-0.060=0.020\ mol$

析出AgCl的质量为：$m(AgCl)=0.020\times0.10\times143.3=0.29\ g$

5. 在50 mL 0.0020 $mol\cdot L^{-1}$ Na_2SO_4溶液中加入50 mL 0.020 $mol\cdot L^{-1}$ $BaCl_2$。通过计算说明是否能生成$BaSO_4$沉淀？若能生成沉淀，SO_4^{2-}能否沉淀完全？(已知：$K_{sp}^{\ominus}(BaSO_4)=1.1\times10^{-10}$。)

解　反应前SO_4^{2-}与Ba^{2+}浓度分别为：

$c(SO_4^{2-})=\dfrac{0.0020\times50}{50+50}=0.0010\ mol\cdot L^{-1}$

$c(Ba^{2+})=\dfrac{0.020\times50}{50+50}=0.010\ mol\cdot L^{-1}$

$Q_i=c(SO_4^{2-})c(Ba^{2+})=0.0010\times0.010=1.0\times10^{-5}$

$Q_i>K_{sp}^{\ominus}(BaSO_4)$，有$BaSO_4$沉淀生成

设溶液中SO_4^{2-}浓度为$x\ mol\cdot L^{-1}$：

	$BaSO_4(s) \rightleftharpoons$	$Ba^{2+}(aq)$	+	$SO_4^{2-}(aq)$
开始浓度/($mol\cdot L^{-1}$)		0.010		0.0010
变化浓度/($mol\cdot L^{-1}$)		$0.0010-x$		$0.0010-x$
平衡浓度/($mol\cdot L^{-1}$)		$0.010-(0.0010-x)$		x

$K_{sp}^{\ominus}(BaSO_4)=c(Ba^{2+})c(SO_4^{2-})$

$1.1\times10^{-10}=x\times[0.010-(0.0010-x)]\approx0.0090\,x$

$x=1.2\times10^{-8}\ mol\cdot L^{-1}$

$c(SO_4^{2-})=1.2\times10^{-8}<1.0\times10^{-5}$

所以，SO_4^{2-}已被完全沉淀。

6. 已知$K_{sp}^{\ominus}(MgF_2)=6.5\times10^{-9}$，将10.0 mL 0.25 mol·L^{-1} $Mg(NO_3)_2$溶液与25.0 mL 0.20 mol·L^{-1} NaF溶液混合，是否有MgF_2沉淀生成？并计算混合后溶液中$c(Mg^{2+})$及$c(F^-)$。

解 反应前Mg^{2+}与F^-浓度分别为：

$c(Mg^{2+})=\dfrac{10.0\times0.25}{10.0+25.0}=0.071\ mol\cdot L^{-1}$

$c(F^-)=\dfrac{25.0\times0.20}{10.0+25.0}=0.14\ mol\cdot L^{-1}$

$Q_i=c(Mg^{2+})c(F^-)^2=0.071\times0.14^2=1.4\times10^{-3}$

$Q_i>K_{sp}^{\ominus}(MgF_2)$，有$MgF_2$沉淀生成

设混合后溶液中$c(Mg^{2+})=x\ mol\cdot L^{-1}$：

$$MgF_2(s)\rightleftharpoons Mg^{2+}(aq)+2F^-(aq)$$

开始浓度/(mol·L^{-1})	0.071	0.14
变化浓度/(mol·L^{-1})	$0.071-x$	$0.14-2x$
平衡浓度/(mol·L^{-1})	x	$2x$

$K_{sp}^{\ominus}(MgF_2)=c(Mg^{2+})c(F^-)^2$

$6.5\times10^{-9}=x(2x)^2$

$x=1.2\times10^{-3}\ mol\cdot L^{-1}$

所以，混合后溶液中$c(Mg^{2+})=1.2\times10^{-3}\,mol\cdot L^{-1}$，$c(F^-)=2.4\times10^{-3}\ mol\cdot L^{-1}$

7. 两位同学在某重量分析法实验中分别制备了$BaSO_4$沉淀2.000 g，一位用500 mL蒸馏水洗涤$BaSO_4$沉淀；另一位用500 mL 0.010 mol·L^{-1} H_2SO_4溶液洗涤沉淀。试计算两位同学因为洗涤而损失$BaSO_4$的物质的量。(已知：$K_{sp}^{\ominus}(BaSO_4)=1.1\times10^{-10}$。)

解 (1)用500mL蒸馏水洗涤沉淀时，设$BaSO_4$在水中的溶解度为s_1 mol·L^{-1}：

$$BaSO_4(s)\rightleftharpoons Ba^{2+}(aq)+SO_4^{2-}(aq)$$

平衡浓度/(mol·L^{-1})	s_1	s_1

$K_{sp}^{\ominus}(BaSO_4)=c(Ba^{2+})c(SO_4^{2-})$

$1.1\times10^{-10}=s_1^2$

$s_1=1.0\times10^{-5}\ mol\cdot L^{-1}$

所以$n(BaSO_4)=1.0\times10^{-5}\times0.5=5.0\times10^{-6}\ mol$

(2)用500 mL 0.010 mol·L^{-1} H_2SO_4溶液洗涤沉淀时，设$BaSO_4$在0.010 mol·L^{-1} H_2SO_4溶液中的溶解度为s_2 mol·L^{-1}：

$$BaSO_4(s)\rightleftharpoons Ba^{2+}(aq)+SO_4^{2-}(aq)$$

平衡浓度/(mol·L^{-1})	s_2	$0.010+s_2$

$K_{sp}^{\ominus}(BaSO_4)=c(Ba^{2+})c(SO_4^{2-})$

$1.1\times10^{-10}=(s_2)(0.010+s_2)$

$s_2=1.1\times10^{-8}$ mol·L^{-1}

所以 $n(BaSO_4)=1.1\times10^{-8}\times0.5=5.5\times10^{-9}$ mol

8. 在100 mL 0.100 mol·L^{-1} KOH溶液中，加入1.258 g $MnCl_2$固体。若要阻止$Mn(OH)_2$沉淀析出，至少需加入$(NH_4)_2SO_4$多少克？(已知：$K_{sp}^{\ominus}(Mn(OH)_2)=1.9\times10^{-13}$，$K_b^{\ominus}(NH_3\cdot H_2O)=1.8\times10^{-5}$，$M(MnCl_2)=125.8$ g·mol^{-1}，$M((NH_4)_2SO_4)=132.0$ g·mol^{-1}。)

解　0.01 mol的KOH和0.01 mol的$MnCl_2$混合后，分别形成0.005 mol的$Mn(OH)_2$和Mn^{2+}，为使0.005 mol $Mn(OH)_2$沉淀完全溶解，设至少需加入NH_4^+ x mol·L^{-1}：

$$Mn(OH)_2(s)+2\,NH_4^+(aq)\rightleftharpoons Mn^{2+}(aq)+2\,NH_3\cdot H_2O(aq)\qquad K^{\ominus}$$

开始浓度/(mol·L^{-1})	x	0.0500	0
变化浓度/(mol·L^{-1})	0.100	0.0500	0.100
平衡浓度/(mol·L^{-1})	$x-0.100$	0.100	0.100

$$K^{\ominus}=\frac{c(Mn^{2+})c(NH_3\cdot H_2O)^2}{c(NH_4^+)^2}=\frac{K_{sp}^{\ominus}}{K_b^{\ominus 2}}=\frac{1.9\times10^{-13}}{(1.8\times10^{-5})^2}=5.9\times10^{-4}$$

$$\frac{0.100\times0.100^2}{(x-0.100)^2}=6.0\times10^{-4}$$

$x=1.4$ mol·L^{-1}

所以为了不析出$Mn(OH)_2$沉淀，至少应加入的$(NH_4)_2SO_4$质量为：

$$m((NH_4)_2SO_4)=\frac{1.4}{2}\times0.100\times132=9.2\text{ g}$$

9. 已知$K_{sp}^{\ominus}(PbI_2)=7.1\times10^{-9}$，$K_{sp}^{\ominus}(PbSO_4)=1.6\times10^{-8}$。在含有0.10 mol·L^{-1} NaI和0.10 mol·L^{-1} Na_2SO_4的混合溶液中，逐滴加入$Pb(NO_3)_2$溶液(忽略体积变化)。(1)通过计算判断哪一种物质先沉淀？(2)当第二种物质开始沉淀时，先沉淀离子浓度为多大？

解　(1)I^-被沉淀为PbI_2所需Pb^{2+}浓度：

$$c_1(Pb^{2+})=\frac{7.1\times10^{-9}}{(0.10)^2}=7.1\times10^{-7}\text{ mol·L}^{-1}$$

SO_4^{2-}被沉淀为$PbSO_4$所需Pb^{2+}浓度：

$$c_2(Pb^{2+})=\frac{1.6\times10^{-8}}{0.10}=1.6\times10^{-7}\text{ mol·L}^{-1}$$

$c_2(Pb^{2+})<c_1(Pb^{2+})$，$SO_4^{2-}$先被沉淀出来。

(2)当PbI_2开始沉淀时，$c(Pb^{2+})=7.1\times10^{-7}$ mol·L^{-1}

$$c(SO_4^{2-})=\frac{1.6\times10^{-8}}{7.1\times10^{-7}}=2.3\times10^{-2}\text{ mol·L}^{-1}$$

10. 某溶液中含有0.10 mol·L^{-1}的Li^+和0.10 mol·L^{-1}的Mg^{2+}，滴加NaF溶液(忽略溶液体积的变化)，哪一种离子最先被沉淀出来？当第二种沉淀析出时，第一种被沉淀的离子是否沉淀完全？两种离子有无可能分离开？(已知：$K_{sp}^{\ominus}(LiF)=1.8\times10^{-3}$，$K_{sp}^{\ominus}(MgF_2)=7.4\times10^{-11}$。)

解　Li^+被沉淀为LiF所需F^-浓度：

$$c_1(F^-)=\frac{1.8\times10^{-3}}{0.10}=1.8\times10^{-2}\text{ mol·L}^{-1}$$

Mg^{2+}被沉淀为MgF_2所需F^-浓度：

$$c_2(F^-)=\sqrt{\frac{7.4\times10^{-11}}{0.10}}=2.7\times10^{-5}\text{ mol·L}^{-1}$$

$c_2(F^-) < c_1(F^-)$，Mg^{2+}先被沉淀出来。

当LiF(s)析出时，$c(F^-)=1.8\times10^{-2}\ mol\cdot L^{-1}$，

$$c(Mg^{2+})=\frac{7.4\times10^{-11}}{(1.8\times10^{-2})^2}=2.3\times10^{-7}\ mol\cdot L^{-1}<1.0\times10^{-5}\ mol\cdot L^{-1}$$

Mg^{2+}已沉淀完全，两种离子有可能分离开。

11. 在某混合溶液中Fe^{3+}和Zn^{2+}浓度均为0.010 $mol\cdot L^{-1}$。现在通过加碱调节溶液的pH值，使$Fe(OH)_3$沉淀出来，而Zn^{2+}保留在溶液中。通过计算确定分离Fe^{3+}和Zn^{2+}的pH范围(已知：$K_{sp}^{\ominus}(Fe(OH)_3)=4.0\times10^{-38}$，$K_{sp}^{\ominus}(Zn(OH)_2)=3.0\times10^{-17}$。)

解 为使Fe^{3+}以$Fe(OH)_3$形式完全沉淀出来，即达到$c(Fe^{3+})\leqslant1.0\times10^{-5}\ mol\cdot L^{-1}$，此时相应的pH计算如下：

$$c(OH^-)=\sqrt[3]{\frac{K_{sp}^{\ominus}(Fe(OH)_3)}{c(Fe^{3+})}}=\sqrt[3]{\frac{4.0\times10^{-38}}{1.0\times10^{-5}}}=1.6\times10^{-11}\ mol\cdot L^{-1}$$

pOH=10.80　　　pH=3.20

pH=3.20为Fe^{3+}沉淀完全的最低pH。

若使Zn^{2+}不沉淀，溶液的pH不能高于Zn^{2+}开始沉淀时的pH。即

$$c(OH^-)=\sqrt{\frac{K_{sp}^{\ominus}(Zn(OH)_2)}{c(Zn^{2+})}}=\sqrt{\frac{3.0\times10^{-17}}{0.010}}=5.5\times10^{-8}\ mol\cdot L^{-1}$$

pOH=7.26　pH=6.74

所以分离Fe^{3+}和Zn^{2+}的pH范围为3.20 ~ 6.74，实际操作时应当留有余地，控制在pH=4 ~ 6为宜。

12. 称取一定量约含52% NaCl和44% KCl的试样。将试样溶于水后，加入0.1128 $mol\cdot L^{-1}$ $AgNO_3$溶液30.00 mL。过量的$AgNO_3$需用10.00 mL标准NH_4SCN溶液滴定，已知1.00 mL标准NH_4SCN溶液相当于1.15 mL $AgNO_3$溶液。应称取试样多少克？(已知：$M(NaCl)=58.44\ g\cdot mol^{-1}$，$M(KCl)=74.56\ g\cdot mol^{-1}$。)

解 设需称取试样m，根据题意有：

$$\frac{m\times52\%}{58.44}+\frac{m\times44\%}{74.56}=0.1128\times(30.00-10\times\frac{1.15}{1.00})\times10^{-3}$$

解之得m=0.14 g

13. 称取含有NaCl和NaBr的试样0.5776 g，用重量法测定，得到两者的银盐沉淀为0.4403 g；另取同样质量的试样，用沉淀滴定法测定，消耗0.1074 $mol\cdot L^{-1}$ $AgNO_3$溶液25.25 mL。求NaCl和NaBr的质量分数。(已知：$M(NaCl)=58.44\ g\cdot mol^{-1}$，$M(AgCl)=143.32\ g\cdot mol^{-1}$，$M(NaBr)=102.90\ g\cdot mol^{-1}$，$M(AgBr)=187.78\ g\cdot mol^{-1}$。)

解 设试样中NaCl和NaBr的质量分数分别为x和y，根据题意有

$$\frac{0.5776x}{58.44}\times143.32+\frac{0.5776y}{102.90}\times187.78=0.4403$$

$$\frac{0.5776x}{58.44}+\frac{0.5776y}{102.90}=0.1074\times25.25\times10^{-3}$$

解之得$x=15.69\%$，$y=20.69\%$

14. 某化学家测量一个大水桶的容积，但手边没有可用以测量大体积液体的适当量具，他把420 g NaCl放入水桶中，用水充满水桶，混匀溶液后，取100.0 mL所得溶液，以0.0932

$mol \cdot L^{-1}$ $AgNO_3$溶液滴定，达到终点时用去28.56 mL。该水桶的容积是多少？（已知：$M(NaCl)=58.44\ g \cdot mol^{-1}$。）

解 根据题意，设水桶的容积是 V L：

$$\frac{m(NaCl)}{M(NaCl)} \times \frac{V(NaCl)}{V} = c(AgNO_3)V(AgNO_3)$$

代入数据求解得

$$V=\frac{\frac{420}{58.44} \times 100.00 \times 10^{-3}}{0.0932 \times 28.56 \times 10^{-3}} = 270\ L$$

15. 0.2018 g MCl_2试样溶于水，以28.78 mL 0.1473 $mol \cdot L^{-1}$ $AgNO_3$溶液滴定，试推断M为何种元素。（已知：$M(Cl)=35.45\ mol \cdot L^{-1}$。）

解 MCl_2含有2Cl，根据题意有

$$M(MCl_2) = \frac{m(MCl_2)}{\frac{c(AgNO_3)V(AgNO_3)}{2}} = \frac{0.2018 \times 2}{0.1473 \times 28.78 \times 10^{-3}} = 95.20\ g \cdot mol^{-1}$$

则，$M(M)=95.20-2 \times 35.45=24.30\ g \cdot mol^{-1}$

故M是元素Mg。

8.4 自测题及答案

一、是非题

1. 对于难溶电解质而言，它的离子积和溶度积物理意义相同。 （ ）
2. AgCl在水中溶解度很小，所以它的离子浓度也很小，说明AgCl是弱电解质。 （ ）
3. 难溶电解质的 $K_{sp}^{\ominus}$ 较小者，它的溶解度就一定小。 （ ）
4. 溶度积的大小取决于物质的本性和温度，与浓度无关。 （ ）
5. $CaCO_3$和PbI_2的溶度积非常接近，皆约为10^{-8}，故两者饱和溶液中，Ca^{2+}及Pb^{2+}离子的浓度近似相等。 （ ）
6. 往难溶电解质的饱和溶液中加入含有共同离子的另一种强电解质，可使难溶电解质的溶解度降低。 （ ）
7. 沉淀剂用量越大，沉淀越完全。 （ ）
8. 沉淀是否完全的标志是被沉淀离子是否符合规定的某种限度，不一定被沉淀离子在溶液中就不存在。 （ ）
9. 沉淀形成过程中，若聚集速率大，而定向速率小，则得到晶形沉淀。 （ ）
10. 避免和减少后沉淀的主要方法是减少陈化的时间。 （ ）
11. 银量法测定$BaCl_2$中的Cl^-时，宜选用K_2CrO_4来指示终点。 （ ）
12. 莫尔法可用于测定Cl^-、Br^-、I^-、SCN^-等能与Ag^+生成沉淀的离子。 （ ）
13. 莫尔法测定Cl^-时，溶液酸度过高，则结果产生负误差。 （ ）
14. 用莫尔法测定Br^-时，为避免滴定终点的提前到达，滴定时不可剧烈摇荡。 （ ）
15. 以铁铵钒为指示剂，用间接法测定Cl^-时，由于AgCl溶解度比AgSCN大，因此，沉淀转化反应的发生往往引入正误差。 （ ）

二、选择题

1. $Ca(OH)_2$在纯水中可以认为是完全解离的，它的溶解度s和$K_{sp}^{\ominus}$的关系 ( )

A. $s=\sqrt[3]{K_{sp}^{\ominus}}$ B. $s=\sqrt[3]{\frac{K_{sp}^{\ominus}}{4}}$ C. $s=\sqrt{\frac{K_{sp}^{\ominus}}{4}}$ D. $s=\frac{K_{sp}^{\ominus}}{4}$

2. $La_2(C_2O_4)_3$饱和溶液的浓度为1.1×10^{-6} mol · L^{-1}，其溶度积为 ( )

A. 1.2×10^{-12} B. 1.7×10^{-28} C. 1.6×10^{-30} D. 1.7×10^{-14}

3. 微溶化合物AB_2C_3在溶液中的解离平衡是：$AB_2C_3(s) \rightleftharpoons A^+(aq)+2B^+(aq)+3C^-(aq)$。今用一定方法测得$C^-$的浓度为$3.0\times10^{-3}$ mol·L^{-1}，则该微溶化合物的溶度积是 ( )

A. 2.9×10^{-15} B. 1.2×10^{-14} C. 1.1×10^{-16} D. 6.0×10^{-9}

4. 同温度下，将下列物质溶于水形成饱和溶液，溶解度最大的是（不考虑水解） ( )

A. AgCl（$K_{sp}^{\ominus}=1.8\times10^{-18}$） B. $Ag_2Cr_2O_4$（$K_{sp}^{\ominus}=1.1\times10^{-12}$）

C. $Mg(OH)_2$（$K_{sp}^{\ominus}=1.8\times10^{-11}$） D. $Fe_3(PO_4)_2$（$K_{sp}^{\ominus}=1.3\times10^{-22}$）

5. 已知$K_{sp}^{\ominus}(Mg(OH)_2)=1.2\times10^{-11}$，$Mg(OH)_2$在0.01 mol·L^{-1} NaOH溶液里$Mg^{2+}$浓度是 ( )

A. 1.2×10^{-9} mol·L^{-1} B. 4.2×10^{-6} mol·L^{-1}

C. 1.2×10^{-7} mol·L^{-1} D. 1.0×10^{-4} mol·L^{-1}

6. 已知$K_{sp}^{\ominus}(Ag_2CrO_4)=1.1\times10^{-12}$，微溶化合物$Ag_2CrO_4$在0.0010 mol·L^{-1} $AgNO_3$溶液中的溶解度比在0.0010 mol·L^{-1} K_2CrO_4溶液中的溶解度 ( )

A. 大 B. 小 C. 相等 D. 大一倍

7. 某溶液中含有KCl、KBr和K_2CrO_4，浓度均为0.010 mol · L^{-1}，向该溶液中逐滴加入0.010 mol · L^{-1}的$AgNO_3$溶液，最先和最后沉淀的是（已知：$K_{sp}^{\ominus}(AgCl)=1.6\times10^{-10}$，$K_{sp}^{\ominus}(AgBr)=7.7\times10^{-13}$，$K_{sp}^{\ominus}(Ag_2CrO_4)=9.0\times10^{-12}$） ( )

A. AgBr和Ag_2CrO_4 B. Ag_2CrO_4和AgCl C. AgBr和AgCl D. 一起沉淀

8. 在一溶液中，$CuCl_2$和$MgCl_2$的浓度均为0.01 mol·L^{-1}，只通过控制pH方法，则（已知：$K_{sp}^{\ominus}(Cu(OH)_2)=2.2\times10^{-20}$，$K_{sp}^{\ominus}(Mg(OH)_2)=1.2\times10^{-11}$） ( )

A. 不可能将Cu^{2+}与Mg^{2+}分离 B. 分离很不完全

C. 可完全分离 D. 无法判断

9. 加Na_2CO_3于1 L 1 mol·L^{-1}的$Ca(NO_3)_2$溶液中，形成$CaCO_3$沉淀，那么 ( )

A. 加入1 mol Na_2CO_3得到沉淀更多 B. 加入1.1 mol Na_2CO_3得到沉淀更多

C. 加入Na_2CO_3越多，得到沉淀越多 D. 加入Na_2CO_3越多，沉淀中CO_3^{2-}按比例增大

10. 下列叙述中正确的是 ( )

A. 混合离子的溶液中，能形成溶度积小的沉淀者一定先沉淀

B. 某离子沉淀完全，是指离子完全转化为沉淀

C. 凡溶度积大的沉淀一定能转化成溶度积小的沉淀

D. 当溶液中有关物质的离子积小于其溶度积时，该物质就会溶解

11. $BaSO_4$的相对分子质量为233，$K_{sp}^{\ominus}=1.0\times10^{-10}$，把1.0 mmol的$BaSO_4$配成10 L溶液，未被溶解的$BaSO_4$量是 ( )

A. 0.0021 g　B. 0.021 g　C. 0.21 g　D. 2.1 g

12. 使$CaCO_3$具有最大溶解度的溶液是　（　）

A. H_2O　B. Na_2CO_3　C. KNO_3　D. C_2H_5OH

13. 在含有$Mg(OH)_2$沉淀的饱和溶液中加入固体NH_4Cl后，则$Mg(OH)_2$沉淀　（　）

A. 溶解　B. 增多　C. 不变　D. 无法判断

14. 在饱和的$BaSO_4$溶液中，加入适量的NaCl，则$BaSO_4$的溶解度　（　）

A. 增大　B. 不变　C. 减小　D. 无法确定

15. 关于晶型沉淀的条件，下列说法错误的是　（　）

A. 沉淀反应应当在适当稀的溶液中进行

B. 沉淀作用应当在热溶液中进行

C. 沉淀完毕后进行陈化使沉淀晶体完整、纯净

D. 当沉淀剂是挥发性物质时，沉淀剂用量应为其理论用量的200%为宜

16. 晶形沉淀陈化的目的是　（　）

A. 沉淀完全　B. 去除混晶

C. 小颗粒长大，使沉淀更纯净　D. 形成更细小的晶体

17. 莫尔法直接测定的对象是　（　）

A. Cl^-，Br^-　B. Cl^-，Br^-，I^-，SCN^-　C. Ag^+　D. I^-，SCN^-

18. 用莫尔法测定Cl^-时，对测定没有干扰的情况是　（　）

A. 在H_3PO_4介质中测定NaCl　B. 在氨缓冲溶液（pH=10）中测定NaCl

C. 在中性溶液中测定$CaCl_2$　D. 在中性溶液中测定$BaCl_2$

19. 佛尔哈德法是用铁铵矾$NH_4Fe(SO_4)_2 \cdot 12H_2O$作指示剂，根据$Fe^{3+}$的特性，此滴定要求溶液必须是　（　）

A. 碱性　B. 中性　C. 弱碱性　D. 酸性

20. 用铬酸钾做指示剂的莫尔法，依据的原理是　（　）

A. 生成沉淀颜色不同　B. AgCl和Ag_2CrO_4溶解度不同

C. 分步沉淀　D. ABC都是

三、填空题

1. Q_i称________，它与$K_{sp}^{\ominus}$的不同点是________，生成沉淀的必要条件是Q_i ________ $K_{sp}^{\ominus}$。

2. 已知AgBr在室温下的$K_{sp}^{\ominus}=7.7\times10^{-13}$，AgBr在水中的溶解度为______$mol \cdot L^{-1}$；在0.10 $mol \cdot L^{-1}$ KBr溶液中的溶解度为________$mol \cdot L^{-1}$，使AgBr溶解度减小的原因是________效应。

3. 已知在298 K时，$Mg(OH)_2$的溶度积$K_{sp}^{\ominus}=8.8\times10^{-12}$，则该温度下$Mg(OH)_2$的溶解度为________，要使0.10 $mol \cdot L^{-1}$ Mg^{2+}开始产生沉淀，需OH^-浓度最低为________$mol \cdot L^{-1}$，加入0.1 $mol \cdot L^{-1}$ $NH_3 \cdot H_2O$________（填“能”或“不能”）满足要求。（已知：$K_b^{\ominus}(NcH_3 \cdot H_2O)=1.8\times10^{-5}$。）

4. 已知$K_{sp}^{\ominus}(BaF_2)=1.0\times10^{-6}$，$K_{sp}^{\ominus}(BaSO_4)=1.0\times10^{-10}$，在含有$BaF_2$固体和$BaSO_4$固体的溶液中，$c(SO_4^{2-})=2.0\times10^{-8}$ $mol \cdot L^{-1}$，则溶液中的$c(Ba^{2+})$=_______$mol \cdot L^{-1}$，$c(F^-)$=_______$mol \cdot L^{-1}$。

5. 将AgCl（$K_{sp}^{\ominus}=1.8\times10^{-10}$）沉淀放入KBr溶液中，可能有AgBr（$K_{sp}^{\ominus}=5.3\times10^{-13}$）沉淀形成，则AgCl沉淀转化为AgBr沉淀的平衡常数为________________。

6. 相同温度下，$BaSO_4$在$NaNO_3$溶液中的溶解度比在水中的溶解度________（填“大”或

“小”),这种现象称________。

7. 重量分析法在进行沉淀反应时,某些可溶性杂质同时沉淀下来的现象叫________现象,其产生原因有表面吸附、吸留和________________。

8. 佛尔哈德法是在含 Ag^+ 的________(填“酸”或“碱”)性溶液中,加入________指示剂,用________标准溶液直接进行滴定。用佛尔哈德法测 Cl^- 时,若不采用加硝基苯等方法处理AgCl,分析结果将________。

四、简答题

1. 在 $ZnSO_4$ 溶液中通入 H_2S 气体只出现少量的白色沉淀,但若在通入 H_2S 之前,加入适量固体NaAc则可形成大量的沉淀,为什么?

2. 影响沉淀溶解度的因素有哪些?

3. 什么叫沉淀滴定法?沉淀滴定法所采用的沉淀反应应具备哪些条件?

4. 简述以铁铵钒为指示剂,用间接法测定 Cl^- 时,滴定操作中出现红色多次消失而使得终点拖后的原因。

5. 今有两份试液,采用 $BaSO_4$ 重量分析法测定 SO_4^{2-},由于沉淀剂的浓度相差10倍,沉淀剂浓度大的那一份沉淀在过滤时穿透了滤纸,为什么?

6. 在下列情况下,测定结果是偏高、偏低,还是无影响?并说明其原因。

(1)在pH=4条件下,用莫尔法沉淀 Cl^-。

(2)用佛尔哈德法测定 Cl^-,既没有将AgCl沉淀滤去或加热使其凝聚,又没有加有机溶剂。

(3)同(2)的条件下测定 Br^-。

(4)用法扬司法测定 Cl^-,曙红作指示剂。

(5)用法扬司法测定 I^-,曙红作指示剂。

五、计算题

1. 计算 CaF_2 在下列溶液中的溶解度:

(1)在纯水中(忽略水解);(2)在0.01 $mol \cdot L^{-1}$ 的 $CaCl_2$ 的溶液中。

(已知:$K_{sp}^{\ominus}(CaF_2)=3.4\times10^{-11}$, $K_a^{\ominus}(HF)=6.6\times10^{-4}$。)

2. 在含有 Cl^- 和 I^-(浓度均为0.010 $mol \cdot L^{-1}$)的混合溶液中滴加 $AgNO_3$ 溶液。

(1)试判断AgCl和AgI的沉淀顺序;

(2)若继续滴加 $AgNO_3$ 溶液,先析出的离子沉淀到何种程度时,另一种离子才开始沉淀?

(已知:$K_{sp}^{\ominus}(AgCl)=1.8\times10^{-10}$, $K_{sp}^{\ominus}(AgI)=9.3\times10^{-17}$。)

3. 1 L溶液中含有4.0 mol NH_4Cl 和0.20 mol NH_3,试计算:

(1)溶液的 $c(OH^-)$ 和pH;

(2)在此条件下若有 $Fe(OH)_2$ 沉淀析出,溶液中 Fe^{2+} 的最低浓度为多少?

(已知:$K_{sp}^{\ominus}(Fe(OH)_2)=4.9\times10^{-17}$, $K_b^{\ominus}(NH_3)=1.8\times10^{-5}$。)

4. 在含有0.01 $mol \cdot L^{-1}$ $CaCl_2$ 和0.001 $mol \cdot L^{-1}$ $MgCl_2$ 的混合溶液中,问:

(1)Mg^{2+} 完全转化为 $Mg(OH)_2$ 沉淀时溶液pH值;

(2)要使 Mg^{2+} 沉淀完全而 Ca^{2+} 不转化为 $Ca(OH)_2$ 沉淀,则溶液的pH值应控制在什么范围?

(已知:$K_{sp}^{\ominus}(Ca(OH)_2)=1.0\times10^{-6}$, $K_{sp}^{\ominus}(Mg(OH)_2)=1.0\times10^{-11}$。)

5. 已知某溶液中含有0.10 $mol \cdot L^{-1}$ Ni^{2+} 和0.10 $mol \cdot L^{-1}$ Fe^{3+},试问能否通过控制pH的方法达

到分离的目的？若能，溶液的pH值应控制在什么范围内？(已知：$K_{sp}^{\ominus}(Ni(OH)_2)=2.0\times10^{-15}$，$K_{sp}^{\ominus}(Fe(OH)_3)=4.0\times10^{-38}$。)

6. 某溶液中含有Pb^{2+}和Zn^{2+}，二者的浓度均为0.10 mol·L^{-1}。在室温下通入H_2S使其成为饱和溶液($c(H_2S)=0.10$ mol·L^{-1})，并加HCl控制S^{2-}浓度。为了使PbS沉淀出来而Zn^{2+}仍留在溶液中，则溶液中的H^+浓度最低应为多少？此时溶液中的Pb^{2+}是否沉淀完全？(已知：$K_{sp}^{\ominus}(PbS)=8.0\times10^{-28}$，$K_{sp}^{\ominus}(ZnS)=2.5\times10^{-22}$，$K_{a1}^{\ominus}(H_2S)=1.1\times10^{-7}$，$K_{a2}^{\ominus}(H_2S)=1.3\times10^{-13}$。)

7. 称取NaCl基准试剂0.1173 g，溶解后加入30.00 mL $AgNO_3$标准溶液，过量的Ag^+需要3.20 mL NH_4SCN标准溶液滴定至终点，已知20.00 mL $AgNO_3$溶液与21.00 mL NH_4SCN标准溶液完全反应，计算$AgNO_3$和NH_4SCN溶液的浓度各为多少？(已知:$M(NaCl)=58.44$ g·mol^{-1}。)

8. 用移液管从食盐液槽中吸取试样25.00 mL，采用莫尔法进行测定，滴定用去0.1013 mol·L^{-1} $AgNO_3$标准溶液25.36 mL。往液槽中加入食盐(含NaCl 96.61%)4.500 kg，溶解混合均匀，再吸取25.00 mL试样，滴定用去$AgNO_3$标准溶液28.42 mL。如吸取试液对液槽中溶液体积的影响忽略不计，计算液槽中食盐溶液的体积。(已知:$M(NaCl)=58.44$ g·mol^{-1}。)

参考答案

一、是非题

1. × 2. × 3. × 4. √ 5. × 6. √ 7. × 8. √ 9. × 10. √ 11. × 12. × 13. × 14. × 15. ×

二、选择题

1. B 2. B 3. C 4. C 5.C 6.B 7. A 8. C 9. B 10. D 11. C 12. C 13. A 14. A 15. D 16. C 17. A 18. C 19. D 20. D

三、填空题

1. 离子积；离子积中的离子浓度为任意浓度，$K_{sp}^{\ominus}$中的离子浓度为饱和状态时的平衡浓度；>

2. 8.8×10^{-7}；7.7×10^{-12}；同离子

3. 1.3×10^{-4} mol·L^{-1}；9.4×10^{-6}；能

4. 5.0×10^{-3}；1.4×10^{-2}

5. 3.4×10^{2}

6. 大；盐效应

7. 共沉淀；生成混晶

8. 酸；铁铵矾；KSCN或NH_4SCN；偏低

四、简答题

1. 在$ZnSO_4$溶液中通入H_2S气体存在如下平衡：$Zn^{2+}+H_2S \rightleftharpoons ZnS+2H^+$，随着反应的进行，溶液酸度增大，ZnS沉淀生成受到抑制。若通H_2S之前，先加适量固体NaAc，则溶液呈碱性，再通入H_2S时生成的H^+被OH^-中和，溶液的酸度减小，有利于ZnS的生成。

2. (1)同离子效应；(2)盐效应；(3)酸效应；(4)配位效应；(5)温度的影响；(6)溶剂的影响。

3. 以沉淀反应为基础的滴定分析方法叫沉淀滴定法。沉淀滴定法所采用的沉淀反应应具备:(1)沉淀反应按反应方程式定量完成,不易形成过饱和溶液;(2)反应速度快;(3)沉淀的组成恒定,溶解度小,沉淀过程不易发生共沉淀现象;(4)有简单的方法确定滴定终点。

4. 在滴定终点存在沉淀转化平衡:$AgCl + SCN^- \rightleftharpoons AgSCN + Cl^-$,因为$s(AgSCN) < s(AgCl)$,沉淀转化减小了$SCN^-$的浓度,使得$Fe^{3+} + SCN^- \rightleftharpoons Fe(SCN)^{2+}$平衡左移,红色消失,终点拖后。

5. 根据$v = K\frac{c-s}{s}$,沉淀剂的浓度大,相对过饱和度($c-s$)大,聚集速率大,而定向速率小,即离子很快地聚集起来生成沉淀微粒,却来不及进行晶格排列,生成了大量的晶核,因沉淀颗粒太小,故穿透滤纸。

6. (1)偏高;由于酸效应的影响,CrO_4^{2-}浓度降低,Ag_2CrO_4出现过迟,滴定终点拖后。

(2)偏低;由于AgCl的溶解度比AgSCN大,当剩余的Ag^+被滴定完毕后,过量的SCN^-将与AgCl发生沉淀转化$AgCl + SCN^- \rightleftharpoons AgSCN + Cl^-$,使反应产生的红色不能及时出现,造成终点拖后,使测得的剩余的Ag^+的量偏高,与Cl^-反应的Ag^+的量偏低,即Cl^-量偏低。

(3)无影响;由于AgBr的溶解度小于AgSCN,滴定Br^-时,不存在上述情况。

(4)偏低;由于沉淀对曙红的吸附能力大于对Cl^-的吸附能力。曙红离子在化学计量点前即取代被吸附的待测离子而使溶液变色。终点提前。

(5)无影响;指示剂选择合适,因为AgI对曙红的吸附能力略小于对I^-的吸附能力。

五、计算题

1. (1)设CaF_2在纯水中的溶解度为s_1 $mol \cdot L^{-1}$,根据

$CaF_2(s) \rightleftharpoons Ca^{2+}(aq) + 2F^-(aq)$

可知达平衡时,$c(F^-) = 2s_1$ $mol \cdot L^{-1}$,$c(Ca^{2+}) = s_1$ $mol \cdot L^{-1}$,

$K_{sp}^{\ominus}(CaF_2) = c(F^-)^2 c(Ca^{2+}) = (2s_1)^2 \cdot s_1 = 4s_1^3$

$$s_1 = \sqrt[3]{\frac{K_{sp}^{\ominus}}{4}} = \sqrt[3]{\frac{3.4\times10^{-11}}{4}} = 2.0\times10^{-4}\ mol \cdot L^{-1}$$

(2)设CaF_2在0.01 $mol \cdot L^{-1}$的$CaCl_2$的溶液中的溶解度为s_2 $mol \cdot L^{-1}$,根据

$CaF_2(s) \rightleftharpoons Ca^{2+}(aq) + 2F^-(aq)$

平衡浓度/($mol \cdot L^{-1}$)　　$s_2+0.01$　　$2s_2$

因为CaF_2的$K_{sp}^{\ominus}$很小,所以s_2相对0.01 $mol \cdot L^{-1}$来说是很小的,所以$s_2+0.01 \approx 0.01$

$K_{sp}^{\ominus}(CaF_2) = c(F^-)^2 c(Ca^{2+}) = (2s_2)^2 \times 0.01 = 0.04s_2^2$

$$s_2 = \sqrt{\frac{K_{sp}^{\ominus}}{0.04}} = \sqrt{\frac{3.4\times10^{-11}}{0.04}}\ 2.9\times10^{-5}\ mol \cdot L^{-1}$$

2.(1)解法1:

沉淀Cl^-需Ag^+的浓度为:$c(Ag^+) = \frac{1.8\times10^{-10}}{0.010} = 1.8\times10^{-8}\ mol \cdot L^{-1}$

沉淀I^-需Ag^+的浓度为:$c(Ag^+) = \frac{9.3\times10^{-17}}{0.010} = 9.3\times10^{-15}\ mol \cdot L^{-1}$

所以I^-先沉淀。

解法2:因为AgCl和AgI同为AB型,所以AgI的$K_{sp}^{\ominus}$较小,溶解度小,先沉淀。

(2)当Cl^-开始沉淀时,即$c(Ag^+) = 1.8\times10^{-8}\ mol \cdot L^{-1}$时,

$c(I^-)=\dfrac{9.3\times10^{-17}}{1.8\times10^{-8}}=5.2\times10^{-9}\ mol\cdot L^{-1}<1.0\times10^{-5}\ mol\cdot L^{-1}$

所以当Cl^-开始沉淀时,I^-已经被沉淀完全。

3.（1）$pOH=pK_b^{\ominus}-\lg\dfrac{c(NH_3\cdot H_2O)}{c(NH_4Cl)}$

$pOH=-\lg(1.8\times10^{-5})-\lg\dfrac{0.20}{4.0}=6.05$

$c(OH^-)=8.9\times10^{-7}\ mol\cdot L^{-1}$

pH=7.96

（2）要使$Fe(OH)_2$沉淀析出，$Q_i>K_{sp}^{\ominus}$

$Q_i=c(Fe^{2+})\cdot c(OH^-)^2=c(Fe^{2+})\times(8.9\times10^{-7})^2=7.9\times10^{-13}\ c(Fe^{2+})>4.9\times10^{-17}$

$c(Fe^{2+})>6.2\times10^{-5}\ mol\cdot L^{-1}$

4.(1)当$c(Mg^{2+})=10^{-5}\ mol\cdot L^{-1}$时,$Mg^{2+}$沉淀完全

$c(OH^-)=\sqrt{\dfrac{1.0\times10^{-11}}{10^{-5}}}=1.0\times10^{-3}\ mol\cdot L^{-1}$

pOH = 3.00　　　　pH = 11.00

(2)当Ca^{2+}开始转化为$Ca(OH)_2$沉淀时,

$c(OH^-)=\sqrt{\dfrac{1.0\times10^{-6}}{0.01}}=1.0\times10^{-2}\ mol\cdot L^{-1}$

pOH = 2.00　　　　pH = 12.00

故使Mg^{2+}沉淀完全而Ca^{2+}不产生沉淀,应控制pH=11.00~12.00范围内。

5.已知$K_{sp}^{\ominus}(Ni(OH)_2)=2.0\times10^{-15}$, $K_{sp}^{\ominus}(Fe(OH)_3)=4.0\times10^{-38}$

欲使Ni^{2+}沉淀,所需的最低OH^-浓度为:

$$c(OH^-)=\sqrt{\frac{K_{sp}^{\ominus}(Ni(OH)_2)}{c(Ni^{2+})}}=\sqrt{\frac{2.0\times10^{-15}}{0.10}}=1.4\times10^{-7}\ mol\cdot L^{-1}$$

pOH=6.85　　　　pH=7.15

欲使Fe^{3+}沉淀,所需的最低OH^-浓度为:

$$c(OH^-)=\sqrt[3]{\frac{K_{sp}^{\ominus}(Fe(OH)_3)}{c(Fe^{3+})}}=\sqrt[3]{\frac{4.0\times10^{-38}}{0.10}}=7.4\times10^{-13}\ mol\cdot L^{-1}$$

pOH=12.13　　　　pH=1.87

可见当向混合溶液中加入OH^-时,Fe^{3+}首先沉淀。

当Fe^{3+}沉淀完全时,即溶液中残留的Fe^{3+}浓度$c(Fe^{3+})\le1.0\times10^{-5}\ mol\cdot L^{-1}$时,要求溶液中$OH^-$的浓度为:

$$c(OH^-)=\sqrt[3]{\frac{K_{sp}^{\ominus}(Fe(OH)_3)}{c(Fe^{3+})}}=\sqrt[3]{\frac{4.0\times10^{-38}}{1.0\times10^{-5}}}=6.3\times10^{-12}\ mol\cdot L^{-1}$$

pOH=11.20　　　　pH=2.80

该OH^-浓度尚不能使Ni^{2+}形成$Ni(OH)_2$沉淀。因此只要控制pH为2.80 ~ 7.15,就能使二者达到分离的目的。

6. $PbS(s) \rightleftharpoons Pb^{2+}+S^{2-}$

要使PbS沉淀：$Q_i= c(Pb^{2+})c(S^{2-}) \geqslant K_{sp}^{\ominus}(PbS)$

$0.10\,c(S^{2-}) \geqslant 8.0\times10^{-28}$

$c(S^{2-}) \geqslant 8.0\times10^{-27}\ mol\cdot L^{-1}$

$ZnS(s) \rightleftharpoons Zn^{2+}+S^{2-} \qquad K^{\ominus}$

要使Zn^{2+}仍留在溶液中：$Q_i= c(Zn^{2+})c(S^{2-}) \leqslant K_{sp}^{\ominus}(ZnS)$

$0.10\,c(S^{2-}) \leqslant 2.5\times10^{-22}$

$c(S^{2-}) \leqslant 2.5\times10^{-21}\ mol\cdot L^{-1}$

$H_2S \rightleftharpoons 2H^{+}+ S^{2-} \qquad K^{\ominus}$

$$K^{\ominus} = K_{a1}^{\ominus}(H_2S)\cdot K_{a2}^{\ominus}(H_2S)=\frac{c(H^+)^2c(S^{2-})}{c(H_2S)}$$

$$1.1\times10^{-7}\times1.3\times10^{-13}=\frac{c(H^+)^2\times2.5\times10^{-21}}{0.10}$$

$c(H^+)=0.76\ mol\cdot L^{-1}$

即应加入HCl使H^+浓度为$0.76\ mol\cdot L^{-1}$

此时，$c(Pb^{2+})=\dfrac{8.0\times10^{-28}}{2.5\times10^{-21}}=3.2\times10^{-7}\ mol\cdot L^{-1}<1.0\times10^{-5}\ mol\cdot L^{-1}$

因此Pb^{2+}已经沉淀完全。

7. 加入过量的$AgNO_3$与NaCl反应，剩余的$AgNO_3$与NH_4SCN反应

$$c(AgNO_3)=\frac{n(NaCl)+n(NH_4SCN)}{V(AgNO_3)}=\frac{\dfrac{0.1173}{58.44}+0.00320\times\dfrac{20.00\times c(AgNO_3)}{21.00}}{0.03000}$$

$c(AgNO_3)=0.07447\ mol\cdot L^{-1}$

$$c(NH_4SCN)=\frac{c(AgNO_3)V(AgNO_3)}{V(NH_4SCN)}=\frac{20.00\times0.07447}{21.00}=0.07092\ mol\cdot L^{-1}$$

8. 液槽中原溶液的浓度为：$c(NaCl)=\dfrac{25.36\times0.1013}{25.00}=0.1028\ mol\cdot L^{-1}$

加入4.500 kg食盐后溶液的浓度为：$c'(NaCl)=\dfrac{28.42\times0.1013}{25.00}=0.1152\ mol\cdot L^{-1}$

$$c'(NaCl)-c(NaCl)=\frac{m(NaCl)}{M(NaCl)V(NaCl)}$$

$$V(NaCl)=\frac{4500\times0.9661}{58.44\times(0.1152-0.1028)}=5.999\times10^{3}\ L$$

第 9 章

氧化还原平衡与氧化还原滴定

9.1 知识结构

氧化还原反应与氧化还原滴定

- **基本概念**
  - ①氧化数：1970年国际纯粹和应用化学联合会(IUPAC)定义
  - ②氧化还原半反应式：氧化剂+n e $\rightleftharpoons$ 还原剂　　氧化型/还原型 ↑ 氧化还原电对
  - ③氧化还原反应方程式的配平
    - 氧化数法
    - 半反应法(离子电子法)
- **电极电势**
  - 原电池
    - ①定义：能将化学能转化为电能的装置叫原电池 ←—— 任意一个自发氧化还原反应均可以设计出一个原电池
    - ②原电池：(-)电极|电解质溶液‖电解质溶液|电极(+)
    - ③盐桥的作用
      - ①让溶液始终保持电中性，使电极反应得以继续进行
      - ②消除原电池中的液接电势(或扩散电势)
    - ④电极：金属-金属离子电极、气体-离子电极、金属-金属难溶盐电极、氧化还原电极
  - 标准电极电势 ←(T=298.15 K，c=1 mol·L^{-1}，p=100 kPa)
    - 标准氢电极：H$^+$($c^\ominus$)|H$_2$($p^\ominus$)，Pt　$E^\ominus$(H$^+$/H$_2$)=0
    - 电池电动势与电极电势：$\varepsilon^\ominus = E^\ominus_{(+)} - E^\ominus_{(-)}$
    - 氧化型 +n e ⟶ 还原型
  - 非标准状态电极电势 ←(能斯特方程) $E(T)=E^\ominus(T)-\frac{RT}{nF}\ln Q$　$E=E^\ominus-\frac{0.0592}{n}\lg Q$
  - 条件电极电势 ←—— $E=E^{\ominus f}-\frac{0.0592}{n}\lg Q$
    - $\alpha(\mathrm{M})=\frac{c_0(\mathrm{M})}{c(\mathrm{M})}$　副反应存在
      - ①改变酸度有可能影响E
      - ②沉淀反应有可能影响E
      - ③配位反应有可能影响E
      - ④氧化还原反应有可能影响E
  - 电极电势应用
    - ①计算原电池的电动势　$\varepsilon = E_{(+)} - E_{(-)}$
    - ②选择合适的氧化剂、还原剂
    - ③判断氧化还原反应的方向
      - $E_{(+)} > E_{(-)}$，$\varepsilon > 0$，反应正向进行
      - $E_{(+)} = E_{(-)}$，$\varepsilon = 0$，反应处于平衡
      - $E_{(+)} < E_{(-)}$，$\varepsilon < 0$，反应逆向进行
    - ④判断氧化还原反应进行的次序
    - ⑤确定氧化还原反应的限度　$\Delta_r G_m = -zF\varepsilon$
    - ⑥计算溶度积常数等有关平衡常数 ←—— $\lg K^\ominus = \frac{z\varepsilon^\ominus}{0.0592}$
  - 元素电势图 ——→
    - ①计算未知电对电极电势
    - ②判断歧化反应的发生
- **氧化还原滴定法**
  - 滴定曲线：滴定过程中电对电势值与滴定剂加入量(滴定分数)之间的关系
  - 定量滴定条件：突跃范围大于0.15 V，即两电对的条件电势差大于0.40 V

滴定方法：	①KMnO$_4$法	②碘量法（直接碘量法、间接碘量法）	③K$_2$Cr$_2$O$_7$法
反应条件：	0.5～1 mol·L^{-1} H$_2$SO$_4$	酸性，中性，弱碱性	H$_2$SO$_4$-H$_3$PO$_4$
标准溶液配制：	Na$_2$C$_2$O$_4$基准物来标定KMnO$_4$	As$_2$O$_3$基准物标定I$_2$；用K$_2$Cr$_2$O$_7$等标定Na$_2$S$_2$O$_3$	直接法配制
滴定指示剂：	自身指示剂法	专属指示剂：淀粉溶液	氧化还原指示剂：二苯胺磺酸钠或邻苯氨基苯甲酸等

9.2 重点知识剖析及例解

9.2.1 氧化还原基本概念及原电池的形成

【知识要求】掌握氧化还原反应的基本概念(氧化数、氧化与还原),理解氧化还原反应的本质,了解原电池的形成过程及构造,学会氧化还原半反应的写法、氧化还原反应配平的基本方法;能写出原电池的符号,并根据原电池符号写电极反应及总反应。

【评注】氧化还原反应的基本特征是反应前后元素氧化数发生变化;氧化还原反应都可看作由两个"半反应"组成,一个半反应代表氧化,另一个则代表还原。

配平氧化还原反应方程式最常用的是氧化数法和半反应法(离子电子法)。对于水溶液体系,在配平原子数时,如果反应物和生成物所含原子数不等,根据介质酸碱性,用H_2O和H^+或OH^-来调整,使反应式两边所含的原子数相等。具体经验规则如下:

介质条件	反应式左边氧原子数	左边应加入物质	右边对应生成物
酸性	多了n个O	$+2n$个H^+	H_2O
	少了n个O	$+n$个H_2O	H^+
碱性	多了n个O	$+n$个H_2O	OH^-
	少了n个O	$+2n$个OH^-	H_2O
中性	多了n个O	$+n$个H_2O	OH^-
	少了n个O	$+n$个H_2O	H^+

即酸性溶液反应前后加H^+或H_2O,碱性溶液反应前后加OH^-或H_2O,中性溶液反应物只能加水。

任何自发的氧化还原反应都可设计成原电池。书写原电池的符号时,负极半电池写在左边用"–"表示,正极半电池写在右边用"+"表示;用"‖"表示盐桥,隔开两个半电池;半电池中两相界面用"|"分开,同相不同物种用","分开,必要时溶液、气体要注明$c(B)$、$p(B)$。不由金属和金属离子组成的电对,在构造成相应的半电池时,需要外加惰性电极金属Pt、石墨等。此外,书写电极符号时,纯液体、固体和气体写在惰性电极一边,用","分开。

【例题9–1】在碱性介质中,反应式为:$MnO_4^- + SO_3^{2-} \longrightarrow MnO_4^{2-} + SO_4^{2-}$,利用此反应组成原电池,写出正极和负极对应的半反应,配平化学方程式,并写出原电池符号。

解 正极半反应:$MnO_4^- + e \longrightarrow MnO_4^{2-}$

负极半反应:$SO_3^{2-} - 2e + 2OH^- \longrightarrow SO_4^{2-} + H_2O$

由两式得失电子数相等得:$2MnO_4^- + SO_3^{2-} + 2OH^- \longrightarrow 2MnO_4^{2-} + SO_4^{2-} + H_2O$

原电池符号:Pt| $SO_3^{2}(c_1)$,$SO_4^{2-}(c_2)$,$OH^-(c_3)$‖ $MnO_4^-(c_4)$,$MnO_4^{2-}(c_5)$| Pt

9.2.2 电极电势的计算及应用

【知识要求】理解原电池、电对、电极电势等概念,熟悉影响电极电势的因素及能斯特方程式,理解电动势与标准平衡常数的关系。能熟练运用电极电势的知识解决以下实际问题:①判断原电池正、负极,计算原电池的电动势;②运用能斯特方程或电势图计算不同条件下相关电对的电极电势；③判断氧化还原反应发生的可能性及合适氧化剂、还原剂的选择；④氧化还原反应标准平衡常数的计算。

【评注】原电池的电动势始终为正值，计算时用正极电极电势减去负值电极电势求得：$\varepsilon = E_{(+)} - E_{(-)}$，如果非标准状态，可利用能斯特方程$E = E^{\ominus} - \dfrac{0.0592}{n}\lg Q$，先计算出非标准状态下的电极电势，再计算电池电动势，或者根据能斯特方程$\varepsilon = \varepsilon^{\ominus} - \dfrac{0.0592}{z}\lg Q$直接算得非标准状态的电池电动势。

【例题9-2】某原电池的一个半电池是由金属Co浸在1.0 mol·L^{-1} Co^{2+}溶液中组成；另一半电池则由Pt片浸入1.0 mol·L^{-1} Cl^-的溶液中，并不断通入Cl_2[$p(Cl_2)$=100 kPa]组成。室温条件下，实验测得电池的电动势为1.63 V，钴为负极。（已知：$E^{\ominus}(Cl_2/Cl^-)$ =1.36 V。）

（1）写出电池反应方程式，并写出电池符号；

（2）$E^{\ominus}(Co^{2+}/Co)$为多少？

（3）$p(Cl_2)$增大时，电池电动势将如何变化？

（4）当Co^{2+}浓度为0.010 mol·L^{-1}时，电池电动势为多少？

解 （1）电池反应：$Co + Cl_2 \longrightarrow Co^{2+} + 2\,Cl^-$

电池符号：(−)Co(s) | Co^{2+}(1.0 mol·L^{-1}) ‖ Cl^-(1.0 mol·L^{-1}) | Cl_2(100 kPa), Pt(s)(+)

（2）$\varepsilon^{\ominus} = E^{\ominus}(Cl_2/Cl^-) - E^{\ominus}(Co^{2+}/Co)$

$1.63\ V = 1.36\ V - E^{\ominus}(Co^{2+}/Co)$

$E^{\ominus}(Co^{2+}/Co) = -0.27\ V$

（3）$Cl_2 + 2\,e \longrightarrow 2\,Cl^-$

$$E(Cl_2/Cl^-) = E^{\ominus}(Cl_2/Cl^-) - \frac{0.0592}{2}\lg\frac{[c(Cl^-)/c^{\ominus}]^2}{p(Cl_2)/p^{\ominus}}$$

可知$p(Cl_2)$增大时，$E(Cl_2/Cl^-)$增大，所以电池电动势将升高

（4）$Co^{2+} + 2\,e \longrightarrow Co$

$$E(Co^{2+}/Co) = E^{\ominus}(Co^{2+}/Co) - \frac{0.0592}{2}\lg\frac{1}{c(Co^{2+})/c^{\ominus}} = -0.27 - 0.0592 = -0.33\ V$$

$$\varepsilon = E^{\ominus}(Cl_2/Cl^-) - E(Co^{2+}/Co) = 1.36 - (-0.33) = 1.69\ V$$

【评注】氧化还原反应的方向可根据给定反应电池电动势来判断，利用公式$\varepsilon = E_{(+)} - E_{(-)}$计算电池电动势，如果算得的电池电动势是正值，则该反应可按设定的方向进行，反之则不能；如果是非标准状态，可根据能斯特方程式计算出非标准状态下的电极电势，再计算电池电动势，或者直接根据能斯特方程$\varepsilon = \varepsilon^{\ominus} - \dfrac{0.0592}{z}\lg Q$来计算电池电动势，判断反应方向；可通过公式$\lg K^{\ominus} = \dfrac{z\varepsilon^{\ominus}}{0.0592}$计算氧化还原反应的平衡常数，进而计算氧化还原平衡体系组成。

【例题9-3】Au(s)与Cl_2(g)在水溶液中的反应方程式为：$2\,Au + 3\,Cl_2 \longrightarrow 2\,Au^{3+} + 6\,Cl^-$，请问：

（1）标准状态条件下正向反应能否发生？

（2）如果与纯金相接触的$AuCl_3$浓度为1.0×10^{-3} mol·L^{-1}，Cl_2的分压是1×10^5 Pa，正向反应能否发生？

（3）求上述反应的平衡常数$K^{\ominus}$。

（已知：$E^{\ominus}(Cl_2/Cl^-) = 1.36\ V$，$E^{\ominus}(Au^{3+}/Au) = 1.42\ V$。）

解　（1）$\varepsilon^{\ominus} = E^{\ominus}_{(+)} - E^{\ominus}_{(-)}$

$\varepsilon^{\ominus} = E^{\ominus}(Cl_2/Cl^-) - E^{\ominus}(Au^{3+}/Au) = 1.36 - 1.42 = -0.06\ V$

所以标准状态条件下反应不能发生。

（2）非标准状态条件下：$c(Au^{3+}) = 1.0\times10^{-3}\ mol\cdot L^{-1}$，$c(Cl^-) = 3.0\times10^{-3}\ mol\cdot L^{-1}$

电动势 ε 有两种计算方法：

解法1：$\varepsilon = E_{(+)} - E_{(-)}$

$Cl_2 + 2\,e \longrightarrow 2\,Cl^-$　$E_{(+)}$

$Au^{3+} + 3\,e \longrightarrow 3\,Au$　$E_{(-)}$

$$E_{(+)} = E(Cl_2/Cl^-) = E^{\ominus}(Cl_2/Cl^-) + \frac{0.0592}{2}\lg\frac{p(Cl_2)/p^{\ominus}}{[c(Cl^-)/c^{\ominus}]^2}$$

$$= 1.36 + \frac{0.0592}{2}\lg\frac{1}{(3.0\times10^{-3})^2} = 1.36 + 0.15 = 1.51V$$

$$E_{(-)} = E(Au^{3+}/Au) = E^{\ominus}(Au^{3+}/Au) - \frac{0.0592}{3}\lg\frac{1}{c(Au^{3+})/c^{\ominus}} = 1.42 - \frac{0.0592}{3}\lg\frac{1}{1.0\times10^{-3}} = 1.36\ V$$

$\varepsilon = E_{(+)} - E_{(-)} = 1.51 - 1.36 = 0.15\ V$

解法2：$2\,Au + 3\,Cl_2 \longrightarrow 2\,Au^{3+} + 6\,Cl^-$

$$\varepsilon = \varepsilon^{\ominus} - \frac{0.0592}{z}\lg Q = \varepsilon^{\ominus} - \frac{0.0592}{z}\lg\frac{[c(Cl^-)/c^{\ominus}]^6[c(Au^{3+})/c^{\ominus}]^2}{[p(Cl_2)/p^{\ominus}]^3}$$

$$= -0.06 - \frac{0.0592}{6}\lg[(3.0\times10^{-3})^6(1.0\times10^{-3})^2] = 0.15\ V$$

$\varepsilon > 0$，所以正向反应能发生

可见在标准状态条件下不能发生的反应，在题给条件下可以发生了。标准状态条件下，$c(AuCl_3) = 1mol\cdot L^{-1}$，显然，降低$AuCl_3$浓度有利于反应向右进行。

（3）$\lg K^{\ominus} = \dfrac{z\varepsilon^{\ominus}}{0.0592} = \dfrac{6\times(-0.06)}{0.0592} = -6.08$

$K^{\ominus} = 8.31\times10^{-7}$

$K^{\ominus}$很小，说明电池反应向右进行的程度极小。

【评注】能斯特方程式表达了氧化型或还原型的浓度、分压对电极电势的影响。改变氧化型或还原型浓度的方法很多，沉淀、配合物、弱电解质的生成都会影响氧化型或还原型浓度而使电极电势发生较大的变化。如加入与还原态物质反应的沉淀剂，可以使得电极电势增大，使氧化剂的氧化能力增强；加入与氧化态物质反应的沉淀剂，可以使得电极电势减小，使还原剂的还原能力增强；若电极反应中有H^+或OH^-参加反应，则酸度对电极电势就有影响。

【例题9-4】已知电对 $E^{\ominus}(Ag^+/Ag) = 0.799\ V$，$K^{\ominus}_{sp}(AgCl) = 1.77\times10^{-10}$，求 $E^{\ominus}(AgCl/Ag)$的值。

解　电对Ag^+/Ag存在如下半反应：

$Ag^+(aq) + e \longrightarrow Ag(s)$

电对 $AgCl/Ag$存在如下半反应：

$AgCl(s) + e \longrightarrow Ag + Cl^-(aq)$

其标准电极电势$E^{\ominus}(AgCl/Ag)$，可看成是在Ag^+和Ag组成的半电池中加入Cl^-，达到平衡时保持$c(Cl^-) = 1.0mol\cdot L^{-1}$时的非标准状态时的电极电势$E(Ag^+/Ag)$。

$$E^{\ominus}(AgCl/Ag) = E(Ag^+/Ag) = E^{\ominus}(Ag^+/Ag) - 0.0592\lg\frac{1}{c(Ag^+)}$$

因为$c(Ag^+)=\dfrac{K_{sp}^{\ominus}(AgCl)}{c(Cl^-)}$

则 $E^{\ominus}(AgCl/Ag)= E^{\ominus}(Ag^+/Ag) - 0.0592\lg\dfrac{c(Cl^-)}{K_{sp}^{\ominus}(AgCl)}$

将 $K_{sp}^{\ominus}(AgCl) = 1.77\times10^{-10}$，$c(Cl^-) = 1\ mol\cdot L^{-1}$

代入上式得 $E^{\ominus}(AgCl/Ag)= 0.799 - 0.0592\lg\dfrac{1}{1.77\times10^{-10}} = 0.222\ V$

【例题 9-5】（1）写出MnO_4^-/Mn^{2+}电对的电极反应式，并推导$E(MnO_4^-/Mn^{2+})$与溶液pH值的关系式；（2）写出MnO_4^-/Mn^{2+}与Cl_2/Cl^-组成原电池的符号及电池反应式；（3）采用调节pH值的方法，需要控制pH值范围为多少，能将含I^-、Br^-、Cl^-（各1.0 $mol\cdot L^{-1}$）溶液分离除去I^-、Br^-（假设，溶液中其他离子或物质均为标准状态）？（已知：$E^{\ominus}(MnO_4^-/Mn^{2+})$=1.49 V，$E^{\ominus}(Cl_2/Cl^-)$ = 1.36 V，$E^{\ominus}(Br_2/Br^-)$ =1.09 V，$E^{\ominus}(I_2/I^-)$=0.54 V。）

解　（1）$MnO_4^- + 8H^+ + 5e \longrightarrow Mn^{2+} + 4H_2O$

$$E(MnO_4^-/Mn^{2+}) = E^{\ominus}(MnO_4^-/Mn^{2+}) - \frac{0.0592}{5}\lg\frac{c(Mn^{2+})}{c(MnO_4^-)c(H^+)^8} = 1.49 - 0.0947pH$$

（2）$(-)Pt, Cl_2(p)\ |\ Cl^-(c_1)\ \|\ MnO_4^-(c_2),\ Mn^{2+}(c_3),\ H^+(c_4)\ |\ Pt(+)$

$2MnO_4^- + 16H^+ + 10Cl^- \longrightarrow 2Mn^{2+} + 5Cl_2 + 8H_2O$

（3）$KMnO_4$氧化Br^-、I^-，不氧化Cl^-的条件：$E^{\ominus}(Cl_2/Cl^-) > E(MnO_4^-/Mn^{2+}) > E^{\ominus}(Br_2/Br^-)$

$1.36 > 1.49 - 0.0947pH > 1.09$

分离出Cl^-需要控制pH值范围：$1.37 < pH < 4.22$

【评注】实际反应中由于副反应存在，溶液中氧化型还原型存在多种型体，因此，平衡浓度应该考虑副反应存在情况下的真实浓度，副反应系数越大，对半反应电势的影响越大。对于某电极反应，电对的条件电势 $E^{\ominus f} = E^{\ominus} - \dfrac{0.0592}{n}\lg\dfrac{\alpha(Ox)}{\alpha(Red)}$，引入条件电势后，能斯特方程为：$E = E^{\ominus f} - \dfrac{0.0592}{n}\lg Q$。利用各种因素改变条件电势，可以提高测定的选择性。

【例题 9-6】计算 pH=10.0，$c(NH_4^+) + c(NH_3) = 0.20\ mol\cdot L^{-1}$ 时，Zn^{2+}/Zn 的条件电势。若 $c(Zn(Ⅱ)) = 0.020\ mol\cdot L^{-1}$，求体系的电极电势。

解　查表 $K_a^{\ominus}(NH_4^+) = 5.6\times10^{-10}$，$E^{\ominus}(Zn^{2+}/Zn) = -0.76\ V$，$\alpha(Zn(OH)) = 10^{2.4}$

Zn^{2+}与NH_3有副反应，$\lg\beta_1 \sim \lg\beta_4$分别为：2.27、4.61、7.01、9.06

$$c(NH_3) = \delta(NH_3)\cdot c = \frac{K_a^{\ominus}}{c(H^+) + K_a^{\ominus}}c = \frac{5.6\times10^{-10}}{10^{-10} + 5.6\times10^{-10}}\times0.20 = 0.17\ mol\cdot L^{-1}$$

$$\begin{aligned}\alpha(Zn(NH_3)) &= 1 + \beta_1 c(NH_3) + \beta_2 c(NH_3)^2 + \beta_3 c(NH_3)^3 + \beta_4 c(NH_3)^4\\ &= 1 + 10^{2.27}\times0.17 + 10^{4.61}\times0.17^2 + 10^{7.01}\times0.17^3 + 10^{9.06}\times0.17^4 = 10^{6.00}\end{aligned}$$

$$\alpha(Zn^{2+}) = \alpha(Zn(NH_3)) + \alpha(Zn(OH)) = 10^{6.0} + 10^{2.4} \approx 10^{6.0}$$

$$E^{\ominus f}(Zn^{2+}/Zn) = E^{\ominus}(Zn^{2+}/Zn) - \frac{0.0592}{2}\lg\frac{\alpha(Zn^{2+})}{\alpha(Zn)} = -0.76 - \frac{0.0592}{2}\lg\frac{10^{6.00}}{1} = -0.94\ V$$

$$E(Zn^{2+}/Zn) = E^{\ominus f}(Zn^{2+}/Zn) - \frac{0.0592}{2}\lg\frac{1}{c(Zn^{2+})} = -0.94 - \frac{0.0592}{2}\lg\frac{1}{0.020} = -0.99\ V$$

【评注】元素电势图可直观明确地表明某元素的各个氧化态之间的电对和电极电势的关系。根据几个相邻电对的已知标准电极电势，可求算其他电对的标准电极电势；反应时仍可根据电极电势的相对大小来判断氧化还原反应的方向和产物，若 $E^{\ominus}_{右} > E^{\ominus}_{左}$，则该物种可歧化为与其相邻的物种。

【例题9-7】Fe的元素电势图为：

$FeO_4^{2-}\xrightarrow{1.90\ V}Fe^{3+}\xrightarrow{0.77\ V}Fe^{2+}\xrightarrow{-0.41\ V}Fe$

(1) 问酸性溶液中 Fe^{3+} 能否将 H_2O_2 氧化成 O_2？

(已知：$O_2 + 2\,H^+ + 2\,e \longrightarrow H_2O_2$ □$E^{\ominus} = 0.68$ V。)

(2) 在标准状态下，下列反应能否正向进行？写出反应组成的原电池符号，并计算平衡常数(酸性溶液，298 K)。

$Fe(s) + 2\,Fe^{3+}(aq) \longrightarrow 3\,Fe^{2+}(aq)$

解　(1) $E^{\ominus}(Fe^{3+}/Fe^{2+}) = 0.77$ V

$E = E^{\ominus}(Fe^{3+}/Fe^{2+}) - E^{\ominus}(O_2/H_2O_2) > 0$

因此，酸性溶液中 Fe^{3+} 能将 H_2O_2 氧化成 O_2

(2) $E = E^{\ominus}(Fe^{3+}/Fe^{2+}) - E^{\ominus}(Fe^{2+}/Fe) = 0.77-(-0.41) = 1.18 > 0$

$Fe(s) + 2\,Fe^{3+}(aq) \longrightarrow 3\,Fe^{2+}(aq)$

在标准状态下上述反应能正向进行。

反应组成的原电池符号：

$(-)Fe \mid Fe^{2+}(aq) \parallel Fe^{2+}(aq), Fe^{3+}(aq) \mid Pt\ (+)$

$\lg K^{\ominus} = \dfrac{z\varepsilon^{\ominus}}{0.0592} = \dfrac{2 \times 1.18}{0.0592} = 39.86$

$K^{\ominus} = 7.24 \times 10^{39}$

【例题9-8】Sn的元素电势图为

$E^{\ominus}(A)$ / V：$Sn^{4+}\xrightarrow{0.151}Sn^{2+}\xrightarrow{-0.138}Sn$□

$E^{\ominus}(B)$ / V：$Sn(OH)_6^{2-}\xrightarrow{-0.930}Sn(OH)_4^{2-}\xrightarrow{-0.909}Sn$□

讨论：(1) Sn(Ⅱ)在不同介质中的稳定形态，并比较它们的稳定性。□

(2) 应如何配制 $SnCl_2$ 溶液，并防止其氧化？□

解　(1) Sn(Ⅱ)在酸性、中性、碱性介质中的稳定形态为：Sn^{2+}、$Sn(OH)_2$、$Sn(OH)_4^{2-}$，其中以酸性介质中存在的 Sn^{2+} 较为稳定。□

(2) 配制 $SnCl_2$ 溶液时，为防止其氧化，应该在酸性环境中并加入少量锡粒。

9.2.3　氧化还原滴定法

【知识要求】掌握氧化还原滴定的基本原理，能进行氧化还原滴定曲线的相关计算及指示剂的选择。

【评注】对于一般的由可逆对称电对组成的氧化还原滴定反应：$n_2\,Ox_1 + n_1\,Red_2 \longrightarrow n_2\,Red_1 + n_1\,Ox_2$，开始滴定后，溶液中两电对的电极电势相等，化学计量点电势计算通式：$E_{sp} = \dfrac{n_1E_1^{\ominus f} + n_2E_2^{\ominus f}}{n_1 + n_2}$，滴定百分数由99.9%(在化学计量点前)到100.1%(在化学计量点之后)之

间，有一个相当大的突跃范围，滴定突跃范围通式：$E_2^{\ominus f}+\dfrac{3\times0.0592}{n_2}\sim E_1^{\ominus f}-\dfrac{3\times0.0592}{n_1}$。

【例题9-9】用0.1000 mol·L^{-1} Ce(SO$_4$)$_2$滴定0.1000 mol·L^{-1} Fe^{2+}溶液，则其电势突跃范围为（已知：$E^{\ominus f}(Fe^{3+}/Fe^{2+})=0.68$ V，$E^{\ominus f}(Ce^{4+}/Ce^{3+})=1.44$ V）（　　）

A. 0.86~1.26 V　　B. 0.86~1.44 V　　C. 0.68~1.26 V　　D. 0.68~1.44 V

解　Ce(SO$_4$)$_2$溶液滴定FeSO$_4$的滴定反应为：

$Ce^{4+}+Fe^{2+}\longrightarrow Ce^{3+}+Fe^{3+}$

（1）滴定开始至化学计量点前（99.9%的Fe^{2+}被滴定）：因为加入的Ce^{4+}几乎全部被Fe^{2+}还原为Ce^{3+}，到达平衡时$c(Ce^{4+})$很小。如果99.9%的Fe^{2+}被氧化，则$\dfrac{c(Fe^{2+})}{c(Fe^{3+})}=\dfrac{0.1}{99.9}$，按能斯特方程得：

$$E(Fe^{3+}/Fe^{2+})=E^{\ominus f}(Fe^{3+}/Fe^{2+})-0.0592\lg\frac{c(Fe^{2+})}{c(Fe^{3+})}=0.68-0.0592\lg\frac{0.1}{99.9}=0.86\ \text{V}$$

（2）化学计量点时：Ce^{4+}和Fe^{2+}分别定量地转变为Ce^{3+}和Fe^{3+}，未反应的$c(Ce^{4+})$和$c(Fe^{2+})$很小，不能直接求得。因为反应刚好达到平衡，溶液中两电对的电极电势相等，故化学计量点的电势E_{sp}为：

$$E_{sp}=E(Fe^{3+}/Fe^{2+})=E^{\ominus f}(Fe^{3+}/Fe^{2+})-0.0592\lg\frac{c(Fe^{2+})}{c(Fe^{3+})}$$

$$E_{sp}=E(Ce^{4+}/Ce^{3+})=E^{\ominus f}(Ce^{4+}/Ce^{3+})-0.0592\lg\frac{c(Ce^{3+})}{c(Ce^{4+})}$$

两式相加：

$$2E_{sp}=E^{\ominus f}(Fe^{3+}/Fe^{2+})-0.0592\lg\frac{c(Fe^{2+})}{c(Fe^{3+})}+E^{\ominus f}(Ce^{4+}/Ce^{3+})-0.0592\lg\frac{c(Ce^{3+})}{c(Ce^{4+})}$$

$$=E^{\ominus f}(Fe^{3+}/Fe^{2+})+E^{\ominus f}(Ce^{4+}/Ce^{3+})-0.0592\lg\frac{c(Fe^{2+})c(Ce^{3+})}{c(Fe^{3+})c(Ce^{4+})}$$

此时$c(Ce^{4+})=c(Fe^{2+})$，$c(Ce^{3+})=c(Fe^{3+})$

得$2E_{sp}=E^{\ominus f}(Fe^{3+}/Fe^{2+})+E^{\ominus f}(Ce^{4+}/Ce^{3+})$

$$E_{sp}=\frac{0.68+1.44}{2}=1.06\ \text{V}$$

（3）化学计量点后（过量0.1%）：Fe^{2+}几乎全部被Ce^{4+}氧化为Fe^{3+}，$c(Fe^{2+})$很小，不易直接求得，当过量0.1%时，$\dfrac{c(Ce^{3+})}{c(Ce^{4+})}=\dfrac{100}{0.1}$

$$E(Ce^{4+}/Ce^{3+})=E^{\ominus f}(Ce^{4+}/Ce^{3+})-0.0592\lg\frac{c(Ce^{3+})}{c(Ce^{4+})}=1.44-0.0592\lg\frac{100}{0.1}=1.26\ \text{V}$$

故电势突跃范围为0.86~1.26 V，答案选A。

【评注】判断一个氧化还原反应能否用于滴定分析的判据是：如果反应达到99.9%的完全度，一般要求突跃范围大于0.15 V，相应于两电对的条件电势差大于0.40 V。

【例题9-10】Fe^{3+}与I^-反应能否达到99.9%的完全度？为什么能用间接碘量法测定Fe^{3+}？（已知：$E^{\ominus}(I_2/I^-)=0.54$ V，$E^{\ominus}(Fe^{3+}/Fe^{2+})=0.77$ V。）

解　$\varepsilon^{\ominus}=0.77-0.54=0.23$ V

滴定分析的判据是两电对的条件电势差大于0.40 V，所以反应不能达到99.9%的完全度。

间接碘量法是加入过量I^-，而且生成的I_2不断被$S_2O_3^{2-}$滴定，故反应很完全。

【评注】氧化还原滴定中指示剂分为氧化还原指示剂、自身指示剂和专属指示剂。氧化还原指示剂的理论变色范围为：$E_{In}^{\ominus f}(Ox/Red) \pm \frac{0.0592}{n}$ V，在选择氧化还原指示剂时，指示剂变色的电极电势范围应落在滴定的突跃范围内，至少也要部分重合。

【例题9-11】在硫酸-磷酸介质中，用$K_2Cr_2O_7$标准溶液滴定Fe^{2+}试样时，其化学计量点电势为0.86 V，则应选择的指示剂为（　　）

A. 次甲基蓝（$E^{\ominus f}=0.36$ V）　　B. 二苯胺磺酸钠（$E^{\ominus f}=0.84$ V）

C. 邻二氮菲亚铁（$E^{\ominus f}=1.06$ V）　　D. 二苯胺（$E^{\ominus f}=0.76$ V）

解　根据指示剂选择原则宜选择二苯胺磺酸钠，即B。

9.2.4　常用氧化还原滴定方法

【知识要求】掌握高锰酸钾法、重铬酸钾法和碘量法等常用的氧化还原滴定方法及其计算。

【评注】根据标准溶液所用氧化剂或还原剂不同，氧化还原滴定法可分为高锰酸钾法、重铬酸钾法和碘量法，此外还有铈量法、溴酸盐法、钒酸盐法等，其原理、滴定条件、适用范围见下表：

方法	滴定剂	指示剂	基本电极反应	介质条件	滴定方式
高锰酸钾法	$KMnO_4$	$KMnO_4$本身	$MnO_4^- + 8H^+ + 5e \longrightarrow Mn^{2+} + 4H_2O$	稀H_2SO_4	直接法测定Fe^{2+}、$C_2O_4^{2-}$、H_2O_2等还原性物质；返滴定法测定MnO_2、PbO_2等氧化性物质；间接法测定Ca^{2+}等非氧化还原性物质
重铬酸钾法	$K_2Cr_2O_7$	二苯胺磺酸钠	$Cr_2O_7^{2-} + 14H^+ + 6e \longrightarrow 2Cr^{3+} + 7H_2O$	H_2SO_4-H_3PO_4混合酸	
碘量法	I_2溶液	淀粉	$I_2 + 2e \longrightarrow 2I^-$	酸性、中性、弱碱性	直接法适用于电势比$E^{\ominus}(I_2/I^-)$低的较强还原性物质，如S^{2-}、SO_3^{2-}、$S_2O_3^{2-}$、Sn^{2+}、AsO_3^{3-}、维生素C等
	$Na_2S_2O_3$	淀粉	$2I^- - 2e \longrightarrow I_2$ $I_2 + 2S_2O_3^{2-} \longrightarrow 2I^- + S_4O_6^{2-}$	中性或弱酸性	间接法可以测定氧化性物质，如ClO_3^-、IO_3^-、MnO_4^-、MnO_2、NO_3^-、H_2O_2、Cu^{2+}等

【例题9-12】某同学拟用如下实验步骤标定0.02 mol·L^{-1} $Na_2S_2O_3$，请指出其错误（或不妥）之处，并予改正。

称取0.2315 g已烘干的分析纯$K_2Cr_2O_7$粉末，加适量水溶解后，加酸，再加入1 g KI，然后立即加入淀粉指示剂，用$Na_2S_2O_3$滴定至蓝色褪去，记下消耗$Na_2S_2O_3$的体积，计算$Na_2S_2O_3$浓度。（已知：$M(K_2Cr_2O_7)$=294.2 g·mol^{-1}。）

解　（1）$n(K_2Cr_2O_7):n(Na_2S_2O_3)=1:6$

0.2315 g $K_2Cr_2O_7$消耗$Na_2S_2O_3$体积为：$V(S_2O_3^{2-}) \approx \frac{0.2315 \times 6}{294.2 \times 0.02} \times 1000 = 236$ mL

显然体积太大，应称约0.25 g $K_2Cr_2O_7$配在250 mL容量瓶中，移取25 mL再滴定。

（2）反应需加盖在暗处放置5 min。

（3）淀粉要在近终点才加入。

【例题9-13】用高锰酸钾测定Fe^{2+}时通常选用硫酸锰、硫酸及磷酸的混合液作介质。试说明三种物质的主要作用各是什么？可否用盐酸或硝酸代替硫酸，为什么？

解 硫酸锰为催化剂；硫酸调节pH；磷酸与Fe^{3+}反应，消去Fe^{3+}颜色，便于终点观察，同时降低Fe^{3+}/Fe^{2+}电对电极电势，提高电势突跃区间。不能用盐酸或硝酸代替硫酸，若用盐酸代替硫酸，滴定中因诱导作用而发生副反应，影响滴定的准确度，硝酸具有氧化作用，与Fe^{2+}作用，同样发生副反应。

【评注】 滴定方式可以采用直接滴定法、间接滴定法和返滴定法等；氧化还原滴定计算关键是通过一系列反应式，得出标准物质与被测物质之间的定量关系。

【例题9–14】 测定水中硫化物，在50 mL微酸性水样中加入20.00 mL 0.05020 mol·L^{-1}的I_2溶液，将S^{2-}氧化为S，待反应完全后，剩余的I_2需用21.16 mL 0.05032 mol·L^{-1}的$Na_2S_2O_3$溶液滴定至终点。求废水中H_2S的含量(g·L^{-1})。(已知：$M(H_2S)=34.00$ g·mol^{-1}。)

解 相关反应及关系式为：

I_2(反应)$+ S^{2-} \longrightarrow 2I^- + S(s)$

I_2(剩余)$+ 2S_2O_3^{2-} \longrightarrow 2I^- + S_4O_6^{2-}$

$$n(I_2) = n(S^{2-}) + \frac{1}{2}n(S_2O_3^{2-})$$

$$n(I_2)_{总} = 0.05020 \times 20.00 = 1.004 \text{ mmol}$$

$$n(I_2)_{余} = \frac{1}{2}c(Na_2S_2O_3)V(Na_2S_2O_3) = \frac{1}{2} \times 0.05032 \times 21.16 = 0.5324 \text{ mmol}$$

$$n(H_2S) = n(S^{2-}) = n(I_2)_{总} - n(I_2)_{余} = 1.004 - 0.5324 = 0.4716 \text{ mmol}$$

$$\rho(H_2S) = \frac{0.4716 \times 34.00 \times 1000}{1000 \times 50} = 0.3207 \text{ g} \cdot \text{L}^{-1}$$

【例题9–15】 用$KMnO_4$法测定硅酸盐样品中Ca^{2+}的含量。称取试样0.5863 g，在一定条件下，将钙沉淀为CaC_2O_4，过滤、洗涤沉淀，将洗净的CaC_2O_4溶解于稀H_2SO_4中，用0.05052 mol·L^{-1}的$KMnO_4$标准溶液滴定，消耗25.64 mL，计算硅酸盐中Ca的质量分数。

解 $CaC_2O_4 + H_2SO_4(稀) \longrightarrow H_2C_2O_4 + CaSO_4$

$2MnO_4^- + 5C_2O_4^{2-} + 16H^+ \longrightarrow 2Mn^{2+} + 10CO_2\uparrow + 8H_2O$

$$n(Ca^{2+}) = n(C_2O_4^{2-}) = \frac{5}{2}c(MnO_4^-)V(MnO_4^-)$$

$$w(Ca) = \frac{n(Ca^{2+})M(Ca)}{m_s} = \frac{\frac{5}{2}c(MnO_4^-)V(MnO_4^-) \cdot M(Ca)}{m_s} = \frac{5 \times 0.05052 \times 25.64 \times 10^{-3} \times 40.08}{2 \times 0.5863} = 0.2214$$

【例题9–16】 抗坏血酸(M=176.1 g·mol^{-1})是一个还原剂，它的半反应为：

$C_6H_6O_6 + 2H^+ + 2e \longrightarrow C_6H_8O_6$

它能被I_2氧化，如果10.00 mL柠檬水果汁样品用HAc酸化，并加20.00 mL 0.02500 mol·L^{-1} I_2溶液，待反应完全后，过量的I_2用10.00 mL 0.01000 mol·L^{-1} $Na_2S_2O_3$滴定，计算柠檬水果汁中抗坏血酸的含量(g·mL^{-1})。

解 $C_6H_8O_6 + I_2 \longrightarrow C_6H_6O_6 + 2HI$

$I_2 + 2S_2O_3^{2-} \longrightarrow 2I^- + S_4O_6^{2-}$

$$n_{抗} = n(I_2)_{总} - n(I_2)_{余} = 0.02500 \times 20.00 \times 10^{-3} - 0.5 \times 0.01000 \times 10.00 \times 10^{-3} = 4.500 \times 10^{-4} \text{ mol}$$

$$\rho_{抗} = \frac{n_{抗}M_{抗}}{10.00} = \frac{4.500 \times 10^{-4} \times 176.1}{10.00} = 7.925 \times 10^{-3} \text{ g} \cdot \text{mL}^{-1}$$

9.3　课后习题选解

9-1 名词解释,并指出它们之间的关系

1. 原电池和半电池

解　原电池:借助于自发的氧化还原反应产生电流的装置,称为原电池。

半电池:相对独立的电极(包括金属部分及其紧邻的电解质部分)可看成电池的一半,称为半电池。

原电池由半电池组成。

2. 电极和电对

解　电极:一般发生半反应,均可以写成电对形式,所有的电对通过构造成相应的半电池时,我们可以称之为电极。

电对:两个不同氧化数的物质组成一对,可以称之为电对,写作"氧化型/还原型"。

3. 半电池反应和电池反应

解　半电池反应:原电池中在单个电极上发生的化学反应,称之为半电池反应。

电池反应:原电池中两个半电池反应组合成的化学反应。

4. 氧化型和还原型

解　电对中氧化数较大的为氧化型,氧化数较小的为还原型。

5. 氧化剂和还原剂

解　氧化剂是氧化还原反应中得电子的物质,在氧化还原反应中氧化剂发生还原反应,得电子,是电子的接受体,氧化数降低,有氧化性,本身被还原,生成还原产物。

还原剂是氧化还原反应中失电子的物质,在氧化还原反应中还原剂发生氧化反应,失电子,是电子的给予体,氧化数升高,有还原性,本身被氧化,生成氧化产物。

9-2 选择题

1. As在H_3AsO_4中的氧化数是　(D)

A. -3　B. +1　C. +3　D. +5

2. 氧化剂是电极电势值____的电对中的______物质,还原剂是电极电势值____的电对中的______物质　(C)

A. 大,还原型,小,氧化型　B. 小,还原型,大,氧化型

C. 大,氧化型,小,还原型　D. 小,氧化型,大,还原型

3. (1) 用 0.03 $mol \cdot L^{-1}$ $KMnO_4$溶液滴定 0.1 $mol \cdot L^{-1}$ Fe^{2+}溶液;(2) 用 0.003 $mol \cdot L^{-1}$ $KMnO_4$溶液滴定 0.01 $mol \cdot L^{-1}$ Fe^{2+}溶液。上述两种情况下其滴定突跃将是　(A)

A. 一样大　B. (1)>(2)

C. (2)>(1)　D. 缺电势值,无法判断

4. 在用 $K_2Cr_2O_7$ 标定 $Na_2S_2O_3$ 时, KI与 $K_2Cr_2O_7$ 反应较慢,为了使反应能进行完全,下列措施不正确的是　(D)

A. 增加 KI 质量　B. 溶液在暗处放置 5 min

C. 使反应在较浓溶液中进行　D. 加热

5. 对于下列溶液在读取滴定管读数时,读液面周边最高点的是　(C)

A. $K_2Cr_2O_7$ 标准溶液　B. $Na_2S_2O_3$标准溶液

C. $KMnO_4$ 标准溶液　D. $KBrO_3$ 标准溶液

6. 采用碘量法标定 $Na_2S_2O_3$ 溶液浓度时，必须控制好溶液的酸度。$Na_2S_2O_3$ 与 I_2 发生反应的条件必须是 （ D ）

A. 在强碱性溶液中　　B. 在强酸性溶液中

C. 在中性或微碱性溶液中　　D. 在中性或微酸性溶液中

7. 重铬酸钾测铁，采用 $SnCl_2-TiCl_3$ 还原 Fe^{3+} 为 Fe^{2+}，稍过量的 $TiCl_3$ 指示方法用 （ C ）

A. Ti^{3+} 的紫色　　B. Fe^{3+} 的黄色

C. Na_2WO_4 还原为钨蓝　　D. 四价钛的沉淀

8. 如果在一含有铁（Ⅲ）和铁（Ⅱ）的溶液中加入配位剂，此配位剂只配合铁（Ⅱ），则铁电对的电极电势将升高，只配合铁（Ⅲ），电极电势将 （ B ）

A. 升高　　B. 降低　　C. 时高时低　　D. 不变

9. 以 0.01000 $mol \cdot L^{-1}$ $K_2Cr_2O_7$ 溶液滴定 25.00 mL Fe^{2+} 溶液，消耗 $K_2Cr_2O_7$ 溶液 20.00 mL。每毫升 Fe^{2+} 液含铁（已知：$M(Fe)=55.85\ g \cdot mol^{-1}$） （ D ）

A. 0.3351mg　　B. 5585 mg　　C. 1.676 mg　　D. 2.681 mg

10. 在用碘量法测定铜盐中的铜时，反应进行的必须条件是 （ B ）

A. 强酸性　　B. 弱酸性　　C. 中性　　D. 碱性

9-3 填空题

1. 化学反应可按是否有电子转移划分为氧化还原反应和<u>非氧化还原</u>反应两大类。

2. 规定在 298.15 K 下，溶液中离子浓度为 1 $mol \cdot L^{-1}$，气体的分压为 100 kPa 时，纯液体或固体为 100 kPa 条件下最稳定或最常见的形态，通过与标准氢电极组成原电池，所测得的电势，称之为该电对的<u>标准电极</u>电势。

3. 某一电对的 $E^{\ominus}$ 值越大，正向半反应进行的倾向越大，即氧化型的氧化性越<u>强</u>，其还原型的还原性越<u>弱</u>。

4. 加入与还原型物质反应的沉淀剂，可以使得电极电势<u>增大</u>；加入与氧化型物质反应的沉淀剂，同样可以使得电极电势<u>减小</u>。

5. <u>氧化还原滴定突跃</u>的大小与氧化型和还原型两个电对的条件电势（或标准电势）的差值大小有关。

6. 根据标准电极电势表将 $KMnO_4$，$K_2Cr_2O_7$，$CuCl_2$，$FeCl_2$，$FeCl_3$，Br_2，Cl_2，F_2 按照氧化性从强到弱排列为：<u>$F_2 > KMnO_4 > Cl_2 > K_2Cr_2O_7 > Br_2 > FeCl_3 > CuCl_2 > FeCl_2$</u>。

9-4 完成下列方程式

1. 用氧化数法和半反应法配平并完成下列氧化还原反应方程式。

（1）$KMnO_4 + H_2C_2O_4 + H_2SO_4 \longrightarrow MnSO_4 + CO_2 + K_2SO_4$

（2）$P_4 + NaOH + H_2O \longrightarrow NaH_2PO_2 + PH_3\uparrow$

（3）$KMnO_4 + Na_2SO_3 + H_2SO_4 \longrightarrow MnSO_4 + Na_2SO_4 + K_2SO_4$

（4）$H_2O_2 + MnO_4^- + H^+ \longrightarrow Mn^{2+} + O_2 + H_2O$

（5）$As_2S_3 + HNO_3$（浓）$\longrightarrow H_3AsO_4 + NO + H_2SO_4$

解　（1）$2\ KMnO_4 + 5\ H_2C_2O_4 + 3\ H_2SO_4 \longrightarrow 2\ MnSO_4 + 10\ CO_2\uparrow + K_2SO_4 + 8\ H_2O$

（2）$P_4 + 3\ NaOH + 3\ H_2O \longrightarrow 3\ NaH_2PO_2 + PH_3\uparrow$

（3）$2\ KMnO_4 + 5\ Na_2SO_3 + 3\ H_2SO_4 \longrightarrow 2\ MnSO_4 + 5\ Na_2SO_4 + K_2SO_4 + 3\ H_2O$

（4）$5\ H_2O_2 + 2\ MnO_4^- + 6\ H^+ \longrightarrow 2\ Mn^{2+} + 5\ O_2\uparrow + 8\ H_2O$

(5) $3\ As_2S_3 + 28\ HNO_3$(浓)$+ 4\ H_2O \longrightarrow 6\ H_3AsO_4 + 9\ H_2SO_4 + 28\ NO\uparrow$

2. 通过反应方程式解释以下现象：

(1) 为什么H_2S水溶液不能长期保存？

解　$2\ H_2S + O_2 \longrightarrow 2\ S\downarrow + 2\ H_2O$

(2) 为什么配制$SnCl_2$溶液时需加些Sn粒？

解　$2\ Sn^{2+} + O_2 + 4\ H^+ \longrightarrow 2\ Sn^{4+} + 2\ H_2O$，$Sn^{4+} + Sn \longrightarrow 2\ Sn^{2+}$

(3) 为什么可用$FeCl_3$溶液腐蚀印刷电路铜板？

解　$2\ FeCl_3 + Cu \longrightarrow 2\ FeCl_2 + CuCl_2$

(4) 为什么金属银不能从稀盐酸中置换出H_2，却能从氢碘酸中置换出H_2？

解　$2\ H^+ + 2\ Ag + 2\ I^- \longrightarrow H_2\uparrow + 2\ AgI\downarrow$

9-5 简答题

1. 把镁片和铁片分别浸在各自的浓度为1 mol·L^{-1}的盐酸盐溶液中组成一个化学电池，写出正负极发生的变化(现象)和原电池符号，并说明哪一种金属溶解到溶液中去？

解　查表得：$Mg^{2+} + 2\ e \longrightarrow Mg$　$E^{\ominus} = -2.372$ V

$Fe^{2+} + 2\ e \longrightarrow Fe$　$E^{\ominus} = -0.447$ V

正极为Fe，负极为Mg

电池反应为：$Fe^{2+} + Mg \longrightarrow Fe + Mg^{2+}$

负极金属Mg片减少，溶解到溶液中去。正极浅绿色溶液变淡。

原电池符号：(−)Mg | $MgCl_2(c_1)$ ‖ $FeCl_2(c_2)$ | Fe(+)

2. 在含有相同浓度的Fe^{2+}、I^-混合溶液中，加入氧化剂$K_2Cr_2O_7$溶液。问哪一种离子先被氧化？并用电化学解释。

解　查表得：$Cr_2O_7^{2-} + 14\ H^+ + 6\ e \longrightarrow 2\ Cr^{3+} + 7\ H_2O$　$E^{\ominus} = 1.33$ V

$Fe^{3+} + e \longrightarrow Fe^{2+}$　　$E^{\ominus} = 0.77$ V

$I_2 + 2\ e \longrightarrow 2\ I^-$　　$E^{\ominus} = 0.54$ V

I^-先氧化，如果Fe^{2+}先氧化则生成Fe^{3+}，这Fe^{3+}还是要和I^-反应的。

电势上，$E^{\ominus}(I_2/I^-)$与$E^{\ominus}(Cr_2O_7^{2-}/Cr^{3+})$相差较大，吉布斯自由能大，可能性更高。

9-6 计算题

1. 根据如下两个电极的标准电极电势：

$MnO_4^- + 8\ H^+ + 5\ e \longrightarrow Mn^{2+} + 4\ H_2O$　　$E^{\ominus} = 1.491$ V

$Cl_2 + 2\ e \longrightarrow 2\ Cl^-$　　$E^{\ominus} = 1.358$ V

(1) 把两个电极组成一化学电池时，判断反应自发进行方向。(设离子浓度均为1 mol·L^{-1}，气体分压为100 kPa)

(2) 完成并配平上述电池反应的方程式。

(3) 用电池符号表示该电池的构成，标明电池的正、负极。

(4) 当$c(H^+) = 10$ mol·L^{-1}，其他各离子浓度均为1 mol·L^{-1}，Cl_2气体分压为100 kPa时，计算该电池的电动势。

(5) 计算该反应的平衡常数$K^{\ominus}$。

解　(1) $\varepsilon^{\ominus} = E^{\ominus}(MnO_4^-/Mn^{2+}) - E^{\ominus}(Cl_2/Cl^-) > 0$

$2\,MnO_4^- + 16\,H^+ + 10\,Cl^- \longrightarrow 2\,Mn^{2+} + 8\,H_2O + 5\,Cl_2\uparrow$

反应如上自发进行。

(2) $2\,MnO_4^- + 16\,H^+ + 10\,Cl^- \longrightarrow 2\,Mn^{2+} + 8\,H_2O + 5\,Cl_2\uparrow$

(3) $(-)Pt,\ Cl_2(p)\ |\ Cl^-(c_1)\ \|\ MnO_4^-(c_2),\ Mn^{2+}(c_3),\ H^+(c_4)\ |\ Pt(+)$

(4) $E(MnO_4^-/Mn^{2+}) = E^{\ominus}(MnO_4^-/Mn^{2+}) - \dfrac{0.0592}{5}\lg\dfrac{1}{c(H^+)^8}$

$$=1.491+0.0592\times\frac{8}{5}=1.586\ \text{V}$$

$E(Cl_2/Cl^-) = E^{\ominus}(Cl_2/Cl^-) = 1.358\ \text{V}$

$\varepsilon = E(MnO_4^-/Mn^{2+}) - E(Cl_2/Cl^-) = 0.228\ \text{V}$

(5) $\lg K^{\ominus} = \dfrac{z\varepsilon^{\ominus}}{0.0592} = \dfrac{10\times(1.491-1.358)}{0.0592} = 22.47$

$K^{\ominus} = 2.93\times10^{22}$

2. 应用元素电势图(单位均为V)判断下列物质能否发生歧化反应,写出有关反应式,并计算反应的平衡常数。

(1) $Cu^{2+}\ \underline{0.566}\ CuCl\ \underline{0.124}\ Cu$

(2) $Hg^{2+}\ \underline{0.905}\ Hg_2^{2+}\ \underline{0.796}\ Hg$

(3) $HgS\ \underline{-0.75}\ Hg_2S\ \underline{-0.60}\ Hg$

(4) $IO^-\ \underline{0.45}\ I_2\ \underline{0.54}\ I^-$

解 (1) 不能

(2) 不能

(3) 能,$Hg_2S \longrightarrow HgS + Hg$

$\varepsilon^{\ominus} = -0.60-(-0.75) = 0.15$

$\lg K^{\ominus} = \dfrac{z\varepsilon^{\ominus}}{0.0592} = \dfrac{0.15}{0.0592} = 2.53$

$K^{\ominus} = 341.81$

(4) 能,$I_2 + 2\,OH^- \longrightarrow IO^- + I^- + H_2O$

$\varepsilon^{\ominus} = 0.09$

$\lg K^{\ominus} = \dfrac{z\varepsilon^{\ominus}}{0.0592} = \dfrac{0.09}{0.0592} = 1.52$

$K^{\ominus} = 33.13$

3. 欲配制 500 mL 0.5000 $mol\cdot L^{-1}$ $K_2Cr_2O_7$ 溶液,问应称取 $K_2Cr_2O_7$ 多少克?(已知:$M(K_2CrO_7)=294.19\ g\cdot mol^{-1}$。)

解 $m=cVM=0.5000\times0.5\times294.19=73.548\ g$

4. 制备 1 L 0.2 $mol\cdot L^{-1}$ $Na_2S_2O_3$ 溶液,需称取 $Na_2S_2O_3\cdot5H_2O$ 多少克?(已知:$M(Na_2S_2O_3\cdot5H_2O)=248.18\ g\cdot mol^{-1}$。)

解 $m=cVM=0.2\times1\times248.18=49.636\ g$

5. 将 1.500 g 的铁矿样经处理后成为 Fe^{2+},然后用 0.0500 $mol\cdot L^{-1}$ $KMnO_4$ 标准溶液滴定,消耗 30.06 mL,计算铁矿石中以 Fe, FeO, Fe_2O_3 表示的质量分数。(已知:$M(Fe)=56\ g\cdot mol^{-1}$,$M(O)=16\ g\cdot mol^{-1}$。)

解 $MnO_4^- + 8\,H^+ + 5\,Fe^{2+} \longrightarrow Mn^{2+} + 5\,Fe^{3+} + 4\,H_2O$

$n(Fe) = 5 \times 0.0500 \times 30.06 \times 10^{-3} = 7.52 \times 10^{-3}$ mol

$$w(Fe) = \frac{7.52 \times 10^{-3} \times 56}{1.500} = 0.281$$

$$w(FeO) = \frac{7.52 \times 10^{-3} \times (56+16)}{1.500} = 0.361$$

$$w(Fe_2O_3) = \frac{\frac{1}{2} \times 7.52 \times 10^{-3} \times (56 \times 2 + 16 \times 3)}{1.500} = 0.401$$

6. 在250 mL容量瓶中将1.928 g H_2O_2溶液配制成试液。准确移取此试液20.00 mL，用0.1000 mol·L^{-1} $KMnO_4$溶液滴定，消耗17.38 mL，问试样中H_2O_2质量分数为多少？

解　$2\,MnO_4^- + 5\,H_2O_2 + 6\,H^+ \longrightarrow 2\,Mn^{2+} + 5\,O_2 + 8\,H_2O$

$n(H_2O_2) = 17.38 \times 10^{-3} \times 0.1000 \times \frac{5}{2} = 4.345 \times 10^{-3}$ mol

$$w(H_2O_2) = \frac{4.345 \times 10^{-3} \times \frac{250}{20} \times 34}{1.928} = 0.9578$$

7. 将炼铜中所得渣粉0.5000 g用HNO_3溶解试样，经分离铜后，将Sb^{5+}还原为Sb^{3+}，然后在HCl溶液中用0.1000 mol·L^{-1}的$KBrO_3$标准溶液滴定，消耗$KBrO_3$ 11.10 mL，计算样品中Sb的质量分数。(已知：M(Sb)=121.76 g·mol^{-1}。)

解　$BrO_3^- + 6\,H^+ + 6\,e \longrightarrow Br^- + 3\,H_2O$

$Sb^{5+} + 2\,e \longrightarrow Sb^{3+}$

所以，$BrO_3^- + 6\,H^+ + 3\,Sb^{3+} \longrightarrow Br^- + 3\,H_2O + 3\,Sb^{5+}$

$n(Sb) = 3 \times 11.10 \times 10^{-3} \times 0.1000 = 3.330 \times 10^{-3}$ mol

$$w(Sb) = \frac{3.330 \times 10^{-3} \times 121.76}{0.5000} = 0.8109$$

8. 将辉锑矿0.2000g，用$c(I_2)$=0.0500 mol·L^{-1}标准溶液滴定，消耗20.00 mL，求此辉锑矿中Sb_2S_3的质量分数。(反应式：$SbO_3^{3-} + I_2 + 2\,HCO_3^- \longrightarrow SbO_4^{3-} + 2\,I^- + 2\,CO_2 + H_2O$，已知：$M$(Sb)=121.76 g·mol^{-1}。)

解　$SbO_3^{3-} + I_2 + 2\,HCO_3^- \longrightarrow SbO_4^{3-} + 2\,I^- + 2\,CO_2 + H_2O$

$n(Sb) = n(SbO_3^{2-}) = n(I_2) = 20.00 \times 10^{-3} \times 0.0500 = 1.000 \times 10^{-3}$ mol

$$w(Sb_2S_3) = \frac{m(Sb_2S_3)}{m_s} = \frac{1}{2} \times \frac{1.000 \times 10^{-3} \times (121.76 \times 2 + 32 \times 3)}{0.2000} = 0.849$$

9. 将甲醇试样0.1000g，在H_2SO_4环境下，与25.00 mL 0.1000 mol·L^{-1}的$K_2Cr_2O_7$溶液作用。反应后的溶液用0.1000 mol·L^{-1}的Fe^{2+}标准溶液返滴定，用去Fe^{2+}溶液10.00 mL，计算试样中甲醇的质量分数。(反应式：$CH_3OH + Cr_2O_7^{2-} + 8\,H^+ = 2\,Cr^{3+} + CO_2 + 6\,H_2O$。)

解　$6\,Fe^{2+} + Cr_2O_7^{2-} + 14\,H^+ \longrightarrow 6\,Fe^{3+} + 2\,Cr^{3+} + 7\,H_2O$

$$n(Cr_2O_7^{2-})_{剩余} = \frac{10.00 \times 10^{-3} \times 0.1000}{6} = 1.667 \times 10^{-4}\ \text{mol}$$

$CH_3OH + Cr_2O_7^{2-} + 8\,H^+ \longrightarrow 2\,Cr^{3+} + CO_2 + 6\,H_2O$

$n(Cr_2O_7^{2-})_{反应} = 25.00 \times 10^{-3} \times 0.1000 - 1.667 \times 10^{-4} = 2.333 \times 10^{-3}$ mol

$$w(甲醇) = \frac{n(甲醇) \times 32}{0.100} = \frac{n(Cr_2O_7^{2-})_{反应} \times 32}{0.100} = \frac{2.333 \times 10^{-3} \times 32}{0.100} = 0.7467$$

10. 按国家标准规定：化学试剂$FeCl_3\cdot 6H_2O$二级质量分数不少于w= 99.0%；三级质量分数不少于w=98.0%。对某产品进行质量鉴定，工作如下：称取0.5000 g样品，加水溶解后，再加HCl和KI，反应后，析出的I_2用0.1000 mol·L^{-1} $Na_2S_2O_3$标准溶液滴定，消耗标准溶液18.20 mL，问本批产品符合哪一级标准？（已知：$M(FeCl_3\cdot 6H_2O)$= 270.30 g·mol^{-1}。）

解 $2\,Fe^{3+} + 2\,I^- \longrightarrow I_2 + 2\,Fe^{2+}$，$I_2 + 2\,S_2O_3^{2-} \longrightarrow 2\,I^- + S_4O_6^{2-}$

可知：$n(FeCl_3\cdot 6H_2O) = n(Fe^{3+}) = 2n(I_2) = n(S_2O_3^{2-})$

$$w(FeCl_3\cdot 6H_2O) = \frac{n(FeCl_3\cdot 6H_2O)\times 270.35}{0.5000} = \frac{n(S_2O_3^{2-})_{反应}\times 270.35}{0.5000}$$

$$= \frac{18.20\times 10^{-3}\times 0.1000\times 270.35}{0.5000} = 0.984 > 0.980$$

本批产品符合三级标准。

9.4 自测题及答案

一、是非题

1. 氧化数在数值上就是元素的化合价。（　　）

2. 原电池中，电子由负极经导线流到正极，再由正极经溶液到负极，从而构成了回路。（　　）

3. 在设计原电池时，$E^\ominus$值大的电对应是正极，而$E^\ominus$值小的电对应为负极。（　　）

4. 同一元素有多种氧化态时，不同氧化态组成的电对的$E^\ominus$值不同。（　　）

5. 电极电势值的大小可以衡量物质得失电子的难易程度。（　　）

6. 电对中有气态物质时，标准电极电势是指气体处在273 K和101.325 kPa下的电极电势。（　　）

7. 在氧化还原反应中，两电对的电极电势相对大小决定了氧化还原反应速率的大小。（　　）

8. 在电极反应$Ag^+ + e \longrightarrow Ag$中，加入少量NaI固体可使Ag的还原性增强。（　　）

9. 电对的E和$E^\ominus$的大小都与电极反应式的写法无关。（　　）

10. 电极电势大的氧化态物质氧化能力大，其还原态物质还原能力小。（　　）

11. 因为I_2作氧化剂时，$I_2 + 2\,e \longrightarrow 2\,I^-$，$E^\ominus(I_2/I^-) = 0.535$ V，所以I^-作还原剂时，$2\,I^- - 2\,e \longrightarrow I_2$，$E^\ominus(I_2/I^-) = -0.535$ V。（　　）

12. 溶液中同时存在几种氧化剂，若它们都能被某一还原剂还原，一般说来，电极电势差值越大的氧化剂与还原剂之间越先反应，反应也进行得越完全。（　　）

13. 在一定温度下，电动势$\varepsilon^\ominus$只取决于原电池的两个电极，而与电池中各物质的浓度无关。（　　）

14. 电对MnO_4^-/Mn^{2+}和$Cr_2O_7^{2-}/Cr^{3+}$的电极电势随着溶液pH值减小而增大。（　　）

15. 某氧化还原反应，若方程式系数加倍，则其$\Delta G^\ominus$、$\Delta H^\ominus$、$\varepsilon^\ominus$均加倍。（　　）

16. 氧化还原滴定中，影响电势突跃范围大小的主要因素是电对的电势差，而与溶液的浓度几乎无关。（　　）

二、选择题

1. 有关氧化数的叙述，不正确的是　　（　　）

A. 单质的氧化数总是0　　B. 氢的氧化数总是+1，氧的氧化数总是-2

C. 氧化数可为整数或分数　　D. 多原子分子中各原子氧化数之和是0

2.已知 $E^{\ominus}(MnO_4^-/Mn^{2+})$=1.51 V，计算当 pH = 2 及 pH = 4 时电对 MnO_4^-/Mn^{2+}的电势各为多少，计算结果说明了什么　　（　　）

A.1.51 V，1.51 V，H^+浓度对电势没有影响

B.1.13 V，1.32 V，pH越高，电势越大

C.1.13 V，1.10 V，H^+浓度越大，Mn^{2+}的还原能力越强

D.1.32 V，1.13 V，酸度越高，MnO_4^-的氧化能力越强

3.原电池(-)Fe | Fe^{2+} ‖ Cu^{2+} | Cu(+)的电动势将随下列哪种变化而增加　　（　　）

A. 增大Fe^{2+}离子浓度，减小Cu^{2+}离子浓度

B. 减少Fe^{2+}离子浓度，增大Cu^{2+}离子浓度

C. Fe^{2+}离子和Cu^{2+}离子浓度同倍增加

D. Fe^{2+}离子和Cu^{2+}离子浓度同倍减少

4. 下列两电池反应的标准电动势分别为 $\varepsilon_1^{\ominus}$ 和 $\varepsilon_2^{\ominus}$，(1) $\frac{1}{2}H_2+\frac{1}{2}Cl_2 = HCl$；(2)2 $HCl = H_2+Cl_2$，则 $\varepsilon_1^{\ominus}$ 和 $\varepsilon_2^{\ominus}$ 的关系为　　（　　）

A. $\varepsilon_2^{\ominus}=2\varepsilon_1^{\ominus}$　　B. $\varepsilon_2^{\ominus}=-\varepsilon_1^{\ominus}$　　C. $\varepsilon_2^{\ominus}=-2\varepsilon_1^{\ominus}$　　D. $\varepsilon_1^{\ominus}=\varepsilon_2^{\ominus}$

5. 下列反应：$2\ FeCl_3 + SnCl_2 \longrightarrow 2\ FeCl_2 + SnCl_4$；$2\ KMnO_4 + 10\ FeSO_4 + 8\ H_2SO_4 \longrightarrow 2\ MnSO_4 + 5\ Fe_2(SO_4)_3 + K_2SO_4 + 8\ H_2O$。在标准状态下能正向进行，则可判断以下电对电极电势由大到小顺序正确的是　　（　　）

A. $MnO_4^-/Mn^{2+} > Fe^{3+}/Fe^{2+} > Sn^{4+}/Sn^{2+}$　　B. $MnO_4^-/Mn^{2+} > Sn^{4+}/Sn^{2+} > Fe^{3+}/Fe^{2+}$

C. $Fe^{3+}/Fe^{2+} > MnO_4^-/Mn^{2+} > Sn^{4+}/Sn^{2+}$　　D. $Fe^{3+}/Fe^{2+} > Sn^{4+}/Sn^{2+} > MnO_4^-/Mn^{2+}$

6. 测得由反应 $2\ S_2O_3^{2-} + I_2 \longrightarrow S_4O_6^{2-} + 2\ I^-$ 构成的原电池标准电动势为0.445 V。已知电对I_2/I^-的 $E^{\ominus}$ 为0.535 V，则电对$S_4O_6^{2-}/S_2O_3^{2-}$的 $E^{\ominus}$ 为　　（　　）

A. -0.090 V　　B. 0.980 V　　C. 0.090 V　　D. -0.980 V

7. 已知电对Cl_2/Cl^-、Br_2/Br^-、I_2/I^-的 $E^{\ominus}$ 各为1.36 V、1.07 V、0.54 V，标态时有Cl^-、Br^-、I^-的混合溶液，欲使I^-氧化成I_2，而Cl^-、Br^-不被氧化，应选择下列氧化剂中的（已知：$E^{\ominus}(MnO_4^-/Mn^{2+})$ = 1.51 V；$E^{\ominus}(MnO_2/Mn^{2+})$ = 1.23 V；$E^{\ominus}(Fe^{3+}/Fe^{2+})$ = 0.77 V；$E^{\ominus}(Cu^{2+}/Cu)$ = 0.34 V）　　（　　）

A. $KMnO_4$　　B. MnO_2　　C. $Fe_2(SO_4)_3$　　D. $CuSO_4$

8. 已知 $E^{\ominus}(Fe^{3+}/Fe^{2+})$ = 0.77 V，$E^{\ominus}(Fe^{2+}/Fe)$ = -0.41 V，$E^{\ominus}(O_2/H_2O_2)$ = 0.695 V，$E^{\ominus}(H_2O_2/H_2O)$ = 1.76 V，标准状态时，在H_2O_2酸性溶液中加入适量Fe^{2+}，生成的产物可能是　　（　　）

A. Fe，O_2　　B. Fe^{3+}，O_2　　C. Fe，H_2O　　D. Fe^{3+}，H_2O

9. 在酸性溶液中，已知 $E^{\ominus}(Br_2/Br^-)$ = 1.07 V，$E^{\ominus}(Hg^{2+}/Hg_2^{2+})$ = 0.92 V，$E^{\ominus}(Fe^{3+}/Fe^{2+})$ = 0.77 V，$E^{\ominus}(Sn^{2+}/Sn)$ = -0.14 V。则在标准状态时，下列各组离子不能共存的是　　（　　）

A. Br^-和Hg^{2+}　　B. Br_2和Fe^{3+}　　C. Hg^{2+}和Fe^{3+}　　D. Fe^{3+}和Sn

10. 下列电对的电极电势不受溶液酸度影响的是　　（　　）

A. S/H_2S　　B. MnO_2/Mn^{2+}　　C. Ag^+/Ag　　D. O_2/H_2O

11. 根据反应 $Cd + 2H^+ \longrightarrow Cd^{2+} + H_2$ 构成原电池，其电池符号为 (　　)

A. $(-)Cd \mid Cd^{2+} \parallel H^+, H_2 \mid Pt(+)$　　B. $(-)Cd \mid Cd^{2+} \parallel H^+ \mid H_2, Pt(+)$

C. $(-)H_2 \mid H^+ \parallel Cd^{2+} \mid Cd(+)$　　D. $(-)Pt, H_2 \mid H^+ \parallel Cd^{2+} \mid Cd(+)$

12. 已知下列元素电势图：$Hg^{2+}\frac{0.91\ V}{\quad}Hg_2^{2+}\frac{0.79\ V}{\quad}Hg$；$Au^{3+}\frac{1.41\ V}{\quad}Au^+\frac{1.68\ V}{\quad}Au$；$Sn^{4+}\frac{0.15\ V}{\quad}Sn^{2+}\frac{-1.36\ V}{\quad}Sn$；$Ti^{3+}\frac{1.20\ V}{\quad}Ti^+\frac{-0.34\ V}{\quad}Ti$，下列哪个离子在标准状态下会发生歧化反应 (　　)

A. Hg_2^{2+}　　B. Au^+　　C. Sn^{2+}　　D. Ti^+

13. 条件电极电势是指 (　　)

A. 标准电极电势

B. 电对的氧化型和还原型的浓度都等于 $1\ mol \cdot L^{-1}$ 时的电极电势

C. 在特定条件下，氧化型和还原型的总浓度均为 $1\ mol \cdot L^{-1}$ 时，校正了各种外界因素的影响后的实际电极电势

D. 电对的氧化型和还原型的浓度比等于1时的电极电势

14. 在 $1.0\ mol \cdot L^{-1}$ 的盐酸溶液中，已知 $E^{\ominus f}(Ce^{4+}/Ce^{3+})=1.28V$，当 $0.1000\ mol \cdot L^{-1}$ 的 Ce^{4+} 有99.9%被还原为 Ce^{3+} 时，该电对的电极电势为 (　　)

A. 1.22 V　　B. 1.10 V　　C. 0.90 V　　D. 1.28 V

15. 已知 $E^{\ominus f}(MnO_4^-/Mn^{2+}) = 1.45\ V$，$E^{\ominus f}(Fe^{3+}/Fe^{2+}) = 0.68\ V$，在 $1.0\ mol \cdot L^{-1}\ H_2SO_4$ 溶液中，用 $KMnO_4$ 标准溶液滴定 Fe^{2+}，其化学计量点的电势值为 (　　)

A. 0.38 V　　B. 0.73 V　　C. 0.89 V　　D. 1.32 V

16. 某氧化还原指示剂的 $E^{\ominus f} = 0.84\ V$，对应的半反应为 $Ox + 2e \longrightarrow Red$，则其理论变色范围为 (　　)

A. 0.74 ~0.94 V　　B. 0.81 ~0.87 V　　C. 0.78 ~0.90 V　　D. 0.16 ~1.84 V

17. 在含有少量 Sn^{2+} 离子的 Fe^{2+} 溶液中，用 $K_2Cr_2O_7$ 法测定 Fe^{2+}，应先消除 Sn^{2+} 离子的干扰，宜采用 (　　)

A. 控制酸度法　　B. 络合掩蔽法　　C. 氧化还原掩蔽法　　D. 离子交换法

18. 下列物质都是分析纯试剂，可以用直接法配制成标准溶液的物质是 (　　)

A. NaOH　　B. $KMnO_4$　　C. $K_2Cr_2O_7$　　D. $Na_2S_2O_3$

19. 用标准的 $KMnO_4$ 溶液测定一定体积溶液中 H_2O_2 的含量时，反应需要在强酸性介质中进行，应该选用的酸是 (　　)

A. 稀盐酸　　B. 浓盐酸　　C. 稀硝酸　　D. 稀硫酸

20. 碘量法测定胆矾中的铜时，加入硫氰酸盐的主要作用是 (　　)

A. 作还原剂　　B. 作配位剂

C. 防止 Fe^{3+} 的干扰　　D. 减少 CuI 沉淀对 I_2 的吸附

21. 间接碘量法加入淀粉指示剂的最佳时间是 (　　)

A. 滴定开始前　　B. 溶液中的红棕色完全褪去呈无色时

C. 滴定近终点或溶液呈亮黄色时　　D. 滴定进行到50%时

22. 间接碘量法滴至终点30 s内，若蓝色又复出现，则说明 (　　)

A. 基准物质 $K_2Cr_2O_7$ 与KI的反应不完全　　B. $Na_2S_2O_3$ 还原 I_2 不完全

C. 空气中的O_2氧化了I^- D. $K_2Cr_2O_7$和$Na_2S_2O_3$两者发生了反应

23. $KBrO_3$是强氧化剂，$Na_2S_2O_3$是强还原剂，但在用$KBrO_3$标定$Na_2S_2O_3$时，不能采用它们之间的直接反应，其原因是 ( )

A. 两电对的条件电极电势相差太小 B.可逆反应

C. 反应不能定量进行 D.反应速率太慢

24. 间接碘量法中，可选用的基准物质是 ( )

A. $KMnO_4$ B. 纯Fe C. $K_2Cr_2O_7$ D.Vc

25. 配制$Na_2S_2O_3$溶液时，应当用新煮沸并冷却的纯水，其原因是 ( )

A. 使水中杂质都被破坏 B. 杀死细菌

C. 除去CO_2和O_2 D. B和C

三、填空题

1. 氧化还原反应的实质是反应过程中发生了电子的______，原电池就是能______的装置，每个氧化还原反应都可以采用适当的方法设计成一个原电池，它是由____________组成。在原电池中，正极发生____________反应。

2. 将反应$2\ NO_3^- + 4\ H^+ + Pb + SO_4^{2-} = 2\ NO_2 + 2\ H_2O + PbSO_4$设计成原电池，原电池的正极反应式是____________________。

3. 已知$E^\ominus(S_2O_8^{2-}/SO_4^{2-})=2.01V$，$E^\ominus(MnO_4^-/Mn^{2+})=1.51V$，$E^\ominus(O_2/H_2O_2)=0.68\ V$。则三对电对物质中，在标准状态时，氧化型物质氧化能力由强到弱的顺序为______。

4.将$Ni + 2\ Ag^+ \longrightarrow 2\ Ag + Ni^{2+}$氧化还原反应设计为一个原电池。原电池符号为________，已知$E^\ominus(Ni^{2+}/Ni) = -0.25\ V$，$E^\ominus(Ag^+/Ag) = 0.80\ V$，则上述氧化还原反应的平衡常数为____________。

5. 氧化还原指示剂是一类可以参与氧化还原反应，本身具有____________性质的物质，它们的氧化态和还原态具有____________的颜色。有的物质本身并不具备氧化还原性，但它能与滴定剂或被滴定物质反应形成特别的有色化合物，从而指示滴定终点，这种指示剂叫做____________指示剂。

6. 用重酸钾法测Fe^{2+}时，常以二苯磺酸钠为指示剂，在H_2SO_4-H_3PO_4混合酸介质中进行，其中加入H_3PO_4的作用有两个：一是____________，二是____________。

7. 用$Na_2C_2O_4$基准物质标定$KMnO_4$溶液的实验条件是：用__________调节溶液的酸度，用__________作催化剂，溶液温度控制在__________℃，指示剂是__________，滴定速度为__________，终点时溶液由__________色变为__________色，且应保持__________内不褪色。温度过高会使__________部分分解，酸度太低会产生__________，使反应及计量关系不准，在热的酸性溶液中$KMnO_4$滴定过快，会使__________发生分解。

8. 碘量法分析的主要误差源是__________和__________；所用的标准溶液为I_2和$Na_2S_2O_3$，在配制I_2液时，通常需加入__________使其生成__________，目的是__________；而配制$Na_2S_2O_3$时需加入少量__________。

四、用化学反应方程式表示下列氧化还原滴定的原理

1. $Na_2C_2O_4$标准溶液标定$KMnO_4$

2. $KMnO_4$标准溶液直接滴定H_2O_2溶液

3. 高锰酸钾法间接滴定Ca^{2+}

4. $K_2Cr_2O_7$标准溶液标定Fe^{2+}

5. $K_2Cr_2O_7$返滴定工业甲醇中的甲醇含量

6. 间接碘量法测定铜合金中Cu含量

7. $K_2Cr_2O_7$标准溶液间接碘量法标定$Na_2S_2O_3$

8. 间接碘量法测定Ba^{2+}

五、简答题

1. 在碱性介质中，反应式为：$Br_2 + OH^- \longrightarrow BrO_3^- + Br^-$，利用此反应组成原电池，写出正极和负极对应的半反应，写出原电池符号。

2. 试以标准电极电势数值为依据，解释下列现象并写出相应反应方程式，已知：

$E^{\ominus}(Fe^{2+}/Fe) = -0.41V$，$E^{\ominus}(Fe^{3+}/Fe^{2+}) = 0.77\ V$，$E^{\ominus}(Sn^{4+}/Sn^{2+}) = 0.15\ V$，$E^{\ominus}(O_2/H_2O) = 1.23\ V$

(1) $SnCl_2$溶液在空气中久存将失去还原性；

(2) $FeSO_4$溶液贮存会变黄。

3. 已知$E^{\ominus}(Cu^{2+}/Cu^+) = 0.16\ V$，$E^{\ominus}(I_2/I^-) = 0.55\ V$，$K_{sp}^{\ominus}(CuI) = 1.1 \times 10^{-12}$，为什么在标准状态下$Cu^{2+}$能将$I^-$氧化成$I_2$？

4. 已知铁、铜元素的标准电势图：

$E^{\ominus}(A)/V$：$Fe^{3+}\xrightarrow{0.77}Fe^{2+}\xrightarrow{-0.41}Fe$；$Cu^{2+}\xrightarrow{0.15}Cu^{+}\xrightarrow{0.52}Cu$

试分析，为什么金属铁能从铜溶液中置换出铜，而金属铜又能溶于三氯化铁溶液？

5. 已知铁元素的电势图：

$E^{\ominus}(A)/V$：$Fe^{3+}\xrightarrow{0.77}Fe^{2+}\xrightarrow{-0.41}Fe$

$E^{\ominus}(B)/V$：$Fe(OH)_3\xrightarrow{-0.56}Fe(OH)_2\xrightarrow{-0.88}Fe$

讨论：(1) Fe(Ⅱ)在酸性介质还是碱性介质中易被氧化成Fe(Ⅲ)？

(2) 为防止Fe(Ⅱ)被氧化，应采取什么措施？

6. 在氧化还原滴定之前，为什么经常要进行预氧化或预还原处理？预处理时对所用的预氧化剂或预还原剂有哪些要求？

7. 就$K_2Cr_2O_7$标定$Na_2S_2O_3$的实验回答以下问题：

(1) 为何不采用直接法标定，而采用间接碘量法标定？

(2) $Cr_2O_7^{2-}$氧化I^-反应为何要加酸，并加盖在暗处放置7 min，而用$Na_2S_2O_3$滴定前又要加蒸馏水稀释？若到达终点后蓝色又很快出现说明什么？应如何处理？

8. 举出利用H_2O_2的氧化性及还原性，采用氧化还原滴定法测定其含量的两种方法，包括介质、必要试剂、标准溶液、指示剂和质量浓度($g \cdot L^{-1}$)的计算式。

9. 为何测定MnO_4^-时不采用Fe^{2+}标准溶液直接滴定，而是先在MnO_4^-试液中加入过量Fe^{2+}标准溶液，而后采用$KMnO_4$标准溶液回滴？

六、计算题

1. 298.15 K时，某金属标准电极(M^{2+}/M)与氢气分压为100 kPa的氢电极(作负极)组成原电池，其电池电动势为0.655 V，已知这两电极组成的原电池的标准电动势为0.242 V。

(1)写出原电池的电池符号。

(2)写出两个电极反应和总反应方程式。

(3)求氢电极溶液的pH值。

2. 已知银锌原电池，各半电池反应的标准电极电势为：

$Zn^{2+} + 2e \longrightarrow Zn$　$E^{\ominus}(Zn^{2+}/Zn) = -0.78$ V

$Ag^{+} + e \longrightarrow Ag$　$E^{\ominus}(Ag^{+}/Ag) = +0.80$ V

(1) 求算 $Zn + 2Ag^{+} \longrightarrow Zn^{2+} + 2Ag$ 电池的标准电动势。

(2) 写出上述反应的原电池符号。

(3) 若在 25 ℃时，$c(Zn^{2+}) = 0.50$ mol·L^{-1}，$c(Ag^{+}) = 0.20$ mol·L^{-1}，计算该浓度下的电池电动势。

3. 在298.15 K时，两电对 Fe^{3+}/Fe^{2+} 和 Cu^{2+}/Cu 组成原电池，其中 $c(Fe^{3+}) = c(Fe^{2+}) = c(Cu^{2+}) = 0.10$ mol·L^{-1}。

(1)写出电极反应与电池反应。

(2)计算电池电动势。

(3)计算反应的平衡常数。

(已知：$E^{\ominus}(Fe^{3+}/Fe^{2+}) = 0.771$ V，$E^{\ominus}(Cu^{2+}/Cu) = 0.337$ V。)

4. 已知25 ℃下电池反应：

$Cl_2(100\ kPa) + Cd(s) \longrightarrow 2Cl^{-}(0.1\ mol\cdot L^{-1}) + Cd^{2+}(1\ mol\cdot L^{-1})$

(1) 判断反应进行的方向并说明增加 Cl_2 压力对原电池电动势的影响。

(2) 计算该反应的标准平衡常数。

(已知：$E^{\ominus}(Cd^{2+}/Cd) = -0.403$ V，$E^{\ominus}(Cl_2/Cl^{-}) = 1.360$ V。)

5. 298 K时，用 MnO_2 和盐酸反应制取 Cl_2，试问：

(1)在标准状态时，能否制取 Cl_2？

(2)当 Mn^{2+} 浓度为1 mol·L^{-1}，Cl_2 的分压为100 kPa时，HCl的浓度至少达到多大时，方可制取 Cl_2？用计算说明。

(3)按上述反应组成原电池，写出原电池符号。

(已知：$E^{\ominus}(MnO_2/Mn^{2+}) = 1.23$ V，$E^{\ominus}(Cl_2/Cl^{-}) = 1.36$ V。)

6. 原电池：Pt | Fe^{2+}(1.00 mol·L^{-1})，Fe^{3+}(1.00×10^{-4} mol·L^{-1}) ‖ I^{-}(1.00×10^{-4} mol.L^{-1}) | I_2，Pt

(1)求 $E(Fe^{3+}/Fe^{2+})$、$E(I_2/I^{-})$ 和电动势 ε 。

(2) 写出电极反应和电池反应。

(3)计算 $\Delta_r G_m$ 。

(已知：$E^{\ominus}(Fe^{3+}/Fe^{2+}) = 0.770$ V，$E^{\ominus}(I_2/I^{-}) = 0.535$ V。)

7. 已知下列标准电极电势：

$Cu^{2+} + 2e \longrightarrow Cu$　　$E^{\ominus} = 0.337$ V

$Cu^{2+} + e \longrightarrow Cu^{+}$　　$E^{\ominus} = 0.153$ V

(1)计算反应 $Cu + Cu^{2+} \rightleftharpoons 2Cu^{+}$ 的平衡常数。

(2)试计算下面反应的平衡常数：

$Cu + Cu^{2+} + 2Cl^{-} \rightleftharpoons 2CuCl\downarrow$

(已知：$K_{sp}^{\ominus}(CuCl) = 1.2\times10^{-6}$。)

8. 据铜元素的电势图，试计算：$Cu^{2+} \xrightarrow{E^{\ominus}} Cu^{+} \xrightarrow{0.52\ V} Cu$（$Cu^{2+}$ 至 Cu：0.35 V）

（1）Cu^{2+}/Cu^{+}电对的标准电极电势；

（2）写出Cu^{+}的歧化反应式，该歧化反应构成的原电池的电池符号；

（3）原电池的标准电动势$\varepsilon^{\ominus}$及歧化反应的$\Delta_r G_m^{\ominus}$。

（4）25 ℃，$c(Cu^{2+})$=0.1 mol·L^{-1}，$c(Cu^{+})$ = 0.01 mol·L^{-1}时，求原电池的电动势ε。

9. 准确称取0.1517 g $K_2Cr_2O_7$基准物质，溶于水后酸化，再加入过量的KI，用$Na_2S_2O_3$标准溶液滴定至终点，共用去30.02 mL $Na_2S_2O_3$。计算$Na_2S_2O_3$标准溶液的物质的量浓度。（已知：$M(K_2Cr_2O_7)$=294.2 g·mol^{-1}。）

10. 称取0.3000 g不锈钢样，溶解，并将其中的铬氧化成$Cr_2O_7^{2-}$，然后加入$c(Fe^{2+})$=0.1050 mol·L^{-1}的$FeSO_4$标准溶液40.00 mL，过量的Fe^{2+}在酸性溶液中用$c(KMnO_4)$=0.02004 mol·L^{-1}的$KMnO_4$溶液滴定，用去27.05 mL，计算试样中铬的含量。（已知：$M(Cr)$=52.01 g·mol^{-1}。）

11. 现有石灰石试样0.1230 g，将其溶于稀酸中，加入$(NH_4)_2C_2O_4$并控制溶液的pH值，使Ca^{2+}均匀、定量地沉淀为CaC_2O_4，过滤洗涤后将沉淀溶于稀硫酸中，用0.0232 mol·L^{-1}的$KMnO_4$标准溶液滴定至终点，耗液26.20 mL，计算该试样中CaO的含量。（已知：$M(CaO)$ = 56.08 g·mol^{-1}。）

12. 准确称取含有PbO和PbO_2化合物的试样1.234 g，在其酸性溶液中加入20.00 mL 0.2500 mol·L^{-1} $H_2C_2O_4$溶液，使PbO_2还原为Pb^{2+}，所得溶液用氨水中和，使溶液中所有的Pb^{2+}均沉淀为PbC_2O_4，过滤，滤液酸化后用0.04000 mol·L^{-1} $KMnO_4$标准溶液滴定，用去10.00 mL，然后将所得PbC_2O_4溶于酸后，用0.04000 mol·L^{-1} $KMnO_4$标准溶液滴定，用去30.00 mL，计算试样中PbO和PbO_2的质量分数。（已知：$M(PbO)$ = 223.2 g·mol^{-1}，$M(PbO_2)$ = 239.2 g·mol^{-1}。）

13. 称取含苯酚的试样0.6000 g，经碱溶解后定容成250 mL，取25.00 mL试样溶液，加入溴酸钾–溴化钾溶液25.00 mL并酸化，使苯酚转化为三溴苯酚，加入过量的碘化钾，使未反应的溴还原并析出等物质的量的碘，然后用0.1000 mol·L^{-1}的$Na_2S_2O_3$标准溶液滴定，用去18.00 mL；另取溴酸钾–溴化钾溶液25.00 mL，酸化后加入过量的碘化钾，然后用0.1000 mol·L^{-1}的$Na_2S_2O_3$标准溶液滴定，用去42.00 mL，计算试样中苯酚的含量。（已知：M(苯酚) = 94.0 g·mol^{-1}。）

参考答案

一、是非题

1. × 2. × 3. × 4. √ 5. √ 6. × 7. × 8. √ 9. √ 10. √ 11. × 12. √ 13.√ 14. √ 15. × 16. √

二、选择题

1. B 2. D 3. B 4. B 5. A 6. C 7. C 8. D 9. D 10. C 11. B 12. B 13. C 14. B 15. D 16. B 17. C 18. C 19. D 20.D 21. C 22. A 23. C 24. C 25. D

三、填充题

1. 得失或偏移；使化学能直接变为电能；两个半电池；还原

2. $NO_3^- + 2H^+ + e \longrightarrow NO_2 + H_2O$

3. $S_2O_8^{2-} > MnO_4^- > O_2$

4. (−) Ni(s) | $Ni^{2+}(c_1)$ ‖ $Ag^{+}(c_2)$ | Ag(s) (+)；2.97×10^{35}

5. 氧化还原；明显不同；专属

6. 降低$E^{\ominus f}(Fe^{3+}/Fe^{2+})$，增大突越范围；消除$Fe^{3+}$干扰

7. 硫酸；Mn^{2+}；70～80；$KMnO_4$自身；开始慢，逐渐加快，最后慢；无；粉红；30 s；$H_2C_2O_4$；MnO_2；MnO_4^-

8. I_2易挥发；酸性溶液中I^-易被氧化；KI；I_3^-；为了防止I_2的挥发；Na_2CO_3

四、用化学反应方程式表示氧化还原滴定的原理

1. $2\ MnO_4^- + 5\ C_2O_4^{2-} + 16\ H^+ \longrightarrow 2\ Mn^{2+} + 10\ CO_2\uparrow + 8\ H_2O$

2. $2\ MnO_4^- + 5\ H_2O_2 + 6\ H^+ \longrightarrow 2\ Mn^{2+} + 5\ O_2\uparrow + 8\ H_2O$

3. $Ca^{2+} + C_2O_4^{2-} \longrightarrow CaC_2O_4\downarrow$，$CaC_2O_4 + 2\ H^+ \longrightarrow Ca^{2+} + H_2C_2O_4$

$2\ MnO_4^- + 5\ C_2O_4^{2-} + 16\ H^+ \longrightarrow 2\ Mn^{2+} + 10\ CO_2\uparrow + 8\ H_2O$

4. $Cr_2O_7^{2-} + 6\ Fe^{2+} + 14\ H^+ \longrightarrow 2\ Cr^{3+} + 6\ Fe^{3+} + 7\ H_2O$

5. $Cr_2O_7^{2-} + CH_3OH + 8\ H^+ \longrightarrow CO_2\uparrow + 2\ Cr^{3+} + 6\ H_2O$，$6\ Fe^{2+} + Cr_2O_7^{2-} + 14\ H^+ \longrightarrow 6\ Fe^{3+} + 2\ Cr^{3+} + 7\ H_2O$

6. $Cu + 2\ HCl + H_2O_2 \longrightarrow CuCl_2 + 2\ H_2O$，$2\ Cu^{2+} + 4\ I^- \longrightarrow 2\ CuI\downarrow + I_2$，$I_2 + 2\ S_2O_3^{2-} \longrightarrow 2\ I^- + S_4O_6^{2-}$

7. $Cr_2O_7^{2-} + 6\ I^- + 14\ H^+ \longrightarrow 2\ Cr^{3+} + 3\ I_2 + 7\ H_2O$，$I_2 + 2\ S_2O_3^{2-} \longrightarrow 2\ I^- + S_4O_6^{2-}$

8. $Ba^{2+} + CrO_4^{2-} \longrightarrow BaCrO_4\downarrow$，$2\ BaCrO_4 + 2\ H^+ \longrightarrow 2\ Ba^{2+} + Cr_2O_7^{2-} + H_2O$，$Cr_2O_7^{2-} + 6\ I^- + 14\ H^+ \longrightarrow 2\ Cr^{3+} + 3\ I_2 + 7\ H_2O$，$I_2 + 2\ S_2O_3^{2-} \longrightarrow 2\ I^- + S_4O_6^{2-}$

五、简答题

1. 正极半反应：$Br_2 + 2\ e \longrightarrow 2\ Br^-$

负极半反应：$Br_2 - 10\ e + 12\ OH^- \longrightarrow 2\ BrO_3^- + 6\ H_2O$

原电池符号：$(-)Pt \mid Br_2(l), OH^-(c_1), BrO_3^-(c_2) \parallel Br^-(c_3), Br_2(l) \mid Pt(+)$

2. (1) 因为 $E^{\ominus}(O_2/H_2O) > E^{\ominus}(Sn^{4+}/Sn^{2+})$，所以$SnCl_2$可被空气中氧气氧化而失去还原性：

$2\ Sn^{2+} + O_2 + 4\ H^+ \longrightarrow 2\ Sn^{4+} + 2\ H_2O$

(2) 因为 $E^{\ominus}(O_2/H_2O) > E^{\ominus}(Fe^{3+}/Fe^{2+})$，所以$FeSO_4$可被空气中氧气氧化而变成黄色的$Fe_2(SO_4)_3$溶液：

$4\ Fe^{2+} + O_2 + 4\ H^+ \longrightarrow 2\ Fe^{3+} + 2\ H_2O$

3. $2\ Cu^{2+} + 4\ I^- \longrightarrow 2\ CuI + I_2$

解法1：电对Cu^{2+}/Cu^+中Cu^+发生了副反应，与I^-生成难溶物CuI，所以正极电势不再是$E^{\ominus}(Cu^{2+}/Cu^+)$，而是$E^{\ominus}(Cu^{2+}/CuI)$，也是$Cu^{2+}/Cu^+$电对在$I^-$存在条件下的实际电势，即条件电势$E^{\ominus f}(Cu^{2+}/Cu^+)$：

根据 $E^{\ominus f} = E^{\ominus} - \dfrac{0.0592}{n}\lg\dfrac{\alpha(Ox)}{\alpha(Red)}$

$$E^{\ominus f}(Cu^{2+}/Cu^+) = E^{\ominus}(Cu^{2+}/Cu^+) - 0.0592\lg\frac{\alpha(Cu^{2+})}{\alpha(Cu^+)}$$

由于Cu^+发生了副反应，所以$\alpha(Cu^+)$增加，$E^{\ominus f}(Cu^{2+}/Cu^+)$增加，即$Cu^{2+}$的氧化性增强了，所以$Cu^{2+}$能将$I^-$氧化成$I_2$。

解法2：根据Nersnt方程：$E^{\ominus}(Cu^{2+}/CuI) = E^{\ominus}(Cu^{2+}/Cu^+) - 0.0592\lg K_{sp}^{\ominus}(CuI) = 0.87\ V$

$E(Cu^{2+}/CuI) = 0.87\ V > E^{\ominus}(I_2/I^-) = 0.55\ V$，所以$Cu^{2+}$能将$I^-$氧化成$I_2$。

4. $E^{\ominus}(Cu^{2+}/Cu) = 0.34\ V$

由于 $E^{\ominus}(Fe^{2+}/Fe) < E^{\ominus}(Cu^{2+}/Cu)$，

所以能发生如下反应：$2\,Fe + Cu^{2+} \longrightarrow 2\,Fe^{2+} + Cu$

由于 $E^{\ominus}(Fe^{3+}/Fe^{2+}) > E^{\ominus}(Cu^{2+}/Cu)$，

所以能发生如下反应：$2\,Fe^{3+} + Cu \longrightarrow 2\,Fe^{2+} + Cu^{2+}$

因此，金属铁能置换铜离子，而三氯化铁溶液又能溶解铜板。

5.（1）Fe(Ⅱ)在碱性介质中易被氧化成Fe(Ⅲ)，由于 $E^{\ominus}(Fe(OH)_3/Fe(OH)_2) = -0.56\ V$，比 $E^{\ominus}(Fe^{3+}/Fe^{2+}) = 0.77\ V$ 小得多。

（2）为防止Fe(Ⅱ)被氧化，应采取下列措施：一是加入酸使之处于酸性环境下；二是加入少量铁粉。

6. 在氧化还原滴定中，待测组分往往不是滴定所期望的价态，滴定反应难以定量完成，因此需要进行预处理，使待测组分处于所期望的某一价态，然后用氧化剂或还原剂滴定。

对预氧化剂或预还原剂的要求：（1）能将待测组分全部氧化或还原为指定价态。（2）反应速率快。（3）反应应具有一定的选择性。（4）过量的预氧化剂或预还原剂容易除去。

7.（1）因为 $Cr_2O_7^{2-}$ 与 $S_2O_3^{2-}$ 直接反应无确定计量关系，产物不仅有 $S_4O_6^{2-}$ 还有 SO_4^{2-}，而 $Cr_2O_7^{2-}$ 与 I^- 以及 I_2 与 $S_2O_3^{2-}$ 的反应均有确定的计量关系。

（2）$Cr_2O_7^{2-}$ 是含氧酸盐，须在酸性中才有足够强的氧化性。放置7 min是因反应太慢。放于暗处是为避免光催化空气中 O_2 氧化 I^-。稀释则是为避免酸度高时空气中 O_2 氧化 I^-，同时使 Cr^{3+} 绿色变浅，终点变色明显。若终点后很快出现蓝色，说明 $Cr_2O_7^{2-}$ 氧化 I^- 反应不完全，应弃去重做。

8.（1）利用 H_2O_2 氧化性：在酸性介质中加入过量KI，以淀粉为指示剂，用 $Na_2S_2O_3$ 标准溶液滴定至蓝色褪去。

$r(H_2O_2) = 2c(Na_2S_2O_3) \cdot V(Na_2S_2O_3) \cdot M(H_2O_2)/V_0$

（2）利用 H_2O_2 还原性：在 H_2SO_4 介质中，以 $KMnO_4$ 标准溶液滴定至粉红色出现。

$r(H_2O_2) = 5c(KMnO_4) \cdot V(KMnO_4) \cdot M(H_2O_2)/(2V_0)$

9. MnO_4^- 氧化能力强，能氧化 Mn^{2+} 生成 MnO_2，若用 Fe^{2+} 直接滴定 MnO_4^-，滴定过程中 MnO_4^- 与 Mn^{2+} 共存有可能生成 MnO_2 而无法确定计量关系。采用返滴定法，化学计量点前有过量 Fe^{2+} 存在，MnO_4^- 量极微，不会有 MnO_2 生成。

六、计算题

1.（1）该原电池的电池符号：

$(-)Pt, H_2(100\ kPa) | H^+(c_1) \| M^{2+}(c_2) | M(+)$

（2）负极：$H_2 - 2\,e \longrightarrow 2\,H^+$

正极：$M^{2+} + 2\,e \longrightarrow M$

总反应方程式：$H_2 + M^{2+} \longrightarrow 2\,H^+ + M$

（3）$\varepsilon^{\ominus} = E^{\ominus}_{(+)} - E^{\ominus}_{(-)} = E^{\ominus}(M^{2+}/M) - E^{\ominus}(H^+/H_2) = E^{\ominus}(M^{2+}/M) = 0.242\ V$

$$E(H^+/H_2) = E^{\ominus}(H^+/H_2) + \frac{0.0592}{2}\lg[c(H^+)^2] = \frac{0.0592}{2}\lg[c(H^+)^2]$$

$$\varepsilon = E_{(+)} - E_{(-)} = E^{\ominus}(M^{2+}/M) - E(H^+/H_2) = E^{\ominus}(M^{2+}/M) - \frac{0.0592}{2}\lg[c(H^+)^2]$$

$0.655 = 0.242 - 0.0592\lg c(H^+)$

$0.413 = 0.0592\ pH$

pH=6.98

2.（1）$\varepsilon^{\ominus}=E^{\ominus}_{(+)}-E^{\ominus}_{(-)}=E^{\ominus}(Ag^{+}/Ag)-E^{\ominus}(Zn^{2+}/Zn)=0.80-(-0.78)=1.58\ V$

（2）(−)Zn | Zn^{2+}(1 mol·L^{-1}) ‖ Ag^{+}(1 mol·L^{-1}) | Ag(+)

（3）$2\ Ag^{+}+Zn\longrightarrow 2\ Ag+Zn^{2+}$

$$\varepsilon=\varepsilon^{\ominus}-\frac{0.0592}{2}\lg\frac{c(Zn^{2+})/c^{\ominus}}{[c(Ag^{+})/c^{\ominus}]^{2}}=1.58-\frac{0.0592}{2}\lg\frac{0.50}{(0.20)^{2}}$$

解得 $\varepsilon=1.55\ V$

3.（1）负极：$Cu-2\ e\longrightarrow Cu^{2+}$　　正极：$Fe^{3+}+e\longrightarrow Fe^{2+}$

电池反应：$Cu+2\ Fe^{3+}\longrightarrow Cu^{2+}+2\ Fe^{2+}$

（2）$$\varepsilon=\varepsilon^{\ominus}-\frac{0.0592}{2}\lg\frac{[c(Cu^{2+})/c^{\ominus})]^{2}[(c(Fe^{2+})/c^{\ominus}]^{2}}{c[(Fe^{3+})/c^{\ominus}]^{2}}$$

$$=E^{\ominus}(Fe^{3+}/Fe^{2+})-E^{\ominus}(Cu^{2+}/Cu)-\frac{0.0592}{2}\lg\frac{0.10\times0.10^{2}}{0.10^{2}}$$

$$=0.771-0.337-\frac{0.0592}{2}\lg 0.10=0.464\ V$$

（3）$$\lg K^{\ominus}=\frac{z\varepsilon^{\ominus}}{0.0592}=\frac{2\times(0.771-0.337)}{0.0592}=14.66$$

$K^{\ominus}=4.57\times10^{14}$

4.（1）$\varepsilon^{\ominus}=E^{\ominus}(Cl_2/Cl^{-})-E^{\ominus}(Cd^{2+}/Cd)=1.763\ V$

$$\varepsilon=\varepsilon^{\ominus}-\frac{0.0592\ V}{2}\lg\frac{[c(Cl^{-})/c^{\ominus}]^{2}\cdot[c(Cd^{2+})/c^{\ominus}]}{p(Cl_2)/p^{\ominus}}=1.763-\frac{0.0592}{2}\lg 0.1^{2}=1.763+0.0592=1.822\ V$$

正向自发，增加Cl_2压力时，根据Nernst方程可知，电池电动势增加。

（2）$$\lg K^{\ominus}=\frac{z\varepsilon^{\ominus}}{0.0592}=\frac{2\times1.763}{0.0592}=59.56$$

$K^{\ominus}=3.6\times10^{59}$

5. $MnO_2+4\ H^{+}+2\ Cl^{-}\longrightarrow Mn^{2+}+Cl_2+2\ H_2O$

（1）$\varepsilon^{\ominus}=E^{\ominus}(MnO_2/Mn^{2+})-E^{\ominus}(Cl_2/Cl^{-})=1.23-1.36=-0.13\ V<0$，标态下不能制取$Cl_2$

（2）$$\varepsilon=\varepsilon^{\ominus}-\frac{0.0592}{2}\lg\frac{1}{[c(H^{+})/c^{\ominus}]^{4}[c(Cl^{-})/c^{\ominus}]^{2}}$$

$$\varepsilon=-0.13-\frac{0.0592}{2}\lg\frac{1}{[c(HCl)/c^{\ominus}]^{6}}>0$$

$c(HCl)>5.4\ mol\cdot L^{-1}$

（3）(−)Pt, $Cl_2(p)$ | $Cl^{-}(c_1)$ ‖ $Mn^{2+}(c_2)$, $H^{+}(c_3)$ | MnO_2, Pt(+)

6.（1）$$E(Fe^{3+}/Fe^{2+})=E^{\ominus}(Fe^{3+}/Fe^{2+})+\frac{0.0592}{1}\lg\frac{c(Fe^{3+})/c^{\ominus}}{c(Fe^{2+})/c^{\ominus}}$$

$$=0.770+0.0592\lg(1.00\times10^{-4})=0.533\ V$$

$$E(I_2/I^{-})=E^{\ominus}(I_2/I^{-})-\frac{0.0592}{2}\lg\frac{1}{[c(I^{-})/c^{\ominus}]^{2}}=0.535-\frac{0.0592}{2}\lg\frac{1}{(1.00\times10^{-4})^{2}}=0.772\ V$$

$\varepsilon=0.772-0.533=0.239\ V$

（2）正极：$I_2+2\ e\longrightarrow 2\ I^{-}$　　负极：$Fe^{2+}\longrightarrow Fe^{3+}+e$

电池反应:$I_2 + 2\,Fe^{2+} \longrightarrow 2\,Fe^{3+} + 2\,I^-$

(3) $\Delta_r G_m = -zF\varepsilon = -2 \times 96485 \times 0.239 \times 10^{-3} = -46.12\ kJ \cdot mol^{-1}$

7. (1) $Cu^{2+} \xrightarrow{0.153\ V} Cu^+ \xrightarrow{E^\ominus} Cu$ (Cu^{2+} → Cu: 0.337 V)

$2 \times E^\ominus(Cu^{2+}/Cu) = 1 \times E^\ominus(Cu^{2+}/Cu^+) + 1 \times E^\ominus(Cu^+/Cu)$

$2 \times 0.337 = 1 \times 0.153 + 1 \times E^\ominus(Cu^+/Cu)$

$E^\ominus(Cu^+/Cu) = 0.521\ V$

$\varepsilon^\ominus = E^\ominus_{(+)} - E^\ominus_{(-)} = E^\ominus(Cu^{2+}/Cu^+) - E^\ominus(Cu^+/Cu) = 0.153 - 0.521 = -0.368\ V$

$$\lg K^\ominus = \frac{z\varepsilon^\ominus}{0.0592} = \frac{-0.368}{0.0592} = -6.22$$

$K^\ominus = 6.03 \times 10^{-7}$

(2) $E^\ominus_{(+)} = E^\ominus(Cu^{2+}/CuCl) = E(Cu^{2+}/Cu^+) = E^\ominus(Cu^{2+}/Cu^+) - 0.0592\lg\dfrac{c(Cu^+)}{c(Cu^{2+})}$

$= 0.153 - 0.0592\lg K^\ominus_{sp} = 0.153 - 0.0592\lg(1.2 \times 10^{-6}) = 0.504\ V$

$E^\ominus_{(-)} = E^\ominus(CuCl/Cu) = E(Cu^+/Cu) = E^\ominus(Cu^+/Cu) - 0.0592\lg\dfrac{1}{c(Cu^+)}$

$= 0.521 - 0.0592\lg\dfrac{1}{K^\ominus_{sp}} = 0.521 + 0.0592\lg(1.2 \times 10^{-6}) = 0.170\ V$

$\varepsilon^\ominus = E^\ominus_{(+)} - E^\ominus_{(-)} = E^\ominus(Cu^{2+}/CuCl) - E^\ominus(CuCl/Cu) = 0.504 - 0.170 = 0.334\ V$

$$\lg K^\ominus = \frac{z\varepsilon^\ominus}{0.0592} = \frac{0.334}{0.0592} = 5.64$$

$K^\ominus = 4.37 \times 10^5$

8. (1)因为 $E^\ominus(Cu^{2+}/Cu) = \dfrac{1 \times E^\ominus(Cu^{2+}/Cu^+) + 1 \times E^\ominus(Cu^+/Cu)}{2}$,

所以 $E^\ominus(Cu^{2+}/Cu) = 0.18\ V$

(2) $2\,Cu^+ \longrightarrow Cu^{2+} + Cu$

$(-)\ Pt \mid Cu^+(c_1), Cu^{2+}(c_2) \parallel Cu^+(c_1) \mid Cu\ (+)$

(3) $\varepsilon^\ominus = 0.52 - 0.18 = 0.34\ V$

$\Delta_r G_m^\ominus = -zF\varepsilon^\ominus = -1 \times 96485 \times 0.34 \times 10^{-3} = -32.8\ kJ \cdot mol^{-1}$

(4) $\varepsilon = \varepsilon^\ominus - \dfrac{0.0592}{z}\lg Q = \varepsilon^\ominus - 0.0592\lg\dfrac{c(Cu^{2+})/c^\ominus}{[c(Cu^+)/c^\ominus]^2} = 0.34 - 0.0592\lg\dfrac{0.1}{(0.01)^2} = 0.16\ V$

9. $Cr_2O_7^{2-} + 6\,I^- + 14\,H^+ \longrightarrow 2\,Cr^{3+} + 3\,I_2 + 7\,H_2O$, $I_2 + 2\,S_2O_3^{2-} \longrightarrow 2\,I^- + S_4O_6^{2-}$

所以得 $n(S_2O_3^{2-}) = 6n(Cr_2O_7^{2-})$

$$c(Na_2S_2O_3) = \frac{6 \times 0.1517}{294.2 \times 30.02 \times 10^{-3}} = 0.1031\ mol \cdot L^{-1}$$

10. $Cr_2O_7^{2-} + 6\,Fe^{2+} + 14\,H^+ \longrightarrow 2\,Cr^{3+} + 6\,Fe^{3+} + 7\,H_2O$

$n(Cr) : n(Fe^{2+}) = 1:3$

$MnO_4^- + 5\,Fe^{2+} + 8\,H^+ \longrightarrow Mn^{2+} + 5\,Fe^{3+} + 4\,H_2O$

$n(MnO_4^-) : n(Fe^{2+}) = 1:5$

$n(Fe^{2+})_{总} = 0.1050 \times 40.00 \times 10^{-3} = 4.200 \times 10^{-3}\ mol$

$n(Fe^{2+})_{过}=5\times 0.02004\times 27.05\times 10^{-3}=2.710\times 10^{-3}$ mol

$n(Fe^{2+})_{反应}=n(Fe^{2+})_{总}-n(Fe^{2+})_{过}=1.490\times 10^{-3}$ mol

$w(铬)=\frac{1}{3}\times\frac{1.490\times 10^{-3}\times 52.01}{0.3000}=0.08611$

11. 反应原理：$C_2O_4^{2-}+Ca^{2+}\longrightarrow CaC_2O_4$

$CaC_2O_4+H^+\longrightarrow Ca^{2+}+H_2C_2O_4$

$2MnO_4^-+5H_2C_2O_4+6H^+\longrightarrow 2Mn^{2+}+10CO_2+8H_2O$

由原理知：$n(H_2C_2O_4):n(CaO):n(MnO_4^-)=5:5:2$

$w(CaO)=\frac{m(CaO)}{m_s}=\frac{5}{2}\times\frac{0.0232\times 26.20\times 10^{-3}\times 56.08}{0.1230}=0.6928$

12. $PbO_2+C_2O_4^{2-}+4H^+\longrightarrow Pb^{2+}+2CO_2+2H_2O$

$PbO+H_2C_2O_4\longrightarrow PbC_2O_4+H_2O$

$Pb^{2+}+H_2C_2O_4\longrightarrow PbC_2O_4+2H^+$

$2MnO_4^-+5H_2C_2O_4+6H^+\longrightarrow 2Mn^{2+}+10CO_2+8H_2O$

加入$H_2C_2O_4$的总物质的量为：

$n_{总}=0.2500\times 0.02000=0.005000$ mol

滤液中与高锰酸钾反应的$H_2C_2O_4$为：

$n=\frac{5}{2}n(KMnO_4)=\frac{5}{2}c(KMnO_4)\cdot V(KMnO_4)=\frac{5}{2}\times 0.04000\times 0.01000=0.001000$ mol

沉淀溶解后，与$KMnO_4$反应的$H_2C_2O_4$的物质的量为：

$n(H_2C_2O_4)_{1.}=\frac{5}{2}c(KMnO_4)\cdot V(KMnO_4)=\frac{5}{2}\times 0.04000\times 0.03000=0.003000\ \text{mol}=n(Pb)$

与PbO_2反应的$H_2C_2O_4$的物质的量为：

$n(H_2C_2O_4)_{2.}=0.005000-0.001000-0.003000=0.001000\ \text{mol}=n(PbO_2)$

$w(PbO_2)=\frac{0.001000\times 239.2}{1.234}=0.1938$

$w(PbO)=\frac{(0.003000-0.001000)\times 223.2}{1.234}=0.3618$

13. 反应原理：$BrO_3^-+5Br^-+6H^+\longrightarrow 3Br_2+3H_2O$

$3Br_2+ph\text{-}OH\longrightarrow (Br)_3ph\text{-}OH+3HBr$

$Br_2+2I^-\longrightarrow I_2+2Br^-$

$I_2+2S_2O_3^{2-}=2I^-+S_4O_6^{2-}$

由原理知：$n(Br_2)=n(I_2)=\frac{1}{2}n(Na_2S_2O_3)$；$n(Br_2)=3n(ph\text{-}OH)$

设试样中苯酚的含量为w，根据：

$n(Br_2)_{总}=n(Br_2)_{反应}+n(Br_2)_{剩}$

$\frac{1}{2}\times 42.00\times 10^{-3}\times 0.1000=\frac{0.6000}{94.0}\times w\times\frac{1}{10}\times 3+\frac{1}{2}\times 18.00\times 10^{-3}\times 0.1000$

$w=0.6267$

第 10 章

配位平衡与配位滴定

10.1　知识结构

配位平衡与配位滴定
基本概念
$K_4[Fe(CN)_6]$
中心离子
配体
外界
内界
配合物
配位健
①定义：由具有空轨道的中心离子(或原子)和可以给出孤对电子或多个不定域电子的一定数目的配位体以配位键的形式结合形成的复杂离子(或分子)称为配离子(或配分子)。配分子和含有配离子的化合物统称为配合物
②组成
中心离子(或原子、配合物的形成体)
配位体及配位原子
单齿配体
多齿配体
配位数：对多齿配体，配位数并不等于配体数目
配离子的电荷
③命名
④分类
简单配合物：由单齿配体形成
螯合物：多齿配体形成环状配合物(五原子环或六原子环)
特殊稳定性(熵效应)
具有特殊的颜色
外轨型
直线形 sp
平面三角形 sp^2
正四面体 sp^3
正八面体 sp^3d^2
内轨型
正方形 dsp^2
正八面体 d^2sp^3
磁矩判断 $\mu=\sqrt{n(n+2)}$
定量配位滴定
配位滴定的指示剂
定性检验离子
$M+Y \rightleftharpoons MY$
$M+In \rightleftharpoons MIn$
(甲色)
(乙色)
配位平衡
平衡常数：$K_f^\ominus$、$K_d^\ominus$、$K_i^\ominus$、$\beta_i^\ominus$
$K_d^\ominus=\frac{1}{K_f^\ominus}$
$K_{MY}^\ominus=\frac{c(MY)}{c(M)c(Y)}$
配位平衡的移动(多重平衡)
$M^{n+}+xL^- \rightleftharpoons ML_x^{(n-x)}$
①改变酸度有可能使配位平衡发生移动
②加入沉淀剂有可能和M^{n+}结合生成沉淀物
③加入氧化(还原)剂发生氧化还原反应
④加入其他配位剂使配合物之间发生转化
条件稳定常数：$K_{MY}^{\ominus'}$
①酸效应　$\alpha_{Y(H)}=\frac{c(Y')}{c(Y)}$
②共存离子效应　$\alpha_{Y(N)}=\frac{c(Y')}{c(Y)}=1+K_{NY}^\ominus c(N)$
③配位效应　$\alpha_{M(L)}=1+\beta_1^\ominus c(L)+\beta_2^\ominus c(L)^2+\cdots+\beta_n^\ominus c(L)^n$
④羟合效应　$\alpha_{M(OH)}=1+\beta_1^\ominus c(OH)+\beta_2^\ominus c(OH)^2+\cdots+\beta_n^\ominus c(OH)^n$
$\lg K_{MY}^{\ominus'}=\lg K_{MY}^\ominus+\lg\alpha_{MY}-\lg\alpha_M-\lg\alpha_Y$ 简化为：$\lg K_{MY}^{\ominus'}=\lg K_{MY}^\ominus-\lg\alpha_{Y(H)}$
配位滴定法(EDTA法)
滴定反应：$M+Y \longrightarrow MY$
求算加入滴定剂后的pM
由 $\lg\alpha_{Y(H)}\leqslant \lg K_{MY}^\ominus-8$ 求得滴定所允许的最低pH
滴定指示剂
$MIn+Y \rightleftharpoons MY+In$
(乙色)
(甲色)
要求：$\lg K_{MY}^{\ominus'}-\lg K_{MIn}^{\ominus'}>2$
配位滴定曲线
酸效应曲线
调节溶液pH提高配位滴定选择性
使用掩蔽法提高配位滴定选择性
定量滴定条件
①金属离子被准确滴定的条件：
$\lg[c_0(M)K_{MY}^{\ominus'}]\geqslant 6.0$
②准确选择滴定M，而又要求共存的N不干扰条件：$\frac{c_0(M)K_{MY}^{\ominus'}}{c_0(N)K_{NY}^{\ominus'}}\geqslant 10^5$

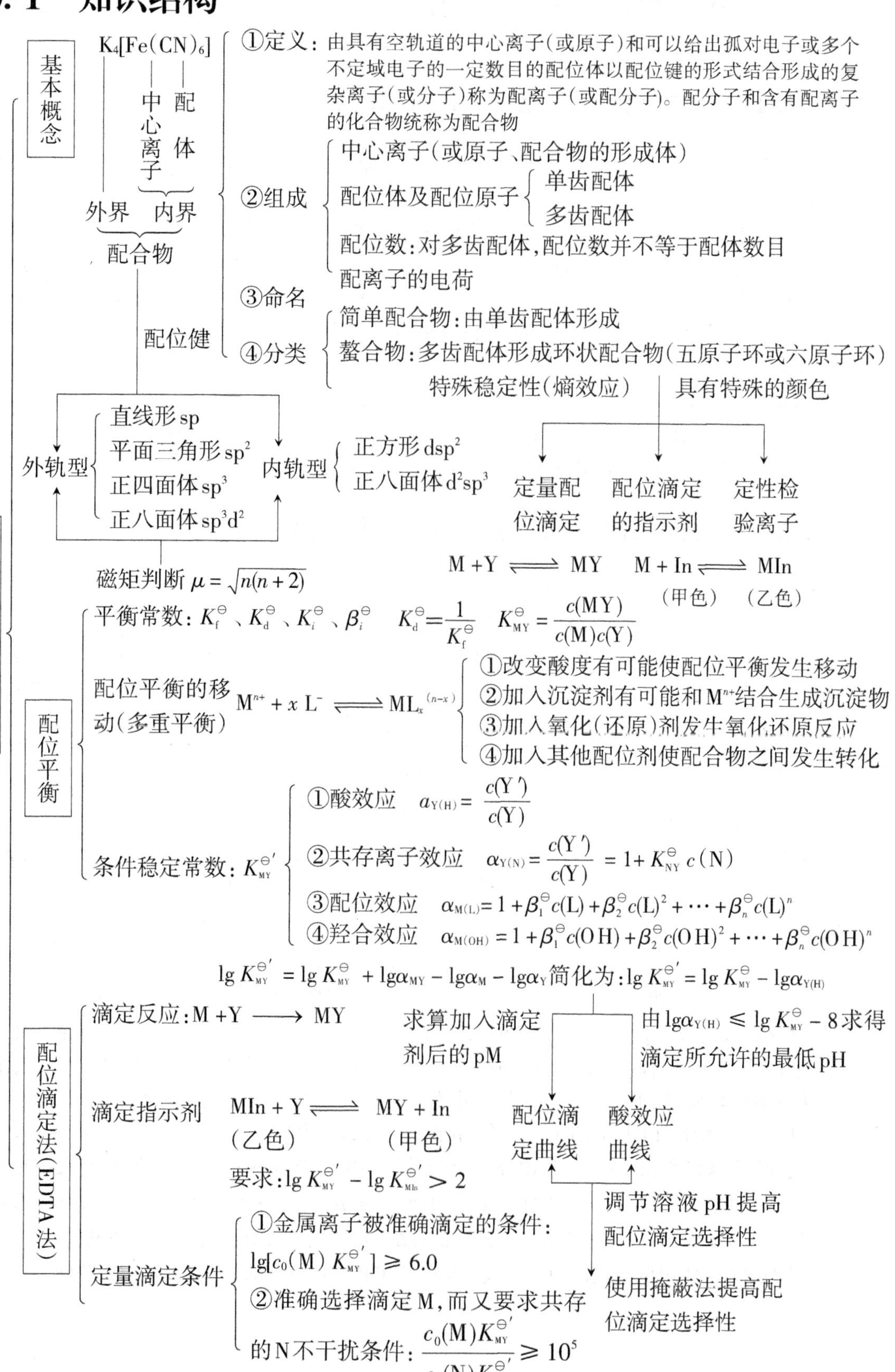

10.2 重点知识剖析及例解

10.2.1 配位化合物的组成、结构和命名

【知识要求】掌握配位化合物的组成、结构和命名方法，了解螯合物的结构特点及其特殊稳定性。

【评注】由配离子形成的配位化合物由内界和外界两部分组成，内界由中心离子和配位体结合而成（用方括号标出）；对配合物而言，[中心离子电荷+配体总电荷] + 外界离子总电荷 = 0；命名时，—OH 为羟基，—NO_2为硝基，—ONO 为亚硝酸根，—CO 为羰基，—SCN 为硫氰酸根，—NCS 为异硫氰酸根；配位数是指与中心离子直接结合的配位原子的总数，不一定等于配位体数目。

【例题 10-1】配合物$[Cr(H_2O)_4Br_2]Br$的名称为___，中心离子是___，中心离子的配位数为___；配合物氯化二乙二胺合铜(Ⅱ)的化学式是___，中心离子的配位数为___。

解 溴化二溴四水合铬(Ⅲ)；Cr^{3+}；6；$[Cu(en)_2]Cl_2$；4

10.2.2 配位化合物的价键理论、几何构型

【知识要求】理解配位化合物价键理论的要点、外轨型配合物和内轨型配合物的特性，能结合杂化形式和磁性大小解释一些配合物的空间结构和性质（稳定性）。

【评注】中心离子 M 提供空轨道，配体 L 提供孤对电子或 π 键电子，以 σ 配位键（M←L）的方式相结合；中心离子的价层电子结构与配体的种类、数目共同决定杂化轨道类型；杂化轨道类型决定配合物的空间构型、磁矩及相对稳定性。

类型	杂化类型	配位数	空间结构	实　例
外轨型	sp	2	直线形	$[Cu(NH_3)_2]^+$、$[Ag(NH_3)_2]^+$、$[CuCl_2]^-$、$[Ag(CN)_2]^-$
	sp^3	4	正四面体	$[Ni(NH_3)_4]^{2+}$、$[Ni(CO)_4]$、$[Zn(NH_3)_4]^{2+}$、$[HgI_4]^{2-}$、$[BF_4]^-$
	sp^3d^2	6	正八面体	$[FeF_6]^{3-}$、$[Fe(H_2O)_6]^{3+}$、$[Co(NH_3)_6]^{2+}$、
内轨型	dsp^2	4	正方形	$[Ni(CN)_4]^{2-}$、$[Cu(NH_3)_4]^{2+}$ $[PtCl_4]^{2-}$、$[Cu(H_2O)_4]^{2+}$
	d^2sp^3	6	正八面体	$[Fe(CN)_6]^{3-}$、$[Fe(CN)_6]^{4-}$、$[Co(NH_3)_6]^{3+}$、$[PtCl_6]^{2-}$

【例题 10-2】配合物$PtCl_4\cdot 2NH_3$的水溶液不导电，加入硝酸银不产生沉淀，滴加强碱也无氨放出，所以该配合物化学式应写成_____，中心离子的配位数为_____，命名为_____，配合物为顺磁性物质，则中心原子采用的杂化类型为_____，其分子空间构型为____。

解 $[Pt(NH_3)_2Cl_4]$；6；四氯二氨合铂(Ⅳ)；sp^3d^2；八面体

【评注】根据杂化形式不同，配合物分为外轨型配合物和内轨型配合物；磁矩大小可确定配合物是内轨型还是外轨型，磁矩(μ)大小可通过 $\mu=\sqrt{n(n+2)}$ 计算，外轨型配合物未成对电子数 n 与中心离子相同，磁矩不变；内轨型配合物的稳定性大于外轨型配合物。

【例题 10-3】用价键理论说明配离子$[CoF_6]^{3-}$和$[Co(CN)_6]^{3-}$的类型、空间构型和磁性。

解 F^-为弱场配位体，与Co^{3+}形成外轨型配离子，Co^{3+}采取sp^3d^2杂化，$[CoF_6]^{3-}$为正八面体，Co^{3+}的6个d电子中有4个未成对电子，为顺磁性物质；

CN^-为强场配位体，与Co^{3+}形成内轨型配离子，Co^{3+}采取d^2sp^3杂化成键，$[Co(CN)_6]^{3-}$为正八面体空间构型，Co^{3+}没有未成对电子，为反磁性物质。

10.2.3 配位化合物的配位解离平衡

【知识要求】理解配位化合物的配位解离平衡，掌握配位平衡常数的表示形式及意义，能利用与配位平衡有关的多重平衡进行相关计算。

【评注】配位平衡的平衡常数有各种形式，包括稳定常数$K_f^\ominus$、不稳定常数$K_d^\ominus$、逐级稳定常数$K_i^\ominus$、累积稳定常数$\beta_i^\ominus$，且$K_d^\ominus=\dfrac{1}{K_f^\ominus}$，$\beta_i^\ominus=K_1^\ominus\cdot K_2^\ominus\cdot K_3^\ominus\cdots K_i^\ominus$，计算配位平衡体系中有关物质的浓度时要根据平衡表达式采用相应的平衡常数形式。

【例题10-4】50 mL 0.10 $mol\cdot L^{-1}$的$AgNO_3$溶液中，加入30 mL密度为0.932 $g\cdot mL^{-1}$含NH_3 18.24%的氨水，再加水稀释到100 mL，求溶液中Ag^+的浓度。(已知：$K_f^\ominus([Ag(NH_3)_2]^+)=1.12\times10^7$。)

解 设溶液中Ag^+的浓度为x $mol\cdot L^{-1}$：

Ag^+的初始浓度：$c(Ag^+)=0.05\ mol\cdot L^{-1}$

NH_3的初始浓度：$c(NH_3)=\dfrac{0.932\times30\times18.24\%}{17\times0.1}=3\ mol\cdot L^{-1}$

	Ag^+	$+\ 2\ NH_3$ ⇌	$[Ag(NH_3)_2]^+$	$K^\ominus$
起始浓度/$(mol\cdot L^{-1})$	0.05	3	0	
平衡浓度/$(mol\cdot L^{-1})$	x	$2.9+2x$	$0.05-x$	

其中$0.05-x\approx0.05$，$2.9+2x\approx2.9$

$$K^\ominus=\frac{c[Ag(NH_3)_2^+]}{c(Ag^+)c(NH_3)^2}=\frac{0.05}{x\cdot2.9^2}=1.12\times10^7$$

$x=5.3\times10^{-10}\ mol\cdot L^{-1}$

【评注】对配位平衡与沉淀溶解平衡构成的多重平衡计算有多种解题途径，可从多重平衡常数入手计算，也可从溶度积规则入手进行计算，关键是掌握技巧。

【例题10-5】固体$Pb(OH)_2$溶于250 mL 1 $mol\cdot L^{-1}$ NaOH溶液中，直到该固体不再溶解为止。计算有多少克$Pb(OH)_2$溶于含有NaOH的溶液中？(已知：$Pb(OH)_2$溶解可视为形成$[Pb(OH)_3]^-$，$K_f^\ominus([Pb(OH)_3]^-)=3.8\times10^{13}$，$K_{sp}^\ominus[Pb(OH)_2]=1.2\times10^{-15}$，$M[Pb(OH)_2]=241.2\ g\cdot mol^{-1}$。)

解 $Pb(OH)_2+OH^-\longrightarrow[Pb(OH)_3]^-$

$K^\ominus=K_f^\ominus([Pb(OH)_3]^-)\cdot K_{sp}^\ominus[Pb(OH)_2]=3.8\times10^{13}\times1.2\times10^{-15}=4.6\times10^{-2}$

设溶解平衡后溶液中$[Pb(OH)_3]^-$的浓度为x $mol\cdot L^{-1}$，

	$Pb(OH)_2+OH^-$ ⟶	$[Pb(OH)_3]^-$	$K^\ominus$
平衡浓度/$(mol\cdot L^{-1})$	$1-x$	x	

$$\frac{x}{1-x}=4.6\times10^{-2}$$

$x=0.044\ mol\cdot L^{-1}$

$m = 0.044 \times 0.25 \times 241.2 = 2.7\ g$

【例题 10–6】在含有 0.2 mol·L⁻¹ $[Ag(CN)_2]^-$溶液中，加入等体积的0.2 mol·L⁻¹ KI溶液。试问：

(1)是否有AgI沉淀生成？

(2)若有沉淀析出，欲使该沉淀不生成，则溶液中至少应含有CN^-离子浓度为多少？

(已知：$K_f^\ominus([Ag(CN)_2]^-) = 1.0 \times 10^{21}$，$K_{sp}^\ominus(AgI) = 1.5 \times 10^{-16}$。)

解 (1)设平衡时溶液中Ag^+的浓度为x mol·L⁻¹：

$Ag^+ + 2\,CN^- \longrightarrow [Ag(CN)_2]^-$

$x \qquad 2x \qquad 0.1 - x \approx 0.1$

$$\frac{0.1}{x \cdot (2x)^2} = 1.0 \times 10^{21}$$

$x = 2.9 \times 10^{-8}\ mol \cdot L^{-1}$

$Q = c(Ag^+) \cdot c(I^-) = 2.9 \times 10^{-8} \times 0.1 = 2.9 \times 10^{-9} > K_{sp}^\ominus(AgI)$

有AgI沉淀生成

(2)解法1：$c(I^-) = 0.1$，若不生成沉淀：

$$c(Ag^+) < \frac{K_{sp}^\ominus}{c(I^-)} = \frac{1.5 \times 10^{-16}}{0.1} = 1.5 \times 10^{-15}$$

设此时溶液中含有CN^-离子浓度为y mol·L⁻¹

$Ag^+ \quad + \quad 2\,CN^- \longrightarrow [Ag(CN)_2]^-$

$1.5 \times 10^{-15} \qquad y \qquad 0.1$

$$\frac{0.1}{1.5 \times 10^{-15} y^2} = 1.0 \times 10^{21}$$

$y = 2.6 \times 10^{-4}\ mol \cdot L^{-1}$

解法2：$[Ag(CN)_2]^- + I^- \longrightarrow AgI + 2\,CN^-$

$0.1 \qquad 0.1 \qquad\qquad y$

$$K^\ominus = \frac{1}{K_f^\ominus \cdot K_{sp}^\ominus} = \frac{y^2}{0.1^2}$$

$$y^2 = \frac{0.1^2}{1.0 \times 10^{21} \times 1.5 \times 10^{-16}}$$

$y = 2.6 \times 10^{-4}\ mol \cdot L^{-1}$

【评注】较不稳定的配合物容易转化成较稳定的配合物。计算时可从多重平衡常数入手进行。

【例题 10–7】在1 L含有0.10 mol·L⁻¹ $[Ag(NH_3)_2]^+$的溶液中，加入0.2 mol的KCN晶体，通过计算回答$[Ag(NH_3)_2]^+$是否完全转化为$[Ag(CN)_2]^-$溶液。(已知：$K_f^\ominus([Ag(NH_3)_2]^+) = 1.1 \times 10^7$，$K_f^\ominus([Ag(CN)_2]^-) = 1.3 \times 10^{21}$。)

解 设平衡时溶液中$[Ag(NH_3)_2]^+$的浓度为x mol·L⁻¹：

	$[Ag(NH_3)_2]^+$	+ 2 CN^- ⟶	$[Ag(CN)_2]^-$	+ 2 NH_3	$K^\ominus$
平衡浓度/(mol·L⁻¹)	x	$2x$	$0.1-x$	$0.2-2x$	

$$K^{\ominus}=\frac{K_f^{\ominus}([Ag(CN)_2]^-)}{K_f^{\ominus}([Ag(NH_3)_2]^+)}=\frac{1.3\times10^{21}}{1.1\times10^{7}}=1.2\times10^{14}$$

$$K^{\ominus}=\frac{c([Ag(CN)_2]^-)\,c(NH_3)^2}{c([Ag(NH_3)_2]^+)\,c(CN^-)^2}=\frac{(0.1-x)(0.2-2x)^2}{x(2x)^2}=\frac{0.1\times0.2^2}{4x^3}=1.2\times10^{14}$$

$x=2.0\times10^{-6}\ mol\cdot L^{-1}<1.0\times10^{-5}\ mol\cdot L^{-1}$

结果说明$[Ag(NH_3)_2]^+$已经完全转化为$[Ag(CN)_2]^-$溶液。

10. 2. 4 EDTA配位滴定法

【知识要求】掌握条件稳定常数的概念及影响配位解离平衡的因素，熟悉酸度对配位滴定的影响和EDTA酸效应曲线的作用；理解配位滴定的基本原理，掌握准确滴定的条件，并能进行配位滴定条件的控制及金属指示剂的选择；理解并能运用提高配位滴定选择性的方法；掌握配位滴定的计算。

【评注】EDTA滴定金属离子时，被测金属离子M与Y配位，生成配合物MY，同时，反应物M、Y及反应产物MY(往往忽略不计)也可能与溶液中的其他组分发生各种副反应。

Y的副反应系数为$\alpha_{Y}=\alpha_{Y(H)}+\alpha_{Y(N)}-1\approx\alpha_{Y(H)}+\alpha_{Y(N)}$；金属离子M的副反应系数为$\alpha_{M}=\alpha_{M(L)}+\alpha_{M(OH)}-1\approx\alpha_{M(L)}+\alpha_{M(OH)}$，其中$\alpha_{M(L)}=1+\beta_1^{\ominus}c(L)+\beta_2^{\ominus}c(L)^2+\cdots+\beta_n^{\ominus}c(L)^n$；$\alpha_{M(OH)}=1+\beta_1^{\ominus}c(OH)+\beta_2^{\ominus}c(OH)^2+\cdots+\beta_n^{\ominus}c(OH)^n$；产物MY的副反应系数为$\alpha_{MY}=\alpha_{MY(H)}+\alpha_{M(OH)}-1\approx\alpha_{MY(H)}+\alpha_{MY(OH)}$。于是有$\lg K_{MY}^{\ominus'}=\lg K_{MY}^{\ominus}+\lg\alpha_{MY}-\lg\alpha_{M}-\lg\alpha_{Y}$，多数情况下(溶液的酸碱性不是太强时)，不形成酸式或碱式配合物，故$\lg\alpha_{MY}$忽略不计；实际工作中，如果溶液中没有其他配位剂存在时，且当$\alpha_{Y(H)}\gg\alpha_{Y(N)}$时，酸效应是主要的，故有$\lg K_{MY}^{\ominus'}=\lg K_{MY}^{\ominus}-\lg\alpha_{Y(H)}$。

EDTA滴定某一金属离子的条件是：$\lg[c_0(M)K_{MY}^{\ominus'}]\geq6.0$，当$c_0(M)=0.01\ mol\cdot L^{-1}$时，$\lg K_{MY}^{\ominus'}\geq8.0$；根据$\lg K_{MY}^{\ominus'}=\lg K_{MY}^{\ominus}-\lg\alpha_{Y(H)}\geq8$可得$\lg\alpha_{Y(H)}\leq\lg K_{MY}^{\ominus}-8$，查配合物的稳定常数表得到$\lg K_{MY}^{\ominus}$后便可求得$\lg\alpha_{Y(H)}$值；根据$\lg\alpha_{Y(H)}$值查表得到对应的pH值，即为滴定该金属离子所允许的最低pH。

【例题10-8】忽略Zn^{2+}的羟合效应，请问在下列情况下，欲以0.01 mol·L^{-1} EDTA滴定等浓度的Zn^{2+}，Zn^{2+}能否被准确滴定？(1)pH=5.0时；(2)pH=10.0，$c(NH_3)$=0.10 mol·L^{-1}时。

(已知：$\lg K_{ZnY}^{\ominus}=16.50$；pH=5.0时，$\lg\alpha_{Y(H)}$=6.45；pH=10.0时，$\lg\alpha_{Y(H)}$=0.45；锌氨配合物的累积稳定常数$\lg\beta_1^{\ominus}\sim\lg\beta_4^{\ominus}$分别为2.27、4.61、7.01、9.06。)

解 (1)pH=5.0时，只考虑酸效应：

$\lg K_{ZnY}^{\ominus'}=\lg K_{ZnY}^{\ominus}-\lg\alpha_{Y(H)}=16.50-6.45=10.05$

$\lg[c_0(Zn)K_{ZnY}^{\ominus'}]=\lg0.01+10.05=8.05\geq6.0$

所以可以用EDTA准确滴定Zn^{2+}。

(2)pH=10.0，$c(NH_3)$=0.10 mol·L^{-1}时，除了酸效应，Zn^{2+}还存在与NH_3的配位效应：

$$\begin{aligned}\alpha_{Zn(NH_3)}&=1+\beta_1^{\ominus}c(NH_3)+\beta_2^{\ominus}c(NH_3)^2+\beta_3^{\ominus}c(NH_3)^3+\beta_4^{\ominus}c(NH_3)^4\\&=1+0.10\times10^{2.27}+0.10^2\times10^{4.61}+0.10^3\times10^{7.01}+0.10^4\times10^{9.06}\\&=1+10^{1.27}+10^{2.61}+10^{4.01}+10^{5.06}\approx10^{5.06}\end{aligned}$$

$\lg K_{ZnY}^{\ominus'} = \lg K_{ZnY}^{\ominus} - \lg \alpha_{Y(H)} - \lg \alpha_{Zn(NH_3)} = 16.50-0.45-5.06=10.99$

$\lg[c_0(Zn) K_{ZnY}^{\ominus'}] = \lg 0.01+10.99 = 8.99 \geqslant 6.0$

所以可以用EDTA准确滴定Zn^{2+}。

【评注】当溶液中有M、N两种金属离子共存时，如不考虑金属离子的羟合效应和配位效应等因素，则要准确选择滴定M，而又要求共存的N不干扰，一般必须满足：

$$\frac{c_0(M)K_{MY}^{\ominus'}}{c_0(N)K_{MY}^{\ominus'}} \geqslant 10^5$$

若$c_0(N) = c_0(M)$，则有：$\Delta \lg K^{\ominus'} = \lg K_{MY}^{\ominus'} - \lg K_{NY}^{\ominus'} \geqslant 5$。

即只有$\Delta \lg K^{\ominus'}$足够大时，才可以通过控制溶液酸度进行分步滴定，另外还可以通过使用掩蔽法、选用其他滴定剂或预先化学分离干扰离子等方法来提高配位滴定选择性。

【例题10-9】用0.0100 mol·L^{-1} EDTA滴定约0.01 mol·L^{-1} Pb^{2+}和0.1 mol·L^{-1} Mg^{2+}混合物，问：(1)能否控制溶液酸度准确滴定Pb^{2+}而Mg^{2+}不干扰？(2)若可以，求适宜的酸度范围。(已知：$\lg K_{PbY}^{\ominus} = 18.0$，$\lg K_{MgY}^{\ominus} = 8.7$，$K_{sp}^{\ominus}[Pb(OH)_2] = 10^{-15.7}$。)

解 (1)M、N两种金属离子同时存在，选择性滴定M离子而N离子不干扰的条件是：

$$\frac{c_0(M)K_{MY}^{\ominus'}}{c_0(N)K_{NY}^{\ominus'}} \geqslant 10^5$$

若不考虑其他副反应的存在，则：

$$\frac{c_0(Pb)K_{PbY}^{\ominus'}}{c_0(Mg)K_{MgY}^{\ominus'}} = \frac{c_0(Pb)K_{PbY}^{\ominus}}{c_0(Mg)K_{MgY}^{\ominus}} = \frac{0.01\times 10^{18.0}}{0.1\times 10^{8.7}} = 10^{8.3} > 10^5$$

所以，可以控制溶液酸度准确滴定Pb^{2+}，而Mg^{2+}不干扰。

(2)查酸效应曲线图得：$pH_{min}(Pb^{2+})=3.3$，$pH_{min}(Mg^{2+})=9.7$

即考虑酸效应，要准确滴定Pb^{2+}，要求$pH\geqslant 3.3$

另外考虑Pb^{2+}水解，为了使Pb^{2+}不生成$Pb(OH)_2$沉淀，必须要求：

$$c(OH^-) \leqslant \sqrt{\frac{K_{sp}^{\ominus}[Pb(OH)_2]}{c(Pb^{2+})}} = \sqrt{\frac{10^{-15.7}}{0.01}} = 1.0\times 10^{-6.9}$$

$pH\leqslant 7.1$

故准确滴定Pb^{2+}应控制pH在3.3～7.1范围内。

【评注】配位滴定时通常采用金属指示剂指示滴定终点。金属指示剂In能与金属离子生成有色配合物MIn，且一般要求MIn的稳定性略小于MY，即$\lg K_{MY}^{\ominus'} - \lg K_{MIn}^{\ominus'} > 2$。在选择指示剂时，要避免封闭现象和僵化现象。金属指示剂也是多元弱酸(或碱)，能随溶液pH变化而显示不同型体的颜色。使用时，必须注意金属指示剂适用pH范围。

【例题10-10】已知EBT的$pK_{a1}^{\ominus} = 3.6$，$pK_{a2}^{\ominus} = 6.3$，$pK_{a3}^{\ominus} = 11.6$，指示剂的H_3In和H_2In^-形式显紫红色，HIn^{2-}形式显蓝色，In^{3-}形式显橙色，其金属离子配合物显酒红色，据此判断，当它主要以________形式存在时，能用作金属指示剂，即要求pH在________范围内，实际使用时控制pH在________范围内。

解 HIn^{2-}；6.3~11.6；7~10

【评注】配位滴定方式有直接滴定法、返滴定法、置换滴定法、间接滴定法等；EDTA与大多数金属离子形成组成比为1∶1的配合物，因此，可采用等物质的量的关系进行简单计算；在多组分定量计算时，应注意弄清楚各步骤的分析对象，并理解所加试剂的作用，找准有关定量关系。

【例题10-11】 称取分析纯 $CaCO_3$ 0.4206 g，用HCl溶液溶解后，稀释成500 mL。取出该溶液50 mL，用钙指示剂在碱性溶液中以EDTA滴定，用去38.84 mL。计算EDTA标准溶液的浓度。配制该浓度的EDTA溶液1.000 L，应称取 $Na_2H_2Y \cdot 2H_2O$ 多少克？（已知：$M(CaCO_3)=100.1\ g \cdot mol^{-1}$；$M(Na_2H_2Y \cdot 2H_2O)=372.3\ g \cdot mol^{-1}$。）

解　Ca^{2+}与Y^{4-}发生反应：$Ca^{2+} + Y^{4-} \longrightarrow CaY^{2-}$

$n(Ca)=n(Y)$

$$\frac{m(CaCO_3)}{M(CaCO_3)} \times \frac{50}{500} = c(EDTA)V(EDTA)$$

$$\frac{0.4206}{100.1} \times \frac{50}{500} = c(EDTA) \times 38.84 \times 10^{-3}$$

得 $c(EDTA)=0.01082\ mol \cdot L^{-1}$

所以配制该浓度的EDTA溶液1.000 L，应称取 $Na_2H_2Y \cdot 2H_2O$ 质量为：

$m(Na_2H_2Y \cdot 2H_2O)=0.01082 \times 1.000 \times 372.3 = 4.028\ g$

【例题10-12】 有一含铝、铁的试样0.4358 g，处理成酸性溶液后定容至250 mL。吸取25 mL并调节溶液的pH=2，以磺基水杨酸钠为指示剂，用浓度为 $0.0502\ mol \cdot L^{-1}$ 的EDTA标准溶液滴至终点，消耗EDTA标液7.32 mL。在上述试液中加入同浓度的EDTA标准溶液20.00 mL，调节pH= 4.3后加热煮沸，用 $Zn(Ac)_2$ 标准溶液以PAN为指示剂回滴至终点，消耗标液8.54 mL，已知 $Zn(Ac)_2$ 标液的浓度为 $0.0596\ mol \cdot L^{-1}$，求该试样中Fe和Al的含量。（已知：$M(Al)=26.98\ g \cdot mol^{-1}$；$M(Fe)=55.85\ g \cdot mol^{-1}$。）

解　第一步：$Fe^{3+} + Y^{4-} \longrightarrow FeY^-$（由于酸度控制，$Al^{3+}$不被滴定）

第二步：$Al^{3+} + Y^{4-} \longrightarrow AlY^-$，$Zn^{2+} + Y^{4-} \rightarrow ZnY^{2-}$（返滴定Al）

设试样中Fe、Al含量分别为 $w(Fe)$、$w(Al)$：

$$w(Fe) = \frac{c(Y)V_1(Y)M(Fe)}{m_s \cdot \frac{25}{250}} = \frac{0.0502 \times 7.32 \times 10^{-3} \times 55.85}{0.4358 \times \frac{25}{250}} = 0.4709$$

$$w(Al) = \frac{[c(Y)V_2(Y) - c(Zn)V(Zn)]M(Al)}{m_s \cdot \frac{25}{250}} = \frac{(0.0502 \times 20.00 \times 10^{-3} - 0.0596 \times 8.54 \times 10^{-3}) \times 26.98}{0.4358 \times \frac{25}{250}} = 0.3065$$

10.3　课后习题选解

10-1 是非题

1. 只有金属离子才能作为配合物的形成体。　（×）
2. 所有配合物都由内界和外界两部分组成。　（×）
3. 配位体的数目就是中心离子的配位数。　（×）
4. 配离子的几何构型取决于中心离子的杂化轨道类型。　（√）
5. 在多数配合物中，内界的中心离子与配体之间的结合力总是比内界与外界之间的结合力强。因此，配合物溶于水时较容易解离为内界和外界，而较难解离为中心离子和配

体。 （√）

6. 配位剂浓度越大，生成配合物的配位数越大。 （×）

7. 酸效应系数越大，配位滴定的pM突跃越大。 （×）

8. 配位滴定的直接法，其滴定终点所呈现的颜色是游离金属指示剂的颜色。 （√）

9. EDTA滴定中，溶液的酸度对滴定没有影响。 （×）

10. 金属指示剂和金属形成的配合物不稳定，叫指示剂的僵化。 （×）

11. EDTA是一个多齿配体，所以能和金属离子生成稳定的环状配合物。 （√）

12. 由于Al^{3+}能和EDTA生成稳定的配合物，所以可以直接滴定Al^{3+}。 （×）

13. $\alpha_{Y(H)}$值随溶液中pH值变化而变化，pH低，则$\alpha_{Y(H)}$值高，对配位滴定有利。 （×）

14. 铬黑T指示剂通常在pH = 10的缓冲溶液中使用。 （√）

15. EDTA标准溶液可用纯金属锌作基准物质进行标定。 （√）

10-2 选择题

1. 下列叙述中错误的是 （ A ）

A. 配合物必定是含有配离子的化合物

B. 配位键由配体提供孤对电子，形成体接受孤对电子而形成

C. 配合物的内界常比外界更不易解离

D. 配位键与共价键没有本质区别

2. 某配离子$[M(CN)_4]^{2-}$的中心离子M^{2+}以$(n-1)dnsnp$轨道杂化而形成配位键，则有关该配离子的说法正确的是 （ C ）

A. 内轨型，正四面体　　B. 外轨型，正四面体

C. 内轨型，平面正方形　　D. 外轨型，平面正方形

3. AgCl在$1mol \cdot L^{-1}$氨水中的溶解度比在纯水中大，其原因是 （ B ）

A. 盐效应　　B. 配位效应　　C. 酸效应　　D. 同离子效应

4. AgI在下列相同浓度的溶液中，溶解度最大的是 （ A ）

A. KCN　　B. $Na_2S_2O_3$　　C. KSCN　　D. $NH_3 \cdot H_2O$

5. 25 ℃时，在Ag^+的氨水溶液中，平衡时$c(NH_3)=2.98\times10^{-4}mol \cdot L^{-1}$，并认为有$c(Ag^+) = c([Ag(NH_3)_2]^+)$，忽略$Ag(NH_3)^+$的存在，则$[Ag(NH_3)_2]^+$的不稳定常数为 （ C ）

A. 2.98×10^{-4}　　B. 4.44×10^{-8}　　C. 8.88×10^{-8}　　D. 数据不足，无法计算

6. 在pH=5.7时，EDTA的存在形式为 （ C ）

A. H_6Y^{2+}　　B. H_3Y^-　　C. H_2Y^{2-}　　D. Y^{4-}

7. 在pH=1，$0.1mol \cdot L^{-1}$ EDTA介质中，Fe^{3+}/Fe^{2+}的条件电极电势$E^{\ominus f}(Fe^{3+}/Fe^{2+})$和其标准电极电势$E^{\ominus}(Fe^{3+}/Fe^{2+})$相比 （ A ）

A. $E^{\ominus f}(Fe^{3+}/Fe^{2+}) < E^{\ominus}(Fe^{3+}/Fe^{2+})$　　B. $E^{\ominus f}(Fe^{3+}/Fe^{2+}) > E^{\ominus}(Fe^{3+}/Fe^{2+})$

C. $E^{\ominus f}(Fe^{3+}/Fe^{2+}) = E^{\ominus}(Fe^{3+}/Fe^{2+})$　　D. 无法比较

8. 下列说法正确的是 （ C ）

A. pH值越低，则$\alpha_{Y(H)}$值越高，配合物越稳定

B. pH值越高，则$\alpha_{Y(H)}$值越高，配合物越稳定

C. pH值越高，则$\alpha_{Y(H)}$值越低，配合物越稳定

D. pH值越低，则$\alpha_{Y(H)}$值越低，配合物越稳定

9. EDTA的有效浓度$c(Y)$ （ A ）

A. 随溶液pH值的增大而增大　　B. 随溶液的酸度增大而增大
C. 与溶液酸度无关　　D. 等于EDTA初始浓度

10. 已知 $K^{\ominus}_{AgY}=2.1\times10^{7}$，则用EDTA能否直接滴定 Ag^{+}　（ B ）
A. 能滴定　　B. 不能滴定　　C. 间接滴定　　D. 不能确定

11. 金属指示剂的封闭，是因为　（ D ）
A. 指示剂不稳定　　B. MIn溶解度小　　C. $K^{\ominus'}_{MIn} < K^{\ominus'}_{MY}$　　D. $K^{\ominus'}_{MIn} > K^{\ominus'}_{MY}$

12. 用EDTA滴定 Bi^{3+} 时，为了消除 Fe^{3+} 的干扰，采用的掩蔽剂是　（ A ）
A. 抗坏血酸　　B. KCN　　C. 草酸　　D. 三乙醇胺

13. 用EDTA测定 Zn^{2+}、Al^{3+} 混合溶液中的 Zn^{2+}，为了消除 Al^{3+} 的干扰，可采用的方法是
（ A ）
A. 加入 NH_4F，配位掩蔽 Al^{3+}　　B. 加入NaOH，将 Al^{3+} 沉淀除去；
C. 加入三乙醇胺，配位掩蔽 Al^{3+}　　D. 控制溶液的酸度

14. 为了测定水中 Ca^{2+}、Mg^{2+} 的含量，可用以消除少量 Fe^{3+}、Al^{3+} 干扰的方法是　（ C ）
A. 于pH =10的氨性溶液中直接加入三乙醇胺
B. 于酸性溶液中加入KCN，然后调至pH = 10
C. 于酸性溶液中加入三乙醇胺，然后调至pH =10的氨性溶液
D. 加入三乙醇胺时，不需要考虑溶液的酸碱性

15. 欲用EDTA测定试液中的 SO_4^{2-}，则宜采用　（ D ）
A. 直接滴定法　　B. 返滴定法　　C. 置换滴定法　　D. 间接滴定法

10-3 填空题

1. 命名下列配合物，并指出中心离子、配体、配位原子和配位数。

配合物	名　称	中心离子	配 体	配位原子	配位数
$Cu[SiF_6]$	六氟合硅(Ⅳ)酸铜	Si (Ⅳ)	F^-	F	6
$K_3[Cr(CN)_6]$	六氰合铬(Ⅲ)酸钾	Cr (Ⅲ)	CN^-	C	6
$[Zn(OH)(H_2O)_3]NO_3$	硝酸一羟基·三水合锌(Ⅱ)	Zn (Ⅱ)	OH^-、H_2O	O	4
$[CoCl_2(NH_3)_3(H_2O)]Cl$	氯化二氯·三氨·一水合钴(Ⅲ)	Co(Ⅲ)	Cl^-、NH_3、H_2O	Cl、N、O	6
$[Cu(NH_3)_4][PtCl_4]$	四氯合铂(Ⅱ)酸四氨合铜(Ⅱ)	Cu(Ⅱ)、Pt(Ⅱ)	NH_3、Cl^-	N、Cl	均为4

2. KCN为剧毒物质，而 $K_4[Fe(CN)_6]$ 则无毒，这是因为 $K_4[Fe(CN)_6]$ 的稳定常数大，解离出的 CN^- 少 。

3. EDTA是一种氨羧配位剂，名称 乙二胺四乙酸 ，用符号 H_4Y 表示。配制标准溶液时一般采用EDTA二钠盐，分子式为 $Na_2H_2Y\cdot2H_2O$ 。

4. 一般情况下，水溶液中的EDTA总是以 H_6Y^{2+}、H_5Y^{+}、H_4Y、H_3Y^{-}、H_2Y^{2-}、HY^{3-} 和 Y^{4-} 等型体存在，其中以 Y^{4-} 与金属离子形成的配合物最稳定。除个别金属离子外，EDTA与金属离子形成配合物时，配位比都是 1:1 。

5. $K^{\ominus'}_{MY}$ 称 条件稳定常数 ，其计算式为 $\lg K^{\ominus'}_{MY}=\lg K^{\ominus}_{MY}+\lg\alpha_{MY}-\lg\alpha_{M}-\lg\alpha_{Y}$ 。

6. 配位滴定曲线中，滴定突跃的大小取决于<u>金属离子的分析浓度 c(M)</u>和<u>配合物的条件稳定常数 $K_{MY}^{\ominus'}$</u>。

7. $K_{MY}^{\ominus'}$ 值是判断配位滴定误差大小的重要依据。在pM′一定时，$K_{MY}^{\ominus'}$ 越大，配位滴定的准确度<u>越高</u>。影响 $K_{MY}^{\ominus'}$ 的因素有<u>酸度、干扰离子、其他配位剂及 OH^- 的影响</u>，其中酸度愈高，<u>$\alpha_{Y(H)}$</u>愈大，lg $K_{MY}^{\ominus'}$ 值<u>越小</u>。

8. 配位滴定中，直接滴定法定量滴定的必要条件是<u>$\lg c(M) K_{MY}^{\ominus'} \geqslant 6$</u>。

9. 配位滴定中使用的金属指示剂本身是<u>有机染料</u>而显色，同时又是<u>配位剂</u>。

10. 配位滴定法可以通过控制溶液的<u>酸度</u>和利用<u>掩蔽剂</u>来消除干扰。

11. 水的总硬度的测定，是在pH =<u>10</u>的缓冲溶液中，以<u>铬黑T</u>为指示剂进行滴定。

12. 欲用EDTA滴定法分析试样中Zn含量，现有基准物质Cu、ZnO、$CaCO_3$等，宜选用<u>ZnO</u>作为标定EDTA溶液的基准物质，原因是<u>标定条件与样品测试条件一致，以减小误差</u>。

10-4 简答题

1. 写出下列配合物的化学式

(1) 三氯·一氨合铂(Ⅱ)酸钾　　(2) 四氰合镍(Ⅱ)离子

(3)五氰·一羰基合铁(Ⅲ)酸钠　　(4)四异硫氰酸根·二氨合铬(Ⅲ)酸铵

解　(1)$K[PtCl_3(NH_3)]$；(2)$[Ni(CN)_4]^{2-}$；(3)$Na_2[Fe(CN)_5CO]$；(4)$NH_4[Cr(NCS)_4(NH_3)_2]$

2. 已知$[MnBr_4]^{2-}$和$[Mn(CN)_6]^{3-}$的磁矩分别为5.9和2.8 B.M.，试根据价键理论推测这两种配离子中d电子的分布情况、中心离子的杂化类型以及它们的空间构型。

解

配离子	μ/B.M.	配离子中d电子单电子数	杂化类型	空间构型	内、外轨类型
$[MnBr_4]^{2-}$	5.9	5	sp^3	正四面体	外
$[Mn(CN)_6]^{3-}$	2.8	2	d^2sp^3	正八面体	内

3. 向含有$[Ag(NH_3)_2]^+$的溶液中分别加入下列物质，则平衡 $[Ag(NH_3)_2]^+ \rightleftharpoons Ag^+ + 2NH_3$移动方向如何？(1) 稀$HNO_3$；(2) $NH_3 \cdot H_2O$；(3) Na_2S溶液。

解　(1)平衡向右移动；(2)平衡向左移动；(3)平衡向右移动。

4. 为什么配位滴定一定要控制酸度，如何选择和控制滴定体系的pH值？

解　滴定体系的酸度越大，$\alpha_{Y(H)}$值越大，$K_{MY}^{\ominus'}$ 值越小，使pM′突跃变小；其次，有的滴定反应会释放出H^+，使酸度变大，造成 $K_{MY}^{\ominus'}$ 在滴定过程中逐渐变小，而且有可能破坏指示剂变色的最适宜酸度范围。因此，一般在配位滴定中都使用缓冲溶液，使体系的pH值基本保持不变。根据酸效应曲线可以确定滴定某一金属离子时的最低pH值，最高pH值的确定在只考虑酸效应的配位滴定系统中，仅由金属离子水解时的pH值决定，可借助于该金属离子$M(OH)_n$的溶度积求算。在此最高和最低酸度之间的范围内，只要有合适的指示终点的方法，均能获得较准确的结果，超过上限，误差增大，超过下限，产生沉淀，不利于滴定。

5. Ca^{2+}与PAN不显色，但在pH = 10~12时，加入适量的CuY，却可以用PAN作为滴定Ca^{2+}的指示剂，为什么？

解　在pH=10~12下，有PAN存在时加入适量的CuY，可以发生如下反应：

CuY(蓝色) + PAN(黄色) + M ⟶ MY + Cu-PAN

(黄绿色) (紫红色)

Cu-PAN是一种间接指示剂,加入的EDTA与Ca^{2+}定量络合后,稍过量的滴定剂就会夺取Cu-PAN中的Cu^{2+},而使PAN游离出来。

Cu-PAN+Y ⟶ CuY +PAN 表明滴定达终点

(紫红色) (黄绿色)

10-5 计算题

1. 在$c_0(Al^{3+})$ = 0.010 mol·L^{-1}的溶液中,加入NaF固体,使游离的F^-浓度为0.10 mol·L^{-1}。计算溶液中$c(Al^{3+})$和$c([AlF_6]^{3-})$。(已知:$[AlF_6]^{3-}$的$\lg\beta_1^\ominus \sim \lg\beta_6^\ominus$为6.1、11.2、15.0、17.7、19.4、19.7。)

解 $Al^{3+} + F \rightleftharpoons AlF^{2+}$ $\beta_1^\ominus = \dfrac{c(AlF^{2+})}{c(Al^{3+})c(F^-)}$ $c(AlF^{2+}) = \beta_1^\ominus c(Al^{3+})\,c(F^-) = 10^{5.1}\times c(Al^{3+})$

$Al^{3+} + 2\,F^- \rightleftharpoons AlF_2^+$ $\beta_2^\ominus = \dfrac{c(AlF_2^+)}{c(Al^{3+})c(F^-)^2}$ $c(AlF_2^+) = 10^{9.2}\times c(Al^{3+})$

$Al^{3+} + 3\,F^- \rightleftharpoons AlF_3$ $\beta_3^\ominus = \dfrac{c(AlF_3)}{c(Al^{3+})c(F^-)^3}$ $c(AlF_3) = 10^{12.0}\times c(Al^{3+})$

$Al^{3+} + 4\,F^- \rightleftharpoons AlF_4^-$ $\beta_4^\ominus = \dfrac{c(AlF_4^-)}{c(Al^{3+})c(F^-)^4}$ $c(AlF_4^-) = 10^{13.7}\times c(Al^{3+})$

$Al^{3+} + 5\,F^- \rightleftharpoons AlF_5^{2-}$ $\beta_5^\ominus = \dfrac{c(AlF_5^{2-})}{c(Al^{3+})c(F^-)^5}$ $c(AlF_5^{2-}) = 10^{14.4}\times c(Al^{3+})$

$Al^{3+} + 6\,F^- \rightleftharpoons AlF_6^{3-}$ $\beta_6^\ominus = \dfrac{c(AlF_6^{3-})}{c(Al^{3+})c(F^-)^6}$ $c(AlF_6^{3-}) = 10^{13.7}\times c(Al^{3+})$

因为$c_0(Al^{3+})$ = 0.010 mol·L^{-1},所以有:

$c(Al^{3+}) + 10^{5.1}c(Al^{3+}) + 10^{9.15}c(Al^{3+}) + 10^{12.0}c(Al^{3+}) + 10^{13.7}c(Al^{3+}) + 10^{14.4}c(Al^{3+}) + 10^{13.7}c(Al^{3+}) = 0.010$

$3.52\times10^{14}c(Al^{3+}) = 0.010$

$c(Al^{3+}) = 2.9\times10^{-17}$ mol·L^{-1}

将$c(Al^{3+})$的浓度代入式子$c(AlF_6^{3-}) = 10^{13.7}c(Al^{3+})$,得到:

$c(AlF_6^{3-}) = 1.4\times10^{-3}$ mol·L^{-1}

2. 0.1 g固体AgBr能否完全溶解于100 mL 1 mol·L^{-1}氨水中?(已知:$K_f^\ominus[Ag(NH_3)_2]^+ = 1.1\times10^7$; $K_{sp}^\ominus(AgBr) = 5.3\times10^{-13}$。)

解 $AgBr + 2\,NH_3 \rightleftharpoons [Ag(NH_3)_2]^+ + Br^-$ $K^\ominus$

$$K^\ominus = \frac{c([Ag(NH_3)_2]^+)\,c(Br^-)}{c(NH_3)^2}\cdot\frac{c(Ag^+)}{c(Ag^+)} = K_f^\ominus([Ag(NH_3)_2]^+)\cdot K_{sp}^\ominus(AgBr)$$

$K^\ominus = 5.8\times10^{-6}$

现假设0.1 g固体AgBr完全溶解于100 mL氨水中,至少需要氨水的浓度为x mol·L^{-1}:

$$c([Ag(NH_3)_2]^+) = c(Br^-) = \frac{0.1}{187.8\times0.1} = 5.3\times10^{-3}\ \text{mol}\cdot\text{L}^{-1}$$

根据：$K^{\ominus}=\dfrac{c([Ag(NH_3)_2]^+)c(Br^-)}{x^2}$

$5.8\times10^{-6}=\dfrac{(5.3\times10^{-3})^2}{x^2}$

$x=2.2\ mol\cdot L^{-1}$

即至少需要氨水的浓度为2.2 $mol\cdot L^{-1}$，所以0.1 g固体AgBr不能完全溶解于100 mL 1 $mol\cdot L^{-1}$氨水中。

3. 将40 mL 0.10 $mol\cdot L^{-1}AgNO_3$溶液和20 mL 6.0 $mol\cdot L^{-1}$氨水混合并稀释至100 mL。试计算：(1)平衡时溶液中Ag^+、$[Ag(NH_3)_2]^+$和NH_3的浓度。

(2)在混合稀释后的溶液中加入0.01 mol KCl固体，是否有AgCl沉淀产生？

(3)若要阻止AgCl沉淀生成，则应取12.0 $mol\cdot L^{-1}$氨水多少毫升？

(已知：$K_f^{\ominus}[Ag(NH_3)_2]^+=1.1\times10^7$；$K_{sp}^{\ominus}(AgCl)=1.77\times10^{-10}$。)

解 (1)混合后各物质的原始浓度：

$c_0(Ag^+)=0.10\times\dfrac{40}{100}=0.04\ mol\cdot L^{-1}$

$c_0(NH_3)=6.0\times\dfrac{20}{100}=1.20\ mol\cdot L^{-1}$

设下列反应平衡时$c(Ag^+)=x\ mol\cdot L^{-1}$

$$Ag^+ + 2NH_3 \rightleftharpoons [Ag(NH_3)_2]^+ \qquad K_f^{\ominus}$$

	Ag^+	$2NH_3$	$[Ag(NH_3)_2]^+$
$c_{原始}/(mol\cdot L^{-1})$	0.04	1.20	0.00
$c_{反应}/(mol\cdot L^{-1})$	$0.04-x$	$2(0.04-x)$	$0.04-x$
$c_{平衡}/(mol\cdot L^{-1})$	x	$1.12+2x\approx1.12$	$0.04-x\approx0.04$

$K_f^{\ominus}=\dfrac{c([Ag(NH_3)_2]^+)}{c(NH_3)^2c(Ag^+)}=\dfrac{0.04}{1.12^2x}=1.12\times10^7$

$x=2.85\times10^{-9}$

所以平衡时：

$c(Ag^+)=2.85\times10^{-9}\ mol\cdot L^{-1}$

$c(NH_3)\approx1.12\ mol\cdot L^{-1}$

$c[Ag(NH_3)_2^+]\approx0.04\ mol\cdot L^{-1}$

(2)因为$c(Ag^+)=2.85\times10^{-9}\ mol\cdot L^{-1}$，$c(Cl^-)=0.10\ mol\cdot L^{-1}$

所以$Q=2.85\times10^{-9}\times0.10=2.85\times10^{-10}>K_{sp}^{\ominus}(AgCl)=1.77\times10^{-10}$

能产生AgCl沉淀

(3)要阻止AgCl沉淀产生，应加入浓度大点的氨水，设平衡时氨水浓度为$x\ mol\cdot L^{-1}$

$$AgCl+2NH_3 \rightleftharpoons [Ag(NH_3)_2]^+ + Cl^- \qquad K_f^{\ominus}$$

	$2NH_3$	$[Ag(NH_3)_2]^+$	Cl^-
平衡浓度/$(mol\cdot L^{-1})$	x	0.04	0.10

$K^{\ominus}=\dfrac{c([Ag(NH_3)_2]^+)c(Cl^-)}{c(NH_3)^2}\cdot\dfrac{c(Ag^+)}{c(Ag^+)}=K_f^{\ominus}([Ag(NH_3)_2]^+)\cdot K_{sp}^{\ominus}(AgCl)=1.98\times10^{-3}$

即 $\dfrac{0.04\times0.10}{x^2}=1.98\times10^{-3}$

$x=1.42\ mol\cdot L^{-1}$

则要求100 mL溶液中原始NH_3浓度为$1.42+2\times0.04=1.50\ mol\cdot L^{-1}$

应取12.0 mol·L^{-1}氨水的体积$V=\dfrac{1.50\times 100}{12}=12.5$ mL

4. 一个铜电极浸在含1 mol·L^{-1} $[Cu(NH_3)_4]^{2+}$和1 mol·L^{-1}氨水中，一个银电极浸在含1 mol·L^{-1} $AgNO_3$溶液中，求组成电池的电动势。(已知：$K_f^{\ominus}([Cu(NH_3)_4]^{2+})=2.08\times 10^{13}$；$E^{\ominus}(Cu^{2+}/Cu)=0.337$ V；$E^{\ominus}(Ag^+/Ag)=0.799$ V。)

解　$Cu^{2+}+4\,NH_3 \rightleftharpoons [Cu(NH_3)_4]^{2+}$　$K_f^{\ominus}$

$$K_f^{\ominus}=\frac{c([Cu(NH_3)_4]^{2+})}{c(Cu^{2+})c(NH_3)^4}=\frac{1}{c(Cu^{2+})}$$

$$c(Cu^{2+})=\frac{1}{K_f^{\ominus}}=4.81\times 10^{-14}\,\text{mol}\cdot\text{L}^{-1}$$

将$c(Cu^{2+})$代入能斯特方程式：

$$E^{\ominus}([Cu(NH_3)_4]^{2+}/Cu)=E(Cu^{2+}/Cu)=E^{\ominus}(Cu^{2+}/Cu)-\frac{0.0592}{2}\lg\frac{1}{c(Cu^{2+})}$$

$$=0.337+0.0296\times\lg(4.81\times 10^{-14})=-0.057\text{ V}$$

$E^{\ominus}(Ag^+/Ag)=0.799$ V

$\varepsilon^{\ominus}=E^{\ominus}(Ag^+/Ag)-E^{\ominus}([Cu(NH_3)_4]^{2+}/Cu)=0.779-(-0.057)=0.836$ V

5. pH = 3.0时，能否用EDTA标准溶液准确滴定0.010 mol·L^{-1}的Cu^{2+}？pH = 5.0时又怎样？计算滴定Cu^{2+}的最低和最高pH值。(已知：$K_{sp}^{\ominus}(Cu(OH)_2)=2.20\times 10^{-20}$。)

解　查看教材p334图10-13 EDTA的酸效应曲线可知，用EDTA标准溶液准确滴定0.010 mol·L^{-1}的Cu^{2+}要求最低pH为2.92。

需要考虑滴定时Cu^{2+}不水解的最低酸度，即最高pH，可由$Cu(OH)_2$的溶度积求得，当Cu^{2+}刚好形成$Cu(OH)_2$沉淀时，必须满足下式：

$$c(OH^-)=\sqrt{\frac{K_{sp}^{\ominus}(Cu(OH)_2)}{c(Cu^{2+})}}=\sqrt{\frac{2.20\times 10^{-20}}{0.010}}=1.48\times 10^{-9}$$

pH = 5.17

即EDTA滴定0.010 mol·L^{-1} Cu^{2+}的pH范围为$2.92<pH<5.17$

所以pH = 3.0和pH = 5.0时均能用EDTA标准溶液准确滴定0.010 mol·L^{-1}的Cu^{2+}。

6. 用0.01060 mol·L^{-1} EDTA标准溶液滴定水中的钙和镁含量。准确移取100.0 mL水样，以铬黑T为指示剂，在pH = 10时滴定，消耗EDTA溶液31.30 mL；另取一份100.0 mL水样，加NaOH溶液使呈强碱性，用钙指示剂指示终点，消耗EDTA溶液19.20 mL，计算水中钙和镁的含量(以CaO mg·L^{-1}和$MgCO_3$ mg·L^{-1}表示)。

解　滴定钙镁总量消耗的EDTA的量为31.30 mL，滴定钙消耗的EDTA的量为19.20 mL，所以滴定镁消耗的EDTA的量为31.30−19.20 = 12.10 mL：

$$\rho(CaO)=\frac{0.01060\times 19.20\times 56.08}{100}=0.1141\text{ g}\cdot\text{L}^{-1}$$

$$\rho(MgCO_3)=\frac{0.01060\times 12.10\times 84.31}{100}=0.1081\text{ g}\cdot\text{L}^{-1}$$

7. 称取0.5000 g黏土试样，用碱熔后分离除去SiO_2，用容量瓶配成250 mL溶液。吸取100.00 mL，在pH=2 ~ 2.5的热溶液中用磺基水杨酸作指示剂，用0.02000 mol·L^{-1} EDTA溶液滴定Fe^{3+}离子，用去7.20 mL。滴完Fe^{3+}后的溶液，在pH = 3时加入过量EDTA溶液，煮沸后再调 pH = 4 ~ 6,用PAN作指示剂,用硫酸铜标准溶液(每毫升含 $CuSO_4 \cdot 5H_2O$ 为 0.005000 g)滴定至溶液呈紫红色。再加入 NH_4F,煮沸后用硫酸铜标准溶液滴定,用去 25.20 mL。试计算黏土中 Fe_2O_3 和 Al_2O_3 的质量分数。

解 $n(Fe_2O_3) = \frac{1}{2} n(Fe^{3+}) = \frac{1}{2} \times c(EDTA) \cdot V(EDTA) = \frac{1}{2} \times 0.02000 \times 7.20 \times 10^{-3}$

$= 7.20 \times 10^{-5}$ mol

$AlY^- + 6F^- = Y^{4-} + AlF_6^{3-}$

$Cu^{2+} + Y^{4-} = CuY^{2-}$

$n(Al^{3+}) = n(EDTA) = n(Cu^{2+})$

$n(Al_2O_3) = \frac{1}{2} \times n(Al^{3+}) = \frac{0.005000 \times 25.20}{2 \times 249.62} = 2.52 \times 10^{-4}$ mol

$$w(Fe_2O_3) = \frac{n(Fe_2O_3)M(Fe_2O_3)}{m_s} = \frac{7.20 \times 10^{-5} \times 159.7}{0.5000 \times \frac{100}{250}} = 0.0575$$

$$w(Al_2O_3) = \frac{n(Al_2O_3)M(Al_2O_3)}{m_s} = \frac{2.52 \times 10^{-4} \times 102.0}{0.5000 \times \frac{100}{250}} = 0.1285$$

8. 分析含铜锌镁合金时,称取0.5000 g试样,溶解后用容量瓶配成100.00 mL试样。吸取25.00 mL,调至pH=6,以PAN作指示剂,用 0.05000 $mol \cdot L^{-1}$ EDTA标准溶液滴定铜和锌,用去37.30 mL。另外吸取25.00 mL试液,调至pH=10,加KCN,以掩蔽铜和锌,消耗同浓度EDTA 4.10 mL。然后再滴加甲醛以解蔽锌,又消耗EDTA溶液13.40 mL。计算试样中铜、锌、镁的质量分数。(已知:$M(Cu)=63.55\ g \cdot mol^{-1}$, $M(Zn)=65.39\ g \cdot mol^{-1}$, $M(Mg)=24.31\ g \cdot mol^{-1}$。)

解 pH=6时,Cu^{2+}、Zn^{2+}被滴定,Mg^{2+}不被滴定。

$n(Cu) + n(Zn) = c(EDTA) \cdot V_1$

$V_1 = 37.30$ mL

pH=10时,KCN掩蔽 Cu^{2+}、Zn^{2+},Mg^{2+}被滴定。

$n(Mg) = c(EDTA) \cdot V_2$

$V_2 = 4.10$ mL

滴加甲醛以解蔽锌,Zn^{2+}被滴定。

$n(Zn) = c(EDTA) \cdot V_3$

$V_3 = 13.40$ mL

$$w(Mg) = \frac{0.05000 \times 4.10 \times 100 \times 24.31}{25 \times 0.5000 \times 1000} = 0.0399$$

$$w(Zn) = \frac{0.05000 \times 13.40 \times 100 \times 65.39}{25 \times 0.5000 \times 1000} = 0.3505$$

$$w(Cu) = \frac{0.05000 \times (37.30 - 13.40) \times 100 \times 63.55}{25 \times 0.5000 \times 1000} = 0.6075$$

10.4 自测题及答案

一、是非题

1. 包含配离子的配合物都易溶于水,这是它们与一般离子化合物的显著区别。( )

2. 配合物中由于存在配位键,所以配合物都是弱电解质。( )

3. 价键理论认为，中心原子空的价轨道与具有孤对电子的配位原子原子轨道重叠时能形成配位键。 (　　)

4. Fe(Ⅲ)形成配位数为6的外轨型配合物中，Fe^{3+}离子接受孤对电子的空轨道是sp^3d^2。 (　　)

5. $[Cu(NH_3)_3]^{2+}$的逐级稳定常数 $K_3^{\ominus}$ 是反应$[Cu(NH_3)_2]^{2+}+NH_3 \rightleftharpoons [Cu(NH_3)_3]^{2+}$的平衡常数。 (　　)

6. 根据稳定常数的大小，即可比较不同配合物的稳定性，即 $K_f^{\ominus}$ 愈大，该配合物愈稳定。 (　　)

7. 对同一中心离子，形成外轨型配离子时磁矩大，形成内轨型配合物时磁矩小。(　　)

8. EDTA滴定金属离子到达终点时，溶液呈现的颜色是MY的颜色。 (　　)

9. 当用EDTA滴定某金属离子时，金属离子浓度越大，配位滴定的突跃范围越大。 (　　)

10. 当用EDTA滴定某金属离子时，溶液pH越大，配位滴定的突跃范围越大。 (　　)

11. 由酸效应曲线可得金属离子能以EDTA配位滴定法进行测定的最高pH值。(　　)

12. EDTA滴定中消除共存离子干扰的通用方法是控制溶液的酸度。 (　　)

13. 因$\lg K_{FeY}^{\ominus} = 25.1$，$\lg K_{AlY}^{\ominus} =16.3$，所以可通过控制溶液酸度的方法来实现混合物中$Fe^{3+}$、$Al^{3+}$的连续分步滴定。 (　　)

14. 铬黑T指示剂在pH=7 ~ 10范围内使用，其目的是减少干扰离子的影响。 (　　)

15. 金属指示剂与金属离子生成的配合物越稳定，测定准确度越高。 (　　)

16. 金属指示剂也是一种配位剂，它能与金属离子形成与其本身颜色显著不同的配合物而指示滴定终点。 (　　)

17. 为避免EDTA滴定终点拖后现象的发生，金属指示剂应具有良好的变色可逆性。 (　　)

18. 在酸性条件下，用EDTA滴定Zn^{2+}、Al^{3+}中的Zn^{2+}时，用NH_4F可较为理想地掩蔽Al^{3+}。 (　　)

19. 配位滴定中，酸效应系数越小，生成的配合物稳定性越高。 (　　)

20. 溶液的酸度越小，EDTA与金属离子越易配位。 (　　)

二、选择题

1. 关于配合物，下列说法错误的是 (　　)

A. 配体是一种可以给出孤对电子或π键电子的离子或分子

B. 配位数是中心离子(或原子)接受配位原子的数目

C. 配合物的形成体通常是过渡金属元素

D. 配位键的强度可以与氢键相比较

2. 下面关于螯合物的叙述正确的是 (　　)

A. 有两个以上配位原子的配体均生成螯合物

B. 螯合物和具有相同配位原子的非螯合物稳定性相差不大

C. 螯合物的稳定性与环的大小有关，与环的多少无关

D. 起螯合作用的配体为多齿配体，称为螯合剂

3. 以下说法正确的是 (　　)

A. 配合物由正负离子组成

B. 配合物由内界与外界组成

C. 电负性大的元素充当配位原子,其配位能力就强

D. $Pt(NH_3)_2Cl_2$具有异构体

4. 下列说法错误的是 ( )

A. 内轨型配离子比外轨型配离子更稳定,解离程度小

B. $[Ag(NH_3)_2]^+$的一级稳定常数 $K_{f,1}^{\ominus}$ 与二级解离常数 $K_{d,2}^{\ominus}$ 的乘积等于1

C. $[Cu(NH_3)_4]^{2+}$比$[Cu(en)_2]^{2+}$稳定

D. 配位数就是配位原子的个数

5. 分子中既存在离子键、共价键还存在配位键的有 ( )

A. Na_2S B. $AlCl_3$ C. $[Co(NH_3)_6]Cl_3$ D. KCN

6.下列离子中,能较好地掩蔽水溶液中Fe^{3+}离子的是 ( )

A.F^- B.Cl^- C. Br^- D. I^-

7. 下列各组配合物中,中心离子氧化数相同的是 ( )

A. $K[Al(OH)_4]$ $K_2[Co(NCS)_4]$ B. $[Ni(CO)_4]$ $[Mn_2(CO)_{10}]$

C. $H_2[PtCl_6]$ $[Pt(NH_3)_2Cl_2]$ D. $K_2[Zn(OH)_4]$ $K_3[Co(C_2O_4)_3]$

8. $[Cr(Py)_2(H_2O)Cl_3]$中Py代表吡啶,这个化合物的名称是 ( )

A. 三氯化一水二吡啶合铬(Ⅲ) B. 一水合三氯化二吡啶合铬(Ⅲ)

C. 三氯一水二吡啶合铬(Ⅲ) D. 二吡啶一水三氯化铬(Ⅲ)

9. 下列命名正确的是 ( )

A. $[Co(ONO)(NH_3)_5Cl]Cl_2$ 亚硝酸根三氯·五氨合钴(Ⅲ)

B. $[Co(NO_2)_3(NH_3)_3]$ 三亚硝基·三氨合钴(Ⅲ)

C. $[CoCl_2(NH_3)_3]Cl$ 氯化二氯·三氨合钴(Ⅲ)

D. $[CoCl_2(NH_3)_4]Cl$ 氯化四氨·氯气合钴(Ⅲ)

10. 影响中心离子(或原子)配位数的主要因素有 ( )

A. 中心离子(或原子)能提供的价层空轨道数

B. 空间效应,即中心离子(或原子)的半径与配位体半径之比越大,配位数越大

C. 配位数随中心离子(或原子)电荷数增加而增大

D. 以上三条都是

11. 下列分子或离子能做螯合剂的是 ( )

A. H_2N-NH_2 B. CH_3COO^- C. HO−OH D.$H_2NCH_2CH_2NH_2$

12. 下列各配合物具有平面正方形或八面体的几何构型,其中CO_3^{2-}离子作为螯合剂的是 ( )

A. $[Co(NH_3)_5CO_3]^+$ B. $[Co(NH_3)_3CO_3]^+$ C. $[Pt(en)CO_3]$ D. $[Pt(en)(NH_3)CO_3]$

13. $CoCl_3·4NH_3$用H_2SO_4溶液处理再结晶,SO_4^{2-}可以取代化合物中部分Cl^-,但NH_3的物质的量不变,用过量$AgNO_3$处理该化合物溶液,有AgCl沉淀生成,过滤后,再加入$AgNO_3$而无变化,但加热至沸又产生AgCl沉淀,其沉淀量为第一次沉淀量的2倍,故该化合物的化学式为 ( )

A. $[Co(NH_3)_4]Cl_3$ B. $[Co(NH_3)_4Cl]Cl_2$ C. $[Co(NH_3)_4Cl_2]Cl$ D. $[Co(NH_3)_4Cl_3]$

14. 下列配离子在强酸中能稳定存在的是 ( )

A. $[Fe(C_2O_4)_3]^{3-}$　　B. $[AlF_6]^{3-}$　　C. $[AgCl_2]^-$　　D. $[Mn(NH_3)_6]^{2+}$

15. 已知 $\lg\beta_2^\ominus\left[Ag(NH_3)_2^+\right]=7.05$，$\lg\beta_2^\ominus\left[Ag(CN)_2^-\right]=21.7$，$\lg\beta_2^\ominus\left[Ag(SCN)_2^-\right]=7.57$，$\lg\beta_2^\ominus\left[Ag(S_2O_3)_2^{3-}\right]=13.46$；当配位剂的浓度相同时，AgCl在哪种溶液中的溶解度最大（　　）

A. $NH_3\cdot H_2O$　　B. KCN　　C. NaSCN　　D. $Na_2S_2O_3$

16. Cu^{2+}离子不能与下列哪种配位体形成具有五元环的螯合离子（　　）

A. $C_2O_4^{2-}$　　B. EDTA　　C. $H_2NCH_2CH_2NH_2$　　D. $^-OOCCH_2COO^-$

17. 下列叙述中不正确的是（　　）

A. EDTA与金属离子形成螯合物时，其组成比一般是1∶1

B. 除ⅠA外，EDTA与金属离子一般可形成稳定配合物

C. EDTA与金属离子形成的配合物一般带电荷，故在水中易溶

D. 若不考虑水解效应，EDTA与金属配合物的稳定性不受介质酸度影响

18. 在配位滴定中，金属离子与EDTA形成配合物越稳定，在滴定时允许的pH值（　　）

A. 越高　　B. 越低　　C. 中性　　D. 不一定

19. 用EDTA作滴定剂时，下列叙述中错误的是（　　）

A. 在酸度较高的溶液中可形成MHY配合物

B. 在碱性较高的溶液中，可形成MOHY配合物

C. 不论形成MHY或MOHY，均有利于配位滴定反应

D. 不论溶液pH值大小，只形成MY一种形式的配合物

20.下列有关 $\alpha_{Y(H)}$叙述正确的是（　　）

A. $\alpha_{Y(H)}$随酸度减小而增大　　B. $\alpha_{Y(H)}$随pH值增大而减小

C. $\alpha_{Y(H)}$随酸度增大而减小　　D. $\alpha_{Y(H)}$与pH变化无关

21. 当只考虑酸效应时，条件稳定常数 $K_{MY}^{\ominus\prime}$ 与绝对稳定常数 $K_{MY}^{\ominus}$ 之间的关系是（　　）

A. $K_{MY}^{\ominus\prime}<K_{MY}^{\ominus}$　　B. $K_{MY}^{\ominus\prime}=K_{MY}^{\ominus}$

C. $\lg K_{MY}^{\ominus\prime}=\lg K_{MY}^{\ominus}-\lg\alpha_{Y(H)}$　　D. $\lg K_{MY}^{\ominus\prime}=\lg K_{MY}^{\ominus}+\lg\alpha_{Y(H)}$

22. 用EDTA滴定金属离子，为达到误差≤0.2%，应满足的条件是（　　）

A. $c\cdot K_a^\ominus\geqslant10^{-8}$　　B. $c\cdot K_{MY}^\ominus\geqslant10^{-8}$　　C. $c\cdot K_{MY}^{\ominus\prime}\geqslant10^{6}$　　D. $c\cdot K_{MY}^\ominus\geqslant10^{6}$

23. 用EDTA直接滴定有色金属离子，终点所呈现的颜色是（　　）

A. 指示剂-金属离子配合物的颜色　　B. 游离指示剂的颜色

C. EDTA-金属离子配合物的颜色　　D. B和C的混合颜色

24. 某溶液主要含有Ca^{2+}、Mg^{2+}及少量Fe^{3+}、Al^{3+}，今在溶液中加入三乙醇胺后，调节pH为10，用EDTA滴定，以铬黑T为指示剂，则测出的是（　　）

A. Mg^{2+}含量　　B. Ca^{2+}含量

C. Ca^{2+}、Mg^{2+}总量　　D. Fe^{3+}、Al^{3+}、Ca^{2+}、Mg^{2+}总量

25. 配位滴定法测定Al^{3+}的含量(不含其他杂质离子)，最常用的简便方法是（　　）

A. 直接滴定法　　B. 间接滴定法　　C. 返滴定法　　D. 置换滴定法

26. 在Ca^{2+}、Mg^{2+}的混合液中，用EDTA法测定Ca^{2+}时，消除Mg^{2+}干扰最简便的方法是（　　）

A. 控制酸度法　　B. 配位掩蔽法　　C. 氧化还原掩蔽法　　D. 沉淀掩蔽法

27. 在用EDTA滴定Zn^{2+}时，由于加入了氨缓冲溶液，使NH_3与Zn^{2+}发生作用，从而引起Zn^{2+}与EDTA反应的能力降低，我们称此为 ( )

A. 酸效应 B. 配位效应 C. 水解效应 D. 干扰效应

28. Fe^{3+}、Al^{3+}对铬黑T有 ( )

A. 僵化作用 B. 封闭作用 C. 沉淀作用 D. 氧化作用

三、填空题

1. 配合物$[Co(NH_3)_4(H_2O)_2]_2(SO_4)_3$的内界是________，配位体是________，配位原子是________，配位数为________，配离子的电荷是________。

2. 八面体配合物的化学式为$K_2CoCl_2I_2(NH_3)_2$，已知其配位数为6，电导实验表明，水溶液中的离子数目跟等浓度Na_2SO_4的相同，所以该配合物化学式应写成________，中心离子的配位数为________，其分子空间构型为________，命名为__________。

3. 配合物$[Co(en)_3]Cl_3$的名称为________，配位体是________，配位原子是________，中心离子的配位数为________。

4. 写出下列配合物的名称：$K_3[Fe(CN)_5CO]$________，$[Pt(NH_3)_4Cl_2][HgI_4]$________。

5. 下列几种配离子：$[Ag(CN)_2]^-$、FeF_6^{3-}、$[Fe(CN)_6]^{4-}$、$[Zn(NH_3)_4]^{2+}$(四面体)属于内轨型的有________。

6. 根据价键理论分析配合物$[Ni(en)_3]^{2+}$、$[Ni(NH_3)_6]^{2+}$、$[Ni(H_2O)_6]^{2+}$ 的稳定性从大到小的次序是________。

7. 实验测得$[Ni(NH_3)_4]^{2+}$的磁矩为2.8 B.M.，这表明其为________轨型配合物，空间构型为________；$[Pt(NH_3)_4]^{2+}$的空间构型为平面正方形，属于________杂化，为________轨型配合物，$[Pt(NH_3)_4]^{2+}$比$[Ni(NH_3)_4]^{2+}$的稳定性________。

8.下列几种物种：I^-、$NH_3 \cdot H_2O$、CN^- 和 S^{2-}，(1) 当________存在时，Ag^+的氧化能力最强；(2)当________存在时，Ag的还原能力最强。(已知：$K_{sp}^{\ominus}(AgI) = 8.51 \times 10^{-17}$，$K_{sp}^{\ominus}(Ag_2S) = 6.69 \times 10^{-50}$，$K_f^{\ominus}([Ag(NH_3)]^+) = 1.1 \times 10^7$，$K_f^{\ominus}([Ag(CN)_2]^+) = 1.3 \times 10^{21}$。)

9. EDTA为____齿配体，由于EDTA具有________和________两种配位能力很强的配位原子，所以能和许多金属离子形成稳定的________，EDTA与金属离子形成配合物的过程中，由于有________产生，应加________控制溶液的酸度。

10. EDTA配合物的稳定性与溶液的酸度有关，若仅仅考虑酸效应，酸度愈________(填“大”或“小”)，配合物愈稳定；若仅仅考虑羟合效应，则要求溶液酸度越________(填“大”或“小”)越好。EDTA酸效应曲线图中，金属离子位置所对应的pH值，就是滴定这种金属离子所允许的________(填“最低”或“最高”)pH值，如果________(填“小于”或“大于”)该值，滴定就不能定量进行。

11. 配位滴定所用的滴定剂本身是碱，容易接受质子，因此酸度对滴定剂的副反应是严重的。这种由于________存在，而使配位体参加________能力降低的现象称为酸效应。

12. 配位滴定曲线中滴定突跃的大小取决于________和________。滴定过程中金属离子与指示剂形成配合物MIn的稳定性应适当，要求MIn的稳定性应略________(填“低”或“高”)于MY的稳定性，若金属指示剂和金属形成的配合物太稳定，叫指示剂的________。

13. 用EDTA测定Ca^{2+}、Mg^{2+}离子共存的硬水中各种组分的含量，其方法是用________调节溶液的pH为10，以________为指示剂，用EDTA测得________。另取同体积硬水加入______调节溶液的pH值为12，再用EDTA滴定测得________。

四、简答题

1. $CuCl_2$的浓溶液逐渐加水稀释时，溶液的颜色逐渐由黄绿色经绿色而变蓝色。

2. KI溶液中加入$[Ag(NH_3)_2]NO_3$溶液，能使Ag^+形成不溶物而析出；但将KI加入$K[Ag(CN)_2]$溶液后，不能有沉淀形成。为什么？

3. 用价键理论说明配离子$[Ni(NH_3)_4]^{2+}$和$[Ni(CN)_4]^{2-}$的类型和磁性。

4. 实验测得$[Fe(CN)_6]^{3-}$和$[Fe(H_2O)_6]^{3+}$的磁矩分别为1.8 B.M.、5.9 B.M.，试用价键理论说明中心离子的杂化方式及配离子的类型。

5. 若用于配制EDTA溶液的水中含有Ca^{2+}、Mg^{2+}，在pH=5~6时，以二甲酚橙作指示剂，用Zn^{2+}标定该EDTA溶液，其标定结果是偏高还是偏低？若以此EDTA溶液测定Ca^{2+}、Mg^{2+}，所得结果如何？

6. 某学生采用以下方法测定溶液中Ca^{2+}的浓度，请指出其错误：

先用自来水洗净250 mL锥形瓶，用50 mL容量瓶量取试液倒入锥形瓶中，然后加少许铬黑T指示剂，用EDTA标准溶液滴定。

五、计算题

1. 在1 L $Na_2S_2O_3$溶液中，若能溶解0.1 mol AgI，问此$Na_2S_2O_3$溶液的原始浓度至少应是多少？（已知：$K_{sp}^{\ominus}(AgI)=1.0\times10^{-16}$，$K_{d}^{\ominus}([Ag(S_2O_3)_2]^{3-})=4\times10^{-14}$。）

2. 将50 mL 0.2 mol·L^{-1}的$[Ag(NH_3)_2]^+$溶液与50 mL 0.6 mol·L^{-1} HNO_3等体积混合，求平衡后体系中$[Ag(NH_3)_2]^+$的剩余浓度。（已知：$K_{f}^{\ominus}([Ag(NH_3)_2]^+)=1.7\times10^7$，$K_{b}^{\ominus}(NH_3\cdot H_2O)=1.8\times10^{-5}$。）

3. 在1 L含1.0×10^{-3} mol $[Cu(NH_3)_4]^{2+}$和1.0 mol氨的溶液中，加入1.0×10^{-3} mol NaOH，有无$Cu(OH)_2$沉淀生成？若加入1.0×10^{-3} mol Na_2S，有无CuS沉淀生成？（已知：$K_{sp}^{\ominus}(CuS)=1.27\times10^{-36}$，$K_{sp}^{\ominus}[Cu(OH)_2]=2.20\times10^{-20}$，$K_{f}^{\ominus}([Cu(NH_3)_4]^{2+})=2.02\times10^{13}$。）

4. 在1 mL 0.20 mol·L^{-1} $AgNO_3$溶液中，加入等体积0.20 mol·L^{-1}的KCl溶液产生AgCl沉淀，加入足够的氨水可使沉淀溶解，问氨水的浓度至少是多少？（已知：$K_{f}^{\ominus}([Ag(NH_3)_2]^+)=1.12\times10^7$，$K_{sp}^{\ominus}(AgCl)=1.80\times10^{-10}$。）

5. 测定铝盐的含量时，称取试样0.2550 g，溶解后加入0.05000 mol·L^{-1} EDTA溶液50.00 mL，加热煮沸，冷却后调节溶液至pH=5.0，加入二甲酚橙指示剂，以0.02000 mol·L^{-1} $Zn(Ac)_2$溶液滴至终点，消耗25.00 mL，求试样中$w(Al_2O_3)$。（已知：$M(Al_2O_3)=101.96$ g·mol^{-1}。）

6. 称取含磷试样0.2000 g，处理成试液，将其中磷氧化成PO_4^{3-}，并使之形成$MgNH_4PO_4$沉淀。沉淀经洗涤过滤后，再溶于盐酸中，并用NH_3–NH_4Cl缓冲液调节pH=10，以铬黑T为指示剂，用0.02000 mol·L^{-1}的EDTA 20.00 mL滴定至终点，计算试样中磷的质量分数。（已知：$M(P)=30.97$ g·mol^{-1}。）

7. 量取含Bi^{3+}、Pb^{2+}、Cd^{2+}的试液25.00 mL，以二甲酚橙为指示剂，在pH=1时用0.02015 mol·L^{-1} EDTA溶液滴定，用去20.28 mL。调节pH至5.5，用此EDTA滴定时又消耗28.86 mL。加入邻二氮菲，破坏CdY^{2-}，释放出的EDTA用0.01202 mol·L^{-1}的Pb^{2+}溶液滴定，用去18.05 mL。计算溶液中的Bi^{3+}、Pb^{2+}、Cd^{2+}的浓度。（已知：查酸效应曲线图得$pH_{min}(Bi^{3+})=0.3$，pH_{min}

(Pb^{2+})=3.3，pH_{min}(Cd^{2+})=3.8。)

参考答案

一、是非题

1. × 2. × 3. √ 4. √ 5. √ 6. × 7. √ 8. × 9. √ 10. √ 11. × 12. √ 13. √ 14. × 15. × 16. √ 17. √ 18. √ 19. √ 20. ×

二、选择题

1. D 2. D 3. D 4. C 5. C 6. A 7. B 8. C 9. C 10. D 11. D 12. C 13. C 14. D 15. B 16. D 17. D 18. B 19. D 20. B 21. C 22. C 23. D 24. C 25. C 26. D 27. B 28. B

三、填空题

1. $[Co(NH_3)_4(H_2O)_2]^{3+}$；$NH_3$与$H_2O$；N和O；6；+3

2. $K_2[CoCl_2I_2(NH_3)_2]$；6；八面体；二氨二氯二碘合钴(Ⅱ)酸钾

3. 氯化三乙二胺合钴(Ⅲ)；en；N；6

4. 五氰·一羰基合铁(Ⅱ)酸钾；四碘合汞(Ⅱ)酸二氯·四氨合铂(Ⅳ)

5. $[Fe(CN)_6]^{4-}$

6. $[Ni(en)_3]^{2+} > [Ni(NH_3)_6]^{2+} > [Ni(H_2O)_6]^{2+}$

7. 外；正四面体；dsp^2；内；大

8. $NH_3·H_2O$；S^{2-}

9. 六；氨基氮；羧基氧；螯合物；H^+；缓冲溶液

10. 小；大；最低；小于

11. H^+；主反应

12. $c(M)$；配合物的条件稳定常数$K_{MY}^{\ominus'}$；低；封闭

13. $NH_3·H_2O-NH_4Cl$缓冲溶液；EBT；Ca^{2+}、Mg^{2+}离子总量；NaOH；Ca^{2+}

四、简答题

1. $CuCl_2$的浓溶液逐渐加水稀释时，溶液的颜色逐渐由黄绿色经绿色而变蓝色是由于$CuCl_2$加水稀释时发生配位，生成$[CuCl_4]^{2-}$(黄绿色)和$[Cu(H_2O)_4]^{2+}$(蓝色)两种离子。

2. 要使AgI沉淀产生，要求$Q=c(I^-)c(Ag^+) > K_{sp}^{\ominus}(AgI)$。对于$[Ag(NH_3)_2]^+ \rightleftharpoons Ag^+ + 2NH_3$，平衡产生的$Ag^+$足以使$Q> K_{sp}^{\ominus}$，于是$Ag^+$与$I^-$结合生成比$[Ag(NH_3)_2]^+$更稳定的AgI沉淀；但对于$[Ag(CN)_2]^- \rightleftharpoons Ag^+ + 2CN^-$，电离出的$Ag^+$浓度较小，使$Q< K_{sp}^{\ominus}$，不能生成AgI沉淀，即$[Ag(CN)_2]^-$比AgI更稳定。

3. NH_3属于弱场配体，$[Ni(NH_3)_4]^{2+}$为外轨型配离子，Ni^{2+}采取sp^3杂化，有2个未成对电子，$[Ni(NH_3)_4]^{2+}$为顺磁性物质；CN^-属于强场配体，$[Ni(CN)_4]^{2-}$为内轨型配离子，Ni^{2+}采取dsp^2杂化，没有未成对电子，$[Ni(CN)_4]^{2-}$为抗磁性物质。

4. 根据$\mu=\sqrt{n(n+2)}$：

$[Fe(CN)_6]^{3-}$：未成对电子数为1，Fe^{3+}采取d^2sp^3杂化，为内轨型配离子；

$[Fe(H_2O)_6]^{3+}$：未成对电子数为5，Fe^{3+}采取sp^3d^2杂化，为外轨型配离子。

5. 根据酸效应曲线可查出准确滴定某一金属离子的最低pH值，因此，在pH=5~6时，Zn^{2+}能被EDTA准确滴定，而Ca^{2+}、Mg^{2+}不能被滴定，所以Ca^{2+}、Mg^{2+}的存在无干扰，标定结果是准确的；若以此EDTA溶液测定Ca^{2+}、Mg^{2+}，所得结果偏高。因为测定Ca^{2+}、Mg^{2+}时，一般是在pH=10的条件下，此时，EDTA溶液中含有的Ca^{2+}、Mg^{2+}也要与EDTA形成配合物，从而多消耗EDTA溶液。因此，所得结果偏高。

6.（1）锥形瓶没用蒸馏水洗。

（2）容量瓶是量入式仪器，装入50 mL，倒出必小于50 mL。

（3）EDTA滴定应加入缓冲液（NH_3–NH_4^+）控制pH，否则滴定中酸度增大，Ca^{2+}配位不完全。

（4）铬黑T指示剂不适用于测Ca^{2+}。

五、计算题

1. $$AgI + 2\,S_2O_3^{2-} \longrightarrow I^- + [Ag(S_2O_3)_2]^{3-} \qquad K^{\ominus}$$

平衡浓度/（$mol\cdot L^{-1}$）　x　0.1　0.1

$$K^{\ominus} = K_f^{\ominus}\cdot K_{sp}^{\ominus} = \frac{K_{sp}^{\ominus}}{K_d^{\ominus}} = \frac{1.0\times10^{-16}}{4.0\times10^{-14}} = 2.5\times10^{-3}$$

$$\frac{0.1\times0.1}{x^2} = 2.5\times10^{-3} \qquad x = 2.0\ mol\cdot L^{-1}$$

$Na_2S_2O_3$溶液的原始浓度：$c_0(Na_2S_2O_3)=2.0+0.2=2.2\ mol\cdot L^{-1}$

2. 假设混合后$[Ag(NH_3)_2]^+$全部转化为Ag^+，设平衡后体系中$[Ag(NH_3)_2]^+$的剩余浓度为$x\ mol\cdot L^{-1}$：

$$[Ag(NH_3)_2]^+ + 2\,H^+ \longrightarrow Ag^+ + 2\,NH_4^+ \qquad K^{\ominus}$$

混合反应后浓度/（$mol\cdot L^{-1}$）　$0.3-0.1\times2=0.1$　0.1　$2\times0.1=0.2$

平衡浓度/（$mol\cdot L^{-1}$）　x　$0.1+2x\approx0.1$　$0.1-x\approx0.1$　$0.2-2x\approx0.2$

$$K^{\ominus} = \frac{c(Ag^+)/c^{\ominus}\cdot[c(NH_4^+)/c^{\ominus}]^2}{c[Ag(NH_3)_2^+]/c^{\ominus}\cdot[c(H^+)/c^{\ominus}]^2} = \frac{1}{K_f^{\ominus}}\cdot\left(\frac{K_b^{\ominus}}{K_w^{\ominus}}\right)^2 = 1.9\times10^{11}$$

$$K^{\ominus} = \frac{0.1\times0.2^2}{x\times0.1^2} = 1.9\times10^{11}$$

$x = 2.1\times10^{-12}\ mol\cdot L^{-1}$

所以平衡后体系中$[Ag(NH_3)_2]^+$的剩余浓度是$2.1\times10^{-12}\ mol\cdot L^{-1}$

3. 设$[Cu(NH_3)_4]^{2+}$和氨的混合体系中Cu^{2+}的浓度为$x\ mol\cdot L^{-1}$：

$$Cu^{2+} + 4\,NH_3 \longrightarrow [Cu(NH_3)_4]^{2+} \qquad K_f^{\ominus}$$

初始浓度/($mol\cdot L^{-1}$)　0　1.0　1.0×10^{-3}

参与反应的浓度/($mol\cdot L^{-1}$)　x　$4x$　x

平衡浓度/($mol\cdot L^{-1}$)　x　$1.0+4x\approx1.0$　$1.0\times10^{-3}-x\approx1.0\times10^{-3}$

$$K^{\ominus} = \frac{1.0\times10^{-3}}{x\times1.0^4} = 2.02\times10^{13}$$

$x=5.0\times10^{-17}\ mol\cdot L^{-1}$

$Q[Cu(OH)_2] = (1.0\times10^{-3})^2\times5.0\times10^{-17} = 5\times10^{-23} < K_{sp}^{\ominus}[Cu(OH)_2]$　无沉淀生成

$Q(CuS) = 1.0\times10^{-3}\times5.0\times10^{-17} = 5\times10^{-20} > K_{sp}^{\ominus}(CuS)$　有沉淀生成

4. $$AgCl + 2\,NH_3 \longrightarrow [Ag(NH_3)_2]^+ + Cl^- \qquad K^{\ominus}$$

平衡浓度/（$mol\cdot L^{-1}$）　c　0.10　0.10

$$K^{\ominus} = \frac{c([Ag(NH_3)_2]^+)c(Cl^-)}{c(NH_3)^2}\cdot\frac{c(Ag^+)}{c(Ag^+)} = K_f^{\ominus}([Ag(NH_3)_2]^+)\cdot K_{sp}^{\ominus}(AgCl) = 2.02\times10^{-3}$$

$$K^{\ominus}=\frac{c([Ag(NH_3)_2]^+)c(Cl^-)}{c(NH_3)^2}$$

$$c(NH_3)=\sqrt{\frac{c([Ag(NH_3)_2]^+)\cdot c(Cl^-)}{K^{\ominus}}}=\sqrt{\frac{0.1\times0.1}{2.02\times10^{-3}}}=2.22\ mol\cdot L^{-1}$$

$c_0(NH_3)=2.22+0.20=2.42\ mol\cdot L^{-1}$

所以氨水的浓度至少是2.42 $mol\cdot L^{-1}$

5. $Al^{3+}+Y^{4-}\longrightarrow AlY^-+Y^{4-}$(过量)；Y(过量)$+Zn^{2+}\longrightarrow ZnY$

$n(Al)=n(Y)-n(Zn)$

$$w(Al_2O_3)=\frac{1}{2}\times\frac{[c(Y)V(Y)-c(Zn)V(Zn)]M(Al_2O_3)}{m_s}$$

$$=\frac{1}{2}\times\frac{(0.0500\times50.00\times10^{-3}-0.0200\times25.00\times10^{-3})\times101.96}{0.2550}=0.3998$$

6. 根据题意，化学计量关系：$n(P)=n(MgNH_4PO_4)=n(Mg^{2+})=n(EDTA)$

$$w(P)=\frac{c(Y)\cdot V(Y)\cdot M(P)}{m_s}=\frac{0.0200\times20.00\times10^{-3}\times30.97}{0.2000}=0.06194$$

7. 因为$pH_{min}(Bi^{3+})=0.3$，$pH_{min}(Pb^{2+})=3.3$，$pH_{min}(Cd^{2+})=3.8$

所以：在pH=1时，滴定Bi^{3+}

pH=5.5时，滴定Pb^{2+}、Cd^{2+}

解蔽Cd^{2+}后，滴定Cd^{2+}。

$$c(Bi^{3+})=\frac{c(EDTA)\cdot V(EDTA)}{V_s}=\frac{0.02015\times20.28}{25.00}=0.01635\ mol\cdot L^{-1}$$

解蔽后，Cd^{2+}的物质的量即为消耗Pb^{2+}的物质的量，所以：

$$c(Cd^{2+})=\frac{c(Pb^{2+})\cdot V(Pb^{2+})}{V_s}=\frac{0.01202\times18.05}{25.00}=0.008678\ mol\cdot L^{-1}$$

pH=5.5时，$c(Pb^{2+})\cdot V_s+c(Cd^{2+})\cdot V_s=c(EDTA)\cdot V(EDTA)$

$$c(Pb^{2+})=\frac{0.02015\times28.86}{25.00}-0.008678=0.01458\ mol\cdot L^{-1}$$

第 11 章

光度分析

11.1 知识结构

- 光度分析
  - 基本原理
    - 光的基本性质 $E=h\nu=h\frac{c}{\lambda}$
    - 物质对光的选择性吸收 ⟶ 吸收曲线
      - 吸收曲线与物质一一对应 ⟶ 定性分析依据
      - 吸光度A随浓度的增大而增大 ⟶ 定量分析依据
      - 物质对不同波长的光的吸收能力不同
      - λ_{max} ⟶ 定量分析选择波长的依据
    - 朗伯-比尔定律
      - 透光率与吸光度：$T=\frac{I_t}{I_0}$　$A=\lg\frac{1}{T}=-\lg T$
      - 朗伯-比尔定律：$A=Kbc$ ⟶ $A=\varepsilon bc$ ⟶ 定量分析的依据
  - 分析条件
    - 显色反应：M(被测组分)+R(显色剂) ⟶ MR(有色化合物)，反应要求：
      - ①选择性好
      - ②灵敏度高
      - ③对比度大
      - ④生成的有色化合物组成恒定，性质稳定
      - ⑤反应定量进行，条件要易于控制
    - 显色反应条件（一般通过实验来确定反应条件 ⟶ 提高灵敏度和准确度）
      - ①显色剂用量
      - ②溶液酸度
      - ③显色温度
      - ④显色时间及稳定性
      - ⑤显色溶剂
      - ⑥共存干扰离子的影响及消除(掩蔽)
    - 测量误差
      - 灵敏度的表示方法：ε 或 $S=\frac{M}{\varepsilon}$
      - 误差来源
        - ①偏离朗伯-比尔定律引起误差
        - ②读数误差
        - ③仪器误差
      - 测量条件（⟶ 提高灵敏度和准确度）
        - ①选择合适波长
        - ②选择吸光度A读数在0.15～0.80之间
        - ③选择合适的参比溶液：溶剂空白、试样空白、试剂空白、褪色空白
  - 分析方法及仪器
    - 分析方法
      - 定性分析
      - 定量分析
        - 目视比色法
        - 可见分光光度法
        - 紫外分光光度法
    - 仪器：由光源、单色器(分光系统)、吸收池、检测系统和信号显示系统组成
      - 单光束分光光度计
      - 双光束分光光度计
      - 双波长分光光度计
    - 测量方法及应用实例
      - 单组分含量测定
        - 标准曲线法　由回归方程求得
        - 标准对照法　$c_{样}=\frac{A_{样}c_{标}}{A_{标}}$
        - 吸收系数法　$c_{样}=\frac{A_{样}}{\varepsilon b}$
        - 示差法(被测组分含量较高时) $\Delta A=A_{样}-A_{标}=\varepsilon b(c_{样}-c_{标})=\varepsilon b\Delta c$
      - 多组分含量测定
        - 吸收光谱互不重叠
        - 吸收光谱单向重叠
        - 吸收光谱双向重叠
      - 配合物组成测定
        - 摩尔比法
        - 摩尔连续变化法

11.2 重点知识剖析及例解

11.2.1 基本原理

【知识要求】理解物质对光选择性吸收的基本原理、吸收光与透射光的关系；掌握朗伯-比尔定律及其适用范围。

【评注】吸光度与溶液的浓度c和液层厚度b的乘积成正比，即朗伯-比尔定律：$A=Kbc$；溶液吸光度与透光率不成正比，而是$A=\lg\frac{1}{T}=-\lg T$；当溶液的浓度变化时，通常先求出吸光度变化，再换算成透光率的变化。

【例题11-1】浓度为1.2×10^{-4} mol·L^{-1}的$KMnO_4$溶液在2.00 cm的比色皿中的透光率为32.3%，若将此溶液稀释一倍，则其在1.00 cm的比色皿中的透光率为多少？

解 原溶液的吸光度为：$A=-\lg T=-\lg 0.323=0.491$

根据朗伯-比尔定律，吸光度与溶液的浓度和比色皿的厚度成正比，则

当溶液稀释一倍时吸光度为：$A_1=\frac{A}{2}=\frac{1}{2}\times0.491=0.246$

当比色皿由2.00 cm变为1.00 cm时，溶液的吸光度为：$A_2=\frac{A_1\times1.00}{2.00}=\frac{0.246\times1.00}{2.00}=0.123$

因此原溶液稀释一倍后在1.00cm的比色皿中的透光率为：

$T_2=10^{-A}=10^{-0.123}=0.753=75.3\%$

【评注】吸光系数K表明物质吸收光的能力，包括质量吸光系数a（单位为L·g^{-1}·cm^{-1}）和摩尔吸光系数ε（单位为L·mol^{-1}·cm^{-1}），相互计算时可根据单位进行转换。

【例题11-2】移取浓度为0.056 mg·mL^{-1}的铁溶液2.00 mL于50 mL容量瓶中，经显色后定容。用1.00 cm比色皿于508 nm处测得该试液的吸光度A=0.400，计算吸光系数a和摩尔吸光系数ε。（已知：M(Fe)=55.85 g·mol^{-1}。）

解 （1）显色液内Fe的浓度为：$c=\frac{0.056\times2.00\times10^{-3}}{50\times10^{-3}}=2.2\times10^{-3}$ g·L^{-1}

$$a=\frac{A}{bc}=\frac{0.400}{1.00\times2.2\times10^{-3}}=1.8\times10^{2}\ \text{L·g}^{-1}\text{·cm}^{-1}$$

（2）显色液内Fe的浓度为：$c=\frac{0.056\times2.00\times10^{-3}}{55.85\times50\times10^{-3}}=4.0\times10^{-5}$ mol·L^{-1}

$$\varepsilon=\frac{A}{bc}=\frac{0.400}{1.00\times4.0\times10^{-5}}=1.0\times10^{4}\ \text{L·mol}^{-1}\text{·cm}^{-1}$$

11.2.2 分光光度分析条件

【知识要求】掌握分光光度法定性分析、定量分析的基本原理和方法；了解显色反应的要求及分光光度分析条件的选择；了解分光光度分析的测量误差及原因。

【评注】不同物质的吸收曲线形状和λ_{max}不同，吸收曲线与物质一一对应，此特性可作为物质定性分析的主要依据；同一种物质，在同一波长下，其吸光度A与浓度的关系符合朗伯-比尔定律，此特性可作为物质进行定量分析的理论依据；在λ_{max}处吸光度随浓度变化的幅度最大，灵敏度最高，此特性是定量分析中选择入射光波长的重要依据。

描述显色反应灵敏度通常可用摩尔吸光系数 ε 或桑德尔灵敏度 S，$S=\dfrac{M}{\varepsilon}$。

【例题11-3】有50.0 mL含 Cd^{2+} 5.0 μg的溶液，用10.0 mL二苯硫腙-氯仿溶液萃取（萃取率≈100%）后，在波长为518 nm处用1.00 cm比色皿测得萃取液的透光率为44.5%。求吸光系数 a、摩尔吸光系数 ε 和桑德尔敏度 S 各为多少？（已知：$M(Cd)=112.4\ g\cdot mol^{-1}$。）

解 $A=-\lg T=-\lg 0.445=0.352$

$$c=\frac{5.0\times10^{-6}}{10.0\times10^{-3}}=5.0\times10^{-4}\ g\cdot L^{-1}$$

$$a=\frac{A}{bc}=\frac{0.352}{1.00\times5.0\times10^{-4}}=7.0\times10^{2}\ L\cdot g^{-1}\cdot cm^{-1}$$

$$\varepsilon=aM=7.0\times10^{2}\times112.4=7.9\times10^{4}\ L\cdot mol^{-1}\cdot cm^{-1}$$

$$S=\frac{M}{\varepsilon}=\frac{112.4}{7.9\times10^{4}}=1.4\times10^{-3}\ \mu g\cdot cm^{-2}$$

【评注】在透光率 $T=0.368$（吸光度 $A=0.434$）时，浓度测量的相对误差最小，一般应控制 T 在15%～70%（吸光度 A 在0.15～0.80）范围内。测量条件选择时除尽可能选择 λ_{max} 外，浓度应控制在朗伯-比尔定律线性范围内，吸光度 A 测定值在0.15～0.80范围内。

【例题11-4】含铁约0.200 %的试样，用邻二氮菲光度法（$\varepsilon=1.1\times10^{4}\ L\cdot mol^{-1}\cdot cm^{-1}$）测定。试样溶解后稀释至100 mL，用1.00 cm比色皿，在508 nm波长下测定 A。

(1) 为使 A 测量引起的浓度相对误差最小，应当称取试样多少克？

(2) 如果所用光度计吸光度最适宜范围为0.15～0.80，测定时应控制溶液中铁的浓度范围为多少？

（已知：$M(Fe)=55.85\ g\cdot mol^{-1}$。）

解 (1) 测量误差最小，即 $A=0.434$，由 $A=\varepsilon bc$ 得：

$0.434=1.1\times10^{4}\times1.00\,c$

$c=3.95\times10^{-5}\ mol\cdot L^{-1}$

$m(Fe)=55.85\times3.95\times10^{-5}\times0.100=2.21\times10^{-4}\ g$

$$m_s=\frac{m(Fe)}{0.2\%}=\frac{2.21\times10^{-4}}{0.200\%}=0.111\ g$$

(2) $A=\varepsilon bc=1.1\times10^{4}\times1.00\times c$

当 $A=0.15$ 时，$c=1.36\times10^{-5}\ mol\cdot L^{-1}$

当 $A=0.80$ 时，$c=7.27\times10^{-5}\ mol\cdot L^{-1}$

应控制溶液中铁的浓度范围为 $1.36\times10^{-5}\sim7.27\times10^{-5}\ mol\cdot L^{-1}$

【评注】在分光光度法中，对显色反应的一般要求有：(1) 选择性要好；(2) 灵敏度要高（一般要求 ε 应有 $10^{4}\sim10^{5}\ L\cdot mol^{-1}\cdot cm^{-1}$）；(3) 对比度要大（一般要求 $\Delta\lambda_{max}$ 在60 nm以上）；(4) 生成的有色化合物组成要恒定，化学性质要稳定；(5) 显色反应的条件要易于控制。控制适当条件，可以使显色结果满足测量条件，这些条件包括显色时间、显色剂浓度及用量、溶液酸度、显色温度、溶剂及共存干扰离子的掩蔽等，一般可以利用实验来确定。

测量吸光度时，通常利用参比溶液来调节仪器的零点，可以消除误差，使测量结果真正反映被测物的浓度。试液及显色剂均无色，选溶剂空白；显色剂无色，被测试液中存在其他有色离子，选试样空白；显色剂有色，而试液本身无色，选试剂空白；显色剂和试液均有颜色，可加掩蔽剂，选褪色空白。

【例题11-5】2-(5-羧基-1,3,4-三氮唑偶氮)-5-二乙氨基酚（CTZAPN）可用于光度法测定合金样品中的微量铋，实验发现CTZAPN的最大吸收波长 λ_{max} 为420 nm，CTZAPN与Bi^{3+}形成配位比为2∶1的配合物，其最大吸收波长 λ_{max} 为 540 nm，测定条件是 1.0×10^{-3} $mol\cdot L^{-1}$ CTZAPN 4.0 mL，pH = 6.5 的 NH_4Ac 缓冲溶液 5.0 mL，测定时加入 10% NH_4F 1.0 mL、10%硫脲溶液 1.0 mL掩蔽 Al^{3+}、Fe^{3+}、Cu^{2+}，写出测量时的参比溶液。

解 显色剂和试液中存在的干扰离子均有颜色，可选带掩蔽剂的空白溶液作参比溶液，可以消除一些共存组分的干扰，本实验可选用 1.0×10^{-3} $mol\cdot L^{-1}$ CTZAPN 4.0 mL、NH_4Ac 缓冲溶液 5.0 mL、10%NH_4F 1.0 mL、10%硫脲溶液 1.0 mL作参比溶液。

11. 2. 3 分光光度法及应用

【知识要求】了解紫外-可见分光光度法的主要仪器，熟悉紫外-可见分光光度法的应用及有关计算。

【评注】分光光度计一般由光源、单色器、吸收池、检测系统和信号显示系统五部分组成。

对于在选定波长下只有待测组分有吸收的试样，当被测组分含量较低时，可选用标准曲线法、标准对照法（或比较法）测定含量；当被测组分含量高时，通常采用示差法。

【评注】标准曲线法是指配制一系列浓度不同的标准溶液及被测溶液，用相同的方法和步骤测定被测溶液的吸光度，利用不同浓度的标准溶液吸光度制作标准溶液标准曲线（或求出回归的直线方程），再从标准曲线上找出对应的被测溶液浓度或含量（或从回归方程求得试液的浓度）。

【例题11-6】称取 $FeSO_4\cdot(NH_4)_2SO_4\cdot6H_2O$ 0.3511 g于500 mL容量瓶中，加少量水溶解，再加入1∶4的 H_2SO_4 20 mL，最后用蒸馏水定容，所配溶液为铁标准溶液。取 V mL铁标准溶液于50 mL容量瓶中，用邻二氮菲显色后加蒸馏水稀释至刻度，分别测得其吸光度列于下表：

铁标准溶液/mL	0.00	0.20	0.40	0.60	0.80	1.00
A	0	0.085	0.165	0.248	0.318	0.398

吸取5.00 mL待测试液，稀释至250 mL，取此稀释液2.00 mL于50 mL容量瓶中，在与绘制标准曲线相同的条件下显色定容后，测得吸光度 A=0.281。(1)绘制标准曲线。(2)用标准曲线法测定待测试液中铁的含量($mg\cdot mL^{-1}$)。(已知：$M(FeSO_4\cdot(NH_4)_2SO_4\cdot6H_2O)$=392.17 $g\cdot mol^{-1}$，$M(Fe)$=55.85 $g\cdot mol^{-1}$。)

解 (1)铁标准溶液的浓度为：

$$\rho(Fe)=\frac{0.3511\times55.85\times10^{3}}{500\times392.17}=0.1000\ mg\cdot mL^{-1}$$

显色后标准溶液中铁的浓度为：

铁标准溶液/mL	0.00	0.20	0.40	0.60	0.80	1.00
$\rho(Fe)/(\times10^{3}mg\cdot mL^{-1})$	0.00	0.40	0.80	1.20	1.60	2.00
A	0	0.085	0.165	0.248	0.318	0.398

由上表数据绘制标准曲线，见右图：

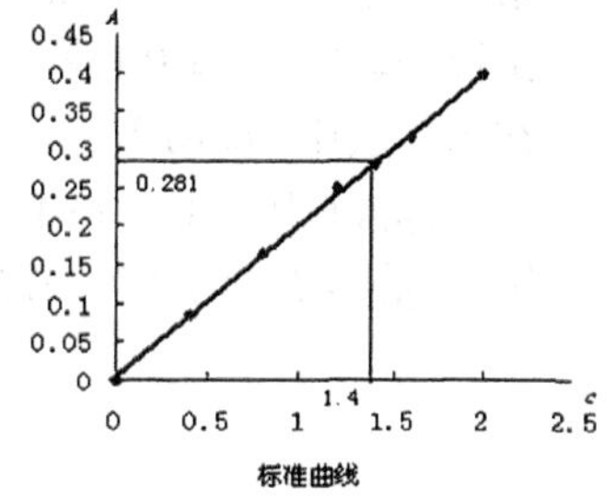

标准曲线

(2)从标准曲线上查出当 A=0.281时，对应的铁的浓度为 1.4×10^{-3} $mg\cdot mL^{-1}$。考虑到这一浓度是原始试液经稀释定容、显色定容后的浓度，故原试液的浓度为：

$\rho(\mathrm{Fe}) = \dfrac{1.4\times10^{-3}\times50\times250}{5.00\times2.00} = 1.75\ \mathrm{mg\cdot mL^{-1}}$

【评注】在同样入射光波长下，同种物质的吸光系数不受浓度的影响。如果已知标准溶液的吸光度，可利用标准对照法，采用公式：$c_{样} = \dfrac{A_{样}c_{标}}{A_{标}}$ 计算未知溶液的含量。

【例题 11-7】在进行水中微量铁的测定时，所应用的标准溶液含 Fe_2O_3 0.25 mg·L^{-1}，测得其吸光度为0.370，将试样稀释5倍后，在同样条件下显色，其吸光度为0.410，求原试液中 Fe_2O_3 的含量（mg·L^{-1}）。

解　根据 $A=\varepsilon bc$，标准溶液的 ε 与样品相同，得：

$c_{样} = \dfrac{A_{样}c_{标}}{A_{标}} = \dfrac{0.410\times0.25}{0.370} = 0.28\ \mathrm{mg\cdot L^{-1}}$

原试液中 Fe_2O_3 的含量：$c(Fe_2O_3)=0.28\times5=1.4$ mg·L^{-1}

【例题 11-8】某未知溶液20.0 mL，显色后稀释至50.0 mL，用1.0 cm吸收池在一定波长下测得其吸光度为0.550。另取同样体积的未知溶液，加入5.00 mL浓度为 2.20×10^{-4} mol·L^{-1} 的标准溶液，显色后稀释到50.0 mL，再次用1.0 cm吸收池测得其吸光度为0.660。求未知溶液的浓度。

解　设未知溶液的浓度为 c_x mol·L^{-1}，则根据朗伯–比尔定律 $A=\varepsilon bc$，两者最终都稀释到50.0 mL，则有：$\dfrac{0.550}{0.660} = \dfrac{20.0c_x}{20.0c_x+5.00\times2.20\times10^{-4}}$

解得：$c_x=2.75\times10^{-4}$ mol·L^{-1}

【评注】当被测组分含量高时，可采用示差法。在示差法中，以 $c_{标}$ 为参比，实际测得的试液的吸光度（示差吸光度）ΔA 为：$\Delta A = A_{样}-A_{标} = \varepsilon b(c_{样}-c_{标}) = \varepsilon b\Delta c$，则样品溶液的浓度可由下式计算得出：$c_{样} = c_{标}+\Delta c$。

【例题 11-9】普通光度法测定 0.5×10^{-4} mol·L^{-1}、1.0×10^{-4} mol·L^{-1} Zn^{2+} 标液以及试液，得吸光度 A 分别为0.600、1.200、0.800。

（1）若以 0.5×10^{-4} mol·L^{-1} Zn^{2+} 标准溶液作为参比溶液，调节 $T\to100\%$，用示差法测定第二标液和试液的吸光度各为多少？

（2）两种方法中标液和试液的透光率各为多少？

（3）示差法与普通光度法比较，标尺扩大了多少倍？

（4）根据（1）中所得有关数据，用示差法计算试液中Zn的含量（mg·L^{-1}）。

解　（1）根据：$\Delta A = A_{样}-A_{标}$

示差法测第二标液的吸光度：$\Delta A=1.200-0.600=0.600$

示差法测试液的吸光度：$\Delta A=0.800-0.600=0.200$

（2）在普通光度法中：根据：$A=-\lg T$，即 $T=10^{-A}$

第一标液：$T=10^{-0.600}=0.251$

第二标液：$T=10^{-1.200}=0.0631$

试液：$T=10^{-0.800}=0.158$

在示差法中：$T=10^{-\Delta A}$

第一标液（为参比）：$T=100\%=1.00$

第二标液：$T=10^{-0.600}=0.251$

试液：$T=10^{-0.200}=0.631$

(3)对于第一标液，其透光率从普通光度法的0.251调至示差法的100%即1.00，则标尺扩大的倍数为4。

(4)根据$\Delta A=A_{样}-A_{标}=\varepsilon b(c_{样}-c_{标})=\varepsilon b\Delta c$，得：

$$\frac{\Delta A_{试}}{\Delta A_{标}}=\frac{\Delta c_{试}}{\Delta c_{标}}$$

$$\frac{0.200}{0.600}=\frac{c_{试}-0.5\times10^{-4}}{1.0\times10^{-4}-0.5\times10^{-4}}$$

$c_{试}=0.67\times10^{-4}\ \mathrm{mol\cdot L^{-1}}$

$c(\mathrm{Zn})=c_{试}\cdot M(\mathrm{Zn})=0.67\times10^{-4}\times65.38\times1000=4.4\ \mathrm{mg\cdot L^{-1}}$

【评注】对于多组分含量测定，如果溶液中X、Y两组分相互干扰(吸收光谱为双向重叠)，这时可在λ_1和λ_2处分别测得混合物的总吸光度$A_{\lambda_1}^{X+Y}$和$A_{\lambda_2}^{X+Y}$，再根据吸光度的加和性列联立方程：

$$A_{\lambda_1}^{X+Y}=A_{\lambda_1}^{X}+A_{\lambda_1}^{Y}=\varepsilon_{\lambda_1}^{X}bc_X+\varepsilon_{\lambda_1}^{Y}bc_Y \qquad A_{\lambda_2}^{X+Y}=A_{\lambda_2}^{X}+A_{\lambda_2}^{Y}=\varepsilon_{\lambda_2}^{X}bc_X+\varepsilon_{\lambda_2}^{Y}bc_Y$$

即可求得X、Y两组分的含量。

【例题11-10】有某合金钢中含有Mn和Cr，称取钢样2.000 g溶解后，将其中Cr氧化成$Cr_2O_7^{2-}$，Mn氧化成MnO_4^-，并稀释至100.0 mL，在440 nm和545 nm处用1.0 cm比色皿测得吸光度分别为0.210和0.854。已知：440 nm时Mn和Cr的摩尔吸光系数分别为$\varepsilon_{440}(\mathrm{Mn})=95.0\ \mathrm{L\cdot mol^{-1}\cdot cm^{-1}}$，$\varepsilon_{440}(\mathrm{Cr})=369.0\ \mathrm{L\cdot mol^{-1}\cdot cm^{-1}}$，在545 nm时$\varepsilon_{545}(\mathrm{Mn})=2.35\times10^3\ \mathrm{L\cdot mol^{-1}\cdot cm^{-1}}$，$\varepsilon_{545}(\mathrm{Cr})=11.0\ \mathrm{L\cdot mol^{-1}\cdot cm^{-1}}$，求钢样中Mn、Cr的质量分数。

解 440 nm时：$A=\varepsilon_{440}(\mathrm{Mn})\,bc(\mathrm{Mn})+\varepsilon_{440}(\mathrm{Cr})\,bc(\mathrm{Cr})=95.0c(\mathrm{Mn})+369.0c(\mathrm{Cr})=0.210$

545 nm时：$A=\varepsilon_{545}(\mathrm{Mn})\,bc(\mathrm{Mn})+\varepsilon_{545}(\mathrm{Cr})\,bc(\mathrm{Cr})=2.35\times10^3c(\mathrm{Mn})+11.0c(\mathrm{Cr})=0.854$

解得：$c(\mathrm{Mn})=3.61\times10^{-4}\ \mathrm{mol\cdot L^{-1}}$；$c(\mathrm{Cr})=4.76\times10^{-4}\ \mathrm{mol\cdot L^{-1}}$

所以钢样中Mn、Cr的质量分数分别为：

$$w(\mathrm{Mn})=\frac{c(\mathrm{Mn})\cdot V\cdot M(\mathrm{Mn})}{m_s}=\frac{3.61\times10^{-4}\times100.0\times10^{-3}\times54.94}{2.000}=9.92\times10^{-4}$$

$$w(\mathrm{Cr})=\frac{c(\mathrm{Cr})\cdot V\cdot M(\mathrm{Cr})}{m_s}=\frac{4.76\times10^{-4}\times100.0\times10^{-3}\times52.00}{2.000}=1.24\times10^{-3}$$

【例题11-11】2-硝基-4-氯酚为一有机弱酸，准确称取三份相同量的该物质置于相同体积的三种不同介质中，配制成三份试液，在25℃时于427 nm处测量各吸光度。在0.01 mol·L^{-1} HCl介质中该酸不解离，其吸光度为0.062；在pH=6.22的缓冲溶液中吸光度为0.356；在0.01 mol·L^{-1} NaOH介质中，该酸完全解离，其吸光度为0.855。计算25℃时该酸的解离常数。

解 $\mathrm{HB}\longrightarrow \mathrm{H^+}+\mathrm{B^-}$

$$\mathrm{pH}=\mathrm{p}K_a^\ominus-\lg\frac{c(\mathrm{HB})}{c(\mathrm{B^-})}$$

$$\mathrm{p}K_a^\ominus=\mathrm{pH}+\lg\frac{c(\mathrm{HB})}{c(\mathrm{B^-})}=\mathrm{pH}+\lg\frac{A(\mathrm{B^-})-A}{A-A(\mathrm{HB})}$$

$$\mathrm{p}K_a^\ominus=6.22+\lg\frac{0.855-0.356}{0.356-0.062}=6.45$$

$$K_a^\ominus=3.5\times10^{-7}$$

11.3　课后习题选解

11-1 是非题

1. 物质的颜色是由于选择性地吸收了白光中的某些波长所致，维生素B_{12}溶液呈现红色是由于它吸收了白光中的红色光波。　（ × ）

2. 符合朗伯-比尔定律的某有色溶液的浓度越低，其透光率越小。　（ × ）

3. 在分光光度法中，摩尔吸光系数的值随入射光的波长增加而减小。　（ × ）

4. 进行分光光度法测定时，必须选择最大吸收波长的光作入射光。　（ × ）

5. 分光光度法中所用的参比溶液总是不含被测物质和显色剂的空白溶液。　（ × ）

6. 吸光度由0.434增大到0.514时，则透光率T也相应增大。　（ × ）

7. 不同浓度的高锰酸钾溶液，它们的最大吸收波长也不同。　（ × ）

11-2 选择题

1. 朗伯-比尔定律说明，当一束单色光通过均匀有色溶液中，有色溶液的吸光度正比于　（ D ）

A. 溶液温度　　B. 溶液酸度

C. 液层厚度　　D. 溶液浓度和液层厚度的乘积

2. 符合朗伯-比尔定律的有色溶液稀释时，其最大吸收峰的波长位置　（ C ）

A. 向长波方向移动　　B. 向短波方向移动

C. 不移动，但高峰值降低　　D. 不移动，但高峰值增大

3. 用新亚铜灵光度法测定试样中铜含量时，50.00 mL溶液中含25.5 μg Cu^{2+}。在一定波长下用2.00 cm比色皿测得透光率为50.5 %。已知：$M(Cu)=63.55\ g\cdot mol^{-1}$，那么，铜配合物的摩尔吸光系数($L\cdot mol^{-1}\cdot cm^{-1}$)为　（ D ）

A. 2.9×10^4　　B. 3.8×10^4　　C. 9.5×10^4　　D. 1.85×10^4

4. 当某有色溶液用1 cm吸收池测得其透光率为T，若改用2 cm吸收池，则透光率应为　（ D ）

A. $2T$　　B. $2\lg T$　　C. $T^{\frac{1}{2}}$　　D. T^2

5. 已知溴百里酚蓝水溶液在一定波长下的摩尔吸光系数为$\varepsilon=1.0\times10^4\ L\cdot mol^{-1}\cdot cm^{-1}$，测量溴百里酚蓝水溶液的吸光度时，若使用2 cm比色皿、要求吸光度落在0.2～0.8之间，那么溴百里酚蓝的浓度范围应为　（ A ）

A. $1.0\times10^{-5}\sim4.0\times10^{-5}\ mol\cdot L^{-1}$　　B. $3.0\times10^{-6}\sim6.0\times10^{-6}\ mol\cdot L^{-1}$

C. $2.0\times10^{-5}\sim4.0\times10^{-5}\ mol\cdot L^{-1}$　　D. $1.0\times10^{-6}\sim3.0\times10^{-6}\ mol\cdot L^{-1}$

6. 分析有机物时，常用紫外分光光度计，应选用哪种光源和比色皿　（ C ）

A. 钨灯光源和石英比色皿　　B. 氢灯光源和玻璃比色皿

C. 氢灯光源和石英比色皿　　D. 钨灯光源和玻璃比色皿

7.在符合朗伯-比尔定律的范围内，有色物的浓度、最大吸收波长、吸光度三者的关系是　（ B ）

A. 增加，增加，增加　　B. 减小，不变，减少

C. 减少，增加，增加　　D. 增加，不变，减少

8. 纯水呈无色透明状态，是因为它对白光　（ D ）

A. 全部反射　　B. 全部折射　　C. 全部吸收　　D. 全部透过

9. 分光光度分析中所作的标准曲线是指　（ D ）

A. 吸光度对入射光波长的变化曲线　B. 透光率对标准溶液的浓度的变化曲线

C. 标准溶液浓度对入射光波长的变化曲线　D. 吸光度对标准溶液的浓度的变化曲线

10. 摩尔吸光系数是指　（ C ）

A. 浓度为1 $mol \cdot L^{-1}$溶液的吸光度　B. 溶液浓度为1 $mol \cdot L^{-1}$时的吸光度

C. 浓度为1 $mol \cdot L^{-1}$时单位厚度溶液的吸光度　D. 吸光度为1时的吸光系数

11. 有两种不同有色溶液均符合朗伯-比尔定律,测定时若比色皿厚度、入射光强度、溶液浓度都相等,以下哪种说法正确　（ D ）

A. 透过光强度相等　B. 吸光度相等

C. 吸光系数相等　D. 以上说法都不对

12. 比色分析中,当试样溶液有色而显色剂无色时,应选用下列何种试剂作参比溶液　（ C ）

A. 溶剂空白　　B. 试剂空白　　C. 试样空白　　D. 褪色空白

11-3 填空题

1. 按照朗伯-比尔定律,浓度c与吸光度A之 间的关系应是一条通过原点的直线,事实上容易发生线性偏离,导致偏离的原因有_化学因素_和_光学因素_两大因素。

2. 已知$KMnO_4$的摩尔质量为158.03 $g \cdot mol^{-1}$,其水溶液在520 nm波长时的吸光系数为2235 $L \cdot mol^{-1} \cdot cm^{-1}$,假如要使待测$KMnO_4$溶液在该波长下、在2 cm比色皿中的透光率介于20% ~ 65%之间,那么$KMnO_4$溶液的浓度应介于_6.6 ~ 25 $\mu g \cdot mL^{-1}$之间。如果超过允许的最大浓度,为使透光率仍介于20% ~ 65%之间,可采取是措施有:(1)_改用厚度更小的比色皿_,(2)_将溶液按适当比例稀释_,(3)_改在其他入射光波长下测定_。

3. 分光光度法测量时,通常选择_最大吸收波长_为测定波长,此时,试样溶液浓度的较小变化将使吸光度产生_较大_改变。

4. 分光光度法对显色反应的要求有:(1)_选择性好_,(2)_灵敏度高_,(3)_形成的有色物组成恒定，化学性质稳定_,(4)_显色剂与有色生成物之间颜色差别要大_,(5)_显色反应的条件易于控制_。

5. 分光光度计的种类型号繁多,但都是由下列基本部件组成_光源_、_单色器_和_比色皿_、_检测装置_、_读数指示器(信号显色系统)_。

6. 采用不同波长的光透过某一固定浓度的有色溶液,测其相应波长的吸光度,以波长为横坐标,以吸光度为纵坐标,得一曲线,此曲线称_吸收曲线_。光吸收程度最大处对应的波长叫_最大吸收波长_,浓度变化时,最大吸收波长_不变_,光吸收曲线形状_相似_。

7. 在分光光度法中,为使读数误差最小,应控制浓度,使吸光度A值在_0.15 ~ 0.80_范围内。

8. 分光光度法测定铁含量,以邻二氮菲为显色剂,使用2 cm比色皿,在510 nm处测得吸光度0.480,则Fe^{2+}浓度是_2.18×10^{-5} $mol \cdot L^{-1}$_(已知:$\varepsilon_{510} = 1.1 \times 10^4\ L \cdot mol^{-1} \cdot cm^{-1}$)。

9. 苯酚在水溶液中摩尔吸光系数ε为$6.17 \times 10^3\ L \cdot mol^{-1} \cdot cm^{-1}$,若要求使用1 cm吸收池时的透光率为0.15 ~ 0.65,则苯酚浓度控制在_$3.0 \times 10^{-5} \sim 1.3 \times 10^{-4}\ mol \cdot L^{-1}$_。

10. 朗伯-比尔定律表明:当入射光的波长一定,温度 固定,其溶液的吸光度与_溶液的浓度,液层厚度的乘积_成正比。

11-4 计算题

1. 试样中微量锰含量的测定常用$KMnO_4$比色法，称取锰合金0.5000 g，经溶解后用KIO_4将锰氧化为MnO_4^-，稀释至500.00 mL，在525 nm下测得吸光度为0.400。另取相近含量的锰浓度为1.0×10^{-4} mol·L^{-1}的$KMnO_4$标准溶液，在相同条件下测得吸光度为0.585。已知它们的测量符合光吸收定律，请问合金中锰的百分含量是多少？（已知：$M(Mn)=55.00$ g·mol^{-1}。）

解 $\dfrac{A_1}{A_2}=\dfrac{c_1}{c_2}$

$$\frac{0.400}{0.585}=\frac{c_1}{1.0\times10^{-4}}$$

$c_1=6.84\times10^{-5}$ mol·L^{-1}

$$w(Mn)=\frac{6.84\times10^{-3}\times0.500\times55.00}{0.5000}=3.76\times10^{-3}$$

2. 用邻二氮菲光度法测定铁含量时，测得其c浓度时的透光率为T。当铁浓度由c变为1.5 c时，在相同测量条件下的透光率为多少？

解 $\dfrac{A_2}{A_1}=\dfrac{-\lg T_2}{-\lg T_1}=\dfrac{c_2}{c_1}=1.5$

$\lg T_2=1.5\lg T_1$

$T_2=T_1^{1.5}=\sqrt{T_1^3}=\sqrt{T^3}$

3. 维生素D_2在264 nm处有最大吸收，称取维生素D_2粗品0.0081 g，配成1 L溶液，在264 nm紫外光下用1.50 cm比色皿测得该溶液透光率为0.35，计算粗品中维生素D_2的含量。（已知：$\varepsilon_{264}=1.82\times10^4$ L·mol^{-1}·cm^{-1}，M(维生素D_2)= 397 g·mol^{-1}。）

解 $A=-\lg T=-\lg 0.35=0.46$

$A=\varepsilon bc=1.82\times10^4\times1.50\,c=0.46$

$c=1.7\times10^{-5}$ mol·L^{-1}

所以粗品中维生素D_2的含量为：$w=\dfrac{cVM}{m_s}=\dfrac{1.7\times10^{-5}\times1\times397}{0.0081}=0.83$

4. 有一标准Fe^{2+}溶液，浓度为6 μg·mL^{-1}，测得吸光度为0.306，有一Fe^{2+}的待测液体试样，在同一条件下测得吸光度为0.510，求试样中铁的含量(mg·L^{-1})。

解 $\dfrac{A_1}{A_2}=\dfrac{c_1}{c_2}$

$$\frac{0.306}{0.510}=\frac{6}{c_2}$$

$c_2=10$ μg·mL^{-1}=10 mg·L^{-1}

5. 某一溶液，每升含47.0 mg铁，吸取此溶液5.0 mL于100 mL容量瓶中，以邻二氮菲光度法测定铁，用1.0 cm吸收池于508 nm处测得吸光度为0.467。计算质量吸光系数a、摩尔吸光系数ε。（已知：$M(Fe)=55.85$ g·mol^{-1}。）

解 $c=47.0\times\dfrac{5.0}{100}=2.35$ mg·L^{-1}$=2.35\times10^{-3}$ g·L^{-1}

$A=abc=a\times2.35\times10^{-3}\times1.0=0.467$

$a=199$ L·g^{-1}·cm^{-1}

$\varepsilon=Ma=55.85\times199=1.11\times10^4$ L·mol^{-1}·cm^{-1}

11.4　自测题及答案

一、是非题

1. 有色物质溶液只能对可见光范围内的某段波长的光有吸收。（　）

2. 在可见分光光度法中，为保证吸光度测量的灵敏度，入射光始终选择 λ_{max}。（　）

3. 通常，有色溶液的入射光最大波长仅与吸光粒子的属性有关。（　）

4. 当试液无色而显色剂有色时，宜选用试样空白作参比。（　）

5. 吸光系数与入射光波长及溶液浓度有关。（　）

6. 物质对光的选择性吸收是造成自然界中各种各样颜色产生的主要原因。（　）

7. 符合朗伯-比尔定律的有色溶液被稀释时，其最大吸收峰的波长位置不移动，但吸收峰降低。（　）

8. 对于任一显色体系，为保证被测离子完全形成稳定的显色配合物，显色剂加得越多越好。（　）

9. 不少显色反应需要一定时间才能完成，而且形成的有色配合物的稳定性也不一样，因此光度测定必须在显色后一定时间内进行。（　）

10. 朗伯-比尔定律适用于一切均匀的非散射的吸光物质溶液。（　）

11. 在分光光度法测定时，根据吸光度与浓度成正比的朗伯-比尔定律，被测溶液浓度越大，吸光度也越大，测定结果也就越准确。（　）

12. 为使分光光度法的测量误差符合要求，吸光度常控制在0.15 ~ 0.80之间。（　）

13. 分光光度法中共存干扰离子的影响，可通过利用参比液、添加掩蔽剂等方法消除。（　）

14. 示差分光光度法可用于常量组分的准确测定。（　）

15. 分光光度法只能用于微量组分的定量分析。（　）

16. 可通过改变试样称取量，调整吸光度在有效的范围之内。（　）

17. 有色溶液的透光率随溶液浓度的增大而减小，所以透光率与溶液的浓度成反比关系。（　）

18. 在分光光度法中，测定所用的参比溶液总是采用不含被测物质和显色剂的空白溶液。（　）

二、选择题

1. 可见分光光度法所包括的入射光波长范围为（　）

A. 10 ~ 200 nm　B. 400 ~ 560 nm　C. 400 ~ 760 nm　D. 500 ~ 840 nm

2. 下列光成互补色关系的是（　）

A. 红光与绿光　B. 蓝光与红光　C. 绿光与紫光　D. 绿光与蓝光

3. 透光率与吸光度的关系是（　）

A. $\frac{1}{T}=A$　B. $\lg\frac{1}{T}=A$　C. $\lg T=A$　D. $T=\lg\frac{1}{A}$

4. 光度分析中使用复合光时，曲线发生偏离，其原因是（　）

A. 光强太弱　B. 光强太强

C. 有色物质对各光波的 ε 相近　D. 有色物质对各光波的 ε 值相差较大

5. 影响有色配合物的摩尔吸光系数的因素是（　）

A. 比色皿厚度　B. 有色配合物的浓度　C. 比色皿材料　D.入射光波长

6. 进行光度分析时，误将标准系列的某溶液作为参比溶液调透光率100%，在此条件下，测得有色溶液的透光率为85%。已知此标准溶液对空白参比溶液的透光率为48%，则该溶液的正确透光率是（　）

A. 50%　B. 34%　C. 41%　D. 30%

7. 某符合朗伯-比尔定律的有色溶液浓度为c时的透光率为T，当浓度为$2c$时，测吸光度A的值为（　）

A. $-2\lg T$　B. $\lg \frac{2}{T}$　C. $\lg \frac{T}{2}$　D. $\lg(2T)$

8. 某有色溶液在特定波长下，用1.0 cm比色皿测得吸光度为0.08，为使光度测量误差较小，最起码应改用多少厚度的比色皿（　）

A. 5 cm　B. 2 cm　C. 3 cm　D. 0.5 cm

9. 某金属离子M与试剂R形成一种有色配合物MR，若溶液中M的浓度为1.0×10^{-4} $mol \cdot L^{-1}$，用1 cm比色皿在525 nm处测得吸光度为0.400，则此配合物在525 nm处时摩尔吸光系数为（　）

A. 4×10^{-3}　B. 4×10^{3}　C. 4×10^{-4}　D. 4×10^{4}

10. 有机显色剂的优点很多，下列不属于其优点的是（　）

A. 反应产物多为螯合物，稳定性高

B. 反应的选择性高，可避免干扰反应发生

C. 一般反应产物的ε值大，故灵敏度高

D. 显色剂的ε值大，有利于提高灵敏度

11. 将符合朗伯-比尔定律的一有色溶液稀释时，其标准曲线的斜率将（　）

A. 增大　B. 减小　C. 不变　D. 都不对

12. 有两种不同有色溶液均符合朗伯-比尔定律，测定时比色皿厚度、入射光强度、溶液浓度都相等，以下说法正确的是（　）

A. 透光率相等　B. 吸光度相等　C. 吸光系数相等　D. 以上说法都不对

13. 用721型分光光度计进行定量分析的理论基础是（　）

A. 欧姆定律　B. 等物质的量反应规则

C. 库仑定律　D. 朗伯-比尔定律

14. 在可见分光光度计中常用的光源有（　）

A. 钨灯　B. 碘钨灯　C. 氘灯　D. 氢灯

15. 在分光光度测定中，使用参比溶液的作用是（　）

A. 调节仪器透光率的零点

B. 吸收入射光中测定所需要的光波

C. 调节入射光的光强度

D. 消除溶液和试剂等非测定物质对入射光吸收的影响

16. 比色分析中，若显色剂无色而被测溶液中存在其他有色离子(不与显色剂反应)，应采用的参比溶液是（　）

A. 蒸馏水　B. 显色剂

C. 加入显色剂的被测溶液　D 不加显色剂的被测溶液

17. 在分光光度法测定中,如其他试剂对测定无干扰时,一般常选用最大吸收波长 λ_{max} 作为测定波长,这是由于 ( )

A. 灵敏度最高　B. 选择性最好　C. 精密度最高　D. 操作最方便

18. 高含量组分的测定,常采用示差分光光度法,该方法所选用的参比溶液的浓度 c_s 与待测溶液浓度 c_x 的关系是 ( )

A. $c_s = c_x$　B. $c_s > c_x$　C. c_s 稍低于 c_x　D. $c_s = 0$

19. 酸度对显色反应影响大,这是因为酸度的改变可能影响 ( )

A. 反应产物的组成和稳定性　B. 被显色物的存在状态

C. 显色剂的浓度和颜色　D. 以上都是

20. 下列操作中正确的是 ( )

A. 比色皿外壁挂有水珠

B. 手捏比色皿的透光面

C. 用普通白纸擦拭比色皿透光面的水珠

D. 待测溶液注到比色皿的三分之二高度处

三、填空题

1. 吸收曲线又称吸收光谱,是以________为横坐标,以________为纵坐标绘制的,分光光度分析中所作的标准曲线是以________为横坐标,以________为纵坐标绘制的。

2. 光度分析测量条件主要包括选择入射光波长、________和________。其中选择入射光波长的基本原则是________,________。

3. 某一有色溶液在一定波长下用 2 cm 比色皿测得其透光率为 60%,若在相同条件下改用 1 cm 比色皿测定,透光率为________;若用 3 cm 比色皿测定,吸光度为________。

4. 分光光度法是基于________而建立起来的分析方法。分光光度法定性分析的理论基础是基于各物质的________不同。

5. 邻二氮菲分光光度法测定微量铁时,加入盐酸羟胺的作用是________,加入 NaAc 溶液的目的是________,加入邻二氮菲溶液的作用是________。

6. 用标准曲线法测定某药物含量时,用参比溶液调节 $A=0$ 或 $T=100\%$,其目的是使标准曲线通过____________;使测量符合____________,不发生偏离;使所测吸光度真正反映__________的吸光度。

7. 通常把经显色后的有色物质与显色剂的最大吸收波长之差 $\Delta\lambda_{max}$ 称为________,分光光度分析要求 $\Delta\lambda_{max} \geq$ ________nm。

8. 用示差法测定一较浓的试样。用普通分光光度法测得标液 c_1 的透光率为 20 %,试液透光率为 12 %。若以示差法测定,以标液 c_1 作参比,则试液透光率为________,相当于将仪器标尺扩大________倍。

四、简答题

1. 朗伯-比尔定律的适用条件和适用范围是什么?

2. 如何选择参比溶液?

3. 摩尔吸光系数 ε 的物理意义及影响因素是什么?

4. 吸收光谱曲线和标准曲线的实际意义是什么?

5. 利用标准曲线进行定量分析时为何不能使用透光率 T 和浓度 c 为坐标?

6. 影响显色反应的因素有哪些?

7. 有一浓度为2.0×10^{-4} mol·L^{-1}的某显色溶液，当b_1=3 cm时测得A_1=0.120。将其稀释1倍后改用b_2=5 cm的比色皿测定，得A_2=0.200（λ相同）。问此时是否服从朗伯-比尔定律？

五、计算题

1. 某钢样含Ni约0.1%，用丁二酮肟分光光度法测定。若试样溶解后转入100 mL容量瓶中，加水稀释至刻度，在470 nm处用1.0 cm比色皿测量，希望此时测量误差最小，应称取试样多少克？（已知：$\varepsilon=1.3\times10^4$ L·mol^{-1}·cm^{-1}，M(Ni)=58.69 g·mol^{-1}。）

2. 浓度为0.51 μg·mL^{-1}的铜溶液，用双环己酮草酰二腙比色测定。在波长600 nm处，用2.0 cm比色皿测得透光率为50.5%，求该有色物的摩尔吸光系数ε。（已知：M(Cu)=63.54 g·mol^{-1}。）

3. 取某含铁试液2.00 mL于100 mL容量瓶中，加蒸馏水定容。从中移取2.00 mL溶液经显色后定容至50 mL。用1.00 cm比色皿测得该溶液的透光率为39.8%，求该含铁试液中铁的含量（以g·L^{-1}计）。（已知：显色配合物的$\varepsilon=1.10\times10^4$ L·mol^{-1}·cm^{-1}，M(Fe)=55.85 g·mol^{-1}。）

4. 应用紫外分光光度法分析邻（o-）和对（p-）硝基苯胺混合物，在两个不同波长处测量吸光度，根据以下数据计算邻和对硝基苯胺的浓度（b=1.00 cm）。

λ=280 nm，A=1.040，ε^{o}_{280}=5260 L·mol^{-1}·cm^{-1}，ε^{p}_{280}=1400 L·mol^{-1}·cm^{-1}

λ=347 nm，A=0.916，ε^{o}_{347}=1280 L·mol^{-1}·cm^{-1}，ε^{p}_{347}=9200 L·mol^{-1}·cm^{-1}

5. 以邻二氮菲光度法测定Fe^{2+}，称取0.500 g试样，经处理后，加入显色剂邻二氮菲显色并稀释至50.00 mL，然后用1 cm比色皿测定此溶液在510 nm处的吸光度，得A=0.430。计算试样中铁的百分含量；当显色溶液再冲稀一倍时，其透光率是多少？（已知：$\varepsilon_{510}=1.10\times10^4$ L·mol^{-1}·cm^{-1}，M(Fe)=55.85 g·mol^{-1}。）

6. 用一般分光光度法测量0.00100 mol·L^{-1}锌标准溶液和含锌试液，分别测得吸光度为0.700和1.000，含锌试液和锌标准溶液的透光率之比为多少？如用0.00100 mol·L^{-1}锌标准溶液作参比溶液，试液的吸光度是多少？

7. 用分光光度法测定含有两种配合物X和Y的溶液吸光度（b=1.0 cm），获得下列数据：

溶液	浓度c/(mol·L^{-1})	吸光度A(λ_1=285 nm)	吸光度A(λ_2=365 nm)
X	5.0×10^{-4}	0.053	0.430
Y	1.0×10^{-4}	0.950	0.050
X+Y	未知	0.640	0.370

计算未知液中X和Y的浓度。

8. 某指示剂HIn的摩尔质量为396.0 g·mol^{-1}，今称取0.396 g HIn，溶解后定容为1 L。于3个100 mL容量瓶中各加入上述HIn溶液1 mL，用不同pH缓冲液稀释至刻线，用1 cm比色皿于560 nm处测得吸光度值如下：

pH	2.0	7.60	11.00
A	0.00	0.575	1.760

计算：（1）HIn及In^-的摩尔吸光系数；（2）HIn的$pK_a^\ominus$。

参考答案

一、是非题

1. × 2. × 3. √ 4. × 5. × 6. √ 7. √ 8. × 9. √ 10. × 11. × 12. √ 13. √ 14. √ 15. × 16. √ 17. × 18. ×

二、选择题

1. C 2. C 3. B 4. D 5. D 6. C 7. A 8. B 9. B 10. D 11. C 12. D 13. D 14. AB 15. D 16. D 17. A 18. C 19. D 20. D

三、填空题

1. 入射光波长 λ；吸光度 A；标准溶液的浓度 c；吸光度 A

2. 参比溶液；吸光度读数范围；吸收最大；干扰最小

3. 77%；0.33

4. 物质对光的选择性吸收；最大吸收波长

5. 作为还原剂；调节pH；作为显色剂

6. 坐标原点；朗伯-比尔定律；待测物

7. 对比度；60

8. 60%；5

四、简答题

1. (1)朗伯-比尔定律适用条件：①入射光为平行单色光且垂直照射；②吸光物质为均匀非散射体系；③吸光质点之间无相互作用；④辐射与物质之间的作用仅限于光吸收过程，无荧光和光化学现象发生。(2)朗伯-比尔定律适用范围：朗伯-比尔定律是光吸收的基本定律，适用于所有的电磁辐射和所有的吸光物质(气体、固体、液体、原子、分子和离子)。

2.在测定时应根据不同情况选择不同的参比溶液：当试液及显色剂均无色时，可用溶剂作参比溶液，即溶剂空白；若显色剂无色，而被测试液中存在其他有色离子，可用不加显色剂的被测试液作参比溶液，即试样空白。若显色剂有色，而试液本身无色，可用溶剂加显色剂和其他试剂作参比溶液，即试剂空白；若显色剂和试液均有颜色，可将一份试液加入适当掩蔽剂，将被测组分掩蔽起来，使之不再与显色剂作用，而显色剂及其他试剂均按试液测定方法加入，以此作为参比溶液，可以消除显色剂和一些共存组分的干扰，即褪色空白。

3.(1)摩尔吸光系数 ε 是吸光物质在特定波长下的特征常数，是表征显色反应灵敏度的重要参数。ε 越大，表示吸光物质对此波长的光的吸收程度越大，显色反应越灵敏。它表示物质的浓度为1 $mol \cdot L^{-1}$，液层厚度为1 cm时溶液的吸光度。(2) ε 的影响因素：ε 和入射光源的波长、吸光物质的本性、溶液的温度都有关系。

4. (1)吸收光谱曲线：能准确地描述吸光物质对各种不同波长的光的吸收情况，是分光光度法选择测量波长的依据；不同物质有不同的吸收光谱曲线，依据吸收光谱曲线可以进行物质的定性分析。(2)标准曲线：通过标准曲线的斜率，求得吸光物质的摩尔吸光系数 ε，通过式子 $A=\varepsilon bc$ 进行定量计算或用被测溶液的吸光度从标准曲线上找出对应的被测溶液的浓度。

5. 以标准溶液的浓度为横坐标，以相应的吸光度为纵坐标，绘制的曲线称为标准曲线。利用标准曲线进行定量分析时一般不使用透光率 T 和浓度 c 为坐标，因为两者不成线性关系。

6. 显色剂浓度、显色剂用量、溶液酸度、显色时间、显色温度、溶剂、共存离子等。

7. 同种溶液，且入射光 λ 相同，所以其摩尔吸光系数 ε 应该相等，即 $\varepsilon_1=\varepsilon_2$。

由 $A=\varepsilon bc$ 得

$$\varepsilon_1=\frac{A_1}{b_1c_1}=\frac{0.120}{3\times2.0\times10^{-4}}=200\ \mathrm{L\cdot mol^{-1}\cdot cm^{-1}}$$

$$\varepsilon_2=\frac{A_2}{b_2c_2}=\frac{0.200}{5\times\dfrac{2.0\times10^{-4}}{2}}=400\ \mathrm{L\cdot mol^{-1}\cdot cm^{-1}}$$

即 $\varepsilon_1\neq\varepsilon_2$，故不符合朗伯-比尔定律。

五、计算题

1. 测量误差最小，A=0.434，由 $A=\varepsilon bc$ 得

$$c=\frac{A}{\varepsilon b}=\frac{0.434}{1.3\times10^4\times1.0}=3.34\times10^{-5}\ \mathrm{mol\cdot L^{-1}}$$

由 $cVM=mw$ 得

$3.34\times10^{-5}\times100\times10^{-3}\times58.69=m\times0.1\%$

所以应称取试样为 m=0.196 g

2. $A=-\lg T=-\lg0.505=0.297$

$$c=\frac{0.51\times10^{-3}}{63.54}=8.0\times10^{-6}\ \mathrm{mol\cdot L^{-1}}$$

$$\varepsilon=\frac{A}{bc}=\frac{0.297}{2.0\times8.0\times10^{-6}}=1.9\times10^4\ \mathrm{L\cdot mol^{-1}\cdot cm^{-1}}$$

3. $A=-\lg T=-\lg0.398=0.400$

$$c=\frac{A}{\varepsilon b}=\frac{0.400}{1.00\times1.10\times10^4}=3.64\times10^{-5}\ \mathrm{mol\cdot L^{-1}}$$

由题意，取2.00 mL试液定容至100 mL，从中移取2.00 mL显色定容至50 mL，因此试液中铁的含量为：

$$\rho(\mathrm{Fe})=\frac{3.64\times10^{-5}\times55.85\times50.00\times100.0}{2.00\times2.00}=2.54\ \mathrm{g\cdot L^{-1}}$$

4. 280 nm时：$A=\varepsilon^{o}_{280}bc_o+\varepsilon^{p}_{280}bc_p=5260c_o+1400c_p=1.040$

347 nm时：$A=\varepsilon^{o}_{347}bc_o+\varepsilon^{p}_{347}bc_p=1280c_o+9200c_p=0.916$

解得：$c_o=1.778\times10^{-4}\ \mathrm{mol\cdot L^{-1}}$；$c_p=7.483\times10^{-5}\ \mathrm{mol\cdot L^{-1}}$

所以邻和对硝基苯胺的浓度分别为 $1.778\times10^{-4}\ \mathrm{mol\cdot L^{-1}}$ 和 $7.483\times10^{-5}\ \mathrm{mol\cdot L^{-1}}$。

5.（1）$A=\varepsilon bc$

$0.430=1.10\times10^4\times1\times c$

$c=3.91\times10^{-5}\ \mathrm{mol\cdot L^{-1}}$

$$w(\mathrm{Fe})=\frac{cVM(\mathrm{Fe})}{m_s}=\frac{3.91\times10^{-5}\times50.00\times10^{-3}\times55.85}{0.500}=2.18\times10^{-4}$$

（2）$A=\varepsilon bc$

当显色溶液再冲稀一倍时，吸光度 $A=\frac{1}{2}\times0.430=0.215$

$T=10^{-A}=10^{-0.215}=0.610$

6.（1）$A_s=-\lg T_s$；$A_x=-\lg T_x$

$A_s - A_x = -\lg T_s - (-\lg T_x) = \lg \frac{T_x}{T_s}$

$0.700-1.000=\lg \frac{T_x}{T_s}$

$\frac{T_x}{T_s} = 10^{-0.300} = 0.501$

(2) $\Delta A = \varepsilon b \Delta c = A_x - A_s = 1.000-0.700=0.300$

示差法中，因为 $A_s=0.000$，所以 $A_x=0.300$

7. 分别根据以下公式：$A_{\lambda_1}^X = \varepsilon_{\lambda_1}^X bc_X$ ；$A_{\lambda_2}^X = \varepsilon_{\lambda_2}^X bc_X$ ；$A_{\lambda_1}^Y = \varepsilon_{\lambda_1}^Y bc_Y$ ；$A_{\lambda_2}^Y = \varepsilon_{\lambda_2}^Y bc_Y$ ；

$A_{\lambda_1}^{X+Y} = A_{\lambda_1}^X + A_{\lambda_1}^Y = \varepsilon_{\lambda_1}^X bc_X + \varepsilon_{\lambda_1}^Y bc_Y$ ； $A_{\lambda_2}^{X+Y} = A_{\lambda_2}^X + A_{\lambda_2}^Y = \varepsilon_{\lambda_2}^X bc_X + \varepsilon_{\lambda_2}^Y bc_Y$

且题目已知条件(b=1.0 cm)，可以列出相应方程：

$0.053 = \varepsilon_{\lambda_1}^X \cdot 5.0 \times 10^{-4}$　(1)

$0.430 = \varepsilon_{\lambda_2}^X \cdot 5.0 \times 10^{-4}$　(2)

$0.950 = \varepsilon_{\lambda_1}^Y \cdot 1.0 \times 10^{-4}$　(3)

$0.050 = \varepsilon_{\lambda_2}^Y \cdot 1.0 \times 10^{-4}$　(4)

$0.640 = \varepsilon_{\lambda_1}^X c_X + \varepsilon_{\lambda_1}^Y c_Y$　(5)

$0.370 = \varepsilon_{\lambda_2}^X c_X + \varepsilon_{\lambda_2}^Y c_Y$　(6)

分别解(1)(2)(3)(4)得：

$\varepsilon_{\lambda_1}^X = 1.1 \times 10^2$ ；$\varepsilon_{\lambda_2}^X = 8.6 \times 10^2$ ；$\varepsilon_{\lambda_1}^Y = 9.5 \times 10^3$ ；$\varepsilon_{\lambda_2}^Y = 5.0 \times 10^2$

代入(5)(6)联立求解，可得：

$c_X = 3.9 \times 10^{-4}\ \text{mol} \cdot \text{L}^{-1}$； $c_Y = 6.3 \times 10^{-5}\ \text{mol} \cdot \text{L}^{-1}$

8.(1) $c_0 = \frac{0.396}{396.0} = 1.00 \times 10^{-3}\ \text{mol} \cdot \text{L}^{-1}$

$c = \frac{1.00 \times 10^{-3}}{100} = 1.00 \times 10^{-5}\ \text{mol} \cdot \text{L}^{-1}$

$\varepsilon(\text{HIn}) = 0$

$\varepsilon(\text{In}^-) = \frac{A}{bc} = \frac{1.76}{1 \times 1.0 \times 10^{-5}} = 1.76 \times 10^5\ \text{L} \cdot \text{mol}^{-1} \cdot \text{cm}^{-1}$

(2) $\text{pH} = \text{p}K_a^\ominus - \lg \frac{c(\text{HIn})}{c(\text{In}^-)}$

$\text{p}K_a^\ominus = \text{pH} + \lg \frac{c(\text{HIn})}{c(\text{In}^-)} = \text{pH} + \lg \frac{A(\text{In}^-) - A}{A - A(\text{HIn})}$

$\text{p}K_a^\ominus = 7.60 + \lg \frac{1.760 - 0.575}{0.575 - 0.00} = 7.91$

第 12 章

分离与富集基础

12.1 知识结构

分离与富集
基本概念
分离与富集的要求
①组分之间尽可能分离完全,在相互测定中彼此不再干扰
②被测组分在分离过程中的损失应尽可能小
效果评价
①分离效果 $R_A=\frac{\text{通过分离后A的测定含量}}{\text{溶液中A的实际含量}}\times 100\%$ $S_{B/A}=\frac{R_B}{R_A}\times 100\%$
②富集效果 富集倍数
分离方法
物理分离法
化学分离法
固液分离
液液分离
气液分离
沉淀分离法
原理 溶度积原理,沉淀反应
方法
①无机沉淀剂沉淀分离法
①氢氧化物沉淀剂,如NaOH、氨水
②硫化物沉淀剂,如硫代乙酰胺
②有机沉淀剂沉淀分离法
①螯合物沉淀剂
②缔合物沉淀剂
③凝胶剂
③共沉淀分离法
①利用无机微溶物沉淀的吸附作用使痕量组分沉淀富集
②利用生成混晶使痕量组分沉淀富集
溶剂萃取分离法(液相-液相萃取分离法)
原理
本质:亲水性转化为疏水性的过程
分配定律:分配系数 $K_D=\frac{c(A)_o}{c(A)_w}$ 分配比 $D=\frac{c_o}{c_w}$
萃取百分率 $E=\frac{\text{A在有机相中的总量}}{\text{A在两相中的总量}}\times 100\%$ $E=\left[1-\left(\frac{V_w/V_o}{D+V_w/V_o}\right)^n\right]\times 100\%$
$E=\frac{c_o/c_w}{c_o/c_w+V_w/V_o}\times 100\%=\frac{D}{D+V_w/V_o}\times 100\%$ $m_1=m_0\left(\frac{V_w/V_o}{D+V_w/V_o}\right)^n$
萃取分离系数 $\beta_{A/B}=\frac{D_A}{D_B}$ ⟵ 衡量分离效果的好坏 衡量萃取效果
重要萃取体系
①简单无机物的萃取体系
②金属螯合物萃取体系
③离子缔合物萃取体系
操作方法:分液漏斗准备 ⟶ 萃取 ⟶ 分层 ⟶ 分液
离子交换分离法
原理:离子交换剂与溶液中的离子发生交换反应而进行分离的方法
离子交换树脂
分类
①阳离子交换树脂,活性基团为酸性,如$-SO_3H$、$-PO_3H_2$、$-COOH$、$-OH$等
②阴离子交换树脂,活性基团为碱性,如季胺基
③特殊功能的树脂,如螯合树脂、大孔树脂、氧化还原树脂、萃淋树脂
树脂性能的评价
交联度:表征骨架结构、孔隙度的指标。一般以4%~14%为宜
交换容量:每克干树脂所能交换的相当于一价离子的物质的量,是表征交换能力的参数
离子交换的亲和力与水合离子半径、电荷及离子极化程度有关。根据树脂对各种离子的亲和力不同实现离子分离
操作方法:树脂的选择和预处理 ⟶ 装柱 ⟶ 交换 ⟶ 洗脱(淋洗) ⟶ 再生
色谱分离法(层析法或色层法)
原理:利用被分离组分在两相(固定相和流动相)中分配差异而进行分离
分类
液相色谱法
柱色谱法
纸色谱法
薄层色谱法
层析滤纸为固定相,以有机溶剂为流动相
比移值 $R_f=\frac{\text{原点至斑点中心的距离}}{\text{原点至溶剂前沿的距离}}$
与标准物质的 R_f 值对照
定性分析
色斑连同吸附剂刮下,洗脱,仪器分析检测
定量分析
气相色谱法

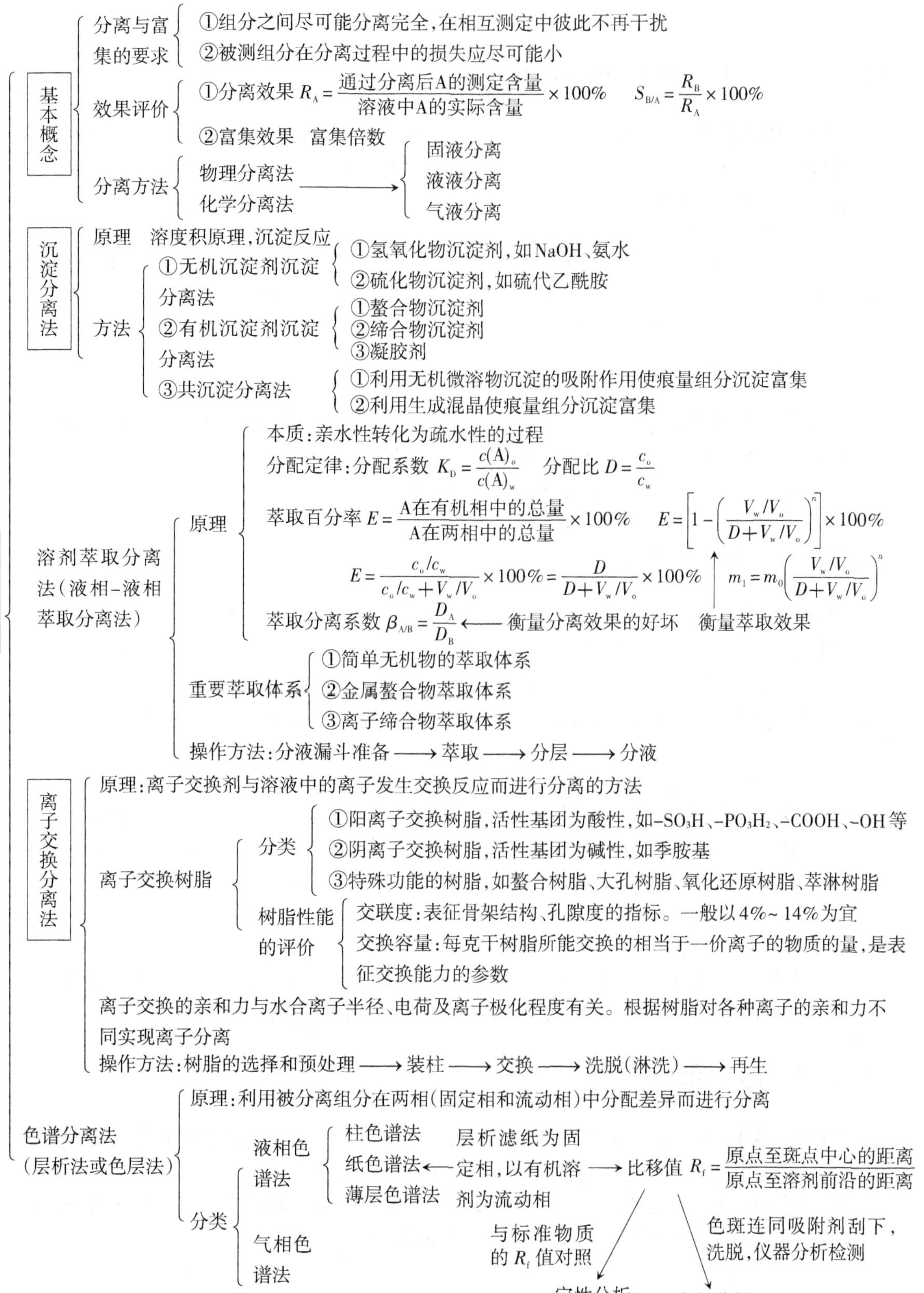

12.2 重点知识剖析及例解

12.2.1 分离与富集的基本概念

【知识要求】了解复杂物质分离与富集的目的和要求，掌握回收率、分离率的基本概念。

【评注】评价分离方法的分离效果，可用回收率(R)来衡量。

$$R_A=\frac{\text{通过分离后A的测定含量}}{\text{溶液中A的实际含量}}\times 100\%$$

一般情况下，对含量1%以上的常量组分，R应大于99.9%；对含量为0.01% ~ 1%的微量组分，要求R大于99%；而含量小于0.01%的痕量组分，要求R在90% ~ 95%。

干扰组分B与待测组分A的分离程度可用分离率($S_{B/A}$)来表示。

$$S_{B/A}=\frac{R_B}{R_A}\times 100\%$$

对于常量待测组分A和常量干扰组分B来说，$S_{B/A}$ 应在10^{-3} 以下；而对于微量待测组分A和常量干扰组分B来说，$S_{B/A}$ 至少要在10^{-7}~10^{-6} 范围内。

浓缩和富集过程中的富集效果可用富集倍数表示。

12.2.2 沉淀分离法

【知识要求】掌握沉淀分离法的基本原理及其特点。

【评注】沉淀分离法是利用沉淀反应，在试液中加入适当的沉淀剂，有选择性地沉淀某些离子，而其他离子则留在溶液中，从而达到分离的目的。根据沉淀剂的不同，分为无机沉淀剂沉淀分离法、有机沉淀剂沉淀分离法和共沉淀分离法。沉淀分离法的主要依据是溶度积原理。

【例题12-1】某试样含Fe、Al、Ca、Mg、Ti元素，经碱熔融后，用水浸取，盐酸酸化，加氨水中和至出现红棕色沉淀(pH约为3左右)，再加六亚甲基四胺加热过滤，分出沉淀和滤液。试问：(1)为什么人们看到溶液中刚出现红棕色沉淀时，表示pH为3左右？(2)过滤后得到的沉淀是什么？滤液又是什么？(3)试样中若含Zn^{2+}和Mn^{2+}，它们是在沉淀中还是在滤液中？

解 (1)溶液中出现红棕色沉淀应是$Fe(OH)_3$，沉淀开始时的pH应在3左右(当人眼看到红棕色沉淀时，已有部分$Fe(OH)_3$析出，pH值稍大于Fe^{3+}开始沉淀的理论值)。

(2)过滤后得的沉淀应是$TiO(OH)_2$、$Fe(OH)_3$ 和 $Al(OH)_3$；滤液是Ca^{2+}、Mg^{2+}离子溶液。

(3)试样中若含Zn^{2+}和Mn^{2+}，它们应以Zn^{2+}和Mn^{2+}离子形式存在于滤液中。

12.2.3 溶剂萃取分离法

【知识要求】掌握溶剂萃取分离法的基本原理及其特点，了解萃取条件的选择及主要萃取体系。能运用分配定律进行有关萃取率等相关计算。

【评注】萃取分离法是根据物质在两种互不混溶的溶剂中分配特性不同而建立的分离方法。其本质是萃取过程中将物质由亲水性转化为疏水性的过程。

当达到分配平衡时，被萃取物质A在有机相和水相中的浓度符合分配定律：$K_D = \frac{c(A)_o}{c(A)_W}$

萃取的总效果可用萃取百分率E衡量：

$$E = \frac{\text{A在有机相中的总量}}{\text{A在两相中的总量}} \times 100\% = \frac{c_o V_o}{c_o V_o + c_w V_w} \times 100\% = \frac{D}{D + V_w/V_o} \times 100\%$$

设在V_w体积水相中被萃取物A的总质量为m_0，用V_o体积有机溶剂萃取一次后，水相中A残留质量为m_1，则

$$m_1 = m_0 \frac{V_w/V_o}{D + V_w/V_o}$$

n次萃取后，水相中A残留质量m_n为：$m_n = m_0 \left(\frac{V_w/V_o}{D + V_w/V_o} \right)^n$

【例题12-2】一种螯合剂HL溶解在有机溶剂中，按下面反应从水溶液中萃取金属离子：

$$M^{2+}_{(w)} + 2\,HL_{2(o)} = ML_{(o)} + 2\,H^+_{(w)}$$

反应平衡常数$K^\ominus$=0.010。取10 mL水溶液，加10 mL含HL 0.010 mol·L^{-1}的有机溶剂萃取M^{2+}。设水相中的HL和有机相中的M^{2+}可以忽略不计，且因M^{2+}的浓度较小，HL在有机相中的浓度基本不变。试计算：(1)当水溶液的pH=3.0时，萃取百分率等于多少？(2)若要求M^{2+}的萃取百分率为99.9%，水溶液的pH调至多少？

解 (1) $K^\ominus = \frac{c(ML_2)_o \cdot c(H^+)_w^{\ 2}}{c(M^{2+})_w \cdot c(HL_2)_o^{\ 2}}$

$$\frac{c(ML_2)_o}{c(M^{2+})_w} = K^\ominus \frac{c(HL_2)_o^{\ 2}}{c(H^+)_w^{\ 2}} = 0.010 \times \frac{(0.010)^2}{(10^{-3.0})^2} = 1$$

$$E = \frac{c(ML_2)_o}{c(M^{2+})_w + c(ML_2)_o} \times 100\% = 50\%$$

(2)M^{2+}的萃取百分率为99.9%，$\frac{c(ML_2)_o}{c(M^{2+})_w} = 999$

$$c(H^+)^2_w = K^\ominus \frac{c(M^{2+})_w \cdot c(HL_2)_o^{\ 2}}{c(ML_2)_o} = 0.010 \times \frac{1}{999} \times 0.010^2 = 1.0 \times 10^{-9}$$

$$c(H^+)_w = 3.2 \times 10^{-5}\ \text{mol} \cdot \text{L}^{-1}$$

pH =4.49

【例题12-3】100 mL含钒40 μg的试液，用10 mL钽试剂-$CHCl_3$溶液萃取，萃取率为90%。以1 cm比色皿于530 nm波长下，测得萃取液吸光度为0.384，求分配比及吸光物质的摩尔吸光系数。(已知：M(V)=50.942 g·mol^{-1}。)

解 $E = \frac{D}{D + \frac{V_w}{V_o}}$

$$0.9 = \frac{D}{D + \frac{100}{10}}$$

D=90

有机相中，$c(V) = \frac{40 \times 0.9}{10} = 3.6\ \mu g \cdot mL^{-1}$

由于钒和钽试剂形成1∶1螯合物，则

$$\varepsilon=\frac{A}{bc}=\frac{0.384}{1\times\frac{3.6\times10^{-3}}{50.942}}=5.4\times10^{3}\ \mathrm{L\cdot mol^{-1}\cdot cm^{-1}}$$

12. 2. 4　离子交换分离法

【知识要求】掌握离子交换分离法的基本原理及其特点，了解离子交换的种类、性质以及离子交换的操作。

【评注】离子交换分离法是利用离子交换剂与溶液中的离子发生交换反应而进行分离的方法。离子交换树脂根据树脂的活性基团的不同可分为阳离子交换树脂和阴离子交换树脂。

评价树脂的性能通常用交联度和交换容量来衡量。交联度表征离子交换树脂骨架结构和孔隙度，一般以4%～14%为宜；交换容量表征离子交换树脂的交换能力，一般为3～6 $\mathrm{mmol\cdot g^{-1}}$；离子交换树脂对离子的亲和力，能较好反映离子在离子交换树脂上的交换能力。水合离子的半径越小，电荷越高，极化程度越大，其亲和力也越大。

离子交换分离基本操作一般包括树脂的选择和预处理、装柱、交换、洗脱（淋洗）、树脂再生等过程。

【例题12–4】称取1.0 g氢型阳离子交换树脂，加入100 mL含有$1.0\times10^{-4}\ \mathrm{mol\cdot L^{-1}}$ $AgNO_3$的$0.010\ \mathrm{mol\cdot L^{-1}}$ HNO_3溶液，使交换反应达到平衡。计算Ag^+的分配系数和Ag^+被交换到树脂上的百分率。（已知：$K_{Ag/H}=6.7$，树脂的交换容量为$5.0\ \mathrm{mmol\cdot g^{-1}}$。）

解　$R–H + Ag^+ \rightleftharpoons R–Ag + H^+$

树脂对Ag^+的亲和力大于对H^+的亲和力，Ag^+几乎全部进入树脂相中

$$c(H^+)_R=\frac{5.0\times1.0-100\times1.0\times10^{-4}}{1.0}=4.99\ \mathrm{mmol\cdot g^{-1}}$$

$$c(H^+)=0.010+0.00010=0.0101\ \mathrm{mmol\cdot mL^{-1}}$$

$$D_{Ag}=\frac{c(Ag^+)_R}{c(Ag^+)}=K_{Ag/H}\cdot\frac{c(H^+)_R}{c(H^+)}=6.7\times\frac{4.99}{0.0101}=3.3\times10^{3}$$

设1.0 mL溶液中含有Ag^+为1份，则1.0 g树脂中Ag^+的量为3.3×10^3份

$$\frac{100\ \text{mL溶液中}Ag^+\text{的量}}{1.0\ \text{g树脂中}Ag^+\text{的量}}=\frac{1\times100}{3.3\times10^3\times1.0}=\frac{1}{33}$$

故被交换到树脂上的Ag^+的百分率为：$\frac{33}{33+1}\times100\%=97\%$

12. 2. 5　液相色谱分离法

【知识要求】掌握液相色谱分离法的基本原理及其特点。

【评注】色谱分离法是利用被分离组分在两相（固定相和流动相）中分配差异而进行分离的一种方法。色谱分离法可分为液相色谱法和气相色谱法。液相色谱法的流动相为液体，可分为柱色谱、纸色谱和薄层色谱等。其固定相、流动相及分离机理如下表：

色谱类型	固定相	流动相	分离机理
柱色谱	固体吸附剂(如硅胶或氧化铝)	有机溶剂	利用各组分吸附能力不同,在两相间不断吸附和解吸附(吸附色谱)
纸色谱	滤纸上的纤维素通常与羟基结合形成	有机溶剂	利用各组分在固定相和流动相中溶解度不同,在两相间反复进行萃取和反萃取(分配色谱)
薄层色谱	涂有吸附剂或交换剂(如硅胶或氧化铝)的薄层	有机溶剂	同纸色谱
离子交换色谱	离子交换树脂	HCl/NaOH	利用各组分与树脂的亲和力不同进行分离

纸色谱分离法是以滤纸为固定相,以有机溶剂为流动相的一种液相色谱法。分离基本操作一般包括选择适当的层析纸、点样、选择展开剂、层析、测定等步骤。衡量纸色谱分离法分离效果通常用比移值(R_f):

$$R_f=\frac{\text{原点至斑点中心的距离}}{\text{原点至溶剂前沿的距离}}$$

【例题12-5】设一含有A、B两组分的混合溶液,已知$R_f(A)=0.40$,$R_f(B)=0.60$,如果色谱用的滤纸条,长度为20 cm,则A、B组分色谱分离后的斑点中心相距最大为多少?

解 A组分色谱分离后的斑点中心相距原点的长度为:$x=0.40\times 20=8.0$ cm

B组分色谱分离后的斑点中心相距原点的长度为:$y=0.60\times 20=12.0$ cm

A、B组分色谱分离后的斑点中心相距最大为:$y-x=4.0$ cm

12.3 课后习题选解

12-1 选择题

1. 试指出下列各例分别属于何种性质的共沉淀

A. 生成混晶体的共沉淀　　B. 利用表面吸附的共沉淀

C. 利用胶体的凝聚作用　　D. 利用形成离子缔合物

E. 利用惰性共沉淀剂

(1) 以$Al(OH)_3$为载体使Fe^{3+}或TiO^{2+}共沉淀(B)

(2) 以$BaSO_4$为载体使$RaSO_4$和它共沉淀(A)

(3) 利用丁二酮肟沉淀镍(E)

(4) InL_4^-离子加入甲基紫,使之沉淀(D)

(5) 辛可宁使少量H_2WO_4沉淀(C)

2. 已知$Mg(OH)_2$的$pK_{sp}^{\ominus}$为10.74,则MgO悬浮液可控制的pH值范围为 (B)

A. 5.5 ~ 6.5　　B. 8.5 ~ 9.5　　C. 10.5 ~ 11.5　　D. 4.4 ~ 7.5

3. 已知CuOH的$pK_{sp}^{\ominus}=14.0$,则Cu^+沉淀基本完全时即$c(Cu^{2+})=10^{-5}\ mol\cdot L^{-1}$的pH值约为 (B)

A. 3.6　　B. 5.0　　C. 6.0　　D. 8.00

4. 已知Sn^{2+}、Fe^{3+}、Mg^{2+}和Mn^{2+}等离子形成氢氧化物沉淀,从开始沉淀到完全沉淀的pH值范围分别为2.1 ~ 4.7、2.2 ~ 3.5、9.6 ~ 11.6和8.6 ~ 10.6。请问下列各共存离子用氢氧化物沉淀法分离的结论,错误的是 (AC)

A. Sn^{2+}、Fe^{3+}共存时可分离　　B. Mg^{2+}、Fe^{3+}共存时可分离

C. Mg^{2+}、Mn^{2+}共存时可分离　　D. Fe^{3+}、Mn^{2+}共存时可分离

5. 用等体积萃取,若要求进行两次萃取后其萃取率大于95%,则其分配比必须大于（ C ）

A. 10　　B. 7　　C. 3.5　　D. 2

6. 移取25.00 mL含0.125 g I_2的KI溶液,用25.00 mL CCl_4萃取。平衡后测得水相中含0.00500 g I_2,则萃取两次的萃取率是（ A ）

A. 99.8%　　B. 99.0%　　C. 98.6%　　D. 98.0%

7. 根据离子的水合规律,判断含Mg^{2+}、Ca^{2+}、Ba^{2+}和Sr^{2+}离子的混合液流过阳离子交换树脂时,最先流出的离子是（ B ）

A. Ba^{2+}　　B. Mg^{2+}　　C. Sr^{2+}　　D. Ca^{2+}

8. 下列通式中属阳离子交换树脂的是（ C ）

A. RNH_3OH　　B. RNH_2CH_3OH　　C. ROH　　D. $RN(CH_3)_3OH$

12-2 填空题

1. 氢氧化物沉淀一般有一个开始沉淀的和沉淀完全的pH值区间。分离中要求待分离各离子的pH值区间<u>不能交叉</u>。

2. 某矿样溶液含Fe^{3+}、Al^{3+}、Ca^{2+}、Mg^{2+}、Mn^{2+}、Cr^{3+}、Cu^{2+}和Zn^{2+}等离子,加入NH_4Cl和氨水后,产生沉淀的离子为<u>Fe^{3+}、Al^{3+}、Mn^{2+}和Cr^{3+}</u>,<u>Ca^{2+}、Mg^{2+}、Cu^{2+}和Zn^{2+}</u>等离子还存在于溶液中。

3. 利用沉淀的表面吸附作用进行共沉淀分离,常用的载体有:<u>氢氧化物沉淀</u>,<u>硫化物沉淀</u>,<u>某些晶形沉淀</u>等类型。

4. 若用离子交换法分离Fe^{3+}、Al^{3+},一般的做法是先用盐酸处理溶液,使Fe^{3+}、Al^{3+}分别以$FeCl_4^-$、Al^{3+}形态存在,然后通过<u>阴离子(或阳离子)</u>交换柱,此时<u>$FeCl_4^-$(或Al^{3+})</u>留在柱上,而<u>Al^{3+}(或$FeCl_4^-$)</u>流出,从而达到分离的目的。

12-3 计算题

1. 计算0.010 mol·L^{-1} $MnCl_2$溶液开始形成沉淀($pK_{sp}^{\ominus}=12.35$)时的pH值。

解　$Mn(OH)_2(s) \rightleftharpoons Mn^{2+}(aq) + 2\,OH^-(aq)$

$K_{sp}^{\ominus}[Mn(OH)_2] = c(Mn^{2+})c(OH^-)^2$

$pK_{sp}^{\ominus} = 2\,pOH - \lg c(Mn^{2+})$

当开始形成沉淀时,$c(Mn^{2+}) = 0.010\ mol\cdot L^{-1}$

$12.35 = 2\,pOH - \lg 0.010$

pOH=5.18

pH=8.82

2. 已知$Mg(OH)_2$的$pK_{sp}^{\ominus}=10.74$,则$Mg(OH)_2$沉淀基本完全时的pH值为多少?

解　$Mg(OH)_2(s) \rightleftharpoons Mg^{2+}(aq) + 2\,OH^-(aq)$

$K_{sp}^{\ominus}[Mg(OH)_2] = c(Mg^{2+})c(OH^-)^2$

$pK_{sp}^{\ominus} = 2\,pOH - \lg c(Mg^{2+})$

当沉淀基本完全时时,$c(Mg^{2+}) = 1.0\times10^{-5}\ mol\cdot L^{-1}$

$10.74 = 2\,pOH - \lg(1.0\times10^{-5})$

pOH=2.87

pH=11.13

3. 若Al^{3+}和Mg^{2+}的起始浓度均为0.010 mol·L^{-1},请问当$NH_3\cdot H_2O$和NH_4Cl浓度分别为0.20

和 1.0 mol·L^{-1}时，能否使 Al^{3+}和 Mg^{2+}分离完全？（已知：$K_b^\ominus(NH_3)=1.8\times10^{-5}$，$K_{sp}^\ominus[Al(OH)_3]=1.3\times10^{-33}$，$K_{sp}^\ominus[Mg(OH)_2]=5.1\times10^{-12}$。）

解　由于 $c(NH_3)$ 及 $c(NH_4^+)$ 都较大，可按最简式计算溶液中的 $c(OH^-)$

$$c(OH^-)=\frac{K_b^\ominus(NH_3)\cdot c(NH_3)}{c(NH_4^+)}=\frac{1.8\times10^{-5}\times0.20}{1.0}=3.6\times10^{-6}\ mol\cdot L^{-1}$$

$$c(Mg^{2+})\cdot c(OH^-)^2=1.0\times10^{-2}\times(3.6\times10^{-6})^2=1.3\times10^{-13}<K_{sp}^\ominus(Mg(OH)_2)$$

$$c(Al^{3+})\cdot c(OH^-)^3=1.0\times10^{-2}\times(3.6\times10^{-6})^3=4.7\times10^{-19}>K_{sp}^\ominus(Al(OH)_3)$$

通过上述计算可看出，在此缓冲溶液中 Mg^{2+}不沉淀而 Al^{3+}则要生成 $Al(OH)_3$沉淀，再计算 Al^{3+}沉淀后残留于溶液中的浓度为：

$$c(Al^{3+})=\frac{K_{sp}^\ominus(Al(OH)_3)}{c(OH^-)^3}=\frac{1.3\times10^{-33}}{(3.6\times10^{-6})^3}=2.8\times10^{-17}\ mol\cdot L^{-1}$$

由上面计算可知，$Al(OH)_3$沉淀后，残留于溶液中的 $c(Al^{3+})=2.8\times10^{-17}$ mol·L^{-1}，该值远小于 1.0×10^{-5} mol·L^{-1}。因此，在题设条件上，Al^{3+}沉淀完全，而 Mg^{2+}不沉淀，两离子得以定量分离。

4. 取 0.100 mol·L^{-1}的 I_2液 25.0 mL，加 CCl_4 50.0 mL，振荡达到平衡后，静置分层，取出 CCl_4溶液 10.0 mL，用 0.0500 mol·L^{-1} $Na_2S_2O_3$溶液滴定用去了 18.82 mL，计算碘在水和 CCl_4中的分配系数。

解　CCl_4中 I_2浓度为：$c(I_2)_o=\dfrac{18.82\times0.0500}{2\times10.0}=0.0471\ mol\cdot L^{-1}$

水中剩余 I_2浓度为：$c(I_2)_w=\dfrac{0.100\times25.0-50.0\times0.0471}{25.0}=0.0058\ mol\cdot L^{-1}$

因此，I_2在水和 CCl_4中的分配系数：$K_D=\dfrac{c(I_2)_o}{c(I_2)_w}=\dfrac{0.0471}{0.0058}=8.1$

5. 某水溶液含 Fe^{3+} 10 mg，采用某种萃取剂将它萃取进入有机溶剂中。若分配比 $D=95$，用等体积有机溶剂分别萃取 1 次和 2 次，问在水溶液中各剩余 Fe^{3+}多少毫克？萃取百分率各为多少？

解　一次萃取时，剩余 Fe^{3+}量为：$m_1=m_0\dfrac{V_w/V_o}{D+V_w/V_o}=10\times\dfrac{1}{95+1}=0.10\ mg$

萃取百分率为：$E=\dfrac{m_0-m_1}{m_0}\times100\%=\dfrac{10-0.10}{10}\times100\%=99\%$

分两次萃取时，剩余 Fe^{3+}量为：$m_2=m_0(\dfrac{V_w/V_o}{D+V_w/V_o})^2=10\times(\dfrac{1}{95+1})^2=0.0010\ mg$

萃取百分率为：$E=\dfrac{m_0-m_2}{m_0}\times100\%=\dfrac{10-0.0010}{10}\times100\%=99.99\%$

计算结果表明，用相同体积的有机溶剂，两次萃取比一次萃取效率高。

6. 用双硫腙–CCl_4萃取 Cd^{2+}时，已知分配比 D 为 198。将含 Cd^{2+}样品处理成 50.0 mL 水溶液，用 5.00 mL 双硫腙– CCl_4萃取，求萃取百分率。

解　萃取百分率为：$E=\dfrac{D}{D+V_w/V_o}\times100\%=\dfrac{198}{198+50/5}\times100\%=95.2\%$

7. 某弱酸 HA 在水中的 $K_a^\ominus=4.00\times10^{-5}$，在水相与某有机相中的分配系数 $K_D=45$。若将 HA 从 50.0 mL 水溶液中萃取到 10.0 mL 有机溶液中，试分别计算 pH = 1.0 和 pH = 5.0 时的分

配比和萃取百分率(假设HA在有机相中仅以HA一种形体存在)。

解 进入有机相的只是HA,而A^-只存在于水相,有机相中几乎无A^-,

依据题意有:$D=\dfrac{c(HA)_o}{c(HA)_w+c(A^-)_w}$

根据弱酸电离平衡有:$c(A^-)_w=\dfrac{c(HA)_w\cdot K_a^\ominus}{c(H^+)}$

$$D=\frac{c(HA)_o}{c(HA)_w+\dfrac{c(HA)_w\cdot K_a^\ominus}{c(H^+)}}=\frac{c(HA)_o\cdot c(H^+)}{c(HA)_w\cdot(c(H^+)+K_a^\ominus)}=K_D\frac{c(H^+)}{c(H^+)+K_a^\ominus}$$

当pH = 1.0时, $D_1=45\times\dfrac{0.1}{0.1+4.00\times10^{-5}}=45$

$$E_1=\frac{D_1}{D_1+V_w/V_o}\times100\%=\frac{45}{45+50/10}\times100\%=90\%$$

当pH = 5.0时, $D_2=45\times\dfrac{10^{-5}}{10^{-5}+4.00\times10^{-5}}=9.0$

$$E_2=\frac{D_2}{D_2+V_w/V_o}\times100\%=\frac{9.0}{9.0+50/10}\times100\%=64\%$$

8. 用乙酸乙酯萃取鸡蛋面条中的胆固醇,试样是10 g,面条中含胆固醇2.0%,如果分配比是3,水相20 mL,用50 mL乙酸乙酯萃取,需要萃取多少次可以除去鸡蛋面条中95%的胆固醇?

解 因为$E=1-(\dfrac{V_w}{DV_o+V_w})^n$

代入数据有:$0.95=1-(\dfrac{20}{3\times50+20})^n$

解得:$n = 1.4$

因此需萃取2次才可以除去鸡蛋面条中95%的胆固醇。

9. 称取1.0000 g酸性阳离子交换树脂,以50.00 mL、0.1185 mol·L^{-1} NaOH浸泡24 h,使树脂上的H^+全部被交换到溶液中。再用0.09604 mol·L^{-1} HCl标准溶液滴定过量的NaOH,用去20.50 mL。试计算该树脂的交换容量。

解 交换容量$=\dfrac{(0.1185\times50-0.09604\times20.50)}{1.0000}=3.956\ \text{mmol}\cdot\text{g}^{-1}$

10. 离子交换法分离测定天然水中阳离子总量的方法是,取50.0 mL天然水样品,以蒸馏水稀释至100 mL,用2.0 g强酸性阳离子交换树脂进行静态交换,搅拌,过滤用三份15.0 mL蒸馏水洗涤,合并滤液和洗涤液,将合并的溶液以甲基橙为指示剂,用0.0208 mol·L^{-1} NaOH标准溶液滴定,滴定至终点时消耗了NaOH标准溶液23.30 mL,试计算天然水阳离子总量(以mg·L^{-1} CaO表示。(已知:M(CaO)=56.08 g·mol^{-1}。)

解 $c(CaO)=\dfrac{0.0208\times23.30}{2\times50.0\times10^{-3}}\times56.08=272\ \text{mg}\cdot\text{L}^{-1}$

11. 用某纯的二元有机酸H_2A制备了纯的钡盐,称取0.3460 g盐样,溶于100.0 mL水中,将溶液通过强酸性阳离子交换树脂,并水洗,流出液以0.09960 mol·L^{-1} NaOH溶液20.20 mL滴至终点,求有机酸的摩尔质量。(已知:M(H)=1.00 g·mol^{-1},M(Ba)=137.33 g·mol^{-1}。)

解 $H_2A+Ba^{2+}=BaA+2H^+$

$n(H^+) = 0.09960 \times 20.20 = 2.012\ \text{mmol}$

$M(\text{BaA}) = \dfrac{2m}{n(H^+)} = \dfrac{2 \times 0.3460}{2.012 \times 10^{-3}} = 343.9\ \text{g} \cdot \text{mol}^{-1}$

$M(H_2A) = 343.9 - 137.33 + 2 \times 1.00 = 208.6\ \text{g} \cdot \text{mol}^{-1}$

12. 用纸色谱法分离混合物中的两种氨基酸,已知两者的比移值分别为0.45和0.60。欲使分离后两斑点中心相距2 cm,问滤纸条长度至少应为多少厘米?

解　设A和B的原点至斑点中心的距离分别为l_A和l_B,原点至溶剂前沿的距离为l

因为任意物质A的 $R_{f,A} = \dfrac{\text{A原点至斑点中心的距离}}{\text{A原点至溶剂前沿的距离}} = \dfrac{l_A}{l}$

$$\frac{l_A}{l} = 0.45 \qquad (1)$$

$$\frac{l_B}{l} = 0.60 \qquad (2)$$

根据题意有:

$$l_B = l_A + 2 \qquad (3)$$

联立(1)(2)(3)式,解得:

$l_A = 6.0$ cm, $l_B = 8.0$ cm, $l = 13.3$ cm

所以滤纸条至少长14 cm。

12.4　自测题及答案

一、是非题

1. 一定温度条件下,分配比D及分配系数K_D均为常数。　(　　)

2. 干扰组分B与待测组分A的分离程度可用分离率来表示,$S_{D/A}$越大,R_B越大,则A与B之间的分离越完全。　(　　)

3. 被测组分在分离过程中的损失可以用回收率来表示,理论上回收率越接近100%越好。　(　　)

4. 溶液的酸度越低,则D值越大,就越有利于萃取。　(　　)

5. 萃取分离法是基于物质在两种互不相溶的溶剂中分配特性不同而建立的分析方法。　(　　)

6. CCl_4萃取水溶液中的I_2,体系中$K_D=D$。　(　　)

7. 利用组分在滤纸上的迁移来分离的色谱分离法叫薄层色谱。　(　　)

8. 在柱色谱中,使用吸附能力大的吸附剂来分离极性弱的物质时,应选用极性小的洗脱剂,极性小的物质先被洗脱出来。　(　　)

9. 树脂装柱时,将处理好的树脂加入交换柱中,操作过程中应该随时防止柱中的液面高于树脂层。　(　　)

10. 判断两组分能否用纸色谱法分离的依据是R_f,其值越小,分离效果越好。　(　　)

二、选择题

1. 能用pH=9的氨性缓冲溶液分离的混合离子是　(　　)

A. Ag^+, Mg^{2+}　　B. Fe^{3+}, Ni^{2+}　　C. Pb^{2+}, Mn^{2+}　　D. Co^{2+}, Cu^{2+}

2. 晶形沉淀陈化的目的是 （　　）

A. 沉淀完全　　B. 去除混晶

C. 小颗粒长大，使沉淀更纯净　　D. 形成更细小的晶体

3. 分离效果一般用回收率来衡量，回收率越高越好，但在实际工作中，随着被测物质含量不同，对回收率的要求也不同，对于含量为0.01%~1%的微量组分，回收率应为 （　　）

A. 90%~95%　　B. 50%~65%　　C. 80%~85%　　D. 99%以上

4. 在液液萃取中，同一物质的分配系数与分配比不同，这是由于物质在两相中的 （　　）

A. 浓度不同　　B. 溶解度不同　　C. 交换力不同　　D. 存在形式不同

5. 萃取过程的本质为 （　　）

A. 金属离子形成螯合物的过程　　B. 金属离子形成离子缔合物的过程

C. 配合物进入有机相的过程　　D. 待分离物质由亲水性转变为疏水性的过程

6. 在pH=2，EDTA存在下，用双硫腙-$CHCl_3$萃取Ag^+。今有含Ag^+溶液50 mL，用20 mL萃取剂分两次萃取，已知萃取率为89%，则其分配比为 （　　）

A. 100　　B. 80　　C. 50　　D. 5

7. 现有含Al^{3+}样品溶液100 mL，欲每次用20 mL的乙酰丙酮萃取，已知分配比为10，为使萃取率大于95%，应至少萃取 （　　）

A. 4次　　B. 3次　　C. 2次　　D. 1次

8. 离子交换树脂的交换容量取决于树脂的 （　　）

A. 酸碱性　　B. 网状结构　　C.相对分子质量大小　　D. 活性基团的数目

9. 用一定浓度的HCl洗脱富集于阳离子交换树脂柱上的Ca^{2+}、Na^+和Cr^{3+}，洗脱顺序为 （　　）

A. Cr^{3+}、Ca^{2+}、Na^+　　B. Na^+、Ca^{2+}、Cr^{3+}　　C. Ca^{2+}、Na^+、Cr^{3+}　　D. Cr^{3+}、Na^+、Ca^{2+}

10. 离子交换树脂的交联度决定于 （　　）

A. 离子交换树脂活性基团的数目　　B. 树脂中所含交联剂的量

C. 离子交换树脂的交换容量　　D. 离子交换树脂的亲和力

11. Li^+、Na^+、K^+离子在阳离子树脂上的亲和力顺序是 （　　）

A. $Li^+ < Na^+ < K^+$　　B. $Na^+ < Li^+ < K^+$　　C. $Na^+ < K^+ < Li^+$　　D. $K^+ < Na^+ < Li^+$

12. 某萃取剂HL和Cu^{2+}的反应：$Cu^{2+} + 2\ HL \longrightarrow CuL_2 + 2\ H^+$，pH=3.0时的分配比记为$D_1$，pH=3.5时的分配比记为$D_2$，则 （　　）

A. $D_1 > D_2$　　B. $D_1 < D_2$　　C. $D_1 = D_2$　　D. 无法比较

13. 大量Fe^{3+}存在会对微量Cu^{2+}的测定有干扰，解决此问题的最佳方案是 （　　）

A. 用沉淀法（如NH_3-NH_4Cl）分离除去Fe^{3+}　　B. 用沉淀法（如KI）分离出Cu^{2+}

C. 用萃取法（如乙醚）分离除去Fe^{3+}　　D. 用萃取法分离出Cu^{2+}

14. 用PbS作共沉淀载体，可从海水中富集金。现配制了每升含0.2 mg Au^{3+}的溶液10 L，加入足量的Pb^{2+}，在一定条件下，通入H_2S，经处理测得1.7 mg Au。此方法的回收率为（　　）

A. 80%　　B. 85%　　C. 90%　　D. 95%

15. 用薄层层析法，以环己烷-乙酸乙酯为展开剂分离偶氮苯时，测得斑点中心距离原点为9.5 cm，溶剂前沿离斑点中心的距离为24.5 cm，则其比移值为 （　　）

A. 0.39　　B. 0.61　　C. 2.6　　D. 0.28

三、填空题

1.当被测组分浓度极低，由于方法的灵敏度所限，难以用一般方法进行准确测定时，需要先将微量的待测组分_______和_______后再进行测定。

2. 沉淀分离法主要是依据_______原理，在试液中加入适当的_______，利用沉淀反应使被测组分进行定量沉淀并分离富集或将干扰组分沉淀除去。

3. 洗涤$BaSO_4$沉淀时，往往先用_______，再用_______。

4. 在沉淀反应中，沉淀的颗粒越___________（填"大"或"小"），沉淀吸附杂质越___________（填"多"或"少"）。

5. 有人用加入足够量的氨水使Zn^{2+}形成锌氨配离子的方法将Zn^{2+}与Fe^{3+}分离；亦有人宁可在加过量氨水的同时，加入一定量氯化铵。两种方法中以第___________种方法为好，理由是____。

6. 萃取分离法中分配比不是常数，它随萃取条件、______________、配体及其浓度、温度等的变化而变化。

7. 下列萃取体系中，分别属于何种萃取体系：微量硼在HF介质中与次甲基蓝反应，用苯萃取___________；在pH≈9时，用8-羟基喹啉-$CHCl_3$萃取Mg^{2+}____________________。

8. 影响离子交换亲和力的因素有_______，_______，_______等。

9. 离子交换树脂按性能通常分为_________、_________、_________三类；交联度指_____，交联度一般在_______之间，交联度小，树脂网眼_______，溶胀性_______，刚性___；交换容量是指_______，它取决于_______，一般为_______$mmol \cdot g^{-1}$。

10. 纸色谱法是以_______为载体，以_______为固定相，以_______为流动相，被分离组分是依据_______原理进行分离的。

四、简答题

1. 何谓回收率（R_A）？在含量小于0.01%的痕量物质回收工作中，回收率一般要求为多少？

2. 何谓分离率？在分析工作中对分离率有何要求？

3. 在氢氧化物沉淀分离中，常用的有哪些方法？举例说明。

4. 相比于无机沉淀剂和无机共沉淀剂，有机沉淀剂和有机共沉淀剂各有什么优点？

5. 以待分离物质A为例，导出其经 n 次液液萃取分离后水溶液中残余量（mmol）的计算公式。

6. 为什么在进行螯合物萃取时要控制溶液酸度？

7. 采用无机沉淀剂，怎样从铜合金的试液中分离出微量Fe^{3+}？用硫酸钡重量法测定硫酸根时，大量Fe^{3+}会产生共沉淀，试问当分析硫铁矿（FeS_2）中的硫时，如果用硫酸钡重量法进行测定，有什么办法可以消除Fe^{3+}干扰？

8. 为何在分析工作中常采用离子交换法制备水，但很少采用金属容器来制备蒸馏水？

五、计算题

1. 有一金属螯合物在pH=3时从水相萃入甲基异丁基酮中，其分配比为5.96，现取50.0 mL含该金属离子的试液，每次用25.0 mL甲基异丁基酮于pH=3条件下萃取，若萃取率达99.9%，问一共要萃取多少次？

2. 用某有机溶剂从100 mL含溶质A的水溶液中萃取A。若每次用20 mL有机溶剂，共萃取两次，萃取百分率可达90.0%，计算该萃取体系的分配比。

3. 试剂（HR）与某金属离子M形成MR_2后而被有机溶剂萃取，反应的平衡常数即为萃取平衡常数，已知 $K^{\ominus}=0.15$ 。若20.0 mL金属离子的水溶液被含有HR为 2.0×10^{-2} mol·L^{-1}的10.0 mL有机溶剂萃取，计算pH=3.50时，金属离子的萃取率。

4. 某含铜试样用二苯硫腙–$CHCl_3$光度法测定铜，称取试样0.2000 g，溶解后定容为100 mL，取出10 mL显色并定容25 mL，用等体积的$CHCl_3$萃取一次，有机相在最大吸收波长处以1 cm比色皿测得吸光度为0.380，在该波长下$\varepsilon=3.8\times10^{4}$ L·mol^{-1}·cm^{-1}，若分配比D=10，试计算：(1)萃取百分率E；(2)试样中铜的质量分数。(已知：M(Cu)=63.55 g·mol^{-1}。)

5. 将100 mL水样通过强酸性阳离子交换树脂，流出液用0.104 2 mol·L^{-1}的NaOH滴定，用去41.25 mL，若水样中金属离子含量以钙离子含量表示，求水样中含钙的质量浓度(mg·L^{-1})？(已知：M(Ca)=40.08 g·mol^{-1}。)

6. 将0.2548 g NaCl和KBr的混合物溶于水后通过强酸性阳离子交换树脂，经充分交换后，流出液需用0.1012 mol·L^{-1} NaOH 35.28 mL滴定至终点，求混合物中NaCl和KBr的质量分数。(已知：M(NaCl)=58.44 g·mol^{-1}，M(KBr)=119.0 g·mol^{-1}。)

参考答案

一、是非题

1. × 2. × 3. √ 4. × 5. √ 6. × 7. × 8. √ 9. × 10. ×

二、选择题

1. A 2. C 3. D 4. D 5. D 6. D 7. B 8. D 9. B 10. B 11. A 12. B 13.D 14. B 15.D

三、填空题

1. 浓缩；富集

2. 溶度积；沉淀剂

3. 稀硫酸；蒸馏水

4. 大；少

5. 2；加入NH_4Cl可使$Fe(OH)_3$胶体凝聚，由于NH_4^+浓度大，减小$Fe(OH)_3$对Zn^{2+}的吸附，便于分离

6. 溶液酸碱度

7. 离子缔合萃取；螯合萃取

8. 离子所带电荷数；离子的水合半径；树脂的交联度

9. 阳离子交换树脂；阴离子交换树脂；螯合树脂；交联剂在树脂中质量百分率；4% ~ 14%；大；大；差；每克干树脂所能交换的相当于一价离子的物质的量(mmol)；树脂内所含活性基团的数目；3 ~ 6

10. 滤纸；滤纸上吸附的水；有机溶剂；分配

四、简答题

1. $R_A=\dfrac{\text{通过分离后A的测定含量}}{\text{溶液中A的实际含量}}\times100\%$ 。回收率是用来衡量被测组分在分离过程中的损失大小的物理量，其数值越大，则被测物质在分离过程中损失越小。在含量小于0.01%的痕量物质回收工作中，一般要求其数值在90% ~ 95%之间。

2. 分离率($S_{B/A}$)表示干扰组分B与待测组分A的分离程度，$S_{B/A}=R_B/R_A\times100\%$。分离率越低或B的回收率越低，说明A与B分离得越完全，干扰消除得越完全。通常对常量待测组

分与常量干扰组分，分离率应小于0.1%；对于微量待测组分和常量干扰组分，分离率应小于10^{-4}%。

3. 在氢氧化物沉淀分离中，沉淀的形成与溶液中的$c(OH^-)$有直接关系。因此，采用控制溶液中酸度可使某些金属离子彼此分离。在实际工作中，通常采用不同的氢氧化物沉淀剂控制氢氧化物沉淀分离方法。常用的沉淀剂有：

（1）氢氧化钠：NaOH是强碱，用于分离两性元素（如Al^{3+}、Zn^{2+}、Cr^{3+}）与非两性元素，两性元素以含氧酸阴离子形态存在于溶液中，而其他非两性元素则生成氢氧化物胶状沉淀。

（2）氨水法：采用NH_4Cl-NH_3缓冲溶液（pH = 8 ~ 9），可使高价金属离子与大部分一、二价金属离子分离。

（3）有机碱法：可形成不同pH的缓冲体系控制分离，如pH = 5 ~ 6的六亚甲基胺-HCl缓冲液，常用于Mn^{2}、Co^{2+}、Ni^{2+}、Cu^{2+}、Zn^{2+}、Cd^{2+}与Al^{3+}、Fe^{3+}、Ti(Ⅳ)等的分离。

（4）ZnO悬浊液法等：这一类悬浊液可控制溶液的pH值，如ZnO悬浊液的pH值约为6，可用于某些氢氧化物沉淀分离。

4. 与无机沉淀剂相比，有机沉淀剂具有较高的选择性，所形成的沉淀溶解度较小，沉淀作用较完全，沉淀较纯净。同时有机沉淀剂通过灼烧容易除去，有利于称量测定。

在微量或痕量组分的分离与分析中，可以利用共沉淀现象分离和富集痕量组分，有机共沉淀剂是常用的共沉淀剂，其优点有：①有机共沉淀剂一般是大分子物质，它的离子半径大，表面电荷密度较小，吸附杂质离子的能力较弱，因而选择性较好。②由于它是大分子物质，分子体积大，形成沉淀的体积也较大，对于痕量组分的富集很有利。③存在于沉淀中的有机共沉淀剂，在沉淀后通过灼烧而除去，不影响后面的分析。

5. 设 V_w mL溶液内含有被萃取物为m_0 mmol，用V_o mL有机溶剂萃取一次，水相中残余被萃取物为m_1 mmol，此时分配比为：

$$D=\frac{c_o}{c_w}=\frac{(m_0-m_1)/V_o}{m_1/V_w} \qquad m_1=m_0\cdot\frac{V_w/V_o}{D+V_w/V_o}$$

用V_o mL溶剂萃取n次，水相中残余被萃取物为m_n mmol，则：

$$m_n=m_0\left(\frac{V_w/V_o}{D+V_w/V_o}\right)^n$$

6. 由分配比的另一导出公式$D=K_D\dfrac{c(HR)_o^{\,n}}{c(H^+)_w^{\,n}}$可知，溶液的酸度越小，被萃取物质的分配比越大，越有利于萃取。但酸度过低又可能引起金属离子的水解，反而不利于萃取的进行，因此，萃取过程应根据具体情况控制溶液的酸度。

7. 采用NH_4Cl- NH_3缓冲液，pH 8 ~ 9，采用$Al(OH)_3$共沉淀剂可以从铜合金试液中以氢氧化物共沉淀法分离出微量Fe^{3+}；将试液流过强酸性阳离子交换树脂过柱以除去Fe^{3+}，流出液再加入沉淀剂测定硫酸根。

8. 许多分析实验需要纯水作溶剂或洗涤用水，通常有蒸馏水、去离子水和超纯水等。采用离子交换法制备去离子水具有简便且低能耗的优势，能有效除去水中的离子。因此在分析工作中常采用离子交换法制备水。而金属容器容易受氧化腐蚀，蒸馏时引起离子污染，因此金属容器很少用来制备蒸馏水。

五、计算题

1. 对于多次萃取，$E=1-\frac{m_n}{m_0}=1-(\frac{V_w}{DV_o+V_w})^n$

$99.9\%=1-(\frac{50.0}{5.96\times 25.0+50.0})^n$

$n=5$

2. 萃取率为90%，残留在水相中的A为10%

$\frac{m_2}{m_0}=\left(\frac{V_w}{DV_o+V_w}\right)^2=\left(\frac{100}{20D+100}\right)^2=0.10$

$D=10.8$

3. $M^{2+}+2\,HR_{(o)} \rightleftharpoons MR_{2(o)}+2\,H^+$

萃取平衡常数为：

$K_a^{\ominus}=\frac{c(MR_2)_o\cdot c(H^+)_w^{\ 2}}{c(M^{2+})_w\cdot c(HR)_o^{\ 2}}$

分配比为：$D=\frac{c(MR_2)_o}{c(M^{2+})_w}=K^{\ominus}\frac{c(HR)_o^{\ 2}}{c(H^+)_w^{\ 2}}=0.15\times\frac{(2.0\times 10^{-2})^2}{(10^{-3.50})^2}=600$

萃取率为：$E=\frac{D}{D+\frac{V_w}{V_o}}\times 100\%=\frac{600}{600+\frac{20.0}{10.0}}\times 100\%=99.7\%$

4. (1)有机相中铜浓度为：$c_o=\frac{A}{\varepsilon\cdot b}=\frac{0.380}{3.8\times 10^4\times 1}=1.0\times 10^{-5}\ \mathrm{mol\cdot L^{-1}}$

等体积萃取：$E=\frac{D}{D+1}\times 100\%=\frac{10}{10+1}\times 100\%=90.9\%$

(2)试样中铜的质量分数为：

$w(Cu)=\frac{m(Cu)}{m}=\frac{1.0\times 10^{-5}\times 25\times 10\times 10^{-3}\times 63.55}{0.2000}=7.94\times 10^{-4}$

5. 水样中含钙的质量浓度为：$c(Ca^{2+})=\frac{0.1042\times 41.25}{2\times 0.100}\times 40.08=8.60\times 10^2\ \mathrm{mg\cdot L^{-1}}$

6. 由题意知混合物中NaCl和KBr的总物质的量为0.1012×0.03528 mol，设混合物中NaCl的质量为m g：

$\frac{m}{58.44}+\frac{0.2548-m}{119.0}=0.1012\times 0.03528$

解之：m(NaCl) = 0.1641 g；m(KBr) = 0.2548−0.1641= 0.0907 g

w(NaCl) = 64.40%；w(KBr) = 35.60%